中央勞働災害防止協會

西島茂一

안전관리

김상철 · 김윤선 · 박달재 · 배동철
이원근 · 유재환 · 장성록 · 정재희

도서출판 동화기술

これからの 安全管理

西島茂一

저자머리말

일본의 산업은 제일차 오일 쇼크 이후 그때까지의 고도성장기에서 일거에 저성장 시대로 돌입했지만 그 후 자원절약·에너지 절감 기술에의 전환, 하이테크에 의한 산업 활동의 활성화 등에 의해 이제야 말로 세계의 경제 대국이라고 불릴 만큼 발전해 오고 있다.

게다가 이 수 십년 사이에 일본의 산업재해수와 사망 재해수가 2분의 1이하로까지 감소하고 있다. 또 재해 도수율은 30% 이하로 저하되어 있고 미국과 비교하면 대체로 4분의 1이라고 하는 수준에 있다.

그러나 우리들은 아직 많은 안전 과제를 가지고 있다. 산업 재해는 있어서는 안되는 것으로 그 재해가 감소하고 있다고는 말할 수 있지만 전국에서 매년 80만건을 넘고 있다. 특히 최근에는 재해 전체에서 차지하는 중소기업, 건설업 등의 옥외형 산업, 제3차 산업 등의 비율이 증가하고 있고 근로자 전수 가운데 고령자층이 차지하는 재해 비율도 점차 커져가고 있어 이러한 경향에 개선을 보이지 않고 있다.

또한 지금 일본의 기업은 기술혁신을 시작으로 하여 경제의 정보화·서비스화나 필요성의 다양화 등에 대응을 도모하고 있지만 그 중에서 현장의 기술·노동의 형상도 심하게 변화하고 있다. 이것은 현장의 일을 편안하게, 안전하게 하는 경우도 있지만 반대로 새로운 재해를 발생시킬 가능성을 낳기도 한다.

산업 재해를 없애기 위해서는 산업현장에서 위험을 없애기 위한 매일의 활동을 더욱더 구체적으로 실천함과 동시에 또 현장의 변화에 대해서는 사전에 위험한 상황을 검토하고 새로운 안전 대책을 정확히 준비하여야 하는 것이다.

또 최근의 거대 기술이나 첨단 기술에 있어서 페일세이프와 나란히 하여 휴먼 팩터(인적 요인)의 중요성이 세계적으로 이슈화 되어 있다(1988년 2월에 국제 원자력 기관 주최 맨·머신 인터페이스 국제회의가 동경에서 개최되고 또 1987년에는 마이크로일렉트로닉스와 노동에 관한 국제심포지움이 북큐슈와 동경에서 개최되었지만 모두 휴먼팩터와 안전의 문제가 의논되었다). 그러나 기술의 발전과 더불어 발전된 기술에 인간이 적응할 수 있도록 노력해야 함은 하이테크이든 아니든 변함은 없다. 하이테크뿐만 아니라 모든 기술에 대해 인간의 행동 특성을 충분히 이해한 과학적인 안전 대책을 구축

하는 노력을 아껴서는 안되는 것이다.

기술 대국을 이룩한 일본의 기업은 안전관리에 있어서도 세계 제일의 주자다워야 할 것이다. 기업의 안전 스태프도 생산라인의 관리·감독자도, 재해 제로를 실현시키기 위한 능력 향상이 강하게 요망되고 있다.

지금부터의 안전관리를 가장 효과적으로 진행시키기 위한 전략적 사고로서 나는 “4개의 M”의 사고방식이 중요하다고 생각하고 있다. 본서 전체의 구성도 대체적으로 4M의 사고방식에 의하고 있다. 4개의 M은 안전 대책을 구성하는 요소이며 또 직장에서의 잠재 위험이나 발생 재해의 직접 원인의 배후에 있는 요소, 즉 이러한 기본적 원인을 구성하는 것으로 다음의 것을 말한다.

Man	인간
Machine	기계설비(산업재해 방지에서는 물건까지 광범위하게 포함한다)
Media	작업방법, 환경 등
Management	관리

물건의 불안전 상태, 사람의 불안전 행동 등의 잠재 위험을 발굴하고 시정하여도 날이 지나면 또 비슷한 위험이 나타나는 경우가 많다. 최초로 위험이 발견되었을 때 근본적인 문제를 해결하지 않으면 이와 같은 위험은 반드시 반복된다. 위험의 원인은 반드시 이 4개의 M중 한 가지이며 안전관리란 4개의 M을 안전하게 바르게 유지, 발전시키는 것이다.

우리들은 바람직하지 않은 과거가 현재에 파고 들어오고 또 그대로의 과거가 미래속에 들어가고 있는 것을 허용해서는 안된다. 안전관리에 있어서도 마찬가지이다. 그러기 때문에 안전관리 대책의 전면에 걸쳐 개선을 항상 생각하는 것이 중요하다. 본서가 그러기 위해 도움이 되기를 바라는 마음이다.

본서는 저자가 중앙 산업 재해 방지협회 상임이사 안전관리부장에 재임중 많은 기회에 강연·강의를 행하거나 집필한 내용을 토대로 하였으며 새로이 보충하여 체계적인 안전관리 테스트로 통합한 것이다.

본 서를 집필함에 있어서 다수의 분들의 귀중한 조사 보고, 연구 성과를 이용하도록 해주셨음에 충심으로 사의를 표하는 바이다.

역자머리말

1990년대 중반으로 접어들면서 우리나라에서도 삶의 질에 대하여 관심을 갖기 시작하였다. 그러면 여기서 삶의 질이란 무엇인가 반문하게 된다. 사람에 따라서 여러 가지 형태의 대답이 나올 것이다. 그러나 그 중 가장 중요한 것은 인간의 생명을 지키는 것이 아닌가 싶다. 질병이나 사고를 당하지 않고 오랫동안 살아갈 수 있다면 그것은 축복된 삶이라 할 수 있겠다. 그러나 우리의 일상생활은 언제 어디서나 위험에 처해있으므로 어느 한 순간이라도 위험에 대한 대비를 하지 않으면 사고에 직면하게 되는 경우가 많다. 그러나 나날이 발전하는 산업사회에서 불가피하게 산업재해와 환경 오염 등이 유발되고 매년 반복되는 재해는 거의 인재라고 하는 발표를 접하게 된다. 2006년도의 경우에서 보듯이 산업재해보상보험법 적용사업장 130만개소에 종사하는 근로자 1,200만 명 중에서 4일 이상 요양을 요하는 재해자가 89,910명이었으며 재해율은 0.77% 이었다. 2005년도에 비하여 사업장수는 14.39% 증가하였고 근로자수는 5.69% 증가하였으며 재해자수는 5.27% 증가하였다. 또한 산업재해로 인한 직·간접손실을 포함한 경제적 손실 추정액은 15,818,845백만 원으로 전년대비 4.56%가 증가하였으며, 근로손실일수는 71,163,565일로 전년대비 2.85%가 증가한 것으로 나타났다. 이러한 통계는 아직도 우리나라가 안전선진국으로 진입하는데 많은 문제점이 있음을 시사하고 있는 것이다.

이러한 재해가 빈번하게 발생하는 것은 재해에 대한 사전 대비책을 세우지 못했기 때문이다. 그리고 안전에 대한 부주의로 인하여 발생하는 산업 재해의 비율이나 강도가 선진국에 비해 너무 높은 것이 우리의 현실이며, 현실이 이러한데도 안전의 길잡이가 될 만한 전문서적이 부족한 것 또한 사실이다. 이러한 관계로 앞에서 발간한 내용을 가지고 강의를 하면서 부족하거나 안전에 대한 지식이 없는 독자라 할 지라도 충분히 내용을 습득할 수 있도록 1판 내용을 전면 수정하여 이번에 발간하고자 하였으며, 각 편의 내용을 실펴보면 다음과 같다.

제1편에서는 안전관리의 기본을 다루었으며, 내용은 안전의 원리, 안전관리의 원칙, 기업경영과 안전관리로 나누어 설명하였다. 제2편에서는 산업재해의 원인분석을 다루었다. 사고는 왜 생기며 재해의 원인은 어떤 것인가에 대해 설명하고자 하였다. 제3편에서는 구체적 위험과 그 방지대책으로서 기계설비의 안전화, 전기에 따른 위험방지대책, 폭발화재의 방지, 취급운반의 작업적 위험 및 추락전도에 의한 위험방지를 다루었다. 제4편에서는 인간행동의 안전대책으로서 불안전행동, 불안전행동의 배후 요인, 부주의 등에 대해 다루었으며, 제5편에서는 작업의 안전대책으로서 작업방법에 의한 위험 방지, 직장개선, 보호구에 대해 새로운 내용을 첨가하였다. 마지막으로 제6편에서는 안전관리 활동으로서 안전관리시스템, 안전교육, 안전성평가에 대해 자세하게 설명하고자 하였다.

그동안 산업안전공학을 전공한 사람으로서 많은 경험과 자료들을 가지고 본서를 작성하였으나, 그럼에도 불구하고 미진한 부분에 대해서는 선고제현(先輩諸賢)과 독자제현(讀者諸位)의 기탄없는 비판과 지도를 영광으로 알고 더욱 정진할 것을 약속하는 바이다. 끝으로 이 책이 나오기까지 도서출판 동화기술의 호의와 최병훈 부사장님의 적극적인 지원에 충심으로 감사함을 표하는 바이다.

역자 씀

목 차

PART 01. 안전관리의 기본 • 13

PART 02. 산업재해의 원인 분석 • 49

PART 04. 인간행동의 안전대책 • 205

PART 05. 작업의 안전대책 • 281

PART 1

안전관리의 기본

BASICS OF SAFETY CONTROL

01 안전의 원리

1.1 안전의 의의

1) 안전의 어원

우리들이 안전(安全)이라고 하는 말을 사용할 때 그 의미는 보통 상처나 상해가 없는 것을 가리킨다. 그러나 안전의 의미를 정확하고 간결하게 표현하는 것은 쉽지 않다. 안전이라는 말 자체가 넓은 개념을 가지고 있는데, 예를 들면 안전 보장에서의 안전은 안전관리의 안전과는 의미가 다르다는 것은 주지의 사실이다.

'安'의 어원은 집안에 여자가 있다는 의미이며 안녕 정숙한 것, 즉 편안하고 조용하다는 뜻이다. '全'이란 入과 王이 합쳐진 글자로 王은 玉의 본 자, 즉 수중에 지닌 보석을 의미하는 것으로서, 순수하게 완전무결한 것을 말한다. 따라서 '안전'이란 의미는 안정되며 위험하지 않은 상태를 말할 뿐만 아니라 그것이 완전한 상태에 달해 있고, 재차 부족한 일이 없는 상태를 말하는 것이다.

이것이 뜻하는 의미는 엄격하다. 재난이나 위험이 없는 것을 의미할 뿐만 아니라 인간이 위해 받거나 또는 받을 걱정이 없는 것, 사물의 손해나 손상을 입을 우려가 없는 것을 말한다.

기업에 있어 안전이 달성되었다는 것은, 부상을 당할 사고도 없고, 재료·설비나 제품에 있어서도 손해·손상을 받지 않으며, 또 앞으로도 받을 우려가 없는 상태로 관리되고 있는 이상적 상태를 뜻하는 것이다.

2) 재해와 사고

재해란 일반적으로 재앙으로 인해 사람이 상해를 입는 것을 말하며, 보통 천재(자연재해)와 인재(인위재해)로 나누어진다.

지진, 해일, 폭풍, 쓰나미 등은 현재의 과학기술로서 전부 방지할 수 없지만, 산업 현장에서 일어나는 재해는 전형적인 인재로, 원칙적으로 전부 미연에 방지할 수 있다. 또 미연에 방지하는 것이 안전관리의 목적이기도 하다.

안전관리 측면에서 ILO 국제노동통계 회의에서 논의된 재해가 있다. 여기서 선언한 재해의 정의는 '재해란 사람(근로자)이 물질 혹은 타인과 접촉하든지 또는 사람이 물체 또는 어떠한 환경 조건하에 놓이든지, 또는 사람의 행동에 따라 그 결과로 인해 사람의 상해를 동반하는 사건이다' 라고 정의하였다.

여기서 사고의 의미는 무엇인가? 미국의 안전 권위자인 R.P. Blake는 '사고란 당면하는 사상(死傷)으로, 정상적인 진행을 저지 또는 방해하는 사건이다' 라고 정의하고 있다. 이것은 광의(廣義)의 정의이며 상해 유무를 논하지 않고, 예정대로 일이 진행되지 않는 어떠한 사건에 부딪친 사실을 말하기 때문에, 자동차가 교통마비 때문에 예정시각에 목적지에 닿지 못했든가 부품의 기계공작에서 치수를 잘못하여 불량품을 만들 때에도 이 정의에서 말하는 사고이다.

그러나 안전관리에서 다루는 사고는 협의(狹義)의 사고이다. 선반에서 작업중 잭이 빠져 부품이 튀어나간 경우, 작업자가 닿으면 상해를 입는다. 이 경우 부품이 튀어나간 사건을 사고라 부르고, 작업자가 닿아 상해를 입었다는 사건이 재해이다. 작업자에 닿지 않았고 상해를 입지 않았다면 '부품의 비래(飛來)' 라고 하는 사고일 뿐이다.

즉 산업 재해는 사고로 작업자가 상해를 받는 사건을 말하지만, 안전관리 대상으로 하는 사고는 '당면하는 사상의 정상적인 진행을 저지 또는 방해함으로써 사람에게 상해의 위험을 일으키게 하는 사건'이라고 정의할 수 있다.

그러나 작업중에 작업자 이외의 제삼자에게 피해를 주는 일이 있다. 예를 들면 빌딩의 건축 공사 중 물품이 도로 위에 낙하하여 통행인에게 상처를 입혔거나 입히려고 한 사건도 안전관리 대상이 되는 사고인 것은 물론이다.

사고와 재해와의 관계를 명백히 하기 위해 미국의 안전기사 하인리히(H.W. Heinrich)가 발표했던 '1 : 29 : 300의 법칙' 은 유명하다. 즉 1회의 중상 재해가 발생했다고 하면 그 사람은 같은 원인으로 29회의 경상 재해를 일으키고, 또 같은 성질의 무상해 사고를 300회 동반한다고 하는 것이다.

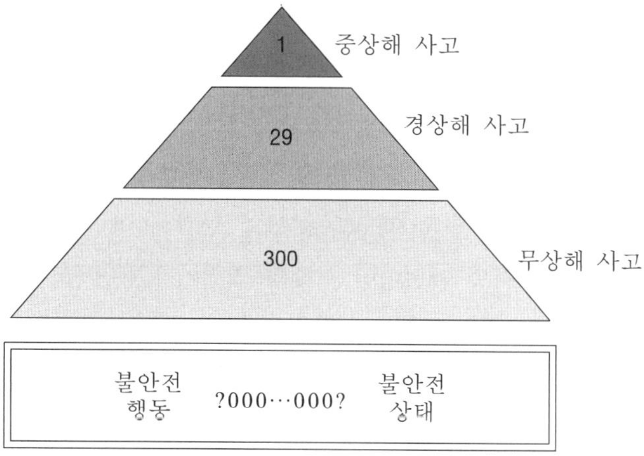

그림 1.1 중상재해의 연계성(H.W.Heinrich)

또 높은 곳에서 작업중 물품이 떨어져 작업자가 머리를 다치면 사망으로 이어지지만 바로 밑에 사람이 없으면 물건의 낙하 사고만으로 그치게 되는 것이다. 폭발 사고가 일어났지만 시설의 파괴, 화재의 규모, 사상자의 발생 유무는 현장의 조건에 의한다. 재해라고 하는 결과의 크기로 사고의 중대성을 평가하는 것은 잘못이며 안전의 기본은 사고 그 자체를 방지하는 것이다.

3) 안전의 이념

사람은 살기 위해 일하고 있다. 그러나 작업장에서 일하는 사람이 생산 활동으로 인해 재해를 입고, 생명이나 건강에 피해를 받는 것은 인도적인 관점에서 있어서는 안 될 일이다. 현대의 생산 구조는 더욱더 복잡화·고도화해가고, 그 기저(基底)가 되는 생산 기술은 시간의 흐름에 따라 기계화, 고능률화가 진행되고 있다. 다시 말해 현대의 산업 경영이 사회 전반에는 유용한 활동이라도 인간의 자연적인 행동 양식을 복잡하게 만들고, 인간의 생물학적 능력을 훨씬 넘는 시스템을 도입함으로써 산업 활동 내부에는 항상 위험이 존재하고, 게다가 새로운 위험이 발생하고 있다.

따라서 기업에서의 안전이란 작업장에서 또는 제품의 사용에 있어 사람의 생명과 건강이 손상되고, 혹은 잃게 되는 일이 있어서는 안된다고 하는 인간 존중 원리를 구체적으로 실현하는 종합적인 노력을 칭하는 개념이라고 할 수 있다.

안전과 매우 닮은 용어로서 보안이라고 하는 말이 있고, 실제로 자주 사용되고 있다. 국어 사전에서는 '안녕 질서를 유지하는 것' 이라고 나오고 있는데 안전과는 의미가 제법 다르다. 안전의 참된 의미는 산업 활동의 현재 상태에 대한 불만에서 장래에 대한 이상에의 도달이라고 하는 신념에 기초를 둔 '실천'을 말하는 것으로, 인간 생명의 존엄이 구체적으로 실현되고 있는 모습을 말하는 것이다.

여기에서 강조하고 싶은 것은 안전과 보안의 구별이 아니고, 안전의 의의를 명백히 하는 것이다. 간단히 말하면 안전이란 재해와 위험이 없는 이상적인 도달을 말하는 것이다. 하지만 '안전'과 '재해 방지' 혹은 '재해 제로'와는 조금 다르다.

재해 제로는 재해가 제로인 것으로 위험이 존재하여도 재해가 일어나지 않으면 그것도 재해 제로이다. 그러나 안전은 재해 제로인 동시에 위험도 제로라는 것을 추구하는 것이다. 사업장마다 위험을 없애는 과정에서 얻어진 재해 제로가 진정한 안전이라고 할 수 있다.

1.2 위험의 방지

1) 위험 방지

안전이란 재해뿐만 아니라 위험이 없는 것이라고 정의했다. 말을 바꾸면 재해 방지는 위험 방지에 의해 실현된다. 그러면 여기서 말하는 위험방지는 무엇인가?

산업안전보건법 제4조, 정부의 책무 제4호에 '유해하거나 위험한 기계·기구·설비 및 물질 등에 대한 안전·보건상의 조치기준 작성 및 지도·감독' 에 관한 사항이 규정되어 있다. 또한 사업주가 강구하여야 할 안전상의 조치로서 '위험을 예방하기 위하여'라고 규정하고 있다(산업안전보건법 제23조). 모두 '재해를 방지하기 위하여'라고 쓰지 않고 있다. 왜 '위험의 방지' 이고, '재해의 방지'가 아닐까? 상식적으로 위험한 장소에서는 부상이 발생하기 쉽고, 또 이와 같은 장소는 안전해야 된다는 의미에서 사용되는 것으로 정확한 용어로서는 안전에 대응하는 반대 개념이 위험인 것이다.

위험에 의한 결과적인 현상으로 재해가 발생하는 것이고, 안전의 반대가 재해는 아닌 것이다. 즉 위험이 안전의 반대 개념인 것이다. 따라서 위험이란 작업자가 작업 장소에서 접촉하는 물건 또는 환경과의 상호관계를 나타내고 있는 것이며, 그 상호관계가 위험한 상태일 경우 그 결과로서 부상이 발생하는 것이다.

재해방지의 의미에서 재해는 눈에 보이거나 구상적으로 존재하는 것이 아니기 때문에. 안전관리 대상으로 조치할 수 있는 대상은 작업 장소에 존재하는 위험한 상태, 작업자와 물건 또는 환경과의 존재 관계이다. 따라서 기업이 조치해야 하는 목적을 '위험의 방지'로 하고 있는 것이다.

이 사고방식은 대단히 합리적인데 작업 장소에 실제로 존재하고, 또는 예측 가능한 위험을 제거하는 것이 사고 및 재해를 방지하는 구체적 행동이기 때문이다.

2) 위험의 분류

재해·사고의 원인이 되는 위험에는 많은 종류가 있다. 안전 대책을 진행시키는 데 있어서 위험의 내용을 바르게 아는 것은 매우 중요하기 때문에 아래에 설명하겠다.

(1) 기계적 위험

기계·기구 기타의 설비에 의한 위험을 기계적 위험이라고 약칭한다. 기계적 위험에는 기계의 작업점 및 동력 전달 부분의 기계적 운동 한계내에 작업자 신체의 일부가 들어 있는 경우에 해당되는 '접촉적 위험'(끼임, 말려듦, 잘림, 문드러짐 등)이 가장 일반적이며, 그 외에도 원재료, 가공물 등에 의한 비래·낙하 등의 '물리적 위험', 그라인더 연

표 1.1 • 기계적 위험

위험의 종류	주요 사고	재해를 일으키는 기계류
접촉적 위험	틈에 끼는 것, 말려들어 감, 잘림, 스치는 것, 격돌, 맞음	원동기, 동력전도기구, 제조기계, 공작기계, 식품기계, 동력공구 등 건설기계, 물건을 들어 올리는 장치, 운반기계 등
물리적 위험	비래, 낙하물에 맞다. 추락, 전락	초고속공작기계, 건설용 기계, 물건을 들어 올리는 장치, 운반기 등
구조적 위험	파열 파괴 절단	보일러, 압력용기, 배관 등 고속회전기 등 크레인 등의 와이어로프 등

삭숫돌의 파괴, 보일러의 파열 등 '구조적 위험' 등이 있다.

표 1.1에 기계적 위험의 종류를 나타내었으며, 그것에 의한 주요한 사고, 위험을 일으키는 큰 기계류의 예를 나타내었다.

(2) 화학적 위험

폭발성 물질, 발화성 물질, 인화성 물질 외에 산화성 물질, 가연성 가스 또는 분진 등은 위험물질이며 폭발·화재의 위험성을 가지고 자주 중대한 재해를 일으키고 있다.

폭발성 물질이란 가연성 물질인 동시에 산소 공급 물질이며 가열, 충격, 마찰 등에 의해 다량의 열과 가스를 발생하여 심한 폭발을 일으킨다. 발화성 물질은 일반적인 상태에 있어서도 발화하기 쉽고, 물과 접촉해 가연성 가스를 발생하여 발열·발화하는 것, 공기와 접촉하여 발화하는 것 등이 있다. 인화성 물질은 불을 끌어당기기 쉬운 가연성의 액체이며 그 액체 표면에서 증발한 가연성의 증기와 공기와의 혼합기체로 점화원이 작용하면 폭발을 일으키는 위험이 있다.

이 외에 산화성 물질은 단독으로 발화·폭발의 위험이 없지만 가연성 물질이나 환원성 물질과 접촉했을 때는 충격이나 점화원에 의해 발화·폭발을 일으킨다. 가연성 가스 또는 분진이 공기 또는 일정범위의 산소 농도에 있을 때 점화원에 의해 화재 또는 폭발을 일으키게 된다. 이러한 화학 물질에 의한 폭발·화재 위험이나 약물중독, 산업중독 등의 생리적 위험을 화학적 위험이라 하고, 그 주요한 위험의 종류와 화학물질에 대한 예시를 표 1.2에 제시하였다.

표 1.2 • 화학적 위험

위험의 종류	위험물질의 예
폭발·화재 위험	폭발성 물질 : 질산에스터류, 니트로 화합물, 유기과산화물 발화성 물질 : 알칼리 금속, 인 및 인화합물, 셀룰로이드류, 카바이드 등 산화성 물질 : 염소산염류, 과염소산염류, 무기과산화물 등 인화성 물질 : 가솔린, 메탄올 등의 인화성 액체 가연성 가스 : 수소, 아세틸렌, 메탄 등 가연성 분진 : 알루미늄, 유황, 석탄, 밀가루 등
생리적 위험	부식성 액체 : 강산류, 가성소다 용액, 크레졸 등 독 극 물 : 시안화 수소, 불화수소, 암모니아 등

(3) 전기, 열 등의 에너지 위험

① 전기적 위험

전기에너지의 위험은 전격(감전)과 발열·발화에 의한 위험이 가장 일반적이다. 전기설비 충전 부분이나 누전개소에 인체가 접촉함으로써 일어나는 전격재해와 아크용접 등으로 야기되는 눈 장해, 과열이나 누전에 의한 화재, 전기 불꽃, 정전기 방전에 의한 화재·폭발 등이 있다. 특히 전기에 의한 재해는 사망의 위험성이 대단히 높고, 휴업 4일 이상의 감전 피해자 중에 20% 가까이 사망하고 있다.

② 열과 그 외의 에너지 위험

화염, 용융 고열물 등에 의한 화상 외에 보일러, 화학설비, 건조설비 기타 고온 물체에 의한 화상이 있다. 또 방사능의 대량 피폭에 의한 장해, 레이저 광선에 의한 눈장해 등도 에너지 위험에 속한다. 이러한 에너지위험에 대해 위험원의 예시를 표 1.3에 나타내었다.

표 1.3 • 에너지 위험

위험의 종류	사고의 형태	위험원의 예
전기적 위험	전 격	전기기계기구, 전선, 배선
	과 열	전기기계기구, 전선, 배선
	발 화	전기불꽃, 정전기 방전불꽃
	눈 장해	아크
열 기타의 위험	화 상	화염, 용융고열물, 보일러, 화학설비, 건조설비, 고온물체
	방사선장해	α선, β선, γ선, X선, 중성자선
	눈 장해	레이저 광선

(4) 직업직 위험

① 작업 방법적 위험

굴착, 채석, 하역, 벌목 등의 작업에서 작업방법을 잘못하게 되면 재해를 일으키는 위험이 발생한다. 작업방법에서 생기는 위험은 건설업, 운수업, 임업 등의 옥외 작업에서 많이 발생하지만, 공장 등의 장소에서도 기계 등의 조립, 해체, 수리 작업 등에서 많이 나타나고 있다.

② **장소적 위험**

재해는 앞서 말했던 바와 같이, 기계적 위험, 화학적 위험, 에너지 위험, 작업 방법적 위험을 방지하여도 작업 장소 자체에서 생기는 위험이 있다. 예를 들면 중력에 의해 생기는 위험이 그 대표적이며 추락, 붕괴, 도괴라고 하는 재해를 일으키는 경우가 있다. 또 일반 작업장의 경우 정리 정돈의 불량, 작업 환경의 열악 등으로 인하여 산업재해가 발생하는 것도 장소적 위험에 의한 재해라 생각해도 좋다.

작업적 위험에 의한 주요 사고의 형, 작업 방법에 위험을 동반하기 쉬운 작업, 위험한 작업 장소의 예를 표 1.4에 나타내었다.

표 1.4 • 작업적 위험

위험의 종류	사고의 형태	위험한 작업, 장소의 예
작업 방법적 위험	추락, 전도 비래, 낙하물에 맞음 격돌, 중독 끼임	건축작업, 토목작업, 운반작업, 기계의 설치, 철거 건축작업, 토목작업, 벌목·집재작업, 토석채취작업 운동작업, 하역작업 제조작업, 운반작업, 토목작업
장소적 위험	추락 전도 붕괴, 낙하물에 맞음 격돌, 중독	작업전체, 비계, 지붕, 접사다리 옥외통로, 작업상, 작업장소 재료보관소, 토석채취현장, 갓길 하역현장, 도로상

(5) 행동위험

행동위험은 작업 장소에서 사람의 작업행동에 관한 위험을 말하지만 그 원인은 앞에서 말한 각종 위험의 존재에 의한 것과 사람 자신의 불안전한 행동에 의한 두 종류가 있다. 그 세부적인 것에 관해서는 제4편에서 설명한다.

(6) 시스템적 위험

생산 현장에서는 인간과 다른 종류의 설비가 하나의 시스템을 만드는 것이 보통이며 최근은 기술의 진전에 따라서 시스템이 대형화, 복잡화해 오고 있다. 이런 시스템은 유기적으로 의존관계를 강하게 하면서 공통 목적의 달성을 위해 일하고 있으나, 약간의 기계 설비 고장이나 작업 방법의 미스로 인하여 대형재해가 되기 쉽다는 단점이 있다. 이와 같이 인간·설비·환경에 대하여 적합하지 못한 위험을 시스템적 위험이라고 한다.

BASICS OF SAFETY CONTROL

02 안전관리의 원칙

2.1 안전관리의 목표

(1) 인명 존중

안전관리의 기본적 목표는 말할 것도 없이 휴머니즘, 즉 인도적 신념의 실현이다. 안전관리는 휴머니즘을 토대로 하여 행해진다.

기술은 항상 새로운 가능성을 추구하며 진보하여 나간다. 그 과정에 있어 한시라도 인명과 건강을 대가로 하는 일이 있어서는 안된다. 큰 이익 때문에 재해를 용납하는 논리는 인정되지 않는다. 인명 존중과 인도적 신념이야말로 안전관리 활동의 핵심이기 때문이다.

(2) 안전한 경영

기업은 경영에 이익을 가져오도록 생산이나 관리를 한다. 그렇게 하지 않으면 기업 자체의 존립의미가 없어지기 때문이다. 그런데 재해·사고는 생산이나 작업 능률을 저해하는 중요한 인자이기 때문에 안전관리 활동을 통하여 생산 현상의 정상적인 진행을 방해하거나 일정 기간 작업을 불가능하게 하는 재해·사고를 방지하는 것이다.

따라서 안전은 경영관리 차원에서 다뤄져야 하며, 설비 및 작업 방법을 안전화 하는 것은 제품의 품질 향상과 생산 능률을 향상시키는 것이 된다. 직장 재해 방지 차원으로 작업상의 무리, 폐단, 헛됨을 없애는 것은 안전관리 활동의 큰 과제이며 경영관리의 중요한 테마이기도 하다.

(3) 사회적 신뢰 확립

안전관리의 구체적 목표 중 제3의 과제는 기업의 사회적 신뢰 확립이다. 기업의 사회적 신용도를 결정하는 중요한 요소로 안전관리가 밀접하게 관계되어 있다.

항공기 추락 사고를 일으켰던 회사의 사회적 신용은 확실하게 떨어졌으며, 예전의 신용을 회복하는 데에는 대단한 노력과 희생을 감수할 수밖에 없었다. 또한 폭발 사고를 일으켰던 공장에서 인근의 주민으로부터 조업 정지를 요구받고, 철수할 수밖에 없었던 예도 있다. 사망 재해가 발생하고, 다음 공사 발주에서 입찰을 거부당한 건설회사도 많다. 현재 우리나라에서는 안전에 엄격하지 못한 기업에 대한 과태료 부과 및 불이익이 엄격하게 적용되고 있다.

유럽에서는 안전관리 실적을 주주에 대한 경영 고과에 받아들이고 있는 곳도 있다. 경영자로서 사회 일반에 대한 경영의 신뢰도를 높이는 것을 의도한 것이다.

현대의 사람들은 물질의 풍요보다 마음의 풍요를, 경제적인 부보다는 생활의 안정을 요구하는 것이 여론 조사 결과에 의해 나타나고 있다. 이것은 바로 안전이 지향하는 방향과 일치하는 것이다. 안전을 추구하는 사회적 의식 수준은 높아지고 있다. 기업은 사회적 신용을 높이기 위해서라도 안전관리 활동을 더욱더 강력하게 추진하고, 전개시키는 것이 요구되고 있다.

2.2 안전관리 기초

1) 과학적인 안전관리

하인리히는 '재해 방지는 과학인 동시에 예술이기도 하다. 그리고 그것이 의미하는 것은 특히 제어, 즉 작업자의 작업, 기계의 제어 및 물리적 환경의 제어이다. 제어라고 하는 말을 사용하는 것은 이 말이 불완전 상태나 환경의 개선뿐만 아니라 예방도 의미하고 있기 때문이다' 라고 말하고 있다.

작업자의 주의력을 환기시키고, 과실이나 태만을 경고하여 경솔한 행동을 없애면 재해·사고는 저절로 제로가 된다고 하는 상식이 보편적인 직장 통념으로 오래 동안 직장을 지배하여 왔다.

상식이란 사람들이 말하는 것을 그대로 받아들이는 지식이지, 진실을 분석하고 진리에 부합하는 학식은 아니다. 산업현장의 근로 조건은 직장의 기술적인 조건에 따라 현저하게 다르게 나타날 수 있다. 같은 직장에서도 작업 환경 조건은 시시각각으로 크게 변한다.

스피드화, 자동화, FA화, OA화, 신 원재료, 신제품, 신공법, 기술의 진보와 함께 상식적으로 터득한 지식에서는 도저히 감지할 수 없는 특수한 위험성, 새로운 위험성이 기하급수적으로 증대해 오고 있다.

재해는 이러한 위험성에 대한 방호가 충분하지 않은 상태에서 일어나는 경우가 허다하다. 설계대로 제품이 움직이고, 설계대로 사람이 활동할 수 있다면 재해는 일어나지 않겠지만, 설계 자체가 잘못된 경우에는 원하지 않는 재해가 발생하고 있는 것도 현실이다.

그럼에도 불구하고 많은 사람들은 재해의 원인을 과실로 돌린다. 과실이나 부주의를 없애면 재해는 없어진다고 하는 생각은 어떤 의미에서 대단히 자연스럽다. 그것은 모든 재해·사고의 대부분이 피해자 본인의 과실, 부주의를 동반하고 있다는 사실 때문이다. 그러나 과실이란 자기가 예기하지 않는 사건에 부딪히고 나서야 비로소 아는 것이다. 예기할 수 없는 것을 예기하고, 과실이 없는 슈퍼맨이 되는 것을 기대하는 것은 인간의 한계로서 무리일 수밖에 없다.

또한 생산현장에서 생산 기술 결함을 없애기 위한 방법으로 물적 운동 설계 중에 있는 결함, 사람의 행동 설계 중에 포함된 결함 및 이 조합의 결함을 탐구하고, 나타난 결함들을 시정해야 한다. 이것이 안전의 과학적인 진행방법이며, 이러한 지식을 체계화하고 정착화 하는 것이 안전의 과학 기술적인 방법이다.

2) 시각이 없는 대책

하인리히의 1 : 29 : 300 법칙에 관해서는 이미 말했지만 이 숫자에 관하여 너무 구애될 필요는 없다. 요컨대 재해의 배후에는 상해를 동반하지 않는 방대한 수의 사고가 일어나고 있다는 것을 나타낸 것이다.

이것과 비슷한 연구는 많다. 버드(Frank E. Bird Jr.)는 297개 회사 175만 건의 사고내용을 분석하고, 그림 2.1과 같은 결과를 얻었다. 그리고 다음 중요한 결론을 발표하였다. 발표내용은 「1 : 10 : 30 : 600 비율에서 보듯이 630건의 아차사고, 물건의 손상 또는 무손해의 사고에 대해 노력하는 것이 소수의 중상재해를 동반하는 재해에만 관심을 기울이고 있는 것보다 훨씬 효과적이다 라는 것을 말해주고 있다. 이는 사업장에서 총재해 손실을 보다 효과적으로 억제하는 방법을 나타내고 있는데 우리들의 노력이 소수의 중상 장해를 동반하는 재해에만 관심을 나타내는 어리석은 판단을 하고 있다」라고 발표하였다.

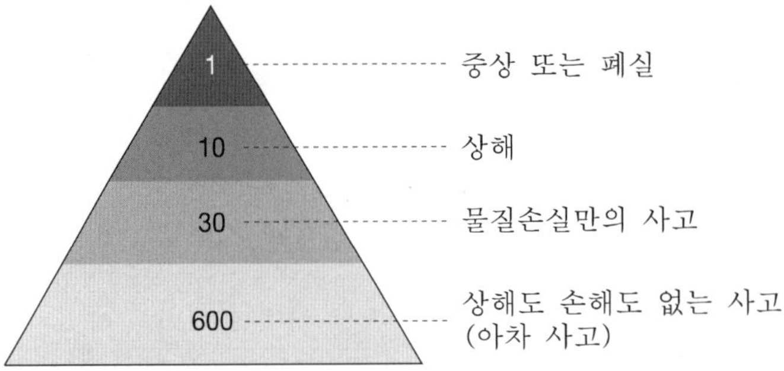

그림 2.1 Bird에 의한 재해사고의 비율

재해 방지 대책은 이른바 중상 재해의 원인 분석에 지나치게 의존하는 경향이 있다. 사업장에서는 무재해 운동이나 안전 성적 평가, 안전 통계 등에서 휴업을 동반한 재해와 중상 이상의 재해만을 대상으로 하는 곳이 아직 많다. 끊임없이 재해 통계를 만들어도 그 원인 분석을 중요하게 여기지 않는 경우가 대부분이다. 재해보상 보험의 대상과 대상이 되지 않는 재해는 문제가 되지 않는다.

「무거운 재해」, 「가벼운 재해」 라고 하는 표현은 원래 정확한 표현은 아니다. 「무거운 상해」 와 「가벼운 상해」 가 올바른 표현이다. 휴업 재해나 이른바 중상 재해의 원인을 재해 방지 대책 기초 데이터로 하는 것은 안전관리 경영에 맞지 않는다.

버드가 말하는 630건의 사고, 결국 아차사고의 원인과 결과에 사업장 안전 대책의 중요한 실마리가 감추어져 있는 것이다.

3) 안전 기둥 - 4개의 M

인간의 불완전 행동 배경으로는 교육 부족, 규칙의 비준수 등으로 지켜지지 않는 면이 확실히 많다. 그러나 인간은 교육을 받았다고 반드시 실행하는 것은 아니고 규칙이라고 모두 지키는 것은 아니다.

우리나라뿐만 아니라 세계적으로 일어난 대사고의 발생에는 반드시 필연이라고 해도 좋을 정도로 인간의 실수가 내재되어 있다. 그것도 「초보적 미스」라는 것이다. 많은 사람들은 원자력 플랜트나 로봇 작업장에서 일어나는 재해가 「전문적 미스」에 의해 일어나고 있다고 생각하지만 사실은 재해에 둘러싸여 있는 인간의 미스는 언제나 「초보적」인 것이다.

안전을 과학적으로 진행시키기 위해서는 인간의 실수에 대하여 과학적으로 이해하여야 한다. 지금 세계적으로 행해지고 있는 재해 분석의 방법으로 가장 유효한 것은 미공군에서 개발하여 미국의 국가교통안전위원회(NTSB)가 채용하고 있는 방법이다.

이 해석은 재해라는 최종 결과를 가지고 각 원인에 대한 주요 관계를 가진 항목 전부를 조사하고 분석하여 그것들의 연쇄 관계를 명백히 한다. 그 결과를 검토하는 키워드로서 다음의 4개의 M이 있다.

Man	(인간)
Machine	(기계)
Media	(매체)
Management	(관리)

이 4M이야 말로 인간이 기계 설비와 안전에 공존하면서 노동할 수 있는 시스템의 기본 조건이며 하나하나 분석하면 다음과 같다.

Man이란 인간이 실수를 일으키는 인간요소이지만, 본인보다도 본인 이외의 사람, 직장에서는 동료나 상사 등 인간 환경을 중시한다. 직장에서의 인간관계, 집단 본연의 모습은 지휘·명령·지시·연락 등에 영향을 주고, 인간 행동의 신뢰성으로 관계하는 것이다.

Machine이란 기계 설비 등의 물적 조건을 말하는 것으로, 기계의 위험 방호 설비, 비계나 통로의 안전 유지, 인간·기계·인터페이스의 인간공학적 설계 등이다.

Media라는 것은 본래 인간과 기계를 연결하는 매체라고 하는 의미지만 구체적으로 작업 정보, 작업 방법, 작업 환경 등이다.

Management란 안전 법규의 철저, 기준류의 정비, 안전관리 조직, 교육 훈련, 계획, 지휘·감독 등의 관리이다.

이 4M은 항공기나 교통만의 기본적 사항은 아니고, 인간이 일을 하는 모든 경우에 적용할 수 있는 것이다. 자동차 운전, 기계 조작, 건축 공사, 하역 작업 등 각각의 위험 특징은 다르지만 그것은 이 4M의 구체적 내용을 각각의 일에 적용시키는 것에 따라 안전이 확보되게 되는 것이다.

2.3 재해 방지의 원칙

1) 사고 방지

재해란 사고의 결과로 일어나는 현상이며, 사고란 정상이 아닌 위험한 사건이라고 이미 설명했다. 보일러의 과열, 와이어 로프의 절단, 적재물의 붕괴 등이 야기되어 일어난 위험한 사건은 전부 사고이며, 이러한 사고의 결과로서 작업자의 사망이나 상해가 일어나는 것을 산업재해라고 한다. 노동부 재해 통계에서 재해의 분류는 「사고의 형」에 의하고 있다.

재해와 사고의 사이에는 다음과 같은 중요한 관계가 있다. 즉, 「사고의 결과로서 생긴 재해가 무거운지, 가벼운지는 우연에 의해 정해진다」는 것이다.

사고가 일어나도 피해가 전혀 없는 경우도 있다. 이와 같은 니어·액시던트(Near Accident)에서도 계속해서 재발하면 중대한 재해가 될지도 모른다. 재해 방지라고 하는 목적을 위해서 해야 하는 것은 먼저 사고의 발생을 방지하는 것이다.

2) 원인 제거

재해를 방지하기 위해서는 사고를 방지하여야 한다. 사고는 왜 일어나는 것일까? 그것은 반드시 그 나름대로의 원인이 있기 때문이다. 재해와 사고와의 관계는 우연이 지배하지만 사고와 원인과의 관계는 필연이다. 그리고 이 원인을 배제하고 시정하고 개선된 상태를 유지하는 것이 안전관리 활동이다.

재해 원인, 즉 사고 원인에 관해서는 오래전부터 직접 원인(1차 원인)과 간접 원인(2차 원인)으로 나누어 분류하고 있다. 직접 원인은 물적 원인과 인적 원인으로 분류되고, 물적 원인은 설비, 원재료, 환경 등의 불안전한 상태가, 인적 원인은 작업자에 불안전 행동이 있는 경우에 일어난다. 간접 원인도 물적, 인적의 양 요인으로 나누어지게 되는데 전술한 4M의 원칙에 따라서 ① 인간적 원인 ② 기계 설비적 원인 ③ 작업 방법, 환경적 원인 ④ 관리적 원인으로 나누어 검토하는 것이 가장 좋다.

따라서 직접 원인과 그 발생에 결정적인 영향을 준 근본 원인을 동시에 제외하는 것이 안전관리에서 중요하다. 직접 원인만을 시정해도 사고는 반드시 재발하는 속성을 가지고 있다.

3) 안전 대책

안전 대책에는 사고의 사전조치와 사후 조치의 문제가 있다. 이 두 가지는 구별해서 생각해야 한다. 화재의 경우 가연성 물질과 발화원을 격리하여 사전에 처리하는 것이 예방이며 소화나 피난은 사후 조치이다.

사후 조치를 위한 대책도 중요하지만 사전조치가 안전 예방을 위해서도 훨씬 더 효과적인 것은 모두 인지하는 사실이다. 산업 재해와 그 원인이 되는 사고는 반드시 예방할 수 있다. 교류 아크 용접 장치의 홀더나 용접봉에 의한 사망자는 옛날부터 많이 있었으나 지금은 거의 사망자가 없다. 자동 전격 방지 장치를 사용한 후 부터 전격 위험을 방지할 수 있었기 때문이다. 또 직장의 모든 잠재 위험을 없애는 방법을 강구하고, 직장 전원이 참가하는 안전 활동을 통하여 8,500만 시간이나 재해 제로가 계속되고 있는 공장도 있다.

작업장 내의 일부에 요철이 있는 장소가 있다면 물건의 운반시나 통행중에 혼란이 일어나 부상이 일어나게 된다. 이런 경우 먼저 요철이 있는 장소를 평평하게 개선하면 되는 것이다.

통행 장소의 정리 정돈이나 운반중의 안전 교육을 강조하는 것보다는 기본적인 위험 요인을 빨리 제거하는 것이 중요하다. 위험은 기다려 주지 않기 때문이다.

사전조치는 직장의 모든 위험을 재해나 사고가 일어나기 전에 제거하는 착실한 활동을 실행하는 것이다. 그러기 위해서는 무엇이 위험한 것인지 간파하는 '눈'과 제거하는 '실행력'을 가질 필요가 있다. 또 현장이 점점 변화하고 기술적으로 고도화되면 잠깐 보아서는 알 수 없는 위험이 늘어나게 된다. 보이지 않는 위험을 감지할 수 있는 '두뇌'의 양성도 중요하다.

4) 법령

안전에서 적용하고 있는 3E의 하나인 Enforcement는 법령 규칙이나 사내 기준에 의해 규제되는 것을 말한다. 최근에는 상부에서 압력을 가하거나 강압에 의한 방침은 매우 약해지고 있다. 그러나 안전에서는 절대로 해서는 안되는 것과 반드시 해야 하는 일이 있다. 산업안전보건법에 의해 안전 기준이 정해져 있고, 사업장에는 설비면이나 작업면의 안전대책에 대해 현장에 지시가 내려져 있다. 그러나 안전장치는 제외되고 있고, 필요한 보호구를 착용하지 않고 작업이 행해지는 광경을 자주 볼 수 있다.

규칙에 정해져 있지만 좀처럼 지켜지기 어렵다고 하는 안전 스태프의 한탄을 듣게 되기도 한다. 그러나 그것은 당연한 일이다. 법령으로 정해져 있기 때문에 일이 어려워지고 진척되지 않을 때에 작업자는 이런 법령을 지킬 수 없는 것이 당연하다. 반드시 그것을 실행해야 한다는 생각을 하지 않기 때문이다. '규칙이기 때문에 지킨다'는 것만으로는 사람의 마음은 움직이지 않는다. 이 규칙의 내용은 일에 필요한 결정이라는 것을 납득하여야만 비로소 반드시 해야겠다는 마음이 생기는 것이다.

지키지 않는 것은 프로페셔널로서 잘못된 일이며 부끄러운 일이라고 생각하면 반드시 실행이 된다. 이것은 법의 규칙이든 사내의 규칙이든 마찬가지이다.

위험 방지 기준으로 정해진 법령·규칙의 각 조항은 몇 천명 아니 몇 만명의 작업자가 재해를 입은 통계 누적이 근거가 되고 있다. 이러한 사실에서 중요하고도 보편적인 기준으로서 최저한으로 정한 것이 법령·규칙이다.

안전에서는 방침이 매우 중요하다. 나쁜 것은 방침을 강요하는 데에 있다. 법령·규칙도 직장에서 납득이 되도록 설명하고 교육시킴으로써 실행해야 하는 최저한의 기준으로서 지켜져야 한다. 납득시키는 노력을 하지 않고 교육하는 노력을 게을리 하고 원칙을 포기해서는 안된다.

최근에는 직장과 관련 있는 법의 내용에 대해 아차 사고의 사례를 파악하여 도해화한 시트로 안전 교육을 하는 곳이 많아지고 있으며 이로 인한 성과를 올리고 있는 사업장도 많다. 작업자의 납득과 이해가 중요한 포인트이다.

5) 사업자 책임

기업이 자본을 투자하고 설비를 도입하고 작업자를 새로 고용해 생산을 개시한다. 그러기 위해서는 먼저 레이아웃, 기계 설비, 제조 공정, 품질, 작업 방법 등이 검토되어야 한다.

이러한 기획, 검토, 실시 단계를 경영자 전부 할 수는 없다. 다른 전문회사에 부탁하거나 자사의 사원에게 시키는 것이 흔한 일이다. 그리고 부장이나 과장 등 관리 감독자에게 일임하고 있는 생산 단계에서 산업 재해가 발생한 경우, 누구에게 그 책임이 있는 것일까? 바꾸어 말하면 안전 조치의 책임자는 누구인가? 한마디로 말하면 그것은 사업주(법인의 경우는 법인)이다. 부장이나 과장의 책임을 묻기 전에 먼저 사업주의 책임을 묻게 되는 것이다.

(1) 법상의 책임

산업 재해를 방지하기 위한 조치를 누가 해야 하는가는 사업주와 작업자 사이의 사법적 문제로서 처리해야 되는 것인지도 모르지만 산업 재해가 작업자에게 주는 피해의 중대성에 따라 국가는 산업재해의 방지에 관한 사항을 노사간의 사법적 관계에 맡기지 않고 산업안전보건법 등의 법률로 규제하고 있다.

즉 산업안전보건법에서 사업자는 「산업 재해의 방지를 위한 최저 기준을 확보하는 것뿐만 아니라 쾌적한 작업 환경의 실현과 작업 조건의 개선을 통해 직장에서 작업자의 안전과 건강을 확보하도록 해야 한다. 또 사업자는 국가가 실시하는 산업재해의 방지에 관한 시책에 협력하도록 해야 한다」로 정해져 있다. 그렇다고 법령으로 규제되고 있는 사항만 이행한다고 안전이 모든 것을 해결하였다는 생각은 좋은 생각이 아니다.

그럼 작업자의 책임은 도대체 어떻게 되는 것인가. 법의 총칙에서 「작업자는 산업재해를 방지하기 위하여 필요한 사항을 지키는 외에 사업자 기타의 관계자가 실시하는 산업 재해의 방지에 관한 조치에 협력하도록 노력해야 한다」고 정의하고 있는 것처럼 법의 보호 대상인 작업자에게도 재해 방지 책무가 있는 것을 알아야 한다. 즉, 작업자는 사업자가 법의 규정에 기초를 두고 「강구하는 조치에 따라 필요한 사항을 지켜야 한다」로 되어 있다.

법은 법령이 요구하는 안전 조치를 실시하는 경우뿐만 아니라 안전관리 활동 전반을 지배하는 것이다. 재해 제로 달성을 위해서 「자신의 안전은 자신이 지켜라」 라고 하는 질타성 격려가 생기게 된다. 「자신의 안전은 자신이 지켜라」 라고 하는 말은 본래 작업자가 자기 자신에 대해 훈계하는 말이다. 그러나 회사로서 해야 할 조치를 실행하지 않고 작업자의 안전 협력에 의존하는 일은 없도록 해야 한다.

(2) 안전 배려 의무

산업 재해가 발생한 경우 「과거와 같이 작업자 산재보상 보험금이 나오기 때문에 그것으로 해결된다」 라고 하는 시대는 없어졌다. 산업 재해로 피해를 입은 작업자의 신체·생명·건강 등의 손해에 대해서 민·사법상의 청구권에 기초를 두고, 기업에 대해 그 배상을 청구하는 사안이 매우 빠르게 증가하고 있다. 합의 혹은 재판에 의한 해결 금액도 고액화 되어 가고 있고 「수억원 배상시대」 라고 하는 말조차 나오고 있다.

배상 책임에는 예로부터 불법행위 책임(산업 재해의 발생에 관하여 경영자나 그 사용인에게 고의나 과실이 있었던 경우) 이외에 최근 가장 많이 묻고 있는 것으로 안전 배려 의무 위반 문제가 있다.

「안전 배려 의무」 란 「사용자의 설치에 관계되는 장소·시설 또는 기구 등의 설치 관리 또는 사용자의 지시하에 수행하는 공무의 관리에 있어 작업자의 생명 및 건강 등을 위험에서 보호하도록 배려해야 하는 의무」 를 말하는 것이다.

따라서 사업자는 작업자에 대해 근무의 제공에 대한 임금의 지불뿐만 아니라 근무의 제공에 있어 작업자의 신체·생명의 위험에서 작업자를 보호할 의무가 있으며, 법령에 정해져 있지 않아도 설비·환경·작업 방법의 위험 등에 대해 필요하다고 생각되는 조치를 취해 두지 않으면 민사상의 책임을 면할 수 없는 것이다.

사업자가 안전 배려 의무에 위반하고 있지 않는 것에 대한 입증은 다른 책임 요건의 입증의 경우와 달리 사업자 측에서 하여야 한다. 예를 들면, 평소부터 작업에 필요한 안전 교육을 충분히 실시하고 있었다든지, 작업시 사용하고 있었던 기계 설비는 안전하게 방호되고 있었고, 작업 지시는 구체적으로 오류 없이 한다 등에 대해서 사업자가 입증하지 않으면 안되는 것이다.

BASICS OF SAFETY CONTROL

03 기업경영과 안전관리

3.1 경영 속의 안전관리

1) 안전, 품질, 생산

안전관리란 작업자의 안전을 확보함과 동시에 근로의 안전도 확보하는 것이다. 사람만 안전하면 아무래도 좋다고 할 수는 없다. 물건을 위험 상태로 방치하는 것은 사람의 안전을 손상시키기 때문이다. 사람과 물건의 안전한 상호관계는 안전한 작업 방법 및 환경에 따라 성립한다.

공장 등 작업 현장에 있어 기계나 설비가 안전하게 정비되지 않고, 공정관리나 작업 절차가 지켜지지 않게 되면 작업자가 어느 정도 교육 훈련을 받고 있어도 안전의 효과는 오르지 않는다. 또 아무리 좋은 기계가 있어도 작업자가 그것에 대응한 교육훈련을 받지 않으면 능률을 올리기 어렵고 더 나아가 재해를 일으키기도 한다.

생산을 증가시켜 일에 스피드를 내면 생산 수량은 오르지만 불량품과 재해는 증가하는 것을 경험적으로 알고 있고, 작업시간이 길어지면 능률이 나빠지고 사고도 증가한다는 것이 보고되고 있다(그림 3.1, 그림 3.2)

생산과 안전과의 공존은 바른 작업에 의해 이루어진다. 바른 작업이란 무엇인가? 그것은 작업자가 무리하지 않고 순서에 따라 바르게 동작하는 것에 의해 나태와 실수가 없는 일을 진행시킬 수 있는 것을 말한다.

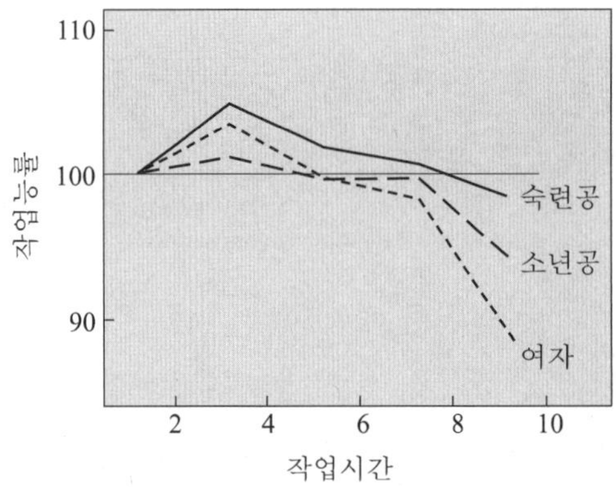

그림 3.1 선반작업에 있어서의 작업능률의 축차적 변화

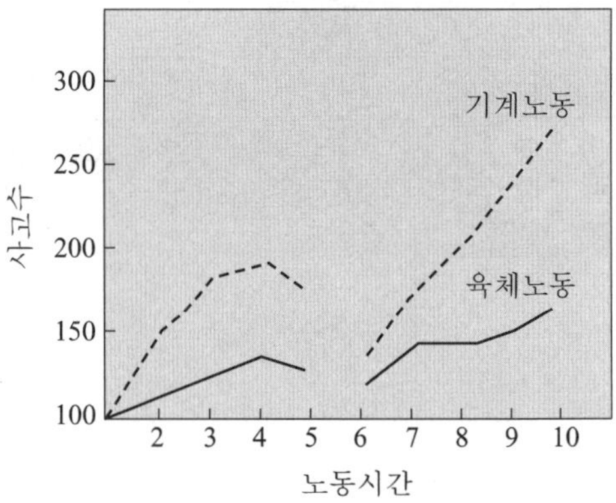

그림 3.2 기계노동, 육체노동별 사고 발생수(Vernon)

바르게 동작하는 것은 다음과 같다.

① 작업자에게 확고한 작업 수행 의지가 견지되고 있을 것
② 신체 각부에 대한 바른 조작법을 습득하고 합리적인 동작이 행해질 수 있을 것
③ 기계 설비나 작업용구의 사용 방법을 바르게 행할 수 있을 것
④ 기계 설비나 작업용구는 안전하고 사용하기 쉬울 것

그러나 실제 작업에 있어서는 생산 방법이나 환경이 인간에 적합한 경우도 있지만, 원래의 작업 형태를 잊고 변형되고 비뚤어진 작업이 평상시 작업인 것처럼 처리되는 경우도 많다. 그리고 기계 설비나 작업 환경의 불완전 상태를 그대로 두고 개선하지 않은 작업 방법을 적용하고 그것이 안전 작업이라고 하는 사업장도 많다. 현재 상태를 개선하고 그것에 맞는 작업 방법을 고려하여 안전의 중요성을 부각시키는 것이 중요하다.

안전 작업이란 바른 작업이다. 따라서 안전 작업은 품질과 능률을 보증하는 작업과 다를 바 없다.

1906년 U.S. 제강회사의 게리사장은 재해의 다발에 대처하기 위하여 회사의 지침이었던 생산 제1, 품질 제2, 안전 제3을 고치고, 안전 제1, 품질 제2, 생산 제3이라고 하는 것을 제창하였다. 중역진 중에는 이 제안에 반대하는 쪽도 적지 않았지만 게리사장의 결의는 굳건하여, 드디어 이러한 반대를 눌러버리고 이 지침을 채택, 실행에 옮겼다. 그 결과 재해의 감소뿐만 아니라 철강 제품의 품질은 대폭적으로 개선되고 생산성도

매해 향상되었다. 안전 제일을 목표로 한 이 운동이 품질이나 생산도 제일로 나타나게 된 것이다.

이것은 안전과 품질, 생산 세 개가 삼위일체의 관계에 있다는 것을 입증한 중요한 교훈이라 할 수 있다.

2) 손실 방지

엄격한 경제 환경속에서 경영의 불확실성, 불연속성은 기업의 생존과 직결된다. 재해에 의한 손해는 리스크 매니지먼트에서 말하는 순수 위험(손실만을 발생하는 리스크)의 하나지만 투기적 위험(손실이나 이익이 발생하는 리스크)에 비하여 손실 방지의 기업내 관심은 낮다. 그러나 다수의 리스크에 직면하는 최근의 기업은 산업 재해에 의한 손실에 대해서 경영관리로서의 중요성을 인식하기 시작하고 있다.

특히 건설업에 있어서 사망 재해가 발생하면 공공 공사의 입찰시 지명 회피, 업자 자격 부여시 마이너스의 영향 등에서 재해 방지는 기업 사활의 과제로 되고 있다.

그러나 영세한 중소기업에서는 안전관리에 대해 잘 지키지 않고 있으며, 지키지 않는 이유에 대해「바빠서 안전까지 신경 쓸 수 없다」「경기가 좋지 않기 때문에 안전을 생각할 수 있는 여건이 안된다」… 등 이익에는 필사적이지만 안전은 고려하지 않게 되는 것이다. 그러나 경기가 좋고 나쁨에 관계없이 현장에서는 생산이 매일 행해지고 있다. 이런 이유로 자재, 제조(공사), 운반, 검사, 판매 등 전반에 걸쳐 경기가 좋을 때 이상으로 무리, 나태, 헛됨이 없도록 해오고 있는지를 점검하고, 만일 그렇다면 안전관리 확보를 위한 연구와 개선이 필요하다. 재해에 의한 손실 방지는 그 무엇보다 우선한다. 수입증가를 위해 열심히 노력하는 것은 당연하지만 재해에 의한 손실을 줄이기 위한 노력은 경기가 좋을 때만 하는 것은 아니다. 경영에서 손실 방지(loss prevention)는 항상 행해야 한다.

안전관리가 소홀하여 경영에 손실을 미치는 것은 알고 있지만 재해나 사고는 매일 일어나는 것은 아니다. 예를 들면 작업자 300명의 사업장에서 한사람이 연간 2,000시간을 일했을 때 연간 재해 도수율은 1.9, 강도율이 0.17이면 연간 휴업재해 1건, 노동손실 일수는 102일이 된다.

◉— 1. 재해율(천인율)이라 함은 작업자수 100(1,000)인당 발생하는 재해자수의 비율을 말하며 다음과 같이 계산한다.

$$\frac{\text{재해자수}}{\text{상시근로자수}} \times 100(1{,}000)$$

2. 도수율(또는 빈도율)이라 함은 100만 근로시간당 재해발생건수를 말하며 다음과 같이 계산한다.

$$\frac{\text{재해건수}}{\text{연근로시간수}} \times 1{,}000{,}000$$

3. 강도율이라 함은 근로시간 합계 1,000시간당 재해로 인한 근로손실일수를 말하며 다음과 같이 계산한다. 사망, 부상 또는 질병이나 장해자의 장해등급별 근로손실일수는 아래 표와 같다.

$$\frac{\text{총근로손실일수}}{\text{연근로시간수}} \times 1{,}000$$

4. 작업자수라 함은 일용·상용 구분 없이 사업장에 종사하는 모든 작업자의 수를 말한다.
5. 재해자수라 함은 사망 및 지방노동관서에 최초 요양신청서(재진 용양신청이나 전원 용양신청서는 제외한다)를 제출한 재해자 중 요양승인을 받은 자의 수를 말한다.

◉— 기타 이 규정에서 사용하는 용어의 정의는 이 규정에 특별한 규정이 있는 것을 제외하고는 법·영 및 규칙이 정하는 바에 의한다.

예) 분기별 단위 계산방식

A 지방관서가 1월부터 3월(1/4분기)까지 조사표를 100매 접수했을 때

(가정 1) 재해자수 총 합계 : 110명(조사표상의 "(7) 동시재해 유발자수" 고려)

(가정 2) 100매에 각각 기입된 작업자수 총 합계 : 5,000명

(가정 3) 분기별 근로시간수 계산

100매에 각각 기입된 월간 근로시간수 총 합계×3개월=3,000,000시간

(가정 4) 근로손실일수 계산

100매에 각각 기입된 휴업(예정)일수 합계(단 사망은 7,500일, 신체 장해자는 등급판정표 일자기준)

* 100매 접수된 조사표 중 휴업일수 15일이 80명, 20일 25명, 사망자가 3명, 신체장해 8등급 2명이라고 할 때

$$\left(15\text{일}\times 80\text{명}\times \frac{300}{365}\right)+\left(20\text{일}\times 25\text{명}\times \frac{300}{365}\right)+7{,}500\text{일}\times 3\text{명}$$
$$+1{,}500\text{일}(8\text{등급})\times 2\text{명}=26{,}897\text{일}$$

◉— A지방관서 전 사업장의 1/4분기 재해율, 도수율, 강도율, 재해자 1인 평균 근로손실일수

① $\text{재해율}=\frac{\text{재해자수}}{\text{근로자수}}\times 100=\frac{110}{5{,}000}\times 100=2.2$

② $\text{도수율}=\frac{\text{재해건수}}{\text{연근로시간수}}\times 1{,}000{,}000=\frac{100}{3{,}000{,}000}\times 1{,}000{,}000=33.3$

③ $\text{강도율}=\frac{\text{총근로손실일수}}{\text{연근로시간수}}\times 1{,}000=\frac{26{,}897}{3{,}000{,}000}\times 1{,}000=8.2$

④ $\text{재해자 1인 평균 근로손실일수}=\frac{\text{근로손실일수}}{\text{재해자수}}=\frac{26{,}897}{110}=244.5\text{일}$

※ 각 업종별 또는 규모별로도 동일한 방식에 의해 계산 가능

◉— 근로 손실 일수

① 사망 및 영구전노동 불능(장해 등급 1급~3급) 7,500일

② 영구 일부 노동 불능

신체장해등급	4	5	6	7	8	9	10	11	12	13	14
노동손실일수	5,500	4,000	3,000	2,200	1,500	1,000	600	400	200	100	50

③ 일시 전노동 불능은 달력에 의한 휴업일수에 300/365를 곱한 것

이 손실 외에, 피해자와 관련 없는 사람의 미취업, 재해에 의한 물적 손실이나 생산 손실, 기타의 여러 손실이 있다. 또한 불휴재해나 무상해사고, 아차 사고가 하인리히의 법칙이나 버드의 법칙 비율대로 반드시 따르지는 않더라도 휴업 재해 건수의 몇 배가 일어나고 있을 것이다.

이와 같은 재해손실을 총계로 하면 상당한 피해가 되지만 이 경영 손실을 제어하지 못하고 중요성을 이해하지 않는 경영자는 재해라고 하는 결과만을 보고, 수많은 원인에 의한 손실은 보지 못하고 있는 것이다.

3) 기업 활성화와 안전관리

손실방지와 같은 방어적인 사고방식보다는 안전관리가 기업 경영에 미치는 적극적인 효과를 인정하는 사고방식이 강해지고 있다.

안전관리에 있어서도 휴머니즘, 사업자 책임, 손실 방지 등의 문제는 당연한 것이라 여기고, 기업 체질의 강화와 적극적인 연관성을 갖고 안전 활동을 활발하게 진행시키려는 사고방식이 전개되고 있다.

어느 기업에서는 안전관리의 이념으로서 경영적 효과를 염두에 두고 기업 활성화와 관련해서 안전관리를 다음과 같이 정하고 있다.

「우리들은 경영 철학에 "안전 최우선"을 설정하고, 안전은 모든 관리의 중심이라고 생각한다. 왜냐하면 기업은 사람의 모임이다. 기업이 성장하는지 망하는지는 사람의 질에서 정해진다. 우리들은 사람의 질을 높이는 것에 의해 일의 질을 높여야 한다. 직장의 인간관계를 개선하고 안전에 대한 도덕적 가치를 높이고 작업규칙을 철저히 지킨다. 이것은 안전관리를 직장 구석구석까지 철저하게 하지 않으면 실현할 수 없다. 안전의 철저는 사람의 질을 높이고, 기업의 활성화를 위해서 불가결의 것이다」 라고 선언한 기업도 있다.

안전의 선진 기업, 재해 제로가 장기간 계속되고 있는 안전 우량 기업이, 또한 안전관리에 전사적으로 노력하는 회사가 최근 많아진 것은 안전에 대해 고무적이라 할 수 있다. 최근 소집단 활동과 결합된 여러 가지 안전 활동이 직장의 일반 작업자들의 안전 활성화에 도움이 되고 있다고 한다. 게리의 「안전 제일」 사상을 더욱더 발전시킨 사고방식으로서 이해되길 바란다.

3.2 산업재해에 의한 손실

1) 재해 코스트

재해에 의해 경영자가 입는 경영 손실을 재해 코스트라고 하는데, 특히 미국에서는 오래전부터 관심을 가져 왔다. 일본의 재해 방지 활동은 법규적, 행정적, 윤리적인 요청이 선행됐기 때문에 산업 안전에 대한 경영적 이해가 부족하였고 숫자적 설명도 미국만큼 풍부하지 못하다.

재해 코스트 계산법으로서 종래 행해져 왔던 방법을 설명하면 다음과 같다.

(1) 하인리히 방식

1930년 하인리히는 그 저서 중에 산업 재해에 의해 생긴 재해 코스트에 관한 연구 성과를 발표하였다.

피해자에게 지불된 보상금액을 「직접 손실」로 하고, 이것 이외의 생산 정지 손실이나 재산 손실 등을 「간접 손실」로 조사한 결과, 산업재해에 의해 기업이 입는 손실에서 간접손실은 직접손실의 4배가 된다는 것을 발표하였다. 이 직·간손실비 1 : 4는 유명한 이야기이다. 이 비율이 올바르면 재해 코스트의 계산은 편하며 직접 코스트만 알면 5배가 총 재해손실임을 산정할 수 있게 된다.

일본에서는 1945년대 후반에 재해 코스트 계산이 성행하게 되었지만 그 비율을 그대로 적용하는 것은 대단히 의문스러웠다. 폭발, 화재 등 설비 피해가 큰 경우를 제외하고, 일반적으로 직·간접비는 1.15~1.5배가 되는 것으로 산정하였으나 그대로 적용하지는 않았으며, 현재 우리 정부에서는 하인리히 방식을 채택하고 있다.

(2) 시몬즈 방식

시몬즈는 재해 코스트를 「보험 코스트」와 「비보험 코스트」로 나누어 산정하는 방식을 제창하였다. 시몬즈가 나타낸 산정 방식은 다음과 같다.

총코스트 = 보험 코스트 + 비보험 코스트
= 보험 코스트 + A×휴업상해건수 + B×통원상해건수
+ C×응급처치상해건수 + D×무상해사고건수

이 식에서 「보험 코스트」는 작업자 산재 보험료와 보상에 관련된 여러 경비를 합한 금액이다. 메리트제의 적용을 받는 회사에서는 메리트에 의한 환부금을 보험료에서 공제한 금액으로 하고 있다.

「비보험 코스트」를 산출하기 위해 사용하는 A, B, C 및 D는 상해 정도별의 재해에 대한 비보험 코스트의 평균액이다. 시몬즈의 「비보험 코스트」는 다음과 같다.

① 작업자 재해 보상을 받을 수 없어 회사부담이 되는 의료비 및 휴업 수당
② 감독자 및 관계 작업자가 재해 때문에 일을 중지한 시간(응급조치, 복구, 조사, 작업자 재해 보상 사무 등)에 대한 임금 코스트
③ 설비 및 재료의 수리, 철거, 복구를 위한 순수손실
④ 피해자의 직장 복귀후 생산 감소에 의한 임금 로스
⑤ 신규 작업자의 교육 훈련 코스트
⑥ 기타의 특수 코스트
 · 소송관계 비용
 · 임차 설비 임차료
 · 계약 해제에 의한 손해
 · 모집을 위해서 특별 지출을 필요로 했던 경우 대체 작업자 모집 경비
 · 신규 작업자에 의한 기계 손모(특히 현저한 경우)
 · 연체료

(3) 일본에서의 재해 코스트 산정

일본에서는 재해 코스트의 요소나 산정 평가에 관한 정설이라고 할 만한 것은 없다. 그러나 재해 코스트를 산정하는 것 자체가 헛된 일은 아니다. 산정에 있어 대상이라고 해야 하는 요소에 관해서는 표 3.1에 언급한 내용이 현재까지 보편적인 것으로 되어 있다.

2) 민사배상

재해코스트에서 설명한 재해 코스트는 경영자가 입는 경제적 손실을 산정하는 것으로 작업자 및 가족의 손실은 별도라고 생각하였다.

시몬즈의 방식에서는 관계자의 취조 등에 대한 소송 관계 비용은 포함되어도 손해배상금은 포함되고 있지 않다. 일본에서도 「피해 작업자의 경제 손실은 재해 코스트의 범위에 들어가지 않는다. 또 피해 작업자의 친척 기타의 사람들이 부담하는 경제 손실도 포함할 수 없다」와 같이 취급되어 왔으나 이것을 고칠 필요가 있다. 작업자의 손해를 경영자가 배상하게 되면 그것은 경영자의 손실이기 때문이다. 오늘날 산업재해에

표 3.1 • 재해코스트의 요소

A. 법정 보상 코스트(보험 지불분)
① 요양보상비(장기부상과 질병보상추산을 포함)
② 휴업보상비(보험에 의한 부분)
③ 장해보상비(연금을 받는 경우 추산한 액)
④ 유족 보상비(위와 같음)
⑤ 장례비

$$A = \sum[①\sim⑤] \times \left(1 + \frac{15}{115}\right)$$

B. 법정 보상 코스트(자사 부담분, 휴업 4일 미만의 휴업 보상비)
$B = \sum$(휴업 4일 미만의 휴업 보상비)

C. 법정 보상 이외의 지출
① 각종 위로금, 보상비(사칙, 협약)
② 퇴직금 할증액
③ 공물료, 화환대 등
④ 회사장을 행하는 경우의 비용 또는 장례식비 보조 경비
⑤ 입원중의 사람에 대한 법정요상보상 이외의 경비
⑥ 기타의 법정 보상 이외의 경비
$C = \sum[①\sim⑥]$

D. 재해에 의한 인적 손실
① 피해자에 의한 손실
a. 당일 근로시간손실
b. 휴업기간중의 근로시간손실
c. 통원 기타에 의한 근로 시간 손실
(주) 이 경우 임금을 지불한 동시간만은 계산하고, 휴업 보상을 급부한 경우는 중복시킬 수 없다.

② 피해자 이외의 자에 의한 손실
a. 구조, 연락 등을 위한 부동시간
b. 작업자 대기를 위한 부동시간
c. 재해 조사, 대책, 기록 등을 위한 부동시간
d. 재해 복구, 정리 등을 위한 부동시간
e 문병, 간호를 위한 부동시간
f. 혼란 때문에 구경, 야유 등을 위한 부동시간
$D = $ 평균임금 $\times [①+②]$

E. 재해에 의한 물적 손실
① 건물, 설비 등의 손실
② 기계, 기구, 공구류의 손실
③ 원료, 재료, 미완성품, 제품 등의 손실
④ 보호구 등의 손실
⑤ 동력, 연료 등의 손실
⑥ 기타의 동적 손실
$E = \sum[①\sim⑥]$

F. 생산 손실
① 재해에 의한 생산 감소를 회복하기 위해 여분으로 부담한 경비
② 재해 때문에 생산이 멈추고 또는 생산 감소로 인하 판매 이익의 감소액
$F = ①+②$

G. 특수손비
① 대체자의 능력 부족 때문에 생기는 모든 임금 손실
② 피해자가 직장에 복귀 후 값이 비싸게 지불된 임금 손실
③ 재해 처리를 위한 여비, 통신비 등
④ 섭외접대비
⑤ 소송 및 그 결과 지불을 필요로 한 경비
⑥ 계약 미 수행을 위한 연체료 기타
⑦ 노동자의 신규 채용비
⑧ 신규 채용자에 대한 교육, 훈련비 등
⑨ 재해 때문에 일어났던 제2차 이하의 사고에 의한 손실
⑩ 제 삼자에 대한 보상, 문병, 사례 등의 경비
⑪ 생산 체재 부흥을 위한 금융 대책비 및 금리 부담
⑫ 기타 재해 발생에 따른 경영자의 부담 경비
$G = \sum[①\sim⑫]$

관하여 경영자에 대해 행해지는 손해 배상 청구는 상당히 많아지고 있는 것이 현실이다.

일본의 경우에는 1965년 후반 산업재해에 대하여 민사상의 손해 배상 청구 소송을 일으킨 사건이 늘기 시작하였고, 또 1972년 법의 제정과 궤도를 같이 하여 경영자의 작업자에 대한 「안전 배려 의무」라고 하는 노동 계약상의 산업재해 방지 의무가 판례로 정착하는데 이르렀다.

이와 함께 우리나라도 일반적으로 교통사고를 중심으로 하여 손해 배상금액이 고액화 되었다. 예를 들면 1964년에 자동차 배상 책임 보험의 사망 최고액은 천만원 이었던 것이 1986년에는 실제로 2억 5천만원으로 25배가 되고 있다.

현재는 사망 재해나 3급 이상의 영구 노동 능력 상실인 경우에는 수억원 정도의 손해배상을 각오하지 않으면 안되며, 손해 배상 수억원 시대라고 한 것도 이미 오래전 일이다.

산업 재해에 의한 손실 경비를 생각하면 민사 배상금이 기업에 있어서 대단한 부담이 되는 것을 각오할 필요가 있다.

3) 제조물 책임

기업의 제품에 결함이 있고, 그 결함에 의해 일어난 사고 손해에 대한 배상 책임을 제조물 책임(product liability : P.L)이라고 한다. P. L은 1960년경 제기되었고 1965년에 엄격한 책임의 이행과 함께 미국 지역으로 넓어지고 1970년대 후반에는 제소된 배상 소송이 수 만건에 달했다.

법령에 있어서도 특정 기계나 위험 기계 설비, 안전장치, 보호구 등에 대해서 규격이 정해져 있고, 제조·유통 단계에서 규제를 가하고 있다.

제조사는 제조 판매하는 설비의 안전성 확보에 고도의 주의를 해야 할 의무가 부과되고 이것을 이행하려면 설계 역할이 크다. 예방 기술의 도입이나 재해 사례 등의 경험 활용 외에 나라마다 안전의 여러 기준을 상회하는 엄격한 기준을 설정하여 안전성을 체크하고, 충분한 시험에 의해 안전성이나 사용 대책 효과 등을 확인하는 것이 필요하다.

지금은 제조물 책임이 발생할 경우를 대비하여 손해보험 가입을 행하고 있는 기업이 많다.

4) 공사 입찰 거부 등

건설업의 경우에 제한되지만 건설 공사에 있어서 재해나 중대 재해를 일으키는 업체는 발생한 날로부터 일정기간에 걸쳐 공공 공사 입찰이 거부된다.

건설업의 근로자수는 전 산업 근로자수의 약 10%이지만 사망 재해는 전체의 40%를 차지하고 있다. 건설업에 대한 재해 다발 경향을 개선, 타파하기 위해 정부도 여러 가지 행정지도를 행하고 있다.

등록 업자의 경영 심사에서 안전에 관한 성적도 심사 항목에 들어가 있고, 사망 재해나 중대사고를 일으킨 경우에 건설업법에 기초하는 지시, 영업 정지 등의 처분을 할 수도 있다. 그러나 통상 행해지는 가장 엄격한 제재는 공공 공사 입찰의 지명 회피이다. 사망 재해를 일으키면 그 후 몇 개월 정도 공공 공사에서 탈락되는 것은 건설회사에 있어서 대단히 손실이다.

건설업에서 산업 재해의 방지는 기업 존폐 때문이라고 하는 말이 있다. 표현이 좋고 나쁨은 별도로 하더라도 그 의미하는 점은 깊이 생각해 볼 필요가 있다.

3.3 사업주와 안전관리

1) 사업주의 이상적 관계

안전관리가 잘 되는지 아닌지는 톱의 자세에 있다고 말할 수 있다. 그 자세란 무엇인가? 많은 사업장에는 재해를 없애기 위한 필요한 작업자의 「할 기분」이 강조되고 있다. 그러나 안전한 직장을 만들기 위한 「할 기분」은 어디에서 일어나는 것일까? 그것은 먼저 안전의 책임을 지는 경영 책임자가 작업자에게 구하기 전에 스스로 안전에 대한 「할 기분」을 갖는 일이다. 부하에게 「할 기분」을 강조하는 이상 자신이 안전에 대해서 총책임을 가지고 안전 시책의 선두에 서는 결의를 부하에게 보여주지 않으면 안된다.

모든 부하는 상사의 이상적 관계에 대단히 민감하다. 작업자는 상사의 말과 행동 중에 안전의 「할 기분」을 느끼게 될 때 비로서 자신도 「할 기분」을 가지게 되는 것이다. 그 때문에 상사는 안전에 대해 남의 얘기가 아닌 자신의 말로 부하에게 안전의 결의를 말해야 한다. 그러기 위해선 회사의 안전에 대해 스스로 생각할 필요가 있다. 사업주는 안전의 중요성을 아는 것만으로 만족해서는 안된다. 스스로 생각하고 자신의 말로 호소하지 않으면 사람을 움직이지 못하는 것이다.

2) 사업주 안전 임무

안전관리는 사업자의 책임하에 행해져야 한다. 사업자 즉 경영 총 조직을 대표하는 사람을 사업주라 부른다. 사업주는 기업의 경영을 총괄 지휘하는 것이며, 조직 내의 전반에 걸친 안전관리에 책임을 가지고 있다. 사업주는 안전에 관한 기본방침을 명확하게 발표하고 각 조직의 책임자를 통해 모든 조직에게 철저히 습득될 수 있는 시스템이 되어야 한다. 사업주 중에는 총괄 안전 보건 관리자로 되어 있는 사람도 있고 그렇지 않은 사람도 있다. 그러나 이와 관계없이 사업주는 전종업원의 안전확보를 위해 다음의 일을 해야 한다.

① 자기가 총괄하고 있는 모든 조직에 대해 안전관리 기본방침을 분명히 한다.
② 안전관리 계획을 작성하고 안전관리 실시를 계획적으로 진행시킨다. 이 계획은 기본방침에 따라 모든 조직에 걸쳐 기본적인 문제점과 개선 목표를 가지는 것이다.
③ 라인의 각급 관리·감독자의 안전 책임과 조치 권한을 명확하게 한다.
④ 생산 활동과 안전 작업이 하나가 되어 행해지도록 매뉴얼·규정을 정비시킨다.
⑤ 안전 스태프(안전관리 담당 부문)의 역할과 구체적인 직무를 정하고 행한다. 안전 스태프는 사업주의 참모역할이며 안전 활동의 연출자이다.
⑥ 하청 사업장에 대한 안전 지도·감독을 충분히 행하게 한다.
⑦ 계열 사업장의 안전 활동을 추진시킨다.

사업주에는 산업안전법상의 사업자 책임뿐만 아니라 안전 배려의 의무가 있다. 따라서 이러한 것은 총괄 안전 보건 관리자나 안전 담당 부분의 책임이라고 생각해서는 안된다. 실시는 각 부문에 있어서 행해지지만 책임은 사업주에 있다. 사업주는 사업을 최종적으로 결정하는 권한을 가진 단 한사람의 인간이다. 사업주는 자기가 총괄하는 전

표 3.2 • 안전관리업무 일람표의 예

사업소장	① 안전 보건 추진을 위한 연간 계획을 세우고, 이것을 추진한다. ② 설비 및 작업 환경을 안전하게 유지하기 위한 방식을 확립한다. ③ 작업 방법을 안전하게 하기 위한 방식을 확립한다. ④ 안전 보건 교육 계획을 정한다. ⑤ 안전 보건 의식을 높이는 정책이나 행사의 실시를 정한다. ⑥ 중대 재해에 관해서는 스스로 선두에서 원인을 규명하고 대책을 정한다. ⑦ 법규정의 각종 관리자, 작업 담당자의 임명을 행한다. ⑧ 스스로 사업소 전체의 안전 보건 활동을 평가하고, 다음 계획에 유용하게 쓴다.
관리자	① 사업소의 연간 안전 보건 교육 계획에 기초를 두고 부내 안전 위생 계획을 세우고 실시한다. ② 부내의 안전 위생 점검 제도를 확립하고 실시한다. ③ 안전 보건을 배려한 작업을 정하고 필요에 따라 개선한다. ④ 설비, 작업 장소, 작업 방법에 위험이 있는 경우에는 응급처치를 취한다. ⑤ 설비·공정·작업 방법 등을 변경하는 경우에는 사전에 안전 보건 측면에서 검토한다. ⑥ 부내에 필요한 법정 혹은 사내에서 정한 유자격자, 기능 전형 지도자, 작업 책임자를 확보한다. ⑦ 유해·위험물에 관한 적정한 관리 방법을 정하고 지도한다. ⑧ 필요한 보호구를 정하고 설치한다. ⑨ 발생한 재해 및 직업성 질병의 원인을 조사하고 안전 보건상의 개선을 행한다. ⑩ 부내의 재해 발생률(경향)을 파악하여 중점 대책을 정한다. ⑪ 부하 감독자의 안전 보건 활동에 대한 평가와 지도를 행한다.
감독자	① 안전 작업 순서에 대해 부하와 협동으로 초안 혹은 개선안을 만들고 상사에게 제출한다. ② 안전 작업 순서에 기초를 두고 부하를 훈련·지도하고 이를 지키도록 한다.. ③ 드물게 행하는 작업, 지원 작업, 안전 작업 순서가 정해져 있지 않는 작업에 관해서는 사전에 절차 결정, 작업 배분, 안전 보건상의 지시를 준다. ④ 담당 직장의 불안전 상태(환경)를 적출하고 시정개선을 행한다. ⑤ 다른 부문 또는 하청업자와의 협동 작업이나 경험 작업 경우에는 사전에 안전 보건 협의를 한다. ⑥ 직장 안전 보건회의 등을 열어 지도하고, 직장 그룹의 자주 안전 보건 활동 활발화를 지원한다. ⑦ 보호구를 정비한다. ⑧ 부하에 대해 일반 안전 보건 지도를 행한다. ⑨ 정리 정돈, 청결을 솔선 지도한다. ⑩ 화기의 단속을 한다. ⑪ 재해 발생시 응급처치를 하고 재해 보고서를 작성한다.

일반 작업자	① 작업전 점검을 확실하게 실시하고 이상으로 인정된 때는 즉각 상사에게 보고한다. ② 작업중 스스로 정리 정돈에 노력한다. ③ 안전 작업 순서를 지킨다. ④ 정해진 신호, 연락을 실시한다. ⑤ 정해진 대로 보호구를 착용 사용한다. ⑥ 스스로 적극적으로 안전 보건에 대해 개선 제안을 내는 외에 그룹활동에 적극적으로 참가한다. ⑦ 일할 수 있는 체력 만들기를 적극적으로 행한다. ⑧ 유해·위험물의 취급 규칙을 지킨다.

사업장에 있어서 소속하는 모든 사람을 움직이게 하는 권한을 가지고 있으며, 필요한 기계 설비를 설치·사용하고, 또 구입한 모든 원재료를 가공하는 권한을 가지고 있다. 사업주는 이러한 권한 아래 안전에서의 최고 책임자이다.

따라서 그의 권한과 책임이 조직에 뚜렷하게 파급될 수 있도록 각 급의 관리·감독자에게 권한과 책임을 계층적으로 분배하여야 한다. 참고로 사업장에서의 사업소장, 각급 관리·감독자 및 일반 작업원에 관한 안전 보건 업무를 계층적으로 정한 일람표를 표 3.2에 나타내었다.

3) 톱다운(Top down)과 보텀업(Bottom up)

"강한 개성을 가진 현대의 젊은이들이 조직적인 일에 자신의 의지와 관계없이 배치되고 상사의 지도·감독을 받으면서 수동적인 직장생활을 보낸다. 재해 방지 때문에 필요한 지시 사항이 상사로부터 매일 반복된다" 라고 하면 안전 작업에 개개인의 정열이 들어가지 않게 되는 것도 무리가 아니다.

재래의 안전관리 방식은 위에서 아래로의 톱다운 방식이었다. 이것은 지시 명령이 일반적으로 하부에 밀어붙여져 말단 작업자는 일단 이해하지만 반드시 행동으로 연결되지 않는다는 결함을 낳기가 쉽다.

그러나 1965년대 이후의 QC, ZD(Zero Defect) 등의 관리 활동에 있어서 직장 그룹 내 개개인의 문제점을 생각하고 목표에 대해 힘을 합하여 일에 대한 「할 기분」을 증대함으로써 일의 질을 높이고 실수를 없애고 생산성을 높이는 관리활동을 경험하게 되었다. 이것은 톱다운에 대한 보텀업이며 안전 소집단 활동의 부흥이다. 「제로 재해 전원 참가운동」도 소집단 활동 방식에 의한 위험 예지 활동을 중심으로 한 보텀업 운동의 하나이다.

톱의 안전관리 방침을 조직의 구석구석까지 침투시키기 위해 중요한 것은 톱다운과 보텀업의 결합이다. 종전대로 관리 감독자가 지시·설득도 한다. 그러나 그것보다 앞서 그룹 리더를 중심으로 한 보텀업의 힘을 강화하고 양자가 서로 협력하여 안전 활동을 행하는 것이 중요하다. 그러나 일부에서는 보텀업을 추구하는 나머지 톱다운을 보텀업으로 바꿔 버리는 예도 있었지만 이것은 대단한 오류이다.

잘못된 예로서 N공장에는 기계에 의한 「끼임의 재해」가 가장 많았고, 다음이 전도 사고에 의한 재해가 많았다. 그래서 신년도에 있어서 다음과 같은 중점 목표와 대책을 세웠다.

◉— 중점목표 : 작업자의 안전 의식 고양, 개개인의 안전은 자기 자신이 지킨다. 라는 의식을 가진다.

중점대책 : 시트에 의한 위험 예지 훈련을 1년간 실시한 후 TBM에서 실시한다.

이 대책이 잘못은 아닐지 모르지만 1년간 이것밖에 하지 않는 것은 잘못이다. 재해가 일어나고 있는 원인을 충분히 조사하고 안전에 대한 작업자의 「할 기분」은 어떤지, 기계의 안전 방호에 결함은 없는지, 본질 안전화가 강구되고 있는지, 작업 방법과 작업 환경은 좋은지, 직장의 지도방식은 좋은 방법인지 등 여러 문제점을 분석하고 종합적인 대책을 수립하는 것은 톱 측에 있다. 이것은 톱다운의 형식으로 전달되어 보텀업의 힘을 맺어 실행된다. 톱다운과 보텀업은 결코 양자 택일 문제는 아닌 것이다.

PART | 2

산업재해의 원인 분석

01 재해원인에 대한 사고

1.1 재해의 진상 파악

산업 재해 원인은 결코 한 가지만이 아니다. 사람, 기계, 원재료 등의 결함이 결합하여 재해라고 하는 결과적인 현상에 이르기 때문에 재해 원인을 구성하는 요소가 실질적으로 많이 존재하게 된다. 이 재해 사실을 확실하게 분석하지 못한 재해 원인 분석은 틀린 분석이 되며, 틀린 분석으로부터 나온 재해 방지 대책은 유용하게 사용할 수 없게 된다.

실제로 사고가 난 사례에 대해 분석하면 다음과 같다. ○○○○년 ○월 ○일 크레인으로 철재를 매달아 올리는 작업중, 철재가 낙하하여 바로 밑에서 작업을 도와주던 작업원이 철재에 의한 중상 재해가 발생하였다. 이 재해에 대해 현장 책임자로부터 다음과 같은 보고가 있었다.

① 짐(철재)이 평소와 다른 형태의 것이었지만, 작업자 A는 와이어로프를 짐에 걸고 크레인 운전사 B에게 신호를 보냈다.

② B가 짐을 올렸더니 짐이 기울었다.

③ A는 짐을 매단 위치에서 짐을 올려보는 모양으로 감시하고 있다가 떨어지는 철재를 보고 황급히 후방으로 물러설 때 중심을 잃고 엉덩방아를 찧다.

④ 그곳에 낙하한 철재가 A에게 부딪쳤기 때문에 A는 허리부분타박, 하퇴부골절의 중상을 입었다.

⑤ 재해는 오후 8시경에 발생한 것으로 잔업중이었다.

⑥ 원인은 A의 짐 매달기 방법의 불량과 짐을 감시하는 위치의 부적절함이다.

⑦ 재발 방지 대책으로는 A를 재교육시키는 동시에 짐 매달기 작업자 전원에게 이와 같은 사례를 주지시킨다.

이것으로 일단 조치가 잘된 것처럼 보였으나 실은 다음과 같은 사실을 간과하고 있었다는 것이 재해 조사결과 명백하게 나타났다.

① 항상 사용하는 짐 매달기 와이어로프는 다른 크레인에서 사용하고 있었기 때문에 A는 길이가 다른 와이어 2개를 사슬로 걸어 사용하였다.
② B는 와이어를 거는 방법이 조금 이상하다 라고 느꼈지만 조명이 어두워 잘 보이지 않고 A로부터의 신호도 있었기 때문에 짐을 낚아 올렸다.
③ 조명이 어두웠던 것은 크레인 운전실 하부에 부착되어 있던 조명등의 전구손상에 의한 것이었다.
④ A가 있던 장소는 바닥이 울퉁불퉁한 곳이었다.

이 정도의 사실만 판명되어도 방지대책은 짐 매달기 작업원만의 문제만은 아닌 것이 된다. 적정한 작업용구를 직장마다 필요한 만큼 갖추어 둘 것, 파손된 조명등은 즉각 수리할 것, 작업바닥을 평탄하게 정비하는 것 등 이른바 물적 대책이 필요하다. 이 재해는 사후 대책이 취해졌지만 이 예에서와 같이 재해가 일어난 경우 조사 착수 방법에 따라서 결론은 매우 다르게 나타난다. 재해가 발생하면 재해라고 하는 결과적 현상에 이르는 시계열적(연대순, chronological)인 경과를 잘 조사하여 원인 요소를 빠짐없이 수집하는 것이 그 무엇보다 중요하다.

복잡한 재해 발생상황이라도 시계열적 조사를 함으로써 다수의 발생 요인 속에 무엇이 가장 중요한 발생 원인인가를 올바르게 해명할 수가 있으며, 재해 발생의 근본문제는 한 작업자만의 문제가 아니고 사업장 전체의 문제라는 것이 명백하게 밝혀지게 되는 것이다.

1.2 잘못된 재해 원인론

산업 재해에 관해서 오래전부터 잘못된 사고가 있다. 안전관리에 대한 인식이 광범

위하게 확산되어 있는 현재에는 일부 표면에 나타나지 않는 것 같지만 안전 대책을 검토할 경우 불쑥 나오는 경우가 있다.

먼저 재해 우연론이라고 하는 것이 있다. 「운이 나빴다」로서 단념해 버리는 사고방식이다. 안전 대책은 전혀 아무것도 세우지 않고 재해가 우연히 발생하였다고 단념해 버리는 것은 여기서 다루는 것은 무의미 하지만, 재해는 TPO인 것이다. 즉 Time(시간)과 Place(장소)와 Opportunity(기회)로서, 산간의 도로 공사중에 벼랑 위의 낙석이 떨어져 사망 재해가 발생한 것을 운이 나빴다고 생각하는 경우이다. 벼랑 비탈면에 걸려 있는 돌은 언젠가는 떨어지게 되어 있다. 떨어지는 것은 우연이 아니다. 바로 밑에 있었다는 것은 작업 구간이 거기로 설정된 때부터 언젠가는 누군가가 그곳에서 작업을 할 것이라고 예상하고 있었던 만큼 당연한 일이다. 생각할 수 있는 한도의 위험을 제거하는 것이 안전관리이기 때문에 작업중에 존재하고 있던 위험 때문에 사고, 재해가 발생했다는 것은 위험의 예측과 사전 대책이 부족했다고 생각해야 하며 운이 나쁘고 우연하게 사고를 만나 재해로 되었다는 것은 안전관리의 본질에서 벗어난 생각의 사고인 것이다.

두 번째로 재해 불가피론의 사고방식이다. 직장 개개인이 「재해 제로」 등은 도저히 무리한 도전이라고 단념해 버리는 것이다. 정부표창을 받은 안전 우수 사업장이라 하더라도 매년 재해 제로를 달성하는 것은 쉬운 일이 아니며 또한 계속되는 것도 아니지 않은가? 이런 이유로 공장이나 건설현장에서 재해제로라는 것은 특수한 예라고 생각하는 사람이 많다는 것이다.

근대적인 기계 생산 방식이 일반화되고 일찍이 인간－도구계에서 인간－기계계로 변화된 작업 환경내에서는 인간 주변에서 사용되는 에너지의 종류, 형태, 분량으로 보아 인간이 피해를 입는 것은 어쩔 수 없다는 사고방식이다.

그러나 공장이라도 공장의 각 과, 각 직장마다 대부분의 과, 직장이 재해 제로라는 기록을 몇 년씩이나 계속하는 곳도 있다. 또 재해가 있었던 과, 직장이라도 몇 년이나 재해 제로가 계속되고 있을 것이다. 하인리히는 75,000건의 재해를 분석한 결과 98%는 예방이 가능하였다고 보고하고 있다.

재해는 방지할 수 있는 것이다. 기계, 위험물질, 전기, 기타 에너지를 제어해서 몇 년씩 재해를 발생시키지 않고 생산을 계속해 온 직장은 무수하게 많다. 재해는 반드시 방지할 수 있는 것이다.

끝으로 재해 부주의론이라는 것이 있다. 재해는 인간의 주의력이 부족한 경우에 일어나는 것으로 모든 경우 주의만 충분히 하고 있으면 재해는 일어나지 않는다고 하는 것이다. 이 사고방식은 아직도 뿌리 깊게 남아 있다. 재해 원인에 부주의라는 말을 사용해서는 안된다 라는 것을 알고 있어도 인간의 주의력에 의존한 재해 방지 대책을 주장하는 사람은 결국 재해 부주의론자인 것이다.

안전 심리학자인 카리노 히로유끼는 「많은 경우, 부주의는 인간이 고의로 부주의하게 되는 것은 아니고 자연 법칙적으로 부주의라는 현상이 일어난다고 생각해야 한다. ……부주의는 원인이 아니고 오히려 결과이며, 그러한 부주의가 발생하는 조건을 분석하고, 연구나 제거하는 방법도 생각하지 않은 채 '주의에 의해 재해를 방지한다'라는 사고방식은 너무나 비과학적인 정신주의적인 안전관리라고 하지 않을 수 없다」 라고 지적하고 있다. 다시 말하면 안전관리는 부주의와 주의의 투쟁이라고도 말할 수 있다.

이상 잘못된 사고방식은 재해 원인 분석과 안전 대책 수립에 있어서 대단히 비효율적이며 엄격히 배제하여야 한다.

1.3 물적 원인과 인적 원인

재해 발생의 직접적인 원인을 구분하면 물적인 요소에 의한 것과 인적인 요소에 의한 것으로 나눌 수 있다. 즉 물적 원인과 인적 원인인데 이 두 가지 중에서 우선적으로 생각해야 하는 것은 물적 원인이다.

불안전한 기계를 사용하면 작업자가 아무리 주의력을 집중하고 기능이 우수하더라도 언젠가는 재해가 일어날 수 있는 환경이 조성된 것이나 다름없다.

기술혁신이 진행되고 있음에도 불구하고 산업 재해가 여전히 일어나고 있는 것도 적절한 안전화가 이루어지지 않은 채 새로운 기술이 도입되고 이로 인해 물적인 안전 대책이 생산기술에 비하여 늦어지고 있다는 것을 시사하고 있는 것이다. 안전화된 기계설비라면 작업자가 부주의로 인한 행동을 했더라도 재해로 이어지지 않고 끝나게 된다. 만일 Fool Proof화 되어 있으면 기계 설비 조작을 잘못해도 위험한 상태로는 되지 않는다.

물적 조건이란, 기계 설비의 위험성은 물론이고 위험물 등에 의한 화학적 위험, 전기 등의 에너지위험, 작업중의 원재료, 작업환경 등의 위험이 해당되지만 이것은 하드웨어적인 면만을 말하는 것이 아니라 작업 조건이나 작업 방법이라는 소프트웨어적인 면의 위험도 관계된다는 것을 이해해 둘 필요가 있다.

다음으로 인적 조건이 있는데, 인간이 불안전한 행동을 일으키는 조건으로 작업상 여러 가지 요인이 있다. 여기서 작업의 안전도를 저해하는 요인이 무엇인지 정확하게 알지 않으면 안된다. 인간의 주의력은 변동성이 있기 때문에 안전 교육을 철저히 시켜도 교육·훈련만으로는 작업의 안전을 유지할 수가 없게 되는 것이다.

그림 1.1은 작업의 안전도를 지배하는 요인에 대해 표현한 것이다. 그림이 의미하는 것을 간단히 열거하여 본다.

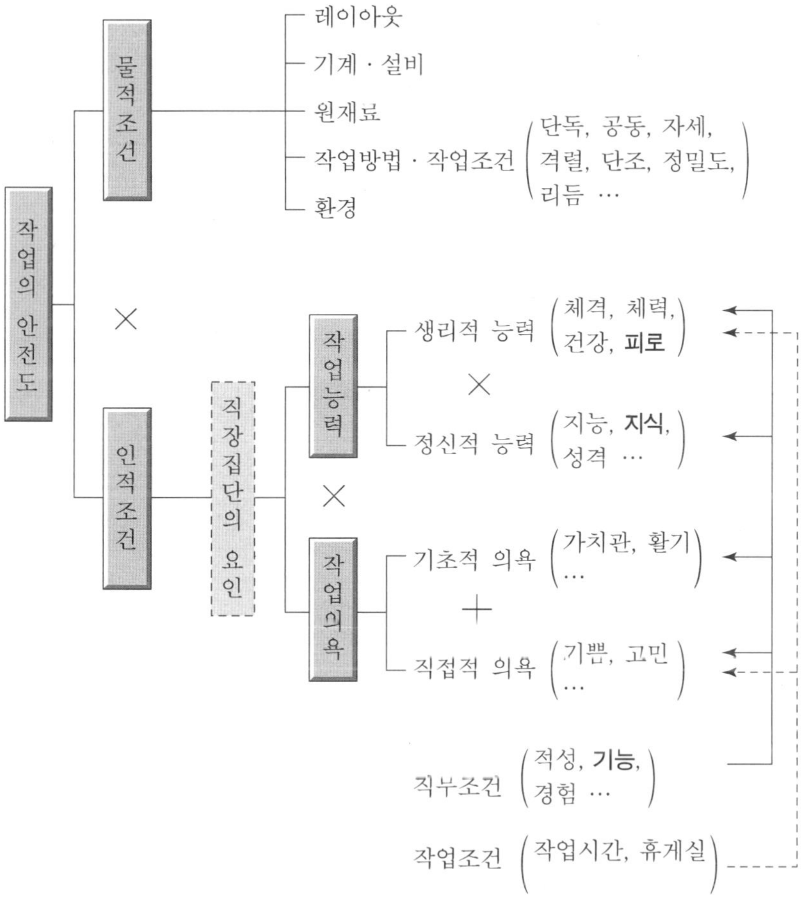

그림 1.1 작업의 안전도를 지배하는 요인

① 작업의 안전도는 물적 요소와 인적 조건의 곱이라고 생각하면 좋다. 한 쪽이 제로이면 작업 안전도는 제로이다.

② 인적 조건의 안전도는 작업자의 작업 능력과 작업 의욕의 곱이며 어느 것이 제로이면 인적 조건의 안전도도 제로가 된다. 그러나 이것에는 직장 집단의 여러 가지의 요인이 관계하고 있기 때문에 직장의 분위기가 느슨해져 있거나 감독자가 미움을 받는 존재이면 우수한 작업 능력의 소유자인 작업자라도 그 능력은 발휘되지 않는다. 요컨대 인간이기 때문에 이 「사람들 사이」가 중요한 것이다.

③ 작업에 대한 작업자의 능력은 그 생리적인 능력과 정신적인 능력으로 지탱되고 있으며 양자의 곱으로 정해진다. 한쪽이 제로이면 작업 능력은 제로가 된다.

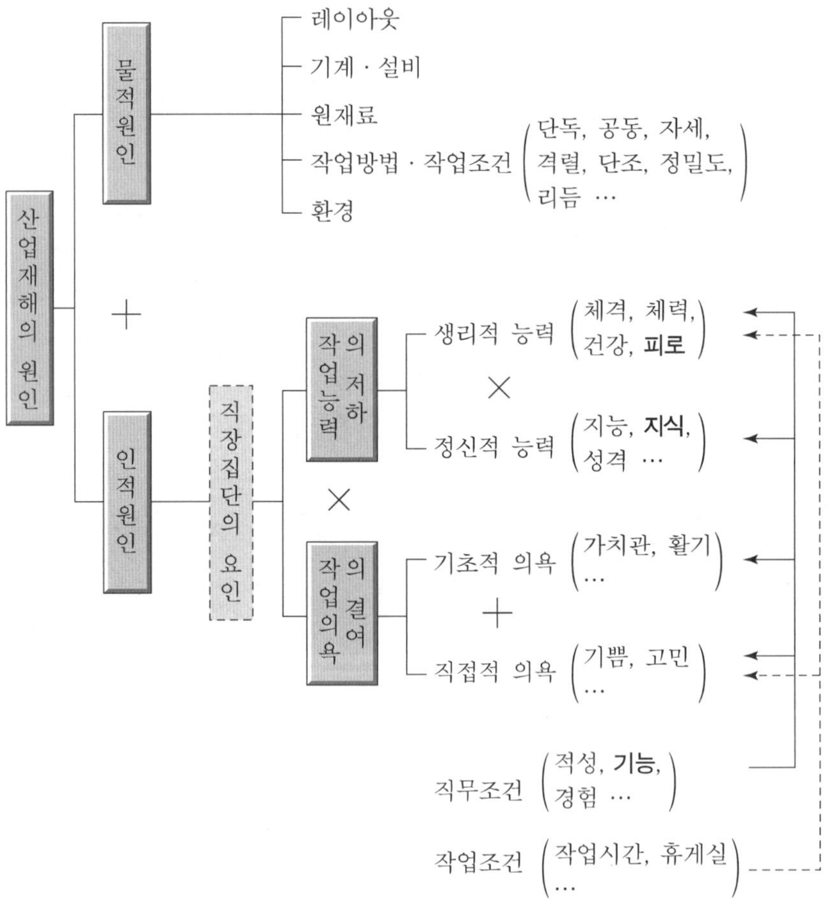

그림 1.2 산업재해의 원인을 지배하는 요인

④ 작업자의 작업 의욕은 기초적인 의욕과 직접적인 의욕의 합이다. 아무리 기초적인 의욕이 커도 직접적인 의욕이 작거나 혹은 마이너스인 것은 곤란하다.

⑤ 직무 조건과 작업 조건은 그림 1.1에 나타내는 바와 같이 작업 능력과 작업 의욕에 영향을 미친다.

⑥ 상술의 물적 조건, 인적 조건 중의 생리적인 능력, 정신적인 능력, 기초적인 의욕, 직접적인 의욕의 내용은 그림 속에 설명하고 있는 그대로이다.

그림 1.1은 그대로 산업 재해의 원인을 지배하는 요인으로 바꾸어 쓸 수 있다. 그림 1.2는 그림 1.1의 형태와 같다. 그림 1.1과 그림 1.2의 기본적인 차이점은 그림 1.1의 물적 조건 × 인적 조건에 대하여 그림 1.2에서는 물적 원인 + 인적 원인으로 되어 있다는 것이다. 예를 들면 물적 조건이 아무리 안전해도 위험한 행동을 취하면 안전도는 제로라는 반증으로서 물적 원인이 없어도 인적 원인만으로도 산업 재해의 원인이 될 수 있다는 것을 나타낸 것이다.

그러나 대부분의 재해는 물적 원인과 인적 원인 양쪽이 존재하는 것으로 어느 한쪽만의 원인이라고 하는 것은 좋지 않다. 물론 물적 원인이 전혀 없는데 인적 원인만으로 발생한 재해가 있을 수 있다. 예를 들면 결함이 없는 계단을 두어 계단 뛰어 내리기를 시도함으로써 굴러 떨어져 골절한 경우도 있고, 반대로 물적 원인에 의해 발생한 재해는 지붕 위에 쌓인 적설 무게로 인하여 창고가 무너지고 그 안에서 작업하던 작업자가 재해를 입은 예도 있다. 그러나 이와 같은 단일적인 원인으로 인한 재해 발생은 많지 않은 것이 현실이다.

1.4 불안전한 상태와 불안전한 행동

제조업 전체 휴업 4일 이상의 산업 재해에 대해 노동부가 실시했던 산업 재해 원인 요소 분석 조사에 의하면, 불안전한 상태가 원인이 되어 재해가 발생한 것은 전체의 83%, 불안전한 행동에 의해 발행한 것은 92%였다. 그리고 양쪽의 조합으로만 이루어진 재해, 즉 불안전한 상태에 불안전한 행동이 겹쳐 발생한 재해는 78%라는 결과가 나왔다(그림 1.3). 그러므로 재해의 대부분은 불안전 상태와 불안전 행동이 서로 겹쳐서 발생하고 있다고 보는 것이 타당하다.

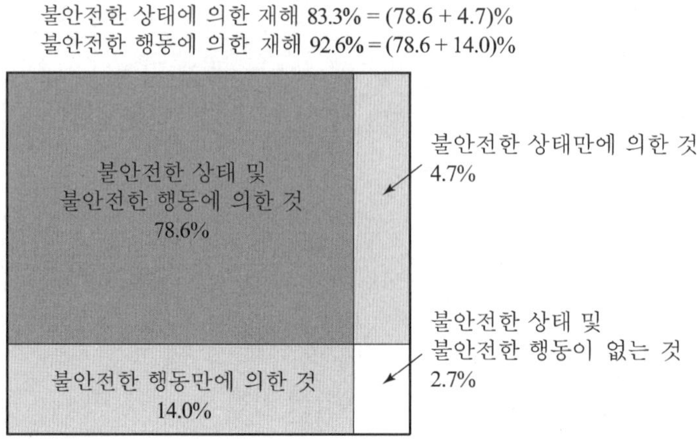

그림 1.3 불안전 상태에 의한 재해와 불안전 행동에 의한 재해와의 관계

표 1.1 • 불안전한 상태

물(物)자체의 결함	설계 불량, 구성재료 공작의 결함, 노후, 피로, 사용한계, 고장 미수리, 정비 불량, 기타
방호 조치의 결함	무방호, 방호 불충분, 접지 또는 절연없음, 구간·표시의 결함, 기타
물건을 두는 방법 작업장소의 결함	통로가 확보되어 있지 않음, 작업장의 공간 부족, 기계·장치·용구·집기 등의 배치 결함, 물건을 두는 방법의 부적절, 물건을 쌓는 방법의 결함, 물건을 세우는 방법의 결함, 기타
보호구·복장 등의 결함	신발을 지정하고 있지 않음, 장갑의 사용금지를 하지 않고, 기타 보호구를 지정하지 않고 기타 복장을 지정하지 않는다.
작업환경의 결함	환기의 결함, 기타 작업환경의 결함
부외적, 자연적, 불안전한 상태	부외적, 자연적, 불안전한 상태 물 자체의 결함(부외의), 방호 조치의 결함(부외의), 물건을 두는 방법·작업장소의 결함(부외의), 작업환경의 결함(부외의), 교통의 위험, 자연의 위험
작업 방법의 결함	부적당한 기계·장치의 사용, 부적당한 공구·용구의 사용, 작업 순서의 오류, 기술적·육체적인 무리, 안전의 불확인(이전의), 기타
기타 및 분류 불능	기타의 불안전한 상태, 불안전한 상태가 없는 것 분류 불능

표 1.2 • 불안전한 행동

안전장치의 무효화	안전장치를 제거하여 무효화 한다. 안전장치의 조정을 잘 못한다. 기타 방호물을 없앤다.
안전조치 불이행	불의의 위험에 대한 조치 불이행 기계 장치를 갑자기 움직인다. 신호, 확인 없이 차를 움직인다. 신호 없이 물을 움직이거나 또는 방치한다.
불안전한 방치	기계·장치 등을 운전한 상태에서 그곳을 떠난다. 기계·장치를 불안전한 상태로 방치한다. 공구, 용구, 재료, 찌꺼기 등을 불안전한 장소에 둔다.
위험한 상태의 조장	짐 등을 지나치게 쌓는다. 섞어서는 위험한 것을 혼합한다. 일반적인 것들을 불안전한 것으로 바꾼다.
기계, 장치 등의 지정외의 사용	결함이 있는 기계·장치, 공구, 용구 등을 사용한다. 기계·장치, 공구, 용구 등의 선택을 잘못한다. 기계·장치 등을 지정외의 방법으로 사용한다. 기계·장치 등을 불안전한 속도로 움직인다.
운전 중의 기계, 장치 등의 청소, 주유, 수리, 점검 등	운전 중의 기계 장치 통전 중의 전기 장치 가압되어 있는 용기 가열되어 있는 것 위험물이 들어있는 것
보호구, 복장의 결함	보호구를 사용하지 않는다. 보호구의 선택, 사용 방법의 오류 불안전한 복장을 한다.
위험 장소 등에 접근	움직이고 있는 기계, 장치 등에 접근 또는 닿는다. 매단 짐에 닿는다든지 또는 그 아래로 들어가거나 또는 접근한다 위험 또는 유해한 장소에 들어감 확인을 하지 않고 무너지기 쉬운 물체에 근접 또는 접촉 불안전한 장소에 올라섬
기타의 불안전한 행위	도구 대신에 손 등을 사용한다. 짐 사이를 통과하든지 아래를 통과한다. 확인하지 않고 다음 동작을 한다. 손으로 전하는 대신에 던진다. 뛰어 내리고, 뛰어오른다. 불필요하게 달린다. 짓궂은 장난, 못된 장난

운전의 실패(타는 것)	스피드를 너무 많이 낸다 기타 불안전한 행동
잘못된 동작	짐 등의 지나친 소지 물건의 지탱 방법 잘못 물건을 붙잡는 방법이 확실하지 않다. 물건의 미는 방법, 당기는 방법의 잘못 올리고 내리는 방법의 잘못
기타 및 분류 불능	기타의 불안전한 행동 불안전한 행동이 없는 것

불안전한 상태란 재해 또는 사고를 일으킬 것 같은, 또는 그 요인을 만들어 낸 물리적인 상태 혹은 환경을 말하며, 불안전한 행동이란 재해 또는 사고를 일으킬 것 같은 또는 그 요인을 만들어 낸 작업자의 행동을 말한다, 불안전한 행동 중에는 무의식중에 불안한 행동을 해 버린 경우, 또는 무의식적으로 불안전 행동을 하였다고 하는 경우도 있다. 노동부에 의한 불안전 상태 및 불안전 행동의 분류는 표 1.1과 표 1.2와 같다.

또한 결과가 불안전한 행동이라고 보이는 것이라도 감독자의 지시대로 행동했다든지, 지정된 작업순서가 잘못되어 있었기 때문에 불안전 행동을 한 경우에는 불안전한 상태로 분류해서 「작업 방법의 결함」의 항목에 해당되는 것으로 한다. 즉 사람의 행동 오류를 전부 사람의 원인으로 돌리는 불완전 행동이라고 생각하지 않고 시스템적인 결함 때문에 일어난 것은 불안전 상태로 처리해야 한다는 사고방식이다.

마찬가지로 보호구·복장의 결함에 관해서도 사업장에 문제가 있는 경우에는 불안전한 상태로, 작업자의 쪽에 문제가 있는 경우에는 불안전한 행동으로 분류하는 것으로 되어 있다.

1.5 사고의 유형과 기인물

사고란, 당면하는 사상의 정상적인 진행을 저지 또는 방해함으로써 사람에게 상해의 위험을 생기게 하는 사건으로 정의하였다. 재해는 그 결과로, 물체와 사람의 접촉 현상에 의해 사람이 상해를 입는 사건이다.

이러한 물체와 사람이 조합된 접촉 현상을 「사고의 유형」이라고 부르며, 재해 원인 요소의 중요한 분석 대상이 된다. 또 재해를 일으킨 원인이 된 기계, 장치 또는 기타의 물건, 환경 등을 「기인물」이라 하고 마찬가지로 중요한 분석 대상이 된다.

재해 원인 분석에 사용하는 작업자 사상별 보고 내용으로는 상세한 재해 원인을 알 수 없기 때문에 사고의 형, 기인물 및 이 조합을 분류하여 재해의 동향과 대책을 검토하고 중요한 데이터로 삼고 있다. 일반 사업장의 경우에도 재해 요인 분석에 있어서 이러한 분류 사고 방식은 참고가 된다.

사고의 형은 상해를 일으키게 한 원인이 된 기인물이 관계되므로 표 1.3과 같이 분류되고 있다. 사업장 재해 분석에 있어서도 사고 분류는 이 방식을 이용하여 분류하면 좋다. 이 표의 「추락·전락」은 사람이 떨어지는 경우 「비래·낙하」는 물체가 비래·낙하하는 경우를 뜻하는 것으로 이것 말고는 이 분류에서 어려운 점은 없다고 생각된다.

표 1.3 • 사고의 발생형태

부딪힘·접촉	과도한 동작	폭력행위
넘어짐	이상온도 접촉	전류접촉(감전)
끼임·감김	신체반응	유해물질에 접촉
떨어짐	넘어짐	기타
맞음	화재·폭발	

한국산업안전보건공단 자료

기인물은 일반적으로 불안전한 상태에 있는 물체를 가리키고 있는데 그 불안전한 상태를 시정하는 것으로부터 동종 재해의 재발을 막을 수 있다. 기인물과 매우 비슷한 용어에 「가해물」이 있는데 이것은 사람에게 접촉하여 재해를 가져온 직접적인 물체로서 기인물과 가해물은 일치하지 않는 경우가 있다.

사람이 추락, 전락 또는 전도하여 부상을 입은 경우에 그 사람이 추락, 전락 또는 전도하기 직전에 작업하고 있었던 장소에 불안전 상태 등의 요인이 있었다고 생각되면 그 장소가 기인물이 되며, 사람이 추락, 전락 또는 전도한 결과 충돌한 대상물이 가해물이 된다.

기인물에 관해서는 표 1.4와 같이 분류되고 있다. 다만 이것 이하의 소분류로 세분된 항목은 생략한다.

표 1.4 • 기인물

건축, 구조물, 표면	일반 제조 및 가공설비 · 기계
바닥 및 지표면 등	공작 및 절단기계
계단 및 사다리	프레스 및 전단기
비계 및 작업발판	화합물, 요업토석가공기계
기타 건물·구조물	목재가공기계
건축물·구조물의 구성요소, 부속물	조립, 포장, 용접 등 설비·기계
거푸집 및 동바리	금속가공기계
단부 및 개구부	가열, 에너지 등 부대·지원설비
기타 가설 구조물	화합물 제조 및 취급설비
상세정보 부족 등 기타 건축·구조물 및 표면	기타(정보부족 포함) 일반제조 및 가공설비·기계

설비 · 기계기구 부품 및 부속물	설비, 기계
설비·기계 부품 및 부속물	일반제조 및 가공설비·기계
고정, 연결 부품 및 부속물	운반, 인양 설비·기계
동력전달장치	특수공정 설비·기계
교통수단 부품 및 부속물	기타(정보부족포함) 설비·기계
인양설비 부품 및 부속물	건설·광산용 기계
기타(정보부족 포함) 설비·기계기구 부품 및 부속물	농림어업용 설비·기계
	상세정보 부족한 설비·기계

운반, 일양설비 · 기계	특수공정 설비 · 기계
인양설비·기계	식료품 제조 설비·기계
지게차	섬유, 의복, 가죽 생산기계
콘베이어	인쇄, 제본기계기구
승강기	종이제조 설비·기계
기타(정보부족 포함) 운반, 인양설비·기계	기타(정보부족 포함) 특수공정설비·기계

재료	부품 · 부속물 및 재료
금속재료	재료
비금속광물 재료	설비·기계기구 부품 및 부속물
고무, 플라스틱 압출·성형재료	조각, 파편, 쓰레기
목재	비금속광물 제품
기타(정보부족 포함) 재료	기타(정보부족 포함) 부품, 부속물 및 재료

1.6 고전적 도미노 이론

산업 재해 발생 원리에 대한 최초의 것으로는 하인리히가 저서 「산업 재해 방지론」(Industrial Accident Prevention, 1st ed.)에서 발표한 「도미노 이론」이다. 하인리히는 그림 1.4와 같이 재해로 귀착되는 5개 요인의 연쇄작용으로 이루어지는 골패로 그 원리를 나타내었다. 즉 상해는 항상 사고에 의해 일어나고, 사고는 항상 순차적으로 앞에 있는 요인의 결과로 일어나는데 그 내용은 다음과 같다.

① **가정 및 사회 환경**

무모, 완고, 탐욕 기타 바람직스럽지 못한 성격은 유전에 의해서 계승되며, 환경은 바람직스럽지 못한 성격을 조장하고 교육을 방해할 것이다. 유전 및 환경은 모두 인적 결함의 원인이 된다.

② **인적 결함**

선천적 또는 후천적인 인적 결함은 불안전 행동을 일으키거나 또는 기계적, 물리적 위험성이 존재하게 하는데 주요한 원인이 된다.

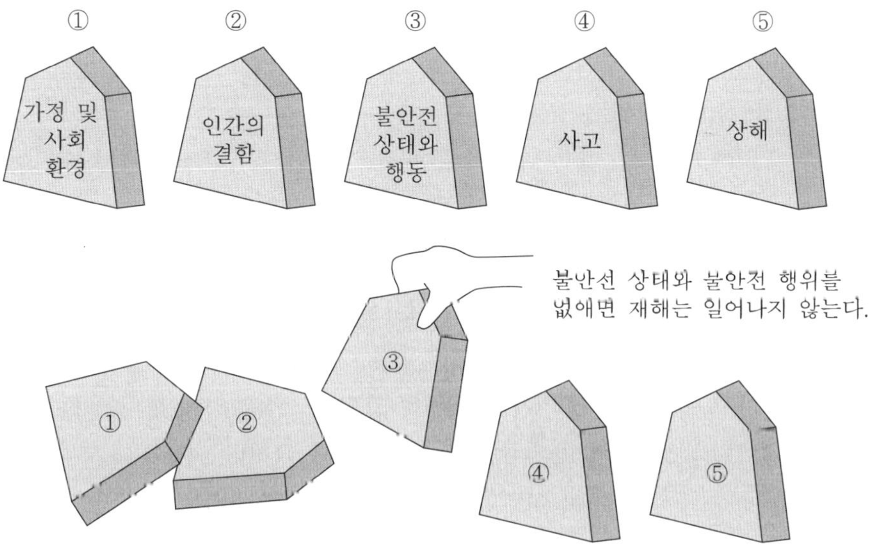

그림 1.4 하인리히의 다섯 개의 패의 원리

③ **불안전 상태나 불안전 행동**

방호장치가 없는 톱니바퀴, 난간이 없는 계단, 불충분한 조명 등과 같은 기계적 또는 물리적 위험성, 또는 매달려 있는 짐 아래 서있다든지, 안전 장치를 제거하는 등과 같은 사람의 불안전한 행동은 직접적인 사고의 원인이 된다.

④ **사고**

물체의 낙하, 비래물에 의한 타격 등과 같은 현상은 상해의 원인이 된다.

⑤ **재해**

좌상, 열상 등의 재해(상처)는 사고의 결과로서 생긴다.

도미노의 이론에서 주장하는 것은 이 연쇄를 구성하는 요인 중 하나라도 제거하면 사상의 연쇄적 진행을 저지할 수 있어 재해는 일어나지 않는다는 논리이다. 기업의 경우 안전관리 활동에 의해 제거할 수 있는 것은 ③의 불안전 행동과 불안전 상태인 경우가 대부분을 차지하고 있다. 따라서 사고·재해를 방지하기 위해서는 불안전 행동 및 불안전 상태 모두 없애지 않으면 안된다는 것이다. 불안전한 행동과 불안전한 상태를 없애는 것이 안전관리의 목표라고 하는 명쾌한 지적은 우리나라의 안전관리 활동에 커다란 영향을 주었다. 그러나 불안전한 행동과 불안전한 상태의 원인이 모두 인간의 결함에 기인한다는 논리는 반드시 모든 안전 전문가에게 용인된 것은 아니었다.

예를 들면, 기계 조작 전원을 넣었을 때 잘못하여 다른 기계 조작 스위치를 내림으로써 해당 기계를 청소하고 있던 작업자가 부상을 입었다. 그 조작 스위치는 대상 기계에 대한 표시가 되어있지 않은, 다른 다수의 같은 형의 스위치와 함께 나란히 배치되어 있었다고 하면 미스를 범한 작업자를 책망하는 것보다 스위치의 레이아웃(layout) 쪽에 문제가 있었던 것이 된다. 또한 기계 구조상 결함에서 발생한 재해에서는 작업자의 숙련과 신중함 이외에 기계의 구조적인 개선이 기본적인 문제가 될 것이다.

그렇다면 재해의 발생원인을 전부 인간의 행동 결함에 응축시켜 버리는 사고방식은 결코 과학적이라고 볼 수 없다. 인간의 행동은 그림 1.1 작업의 안전도를 지배하는 요인에서 나타내었던 바와 같이 많은 요인이 얽혀 있다. 그러나 이 도미노 이론은 1945년부터 1955년대에 걸쳐 대단히 인기가 있었지만 재해방지대책을 기술적인 면이나 관리적인 면보다도 정신주의적인 부주의의 방지로 향하는 경향을 조장한 것도 부인할 수 없다.

1.7 재해의 원인구조

재해 요인이 서로 어떻게 관련되어 있는가는 다음 절에서 설명하겠지만 재해라는 결과적인 현상에 미치는 제반요인의 효과와 관련된 사항을 고찰해 둘 필요가 있다. 이것을 재해의 원인 구조라고 부르기도 한다. 키타가와 등이 작성했던 「재해 요소 분석표」에 의하면, 재해에 이르는 원인구조를 그림 1.5와 같이 5단계로 나누어서 설명하고 있다.

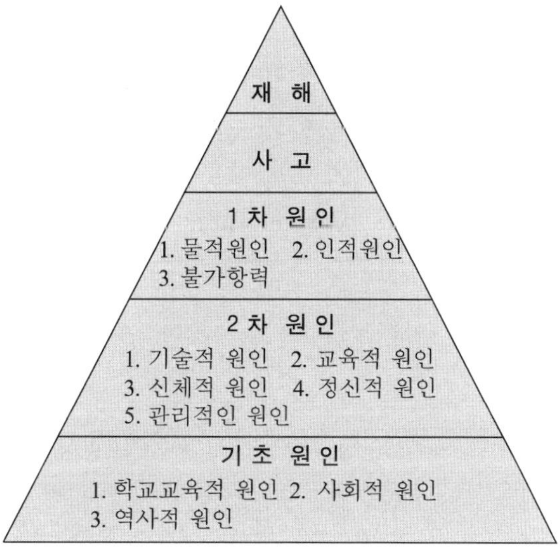

그림 1.5 재해의 원인 구조

(1) 재해 및 사고

여기에서 말하는 재해란 정확히 표현하면 상해지만 그다지 신경 쓸 필요는 없다. 사고의 결과로서 재해가 일어나는 것은 제1편에서 설명한 대로이다.

(2) 1차 원인(직접 원인)

사고의 직접 원인이 된 것으로 물적 원인과 인적 원인 및 불가항력으로 나뉜다.

① 물적 원인(불량 환경, 불량 설비)
구내 설비의 결함, 방호 설비의 결함, 경계 설비의 결함, 복장·보호구의 결함, 작업 공정의 위험 등

② 인적 원인(불안전 행동)

위험 장소에 출입, 운전 중인 기계 장치에서의 손질, 연락 불충분, 위험물 취급의 잘못, 기구의 오작동, 정리 정돈 불량, 방호설비의 파괴, 복장·보호구의 오용, 불안전한 자세·속도, 못된 장난 등

(3) 2차 원인(간접 원인)

1차 원인이 존재하는 이유에 해당되는 것으로 직접 원인에 대한 간접 원인이 된다.

① 기술적 원인

기계 장치의 설계 불량, 구조 재료의 부적당, 점검 보전의 불충분, 불안전한 행위를 유발하는 기술적인 결함 등

② 교육적 원인

안전 지식의 결여, 안전 규정 오해, 훈련미숙, 악습관, 미경험 등

③ 신체적 원인

질병, 신체 장해, 피로, 술에 취함, 체격 부적당 등

④ 정신적 원인

착각, 태도불량, 지각적 결함, 성격적 결함, 지능적 결함 등

⑤ 관리적 원인

최고 관리자의 책임감 부족, 안전관리 조직의 결함, 안전 교육 제도의 미제정, 안전 기준의 불명확, 점검 보전 제도의 결함, 대책 실시의 지연, 인사 관리의 미숙, 근로 의욕의 침체 등

(4) 기초 원인

재해 발생의 가장 기본적인 원인이라고 생각되는 부분으로 2차 원인의 원인이 되는 것이다.

① 학교 교육적 원인
② 사회적 원인
③ 역사적 원인

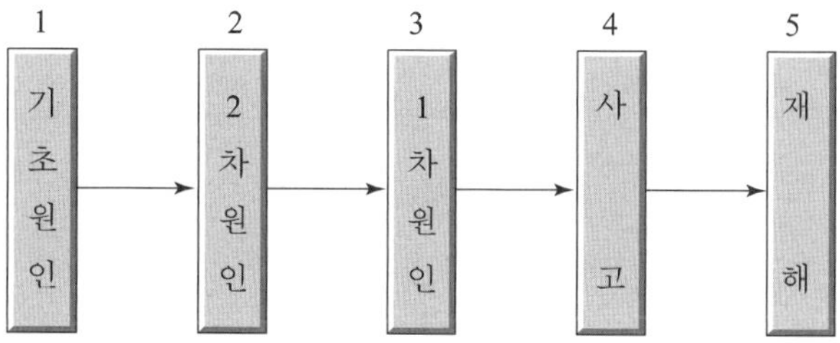

그림 1.6 재해의 연쇄 관계

이와 같이 재해 발생 전에 사고가 일어나고, 사고의 배후에는 재해의 1차원인인 불안전한 물적 상태나 불안전한 인간 행동이 있었다(여기까지는 하인리히의 도미노 이론과 같다). 그 이유는 2차 원인에 의한 것이며 더욱이 그것은 기초 원인이 있기 때문이라는 연쇄적인 관계가 존재한다는 것이다(그림 1.6). 즉 재해의 직접 원인의 배후에 있는 제반 요인이 계층적 연쇄적으로 서로 관련되어 있다는 이해는 대단히 중요한 것이다.

1.8 재해요인의 결합형태

재해 원인은 여러 가지 요소가 복잡하게 뒤얽혀 있으며, 동시에 파악하는 방법에 따라 달라지기 때문에 원인의 실태를 파악하기 위해서는 원인 요소의 구조를 분석해 볼 필요가 있다. 재해발생의 각종 요인을 시간적인 관계와 장소적인 관계에서 살펴보면 그림 1.7과 같이 3종류의 타입으로 나눌 수가 있다.

①은 각 요인이 각각 독립적으로 작용하여 재해가 발생한 것을 표현한 것으로 재해가 일어난 장소에 일시에 원인이 집중하여 작용하는 것이다. 이런 형태를 집중형이라고 부른다.

②는 처음 원인이 발생하면 그것이 원인이 되어 다음 원인을 낳고, 원인이 연쇄적으로 차례대로 발전하는 형태로 연쇄형이라 부른다. 하인리히의 도미노 이론이나 키타가와 등의 원인 구조는 재해 5개 원인이 연쇄적으로 인과관계를 갖는 것으로 연쇄형의 재해에 대해서 설명한 것이다.

③은 집중형과 연쇄형을 혼합한 것으로 혼합형이라고 한다.

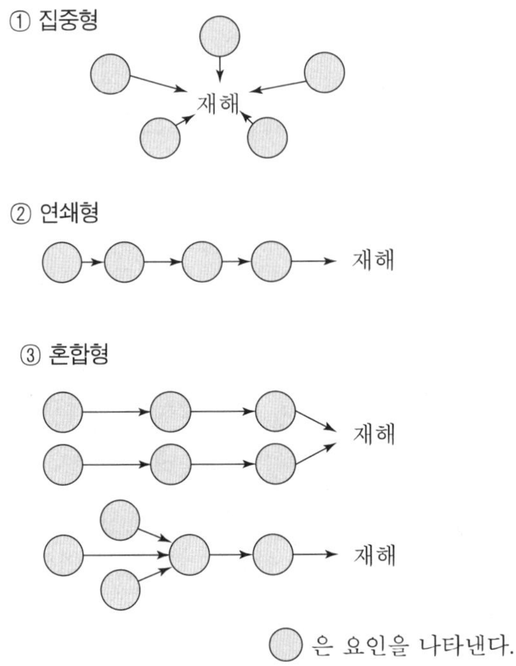

그림 1.7 재해의 형태

일반적으로 재해를 조사하면 거의 혼합형 형태의 재해이며, 재해 원인 요소가 복잡하게 이루어진 경우가 많다. 예를 들면 2편 1.1의 재해 진상파악에서 예시한 크레인 재해를 생각해 보자. 이 재해는 다음과 같은 이유로 발생했다.

① 작업자 A는 크기가 다른 형태의 짐을 매달려고 하였지만 현장에 적정한 와이어 로프가 없었기 때문에 부적절한 와이어 로프에 짐을 걸고, 크레인 운전사 B에게 들어 올리라는 신호를 보냈다.
② B는 와이어를 거는 방법이 조금 이상하다고 느꼈지만 조명등의 전구가 끊어진 관계로 어두워 잘 보이지 않았고, A의 신호가 있었기 때문에 짐을 들어 올렸다.
③ 짐이 기울어지며 낙하했다.
④ A는 황급히 후방으로 물러섰지만 바닥면에 요철이 있어서 중심을 잃고 엉덩방아를 찧었다.
⑤ 넘어진 곳으로 낙하된 짐이 굴러왔다.
⑥ A와 짐은 부딪쳤다.
⑦ A는 허리부분 타박, 하퇴부 골절의 중상을 입었다.

이 재해 요인의 흐름을 그림 1.8에 나타내었다.

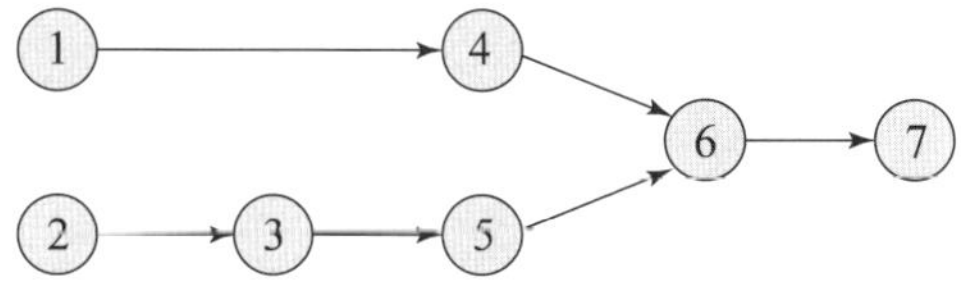

그림 1.8 재해요인 분석 흐름

즉 이것이 혼합형 재해라는 것이다. 이 예에서 원인의 하나인 ①~⑥중 그 어느 것을 없애면 ⑦의 재해는 일어나지 않는다. 만일 ①의 요인을 없앴더라면 짐에 알맞은 와이어 로프로 연결했기 때문에 재해로 이어지지 않았을 것이다. ②의 크레인 작업용 조명등이 정상이었다면 와이어를 거는 방법의 좋고 나쁨도 확인되어 경솔한 출발 신호도 없었을 것이고, 매달아 올리는 행위도 하지 않았을 것이다.

③의 짐의 경사와 낙하가 없었다면 물론 재해는 일어나지 않았을 것이고 ④, ⑤ 또는 ⑥의 요인이 없을 때도 재해는 일어나지 않는다.

연쇄형의 경우 원인을 하나 없애면 재해가 일어나지 않는다는 것은 하인리히의 도미노 이론과 같지만, 다른 점은 집중형과 혼합형이라도 원인이 올바로 파악되어 있을 때 많은 원인중 하나를 없애면 재해는 일어나지 않는다. 그렇지 않은 원인은 진정한 재해원인이 아니다. 재해와 관련이 있는 부속적 사실에 불과한 것이다.

1.9 최신의 도미노 이론

하인리히의 도미노이론은 그 후 새로운 도미노 이론에 의해 교체되었다. 새로운 재해 연쇄는 버드(Bird)에 의해 그림 1.9와 같이 나타내고 있다. 버드는 그림에 제시된 5개 요인에 대해서 다음과 같이 설명하고 있다.

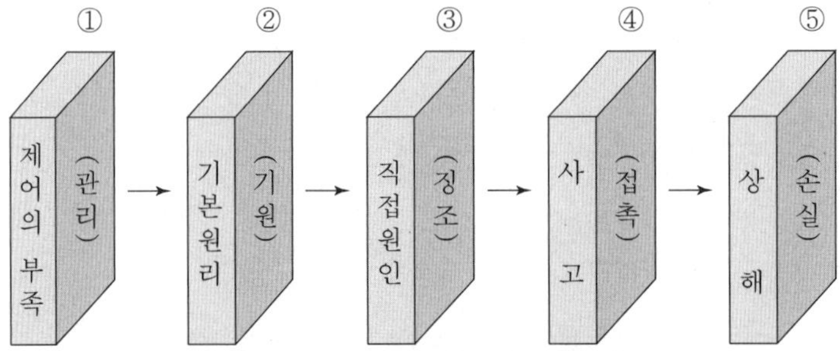

그림 1.9 최신의 재해 연쇄

① **제어의 부족-관리**

재해 연쇄 중에서 가장 중요한 인자는 안전관리자 또는 안전 스태프로, 전문적인 안전 원리를 충분하게 이해하고 있음과 동시에 다음 사항을 행하는 것이다.

· 안전관리 계획 및 자기 자신이 실시해야 할 직무계획의 책정
· 각 직무 활동에서의 실시 기준의 설정
· 설정된 기준에 의한 실적 평가
· 계획의 개선, 추가 등의 수정

그리고 안전관리 계획에는 재해 또는 사고의 연쇄 중 모든 요인을 해결하기 위한 대책이 포함되어 있어야 한다.

② **기본 원인-기원**

재해 또는 사고에는 기본적인 원인 혹은 배후적인 원인이 되는 개인에 관한 제반 요인 및 작업에 관한 여러 요인이 있다.

· 개인적인 요인 : 지식 및 기능의 부족, 부적당한 동기부여, 육체적 또는 정신적인 제반 문제 등
· 작업상의 요인 : 기계 설비의 결함, 부적절한 작업 기준, 부적당한 기기의 사용방법, 작업 체제 등

재해의 직접 원인을 해결하는 것보다는 오히려 근원이 되는 기본 원인을 찾아내어 가장 유효한 제어를 달성하는 것이 중요하다.

③ **직접원인－징후**

이것은 불안전 행동 또는 불안전 상태로 일컬어지는 것으로서 역사적으로 추구할 필요가 있는 가장 중요한 대책 사항으로 간주되어 왔다. 또한 안전·보건 진단에 있어서도 권고의 대부분은 이것이었다. 그러나 직접 원인은 좀 더 깊은 원인에 의한 문제의 징후에 지나지 않는다. 징후를 추구하는 것만으로 기본이 되는 원인의 문제를 확인하지 않는 경우에는 지속적인 재해 방지의 가능성은 바랄 수 없다. 관리자는 이러한 징후를 효과적으로 발견·분류하기 위한 시스템을 만들고 그 기본적인 원인을 명확히 하면서 지속적인 제어 방법을 설정할 필요가 있다.

④ **사고－접촉**

⑤ **상해－손실**

버드는 이상의 설명 중에 가장 중요한 것으로 ②와 ③의 기본 원인(근본 원인)과 직접 원인의 관련에 대하여 언급한 점이다. 즉 고전적인 도미노 이론에서는 단지 직접 원인만 제거하면 재해는 일어나지 않는다고 하였지만 최신의 도미노 이론에서는 직접 원인을 제거하는 것만으로는 재해는 또다시 일어날 수 있기 때문에 반드시 기본 원인을 제거하라고 주장한 것이다.

키타가와 등의 재해 원인 구조에 대한 설명도 버드의 이론과 대체로 같다. 전자의 설명에서는 직접 원인의 배후 요인을 이차원인과 기초원인으로 나누고 후자에서는 기본 원인으로 총괄한 것이다.

종래 일본의 재해방지 지도에 있어서 강조되어 온 사고방식은

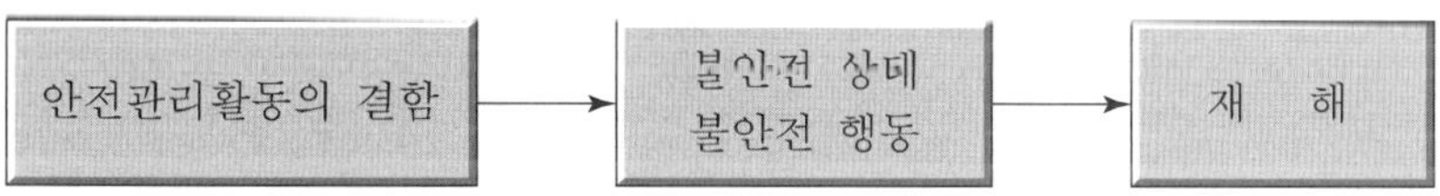

의 연쇄고리를 단절한다는 것이었다. 즉

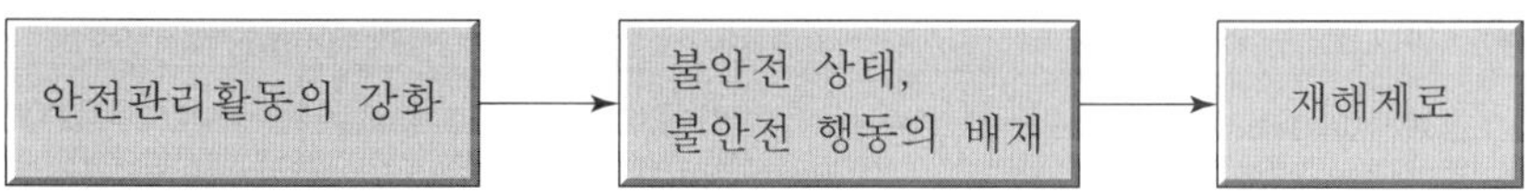

로 되는 것과 같이 불안전한 상태와 불안전 행동이 재해 원인으로서 현실화되지 않고 잠재화하고 있는 동안에 일어나지 않게 하는 것이 안전관리 활동이라는 것이었다.

그러나 안전 패트롤, 안전 점검, 안전 진단 등에 있어서 언제나 현장의 불안전 상태와 불안전 행동의 지적은 자주 일어나고 있음에도 불구하고 같은 위험이 계속해서 발생하는 이유는 무엇일까? 왜 같은 위험이 계속해서 존재하는 것일까? 더욱이 그 현장의 감독자에게는 그것을 간파하는 능력과 시정할 실력이 없었던 것일까? 등등의 근본적인 문제를 소홀히 한 경우가 많았다고 할 수 있다. 재해 조사에 있어서도 마찬가지 경향이었다.

사다리에서 추락 재해가 발생하여 조사가 행해졌다. 결론적으로 불안전한 상태로는 사다리에 결함이 있었다. 불안전 행동의 일환으로 결함이 있는 사다리에 올라간 것이었고, 대책으로는 결함이 있는 사다리를 수리하든지 또는 제거하는 동시에 현장의 점검을 강화하는 것으로 보고되었다. 이것은 고전적인 하인리히의 도미노 이론의 레벨이라고 말할 수 있다. 원래는 다음과 같은 사항이 명백하게 밝혀져야 했다.

① 결함이 있는 사다리가 일상점검에서 발견되지 않았던 이유는
② 감독자가 결함이 있는 사다리의 사용을 허가한 이유는
③ 피해자가 사다리의 결함을 알고 있었는지 아닌지, 만일 알고 있었다면 그것을 사용한 이유는
④ 피해자에 대한 안전 교육의 정도는
⑤ 감독자의 부하에 대한 작업 지도는

이러한 사항이 명백하게 되면 이와 같은 작업에 대한 대책으로서 목표를 명확하게 수립할 수 있게 된다.

① 현장의 작업용구에 대한 안전 점검과 안전 정비 수법의 개선 및 철저
② 교육 훈련 방법의 개선
③ 작업전 안전 확인의 철저
④ 감독자의 안전 지도 방법 개선
⑤ 감독자 직책 명확화

이러한 사항이 고려되어야 기본 원인을 해결할 수 있는 올바른 대책인 것이다. 재해 요인 결합의 형이 어떤 타입이라 할지라도 명백하게 관찰된 재해의 제반 요인에는 재해의 직접 원인이 되는 것과 재해의 기본 원인(근본 원인)이 되는 것이 반드시 존재한다는 것이다.

1.10 재해의 기본원인-4개의 M

안전의 기둥으로서 4M의 문제를 제1편에서 설명하였다. 앞 절의 재해 기본원인도 이 4개의 M으로 이루어진다.

Man	(에러를 일으키는 인간 요인)
Machine	(기계 설비의 결함, 고장 등의 물적 요인)
Media	(작업의 정보, 방법, 환경 등의 요인)
Management	(관리상의 요인)

미국의 NTSB(국가교통안전위원회) 항공 안전국장이었던 찰즈미러는 다음과 같이 설명하고 있다. 「종래의 사고 조사에서는 기계 설비의 고장이라든지, 누가 어떤 실수를 하였는지, 이른바 직접 원인(주원인)을 명백히 밝히는 것에 주안점을 둔 것으로 제법 충실한 조사 조차도 직접 원인에 대한 이차적인 원인은 미미한 정도였다. 그러나 통상 지적되는 직접 원인(주원인)은 파국의 장치 결함 부분으로 이와 같은 직접원인이 사고의 진정한 원인인지 어떤지 의심스러운 경우가 적지 않다.」

직접 원인보다 오히려 부차적 원인 쪽에 중대 문제를 포함하고 있는 경우가 매우 존재하지만 실제의 사고 해석에서는 어느 것이 주원인이며 어느 것이 부차적인 원인인가에 대한 식별에는 사람마다 견해가 달라질지도 모른다.

NTSB에서는 주원인, 부원인으로 나누지 않고 사실 조사와 해석을 다음과 같이 행하고 있다(그림 1.10)

1. Sequence of Events (Chronological-safety critical)

2. 4 M's
   - Man
   - Machine
   - Media
   - Management

3. Probable Cause

4. Recommendations(Who-What-When)
   - Immediate Action
   - Long Term Action

그림 1.10 NTSB의 사고 조사방법

① 사고는 여러 가지 요인이 복합적으로 얽혀 일어나기 때문에 사고 원인을 명확하게 하기 위해서는 Safety critical적인(사고 혹은 안전에 중대한 관계가 있었던) 사항 전부를 시계열(Chronological)적으로 선별해 내어 제반사항의 연쇄 관계(Sequence of Events)를 명백하게 밝힌다. 그러기 위해서는 현장조사, 증언청취, 증거자료 수집, 실험연구 등에 의해 사실 관계를 수집한다.

② 제반 사항이 4M의 어느 것에 해당하는지를 검토한다. 사항에 따라서는 2개 이상의 M이 관계하지만, 이것에 의해 어떤 시스템에 문제가 있고 대책을 어떻게 세울 것인가를 고려한다.

③ 사고를 구성한 제반 요인 중에 가장 직접적이며 중요한 것을 압축해서 기술한다.

④ 누가, 무엇을, 언제까지(즉시로 및 장기적으로) 실시할 것인지 명기한다.

이상의 순서 가운데 중요한 것은 ①의 「제반 사항의 연쇄 관계」를 명백히 하는 것과 그것들의 제반 사항을 ②의 4M으로 분류하는 것인데 산업 재해의 기본원인의 분석에서도 이것을 적용하여 실시하는 것이 필요하다고 생각된다.

주원인에 대한 부원인, 이차원인, 간접 원인이라고 하는 원인을 다시 생각하는 것은 불필요하다. 4M에서 해당하는 사항을 결정하고, 재해 요인으로 직접적이고 결정적인 인과관계를 갖는다고 판단되면 검토해서 대책으로 세우면 된다.

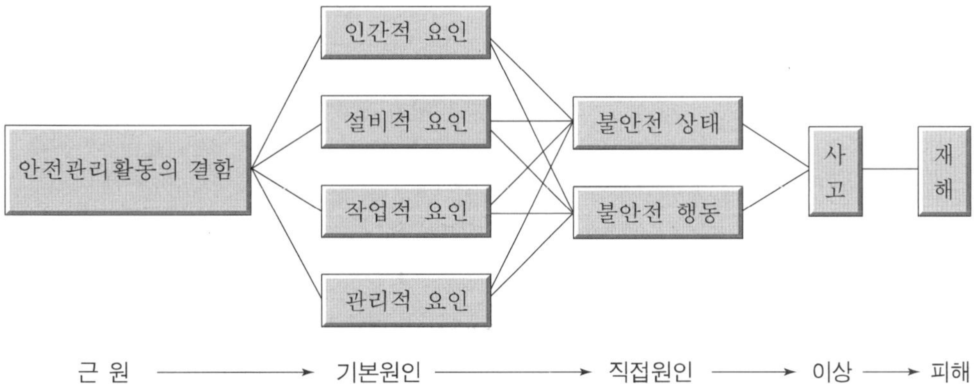

그림 1.11 산업재해발생 시퀀스의 새로운 사고

따라서 산업재해 발생의 연쇄는 그림 1.11과 같으며 재해의 직접 원인이 불안전 상태나 불안전 행동을 발생시키는 기원의 기본 원인이 4M이라고 생각할 수 있다. 이 경우 4M이 각각의 불안전 상태, 불안전 행동 어느 것에 대해서도 원인이 될 수 있다는 것을 이해할 필요가 있다. 기본 원인이 되는 4M의 주요 내용을 표 1.5에 나타냈다.

또한 안전 대책도 4M이 근간이 되는데 대책과 재해 원인과의 대응 관계는 그림 1.12와 같다. 이 경우에도 4M이 각각의 요인과 서로 조합된 대응 관계에 있다는 것을 충분히 이해하여야 한다.

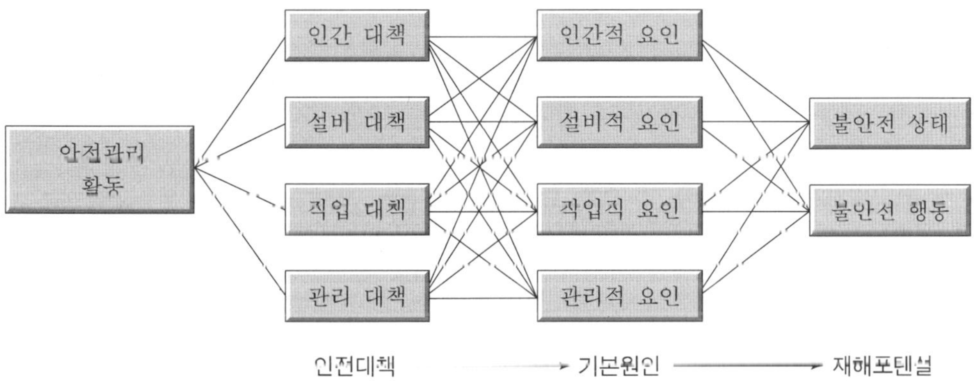

그림 1.12 안전대책과 재해원인과의 관계

표 1.5 • 산업재해의 기본원인으로서 4M

Man(인간)	① 심리적 원인 : 장면 행동, 망각, 주관적 동작, 걱정거리(고민거리), 무의식 행동, 위험감각, 지름길 반응, 생략행위, 억측 판단, 착오 등 ② 생리적 원인 : 피로, 수면부족, 신체기능, 알콜, 질병, 노화 ③ 직장 원인 : 직장의 인간관계, 리더십, 팀워크, 커뮤니케이션 등
Machine(설비－물)	① 기계·설비의 설계상의 결함 ② 위험방호의 불량 ③ 본질 안전화의 부족(인간공학적 배려의 부족) ④ 표준화의 부족 ⑤ 점검 정비의 부족 등
Media(작업)	① 작업 정보의 부적절 ② 작업 자세, 작업 동작의 결함 ③ 작업 방법의 부적절 ④ 작업 공간의 불량 ⑤ 작업 환경조건의 불량 등
Management(관리)	① 관리조직의 결함 ② 규정·매뉴얼의 미비치, 철저하지 못함 ③ 안전관리 계획의 불량 ④ 교육·훈련 부족 ⑤ 부하에 대한 감독·지도 부족 ⑥ 적성배치의 불충분 ⑦ 건강관리의 불량 등

02 재해조사

2.1 재해 조사의 목적

기업에서 실시하는 재해 조사의 목적은 재해 발생 원인을 분명하게 밝힘으로써 가장 적절한 방지대책을 찾아내어 동종의 재해를 미연에 방지하는 데 있다.

재해 조사는 안전 대책을 추진하기 위한 원점이며, 안전활동의 기본은 현실의 재해에서 배우는 것으로부터 시작된다. 더구나 기술의 변화와 급격한 발전에 따라 재해조사의 필요성이 커져가고 있으며, 재해 조사의 실시 및 원인 분석으로부터 얻어진 재해 방지 노하우의 축적에 대한 중요성이 더욱더 커지고 있다.

따라서 재해 조사 결과에서 얻어진 재해 방지 대책이 가장 적절하고 효과적인 것이 되기 위해서는 재해의 원인에 대해 과학적으로 충분히 분석할 필요가 있다. 산업 재해 발생 과정에서 재해의 제반 원인이 무엇인가 하는 것과, 사태의 진행에 어떤 사항이 관여되었는지, 그 요인끼리의 구조적 관련은 어떤 것인지, 무엇이 가장 기본적인 원인인가를 분명하게 밝히는 일이 중요하다. 불인전한 상대와 불인전한 행동의 존재를 지직해서 그 중 하나를 직접 원인, 기타를 간접 원인으로 분류한 것으로서 충분하다고 생각하는 것은 과학적인 사고방식이 아니다.

또한 기업이 실시하는 재해 조사는 재해 발생 책임자를 처벌하기 위해 실시하는 것이 아니다. 재해 조사가 진행됨에 따라 있어서는 안 될 사건이나, 해서는 안 될 행동의 존재, 하지 않으면 안 될 순서의 누락 등이 분명하게 나타나게 될 것이다. 재해 현상에 관련된 제반 사실은 원인 규명을 위해 놓쳐서는 안 될 중요한 키포인트의 역할을 갖고 있으며, 이것이 결여되면 진실은 밝혀내지 못한다. 재해에 대한 책임은 따라 다닐지 모르지만 그것은 조사결과로부터 판단되는 것으로, 재해 조사의 목적은 누가 사고를 일으켰는지가 아니라 무엇이 원인이 되어 재해가 발생하였는가를 분명하게 밝히는데 있다.

2.2 재해 조사의 원칙

앞의 절에서 설명한 조사 목적에 기초하여 재해 조사를 행하는 것이지만 재해조사에는 원칙적인 중요사항이 있다.

1) 조사자

재해 조사를 담당하는 사람은 재해의 발생, 진행, 원인 등에 대해 정확하고 공평하게 객관적으로 검토할 수 있는 사람이어야 한다. 경상인 경우 직장내 책임자가 관계 작업자와 피해자로부터 사건 청취와 현장 확인으로 해결하면 되지만, 중대 재해의 경우에는 재해 발생과 관련된 직장의 관리·감독자 외에 안전관리 담당자 또는 안전관리자와 관련 기술 부문의 책임자 등이 참가할 필요가 있다.

2) 실시요령

앞에서 말한 원칙을 포함하여 재해 조사 실시 요령을 정해 두고, 그것에 따라 행한다. 조사 보고서 양식을 정해 두는 것이 최소한의 필요사항이지만, 많은 기업에서 채용되고 있는 양식은 4M의 원칙에 근거하고 있지 않기 때문에 개선이 요망된다. 그림 2.1은 산업안전보건공단에서 사용하는 재해 조사 보고서의 예이다.

조사는 될 수 있으면 사건에 대해 깊이 파고들 필요가 있다. 조사의 범위가 재해를 발생하게 한 현장이나 사업장의 일부분으로 끝나지 않는 경우도 있다. 기계 설비 재료 결함이 직접 원인이 된 재해는 기계의 구입 부문, 검사 부문, 설비 관리 부문뿐만 아니라 기계의 유통·판매업자에게도 결함이 존재할지 모른다.

		①조사표번호	

I. 사업장 정보

업　종		②근로자수		※ 업종이 건설업인 경우 해당 (④~⑦)	⑤공사종류	
③주요생산품 공사 및 서비스		④사업장 형　태	□ 도급(원청) □ 기타 □ 수급(하청)		⑥공정율(%)	
					⑦총공사금액	백만원

II. 재해자 정보

직업/직위		재해발생 시점	□ 작업전 □ 정규작업 □ 연장근무 □ 식사휴식 □ 출퇴근 □ 휴일근무 □ 기타	상해종류	
평소업무				상해부위	
고용형태	□ 상용　□ 임시 □ 일용　□ 시간제 □ 기타	근　로 손실일	□ 사망　□ 장해(　　등급) □ 부상(결근　일, 통원치료　일) ※ 현 근무상태 : 재직　퇴사	동종업무 근속기간	과거사업장 : 년　월 현재사업장 : 년　월
근무형태	□ 정상　□ 2교대 □ 3교대　□ 기타				

III. 재해발생 정보

인적피해			①재해발생장소/부서		
②재해원인이 된 작업공정·내용					
③재해당시 수행 작업공정·내용					
④개인보호장비		□ 착용대상　□ 착용비대상　[□ 착용　□ 미착용(장비 :　)]			
⑤안전·방호설비		□ 설치대상　□ 설치비대상　[□ 설치　□ 미설치(장비 :　)]			
⑥재해유발기계, 물체(물질)				⑧가해물	
⑦재해발생형태				⑨작업형태	□ 단독 □ 복수
재해발생형태별 추가정보	추락	높이 (　)m　추락장소 (　)		화재·폭발 점화원	
	감전	전압 (　)V　접촉부위 (　)			

IV. 재해발생 과정 및 원인에 대하여 간략히 서술하십시오.

사고와 직접 연관이 되었던 "작업공정의 운전 또는 작업상황"과 사고 발생시점의 "작업자(또는 재해자)의 움직임, 행위"에 대하여 기재하고, 사고가 "어떤 형태<취급설비, 공구, 원재료와 작업자(또는 재해자)의 상관관계>"로 발생되는지 단계별로 그 경위와 과정을 구체적으로 기입	
재해를 유발한 설비·기계, 구조물, 작업공정 및 환경요인 등에 잠재된 불안전 요소는?(물적요인)	
재해를 초래하게 된 작업자 자신 또는 동료의 행동에 대한 불안전 요소는?(인적요인)	

그림 2.1 재해조사 보고서의 예

이와 같은 경우에는 타부문의 책임자나 타 기업의 관계자에 대해서도 사정을 청취하여야 하며, 그 결과에 따라 전사업장 혹은 타 기업을 포함하여 시스템적으로 문제점을 생각하여야 한다. 이와 같은 경우 원인의 복잡성을 조절함으로써 조사의 폭이 위축되는 경우가 있어서는 안된다.

3) 기본 원인의 추구와 대책의 웨이트 부여

직접 원인인 물(物)의 불안전한 상태와 사람의 불안전한 행동의 확정은 용이한 경우가 많지만, 기본 원인인 「4M」(2편 표 1.5 참조)은 즉각 정확한 판단이 나온다고 할 수 없다. 재해 조사를 실시한 사람의 안전 원리에 대한 이해도, 재해의 원인 구조에 대한 사고방식, 안전 기술적인 지식 등에서 의견이 다르기도 하기 때문이다. 인간적인 요인만이 강조되어 인간적인 요인이 전체원인으로 판단되어서는 안된다.

기본 원인에 관해서는 합리적이고 빠짐없이 더욱이 과학적으로 추구하는 태도가 특히 요망된다. 그러기 위해서는 불안전 상태와 불안전 행동 각각에 대해 개별적으로 기본 원인을 검토하는 것이 좋다.

① 기계 설비의 구조 결함이나 안전장치 미설치 등의 불안전 상태가 직접 원인이라고 판단된 뒤에는, 불안전 상태가 발생한 기본 원인이 무엇인가를 검토해야 한다. 예를 들면 안전장치의 고장은 담당자에게 기계 장치의 지식이 없었기 때문에 전혀 눈치 채지 못했다(인간적 요인). 특정의 부품이 마모되어 부적합을 일으켰다(설비적 요인). 고장 표시등이 보이기 어려운 장소에 있었다(작업 환경적 요인). 점검 기준에 준비가 없었다(관리적 요인). 라는 것과 같이 파고드는 것이 좋다.

② 불안전 행동에 관해서는 직장 전체가 룰에 무관심하다.(인간적 요인), 기계를 조작하기가 힘들다.(설비적 요인), 작업 공간이 매우 협소했다.(작업적 요인), 라인 관리자의 안전 지도가 부족했다.(관리적 요인) 과 같이 분석한다.

이러한 경우 불안전한 상태의 기본 원인은 설비적인 요인만이며, 불안전한 행동의 기본 원인은 인간적인 요인만이라고 생각해 버리는 것은 잘못이다(2편 그림 1.11). 또한 재해 원인을 명확하게 단정 지을 수 없을 때는 생각해 낼 수 있는 한도의 가설을 설정하고 그 중에서 합리성이 없는 것, 발생 확률이 극히 작은 것 등을 제거해 나가면서 가장 합리적이고 발생확률이 높은 순으로 재해원인을 추구하는 것이 중요하다.

이와 같은 경우에는 조사에 장시간이 필요하지만, 애매한 결론을 내거나 원인 불명 그대로 처리를 끝내서는 안된다.

재해의 기본 원인이 분명하더라도 원인이 여러 개인 경우가 많다. 따라서 재해 방지 대책도 복합적인 내용이 되게 된다. 조사된 많은 사항이 평면적으로 나열되는 것보다 유형으로 나눠진 기본 원인을 근거로 하여 가장 근본적인 문제와 대책, 그리고 그 다음으로 중요한 것 등에 웨이트를 부여하는 것이 좋다.

4) 유의해야 할 사항

① 조기 착수

재해 현장은 훼손되기 쉽고 관계자도 세세한 것은 잊어버리기 쉽기 때문에 조사는 재해 발생 후 가능한 한 빨리 착수하는 것이 중요하다. 또한 조사가 종료될 때까지 현장은 있는 그대로 보존해 둔다.

② 사실의 수집

재해 현장의 상황을 기록으로 남겨두기 위하여 사진을 찍어 둔다. 재해와 관계되는 물건 중에는 재료 시험, 화학 분석을 필요로 하는 것도 있기 때문에 이럴 경우에는 신속히 실시한다. 목격자 및 직장 책임자의 협력을 얻으면서 조사를 진행시키고, 가능한 한 피해자의 이야기를 듣는 것도 중요하다.

③ 정확성의 확보

사고 현장은 물적·인적으로 혼란 상태에 있는 경우가 적지 않으므로 조사에 임하는 사람은 냉정한 판단, 행동에 유의해서 조사의 순서·방법을 효율적으로 진행시킨다. 재해의 대부분은 반복형의 것으로 직접 원인도 비교적 판단하기 쉬운 것이 많기 때문에 목격자, 기타 관계자의 설명에 주관적인 판단이 들어갈 가능성도 있다. 조사자는 이러한 점에 충분히 유의해서 공정하게 조사를 하도록 배려하는 것이 필요하다.

④ 5W1H

재해 조사는 그 사실을 5W1H의 원칙에 입각하여 보고하여야 한다.

① 누가	Who
② 언제	When
③ 어디에서	Where
④ 왜	Why
⑤ 어떻게	How
⑥ 무엇을 하였는가(하지 않았는가)	What

이 중에서 어려운 내용은 ④의 왜(Why)와 ⑤의 어떻게 해서(How) 및 ⑥의 무엇을 하였는가(하지 않았는가)(What)이다.

사고의 형태가 특수하거나, 재해가 대규모적이고, 특히 폭발과 같은 시스템 형태의 재해가 되면 조사 대상이 넓어지게 되며 ①에서 ⑥까지 전부를 간단하게 결론짓기 어려운 경우가 있다. 하지만 이 세가지는 재해의 발생 원인에 확정적으로 관계하기 때문에 잘못이 있어서는 안된다. 관계자 가운데 한 사람의 설명으로 줄거리를 만들어 버리는 것과 같은 방식이 되지 않도록 충분히 배려하여야 한다.

또 동종의 재해 방지 대책에 관해서도 ① 누가 ② 언제까지 ③ 어디를 ④ 이러한 이유로 ⑤ 어떻게 해서 ⑥ 무엇을 한다 와 같이 나타내는 것이 바람직하다.

2.3 재해조사의 순서

재해 조사를 효율적으로 더욱이 정확하게 실시하여 가장 좋은 재발 방지 대책을 수립하고, 앞으로의 안전관리 활동을 한층 더 충실하게 하기 위해서는 아래 순서로 행하는 것이 좋다. 물론 그림 2.1과 같은 재해 조사 보고서의 항목을 염두에 두고 조사한다.

1) 사실의 확인(제1단계)

재해 발생의 상황을 피해자, 목격자 기타 관계자에 대해서 현장 조사함으로써 작업 시작부터 재해 발생까지의 경과 중에 재해와 관계가 있었던 사실을 명확하게 밝힌다. 재해 발생시에 취한 조치도 포함된다. 2차 재해가 발생한 경우도 마찬가지다. 구체적으로 조사를 행하는 항목을 열거하면 다음과 같다.

① 사람에 관한 사항으로서 a) 작업명과 그 내용 b) 단독·공동 작업별 c) 피해자 및 공동 작업자의 성명, 성별, 연령, 직종과 소속, 경험 및 근무 년수, 자격·면허 등에 대해 조사함과 동시에 사람의 불안전 행동 유무에 관한 관계자(피해자, 목격자, 동료, 책임자 등)로부터 사실을 청취한다. 이 경우 5W1H의 원칙에 의해 가능한 한 구체적인 사실을 조사하도록 노력한다.

② 설비(물)에 관한 사항으로서 a) 레이아웃 b) 기계설비, 치공구 c) 안전장치, 위험 방호설비 d) 물질, 재료, 화물 e) 작업용구, 보호구, 복장 등에 대해 조사함과 동시에 불안전 상태 유무에 관하여 관계자로부터 사실을 청취한다.

③ 작업에 관한 사항으로서 a) 명령·지시·연락 등 정보의 유무와 그 내용 b) 작업자세 c) 사전 협의 d) 인원배치, 절차, 준비 e) 작업 방법, 작업 조건 f) 작업 순서 g) 작업 장소의 정리·정돈 기타 작업 환경 조건 등에 관해 조사한다.

④ 작업중 관리에 관한 사항으로서 a) 작업중 지도·지휘 b) 평소 교육·훈련 상황 c) 순시, 점검, 확인 d) 연락·보고 등에 관하여 조사한다.

⑤ 이상의 사실에 대해 5W1H의 원칙에 따라 시계열적으로 정리한다. 이 경우 조사에서 명백하게 밝혀진 사실에 충실하며, 사실에 관하여 객관적으로 표현하는 것이 필요하다. 조사자의 주관과 추리가 들어가는 것은 금물이다.

이상의 제반 항목은 주로 재해 발생이 있었던 현장에서 조사할 수 있는 항목이며 사무실에서 조사해서 알 수 있는 것은 아니다. 조사자가 직접 현장에 가서 자신의 눈과 귀로 현장 사람과 모든 것을 확인하는 것이 좋다. 물론 사무실의 서류나 자료에서 사실 확인의 뒷받침이 되는 확증을 수집한다든지, 사무실에서 보고를 듣고 세부 확인을 할 필요가 있지만 제1단계의 사실 확인은 현장 중심에서 행하는 것이 좋다.

2) 직접 원인과 문제점의 확인(제2단계)

파악된 사실에서 재해의 직접 원인을 확정함과 동시에 그 직접 원인에 관련하여 사내의 제반 기준에 어긋나는 문제점의 유무와 그 이유를 명백히 한다.

기준이란 법규, 사내의 안전 규정, 설비 기준, 작업 매뉴얼, 작업 순서, 직장 규율(관습)등 이며 문제점이라는 것은 불안전 상태 또는 불안전 행동에 관련하여 제반기준에 적합하지 않았던 사실을 말하는 것이다.

① 물적 원인 즉, 불안전 상태는 2편 표 1.1에 언급한 불안전 상태의 유무에 대해 명확히 한다. 물론 사업장 독자의 기준에 의해 분류해도 좋지만 기준이 없어도 물적 위험을 지적할 수 있으면 명확하게 물적원인으로 다룬다.

② 인적 원인 즉 불안전 행동은 표 1.2에 언급한 분류 기준에 해당하는 사실을 명백히 한다. 사업장에서 다른 기준을 만들었다면 당연히 그 기준에 따라도 괜찮다. 이들 기준에 적합하지 않아도 재해 원인으로 보아야 할 불안전행동을 지적할 수가 있다면 당연히 인적 원인으로서 취급한다.

③ 물적 원인과 인적 원인의 양쪽이 존재하는 재해가 대부분인 것은 이미 말했지만, 현장에서 이러한 원인을 발생시킨 작업의 관리 상태가 기본사항에 어긋난 것인지 검토를 한다.

a) 감독자 및 작업자는 직책, 권한에서 볼 때 기준을 충실하게 지켰음에도 불구하고 왜 사고가 발생한 것일까. 그 이유는 무엇인가?

b) 기준이 지켜지지 않았기 때문에 혹은 기준이 없었기 때문에 재해가 일어났던 것일까? 만일 그렇다면 기준이 지켜지지 않았던 이유, 혹은 기준이 만들어지지 않았던 이유는 무엇인가?

직접 원인이 a) 또는 b)의 어느 쪽에 해당하는 지를 명백하게 한 다음 제3단계에서 기본 원인 분석을 하게 된다.

3) 기본 원인과 근본적 문제의 결정(제3단계)

앞 절의 「재해 조사의 원칙」에서 설명한 바와 같이 불안전 상태 및 불안전 행동의 배후에 있는 기본 원인을 4M의 사고방식에 의해 분석, 결정하는 것이 근본적인 재해방지 대책의 수립을 위해서 필요하다. 재해의 직접 원인인 불안전 상태와 불안전 행동만을 개선하면 사고는 다시 일어날 수 있다. 이것은 정원의 잡초 뽑기와 같아서 뿌리를 송두리째 뽑아내지 않으면 곧 싹이 솟는 것과 같은 이치이다.

기본 원인의 중요성에 관한 예를 소개하고자 한다. 어떤 작업장에서 벨트 컨베이어로 이송하던 중 부품의 이상을 알고 제거하고자 황급히 손을 내밀었더니 부품의 예각 부분에서 손가락의 끝을 베어 상처를 입은 경우이다. 규칙에는 「이동 중의 물건은 반드시 동력을 차단하고 다룰 것」으로 되어 있다. 재해의 직접 원인은 「작업자의 규칙 위반에 의한 불안전 행동」과 「부품의 위험 부분의 무방호에 의한 불안전 상태」로 판단하였다. 그러나 이 재해의 기본 원인은 직업자 가까이에 벨드 컨베이어의 비상 정지용 스위치가 없었다는 것이다. 컨베이어를 정지시켜 부품을 제거해야 한다는 규칙은 알고 있어도 긴급한 경우 지키기 어려웠던 것이다. 또 직장에서는 감독자가 규칙 준수에 대해 엄격하게 통제하지 않았으며, 부하의 규칙위반에도 거의 눈감아 주고 있었다. 재해에 의해 감독자의 부하에 대한 감독 지도 불량이 판명된 셈이다. 이 재해의 기본 원인은 기계 및 관리 양면에 있다고 결정되었다.

이와 같이 제3단계에 있어서는 재해의 직접 원인이 된 불안전 상태 및 불안전 행동이 존재하고 있던 애초의 기본적인 원인(4M)과 그것을 해결하기 위한 근본적인 문제점을 명백히 해야 한다.

근본적인 문제점이란 기본적인 원인 외에 배후에 있는 문제점이라고 생각해도 좋다. 위의 예에서 비상 정지용 스위치를 조작하기 쉬운 곳에 설치하지 못한 것은 설비개선의 추진 분위기가 직장에 전혀 없었다는 점, 감독자가 예전부터 퇴직해서 고향에 돌아가고 싶다고 고민하고 있었던 것이 배후문제로 판명되어 추후 이에 대한 대책이 취해지게 되었다.

또한 제2단계에서 명백하게 지적된 직접 원인 및 제3단계에서 결정된 기본 원인에 있어서도 제반 기준에 위반된 문제가 있는 경우에는 기준의 준수를 약화시키게 한 조건을 명확하게 해두지 않으면 안된다.

직접 원인 및 기본 원인 중에 제반 기준에서 벗어난 문제가 없는 경우에는 기준이 적정하지 않았는지, 정비를 개정할 필요는 없는 것인지 검토한다. 그러나 기준만 만들면 대책이 진행된다고 생각하는 것은 가벼운 생각이며 도움이 되는 기준이 아니면 의미가 없다. 그렇다고 해서 적정한 기준을 만들지 않고 직장의 자주 활동 등에 기대는 것은 무책임한 경우이다. 대책의 방향은 이 단계에서 논의해 두어야 한다.

제2단계와 제3단계에 걸친 직접 원인과 기본 원인의 해석 개념을 폭발의 예로 나타내면 그림 2.2와 같다.

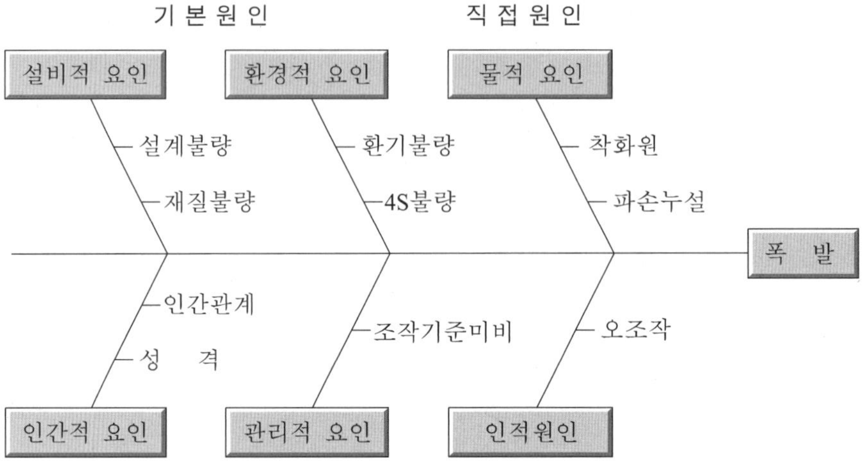

그림 2.2 폭발재해의 직접원인, 기본원인의 해석 예

4) 대책 수립(제4단계)

제3단계까지 명백하게 밝혀진 재해 원인 및 근본적인 문제점으로부터 동종의 재해 방지 대책을 수립한다.

① 대책은 최선의 효과가 있어야 하고 구체성 및 실현 가능성이 있어야 한다. 그러나 재해 발생 직장은 물론이고, 사업장 전체의 찬성을 얻어야 하는 것은 당연한 일이기 때문에 안전 위원회의 심의를 거칠 필요가 있다. 내용은 재해 복구에 관한 대책(필요하다면) – 「사람, 물건, 작업, 관리」 중에 개선·시정해야 할 대책 – 및 앞으로도 강화, 추진해야 하는 목표 등이지만 최대 중점, 순위, 실시상의 배려 사항을 분명하게 해두는 것이 좋다.

② 대책이 결정되면 실시 계획을 세운다. 대책 내용마다 실시 부서, 기한, 실시 항목 및 실시 방법을 명백히 한다. 이때 보고, 확인, 평가의 방법도 제시하는 것이 좋다. 특히 실시 결과의 평가는 기계 설비 등 하드웨어적인 면은 그다지 어렵지 않지만 소프트웨어적인 면과 인간적인 사항에 관해서는 간단하지가 않다. 안전위원회에서도 평가 방법에 관해 충분한 검토가 필요하다.

③ 유사 재해의 방지 대책도 동시에 수립하여 실시 계획에 올려놓는 것이 바람직하다.

03 재해원인의 분석방법

3.1 시스템 안전 해석

생산 현장에 있어서 작업자가 기계설비를 사용하여 많은 작업을 하게 되는데 이러한 기계설비에 대한 상태를 시스템(인간-기계 시스템) 상태로 해석하여, 문제가 있는 경우 시스템의 안전도를 해석하는 경우가 많다. 이러한 시스템적인 안선기법을 제시하면 이래와 같다.

① FTA (Fault Tree Analysis) : 결함수 분석법
② PHA (Preliminary Hazards Analysis) : 예비사고분석
③ FHA (Fault Hazards Analysis) : 결함사고(위험)분석
④ FMEA (Failure Modes and Effect Analysis) : 고장의 형과 영향분석
⑤ ETA (Event Tree Analysis) : 사고수 분석법
⑥ THERP (Technique of Human Error Rate Prediction) : 인간과오윤 예측기법
⑦ HAZOP (Hazard and Operability Study) : 위험과 운전성 연구

초기에는 특성 요인도 해석법이 재해 요인 분석에 자주 사용되었으나, 최근에는 FTA나 ETA, FMEA, FMECA가 많이 사용되고 있다. 특히 FTA는 재해 요인 분석으로 사용되는 예가 아주 많이 발생하고 있다.

FTA는 원래 재해 조사를 위한 것이 아니고 미국에서 군사목적으로 시스템의 안전성을 예측·평가하기 위해 개발된 것이다. FTA를 이용하여 재해 요인을 분석하면 원인을

놓치는 경우가 적고 정확하게 할 수 있으며, 사고를 연역적으로 진행시켜 원인 사이의 지배 조건이 명확하다는 등의 장점이 있다. 또한 실제로 FTA가 효과를 발휘하는 것은 지금 일어난 재해에 대한 방지 대책을 어떻게 결정할 것인지(재해 조사 순서의 제4단계)와 시스템에 재해를 상정하여 그 안전도를 해석, 평가하는 경우이다.

이하에 FTA, FMEA, ETA 및 특성 요인도법에 대해 간단히 설명한다.

3.2 FTA(결함수 분석법)

1) 재해 분석 적용

FTA의 목표는 원래 재해나 사고가 일어나는 것을 확률적인 수치로서 평가하는 분석법이다. FTA 분석은 먼저 기계부품의 고장률, 인간 작업 행동의 error나 miss의 비율 등 기초적인 데이터를 수집하고, 이것을 이용하여 폴트·트리(FT도)를 작성한다. 이 FT도를 이용하여 각 사상에 발생 확률을 수식화하여 확률적으로 시스템안전을 분석할 수 있도록 하는 방법이 FTA 이다. 그러나 실질적으로 이러한 데이터가 부족하기 때문에 FTA를 정량적으로 분석하는 것이 대단히 곤란한 경우가 많다.

그럼에도 불구하고 FTA 해석은 재해 원인 분석과 대책 검토에 응용되고, 해석하고자 하는 재해 사례에 대해 재해 원인 및 원인 상호간의 관계를 정확하게 도식화하여 이것에 기초를 둔 안전 대책을 이론적으로 검토하는 유효한 방법이라 말할 수 있다.

2) FTA 작성 순서

FTA를 실시하는 경우 작성순서는 해석의 목적 등에 따라 차이는 있지만 통상은 그림 3.1에 제시한 것과 같은 순서에 따라 추진된다. 이것을 구체적으로 설명하면 다음과 같다.

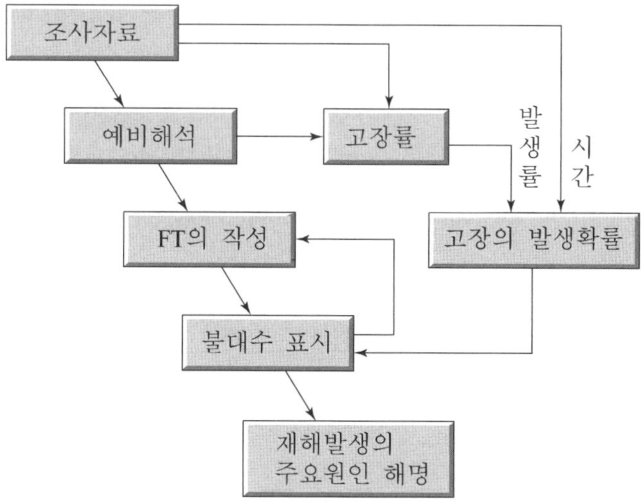

그림 3.1 FTA의 수순(Malasky)

① 해석하고자 하는 시스템의 공정과 작업 내용을 파악하고, 필요하면 시스템의 정상 운행을 나타내는 자료 등을 준비한다.

② 예상되는 재해나 현재 일어난 재해에 대해 과거의 재해 사례 및 재해 통계를 분석하여 가급적 넓게 조사한다.

③ 재해의 위험도에 따라 분석할 재해를 결정한다. 필요하면 예비 사고 해석(PHA)을 실시한다.

④ 재해 위험도를 고려하여 재해 발생 확률의 목표 값을 정한다.

⑤ 재해발생에 관계되는 불안전 상태에 기인하는 기계의 불량 상태나, 불안전행동에 기인한 작업자의 에러에 대해 그 원인과 영향을 가급적 상세히 조사한다.

⑥ FT(Fault Tree)를 작성한다.

⑦ 작성한 FT를 간소화한다. 간소화는 FT를 수식화해 불 대수를 이용하여도 좋다.

⑧ 기본 데이터 및 불량율, 기계 불량 상태나 작업자 에러 발생 확률을 정하고 FT에 표시한다.

⑨ 해당되는 시스템에 대한 재해 발생확률을 계산한다.

⑩ ⑨의 결과를 과거의 재해사례, 또는 재해에 이르는 중간 사고의 발생률과 비교 분석한다.

⑪ ⑩의 결과가 좋지 않을 경우 ⑤번부터 재검토한다.

⑫ 완성된 FT를 가지고 분석한 결과 재해 발생 확률이 목표값을 초과하는 경우에는 가장 효과적인 안전 수단을 검토한다.

⑬ 작업장의 현실에 맞는 여러 조건을 고려하여 가장 효과적인 재해 방지 대책을 세운다.

⑭ FTA분석 대상이 규모가 클 경우에는 컴퓨터를 이용하여 분석하는 것이 효과적이다.

FTA 작성순서에 따라 ①~⑭의 내용 전부가 실행될 수 없을 때는 FT도를 작성하면 재해의 모든 내용을 파악하거나 재해의 원인을 규명하는 데 효과적일 수 있다.

3) FT의 작성 사례

FT(Fault Tree : 결함수)를 작성하려면, 맨 처음 분석하고자 하는 재해(정상 사상)를 최상단에 쓰고 그 다음 단계에 해당되는 재해발생에 직접 원인이 되는 물(物) 등의 불량 상태나 작업자의 에러(결함사상)를 입력하고 정상 사상과의 사이를 게이트로 연결한다. 다음 아랫단계로 이동하면서 각각의 결함 사상의 직접 원인이 되는 기본 사상을 쓰고, 그 사이를 게이트로 연결한다. 이와 같이 순차적으로 기본사상이 발생한 원인까지 세세하게 도출하면 FT도는 완료된다.

FT에 사용하는 기호는 기본적으로 논리곱과 논리합이 사용된다. 일반적으로 「A_1 그리고 A_2」라는 관계는 A_1 AND A_2로 논리곱의 기호 AND로 표현하지만 FT에서는 AND를 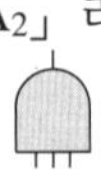)로 표시한다. 다음에 「A_1 또는 A_2 」라는 관계는 A_1 OR A_2로 논리합의 OR로 표시하지만 FT에서는 OR을 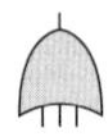)의 기호로 표시한다.

FT로 사용되는 기호와 FT도에 관한 예는 표 3.1, 그림 3.2를 참고하기 바란다.

표 3.1 • FTA에 사용하는 논리기호(기본적인 것)

	기호	명칭	설명
1	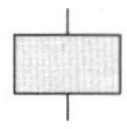	결함사상	기본사상 등의 조합에 의해 일어날 개개의 결함사상
2		기본사상	이 이상은 전개되지 않는 기본적인 사상 또는 발생확률이 단독으로 얻어지는 가장 낮은 level에서의 기본적인 사상. 말단사상
3	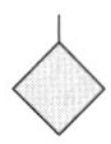	이하생략의 결함사상 (부전개상상)	정보부족, 해석기술의 불충분에 의해 이 이상 전개되지 않는 사상을 나타냄. 단, 작업의 진행에 의해 보다 더 해석이 가능하게 되었을 때에는 다시 전개를 속행함. 말단사상.
4	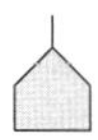	통상사상 (가형사상)	통상 발생한다고 생각되는 사상을 나타냄. 예를 들면 화재에 대해 해석하고 있다면 "공기의 존재"가 이것에 해당됨. 말단사상
5	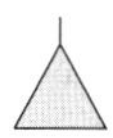 (IN)	전이기호 (이행기호)	FT도상의 타의 같은 부분에 전이 또는 연락을 나타냄. 삼각형의 정상의 선은 전입을 나타냄.
5'	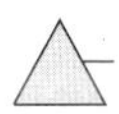 (OUT)	전이기호 (이행기호)	5와 같음. 삼각형 옆의 선은 전출을 나타냄.
6	출력  입력	AND 게이트	모든 입력사상이 공존할 때만 출력사상이 발생한다. 논리곱
7	출력 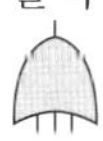 입력	OR 게이트	입력사상 중 어느 한 개가 존재할 때 출력사상이 발생함. 논리합
8	출력 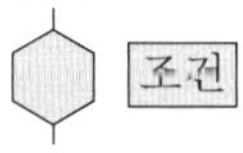 입력	제약 게이트 (제지 게이트)	입력사상에 대해 이 게이트에서 나타내는 조건이 만족할 경우에만 출력사상이 발생함. 조건부 확률.

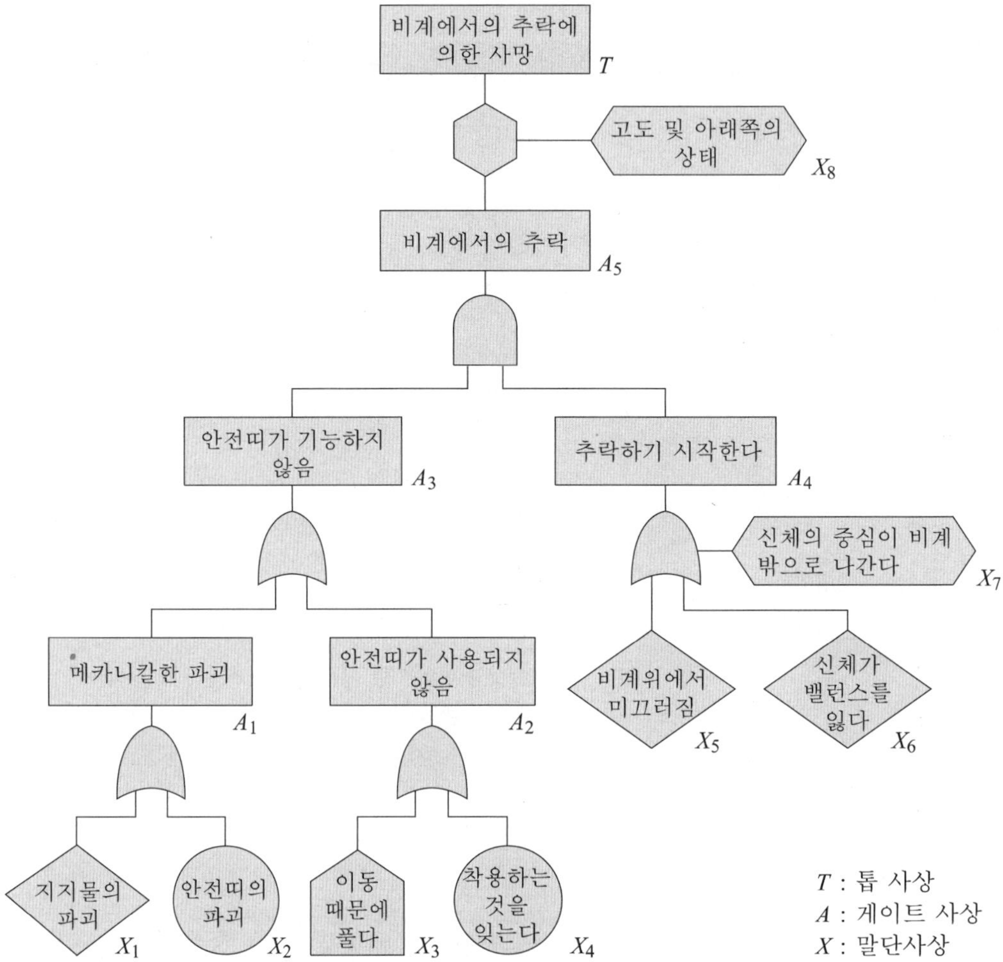

그림 3.2 조선 비계에서 추락재해의 FT

4) 불대수와 확률 사상의 곱과 합

FT를 수식으로 표시하거나 간소화하기 위해서는 일반적으로 불 대수(Boolean Algebra)가 많이 사용되고 있다. 이것은 FTA 자체가 AND, OR이라는 컴퓨터 로직에 의한 분석이기 때문이다. 표 3.2에 불대수 부석시 필요한 수식을 정리하였다.

표 3.2 • 불 대수에 있어서 중요한 관계식

$A \cdot 1 = A$ $A \cdot 0 = 0$ $A + 0 = A$ $A + I = I$	전체 및 공집합	$A(B \cdot C) = (A \cdot B)C$ $A + (B + C) = (A + B) + C$	결합법칙
$\overline{\overline{A}} = A$	회귀법칙	$A(B + C) = (A \cdot B) + (A \cdot C)$ $A + (B \cdot C) = (A + B) \cdot (A + C)$	분배법칙
$A \cdot \overline{A} = 0$ $A + \overline{A} = I$	보상법칙	$A(A + B) = A$ $A + (A \cdot B) = A$	흡수법칙
$A \cdot A = A$ $A + A = A$	동정법칙	$\overline{A \cdot B} = \overline{A} + \overline{B}$ $\overline{A + B} = \overline{A} \cdot \overline{B}$	드모르간 법칙
$A \cdot B = B \cdot A$ $A + B = B + A$	교환법칙	$A + \overline{A} \cdot B = A + B$ $A \cdot (\overline{A} + B) = A \cdot B$ $(A + B) \cdot (\overline{A} + C) \cdot (A + C) = A \cdot C + B \cdot C$ $A \cdot B + \overline{A} \cdot C + B \cdot C = A \cdot B + \overline{A} \cdot C$	

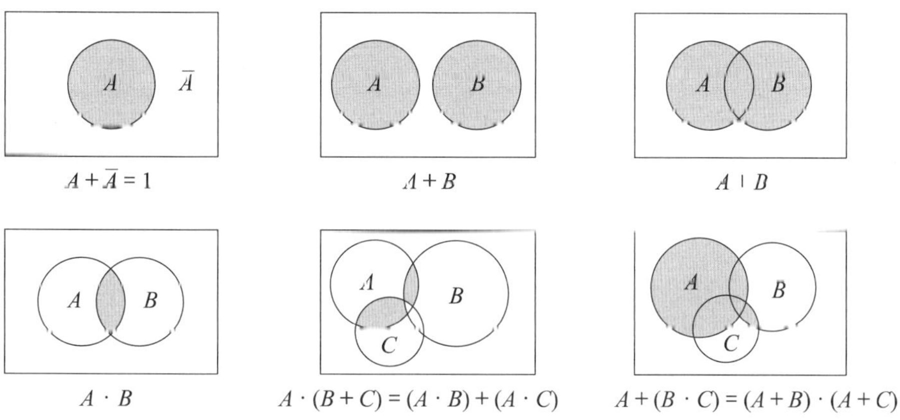

그림 3.3 명제의 예

5) 결함수의 간략화와 수정

(1) 결함수의 간략화

설계도나 기존의 설비에 대해 작성한 FT를 이용하여 안전성을 검토할 경우 결함수를 가능한 한 간략화하면 분석을 쉽게 진행시킬 수가 있다.

① 모든 사상이 OR 게이트로 연결되어 있는 결함수의 부분은 그림 3.4와 같이 간략화 할 수 있다.

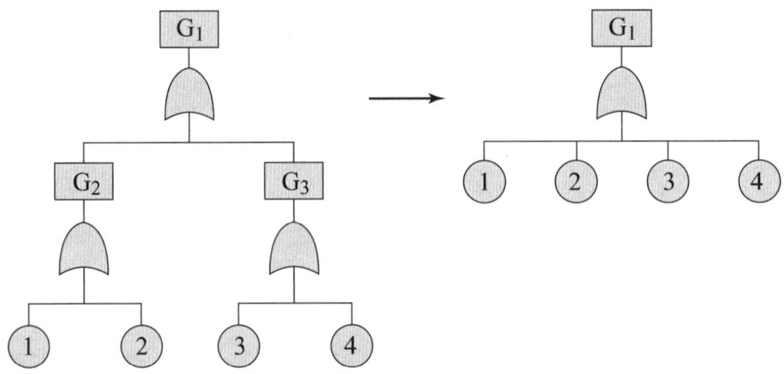

그림 3.4 결함수 간략화(No. 1)

② 모든 사상이 AND 게이트로 연결되어 있는 결함수의 부분은 그림 3.5와 같이 간략화 할 수 있다.

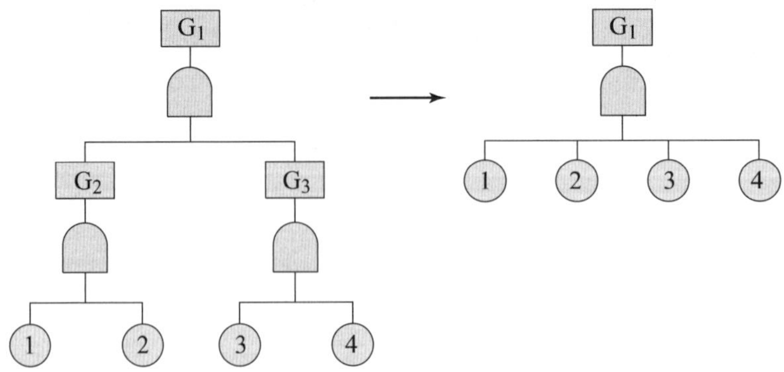

그림 3.5 결함수 간략화(No. 2)

(2) 결함수 수정

작성한 FT를 이용해서 시스템의 안전성을 검토하기 전에 트리의 수정을 필요로 하는 경우가 있다. 그림 3.6(좌)의 경우 사상 ①이 일어나면 G_2도 G_3도 동시에 일어난다. G_2와 G_3이 동시에 일어나면 정상 사상 G_1도 일어난다. 즉 사상 ①이 일어나는 것만으로 정상 사상 G_1이 일어나게 된다. 이러한 점을 생각해서 결함수를 고쳐 쓴 것이 그림 3.6(우)의 결함수이다.

수정하기 전의 결함수는 정상 사상이 그 하부 사상과 AND 게이트로 연결되어 있어 모든 하부 사상이 동시에 발생하지 않는다면 정상 사상이 발생하지 않는다는 것으로 언뜻 보기에는 보기 드문 사상같이 보이지만 수정해서 보면 OR 게이트로 연결되어 있어 그림 3.6(좌)의 AND가 「외관상의 AND」라는 것을 알 수 있다.

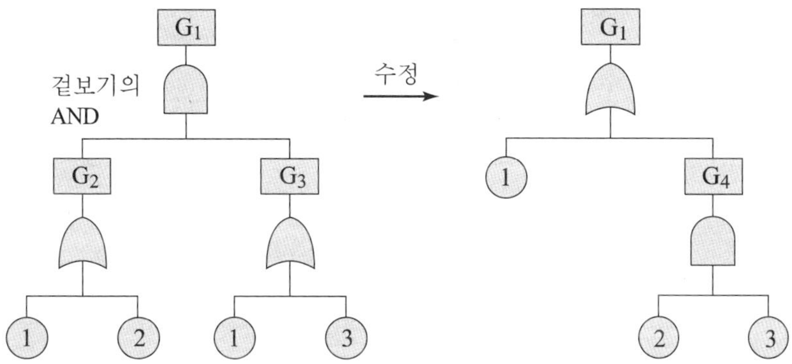

그림 3.6 트리의 수정 예

6) FT의 활용

FTA분석은 재해의 세부원인과 그 상호관계가 밀접하게 연결되어 있어 안전을 확보하기 위한 문제점 파악이 용이하다는 장점이 있다. 이하에 FT의 활용 예를 든다.

(1) 재해 원인 분석

재해 조사 실시에 앞서 FT도를 작성하고 기본사상으로 표현되는 재해 원인 유무를 조사 규명한다. 이 경우 FT도의 정상사상은 「비계에서의 추락」이라든지 「보일러의 파열」 등 기인물 또는 가해물과 사고의 형으로 표현해서 FT도를 전개하여 나간다.

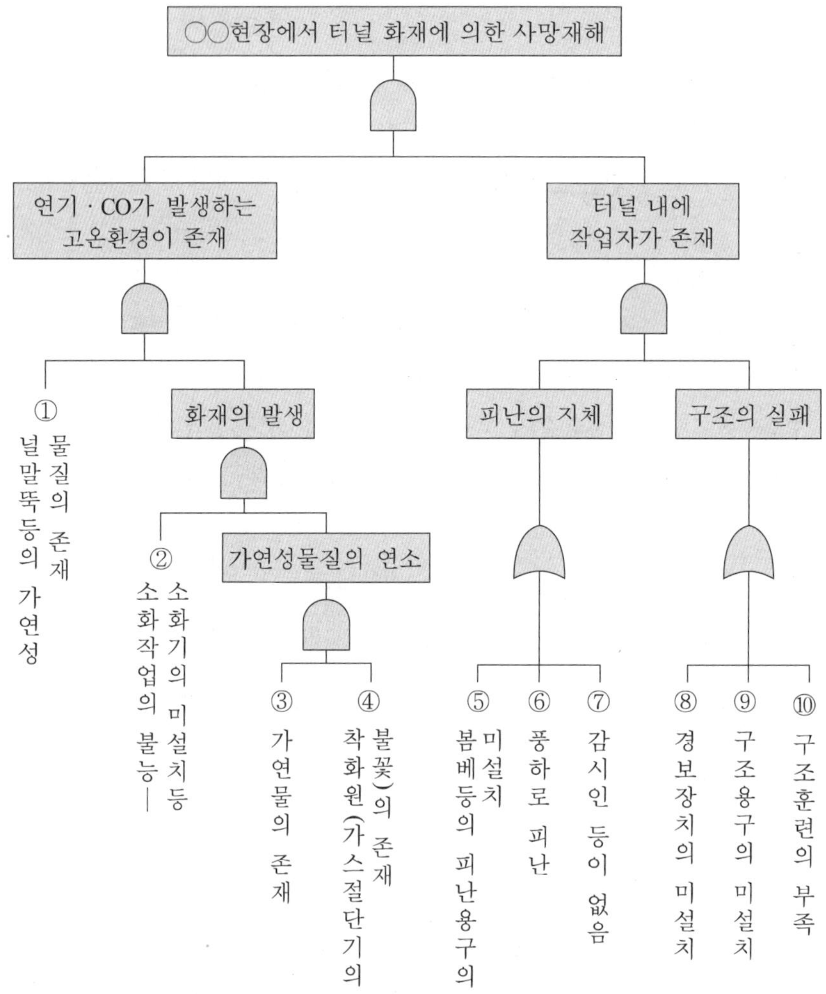

(1980년「안전의 지표」에서)

그림 3.7 터널 화재에 의한 재해의 FT도

정상 사상에 대해서는 그것이 일어나기 위한 조건이나 상태로서 무엇이 필요한지 생각되는 원인을 전부 열거한다. 열거한 원인 사상과 정상 사상을 논리 기호로 연결시키고 이러한 절차를 반복함으로써 기계 설비나 작업 공정 부분, 작업 동작, 작업 행동 원인 등 재해 원인으로서 기본적인 단계까지 원인 사상을 전개할 수 있다.

이와 같이 FT도를 작성하면 재해 원인을 놓칠 우려가 없다. 그러나 현실적으로 판명된 재해를 가지고 또 다시 기본적인 원인을 기본사상으로 전부 장황하게 늘어놓는 것은 쓸데없는 일이란 생각이 들기도 하지만 그것은 동종재해의 방지 대책을 완성시키기 위한 검토로서 대단한 효과가 있다. 일어난 재해와 완전히 동일한 원인의 재해에 대해는 FT 전개에 의한 방지대책의 검토가 필요하지 않지만, 「비계에서의 추락」이라도 여러 가지 원인이 있는 까닭에 체계적으로 집성된 대책을 검토하기 위해서는 여러 가지 경우의 원인을 결함 사상 또는 기본 사상으로서 규명하여 나가는 것은 효과적이다.

그림 3.7에 「터널(전장 2.5km) 공사 관통 후, 가스 절단 작업중에 화재가 발생, 작업중인 2명과 구조 작업원 2명이 함께 CO 중독으로 사망했다」라는 재해에 대해 FTA를 실시한 결과를 나타내었다.

(2) 재해 방지 대책의 구체화

상위 사상과 하위 사상이 OR기호로 연결되어 있는 경우 상위 사상을 일으키기 쉬운 결함 사상을 중점 대상으로 하여 대책을 생각하는 것은 당연할 것이다. 또한 기본 사상의 하나하나가 대책 사항에 결부되는 것은 말할 것도 없다. 이 경우 작성한 FT를 Success Tree(성공 관련수)로 변환하여 분석하면, 보다 쉽게 대책을 강구할 수가 있다. FT와 석세트·트리는 ① AND는 OR로 바꾸고 OR은 AND로 바꾸며 ② 부정을 긍정으로 바꾸고 긍정을 부정으로 바꿈으로써 용이하게 변환이 가능하다.

그림 3.7의 터널 화재에 의한 재해의 FT도를 석세스·트리로 변환한 것이 그림 3.8이다. 표 3.3은 그 대책이다.

표 3.3 • 터널화재에 의한 재해의 대책

(1) 용단작업 등 화기를 사용하는 경우에는 1. 부근의 가연성 물질을 제거한다. 2. 소화 설비를 준비한다. 3. 감시인을 배치할 것 (② ③ ⑦의 검토에서)
(2) 호흡용 보호구 등 작업자를 피난시키기 위한 필요한 용구를 구비하는 동시에 피난 훈련을 실시할 것 (⑤ ⑥ ⑩의 검토에서)
(3) 구출을 신속히 하기 위하여 1. 화재 등 이상한 사태가 발생한 것을 알리는 경보 설비를 갖추고 갱내의 이상 사태 발생을 갱외의 현장 사무소 등에서도 알 수 있도록 할 것 2. 구조 장비를 구비할 것 3. 구조 훈련을 행할 것 (⑧ ⑨ ⑩의 검토에서)

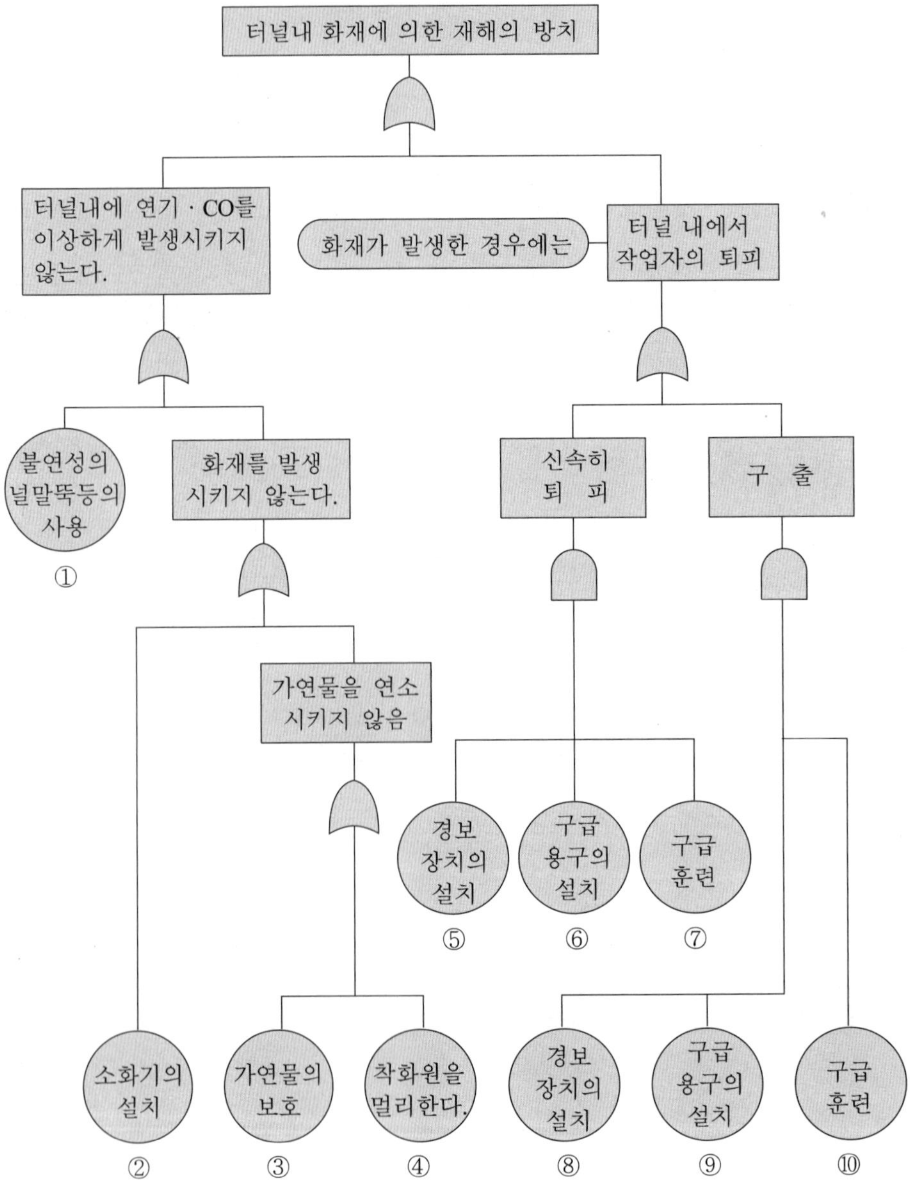

그림 3.8 터널화재에 의한 재해 방지의 석세스 · 트리도

(3) 안전성의 사전 평가

새로운 기계 설비나 공법을 채용하는 경우, 그 도입에 있어 상정되는 온갖 위험을 FTA에 의해 발견하고 준비 단계에서부터 방지 대책을 강구하여 사전 안전을 도모할 수가 있다.

이 경우 FT의 정상 사상으로 취할 수 있는 것은 대상이 되는 기계설비나 공법 중에 가장 중대한 재해를 일으킬 우려가 있는 것부터 행한다. 완성된 FT도에 관해서는 공통적인 원인을 정리함으로써 정상 사상을 일으키는 재해 원인을 정확하게 파악한다.

AND기호로 표시되는 관계는, 원인이 되는 모든 사상이 발생했을 때 비로서 그 정상 사상이 발생한다는 것을 나타내고 있기 때문에 AND가 많은 것은 일반적으로 정상 사상이 발생하기 어렵다고 할 수 있다.

정성적인 FTA를 행한 경우라도 각 재해 원인이 발생하기 쉬운 순서대로 순위를 매기는 일과, 재해원인과 정상사상과의 사이에 AND가 적을수록 영향이 크다는 구조관계에 의한 순위매기기에 착안해서 각 중요도의 분류를 행하는 것은 정량적인 것은 아니지만 효과적인 안전 대책을 세우는 데 유용한 방법이다.

FTA를 분석하여 기계 설비의 안전성을 확인한 다음, 기본사상으로 나타난 재해 원인에 대해 체크리스트를 작성함으로써, 기계 설비나 공법의 안전성 확보를 효과적으로 행할 수 있는 것이다.

그림 3.9는 비계등에서의 추락 재해에 대해 모든 위험을 상정하여 작성한 FT도이다(그림 3.2의 FT도는 조선 비계에서의 추락 재해에 관계되는 것임). 안전성평가에서는 사전 안전대책을 위해 해석을 필요로 하는 사상을 정상 사상으로 하고 같은 종류의 작업에 있어서는 여러 가지의 케이스를 상정하면서 FT를 전개해야만 한다.

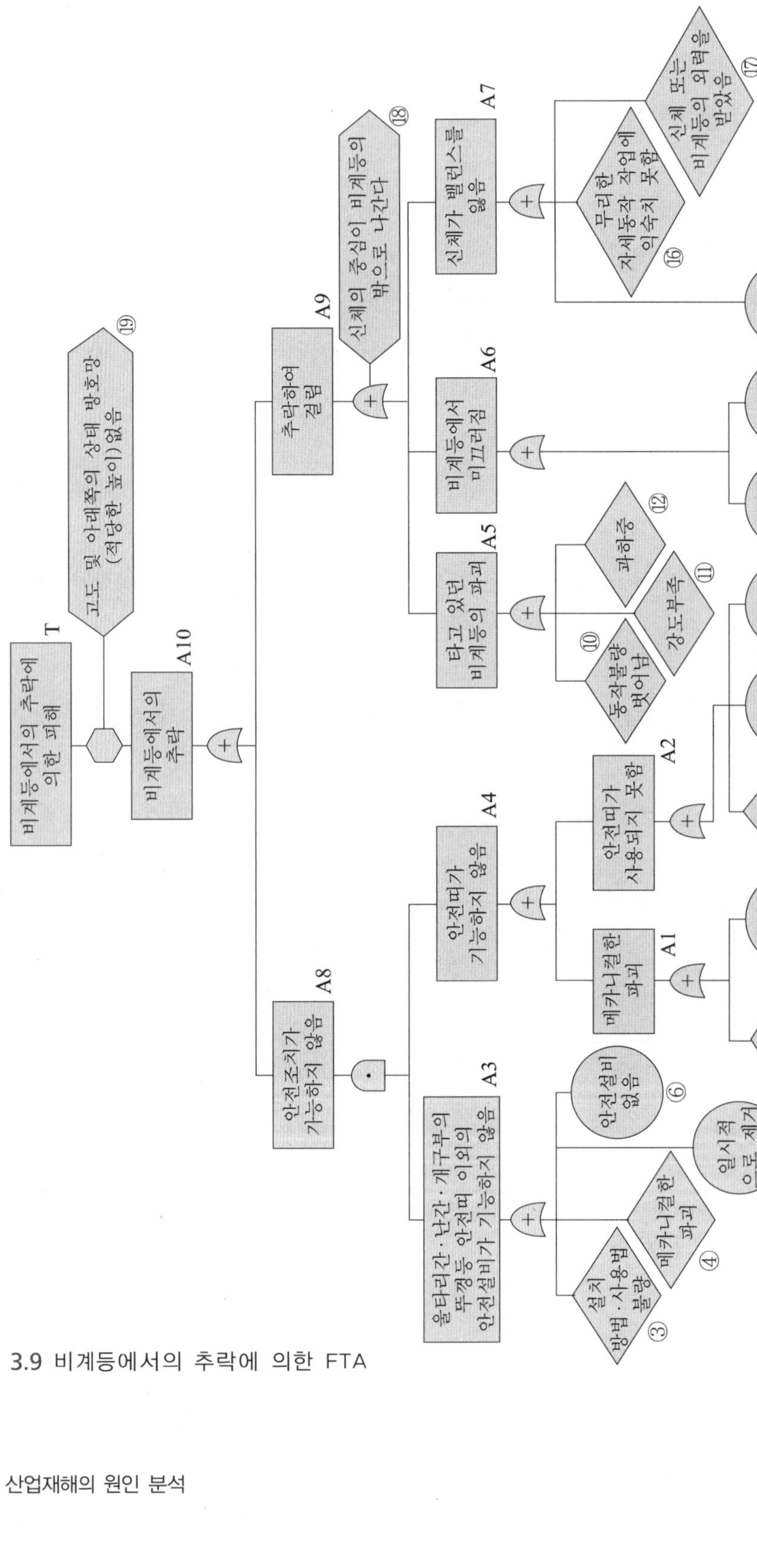

그림 3.9 비계등에서의 추락에 의한 FTA

7) 사고의 발생 확률

그림 3.10의 FT도에 있어서 사상 G_1은 기본 사상 ① 및 ②의 논리곱으로 표시되어 있다. 따라서 사상 G_1은 ① 및 ②가 동시에 존재할 때만 발생하며 그 발생 확률은 $P_{G1} = P_{①} \cdot P_{②}$이다.

또 사상 G_2는 기본 사상 ③ 및 ④의 논리합으로 표시되어 있기 때문에 그 발생확률은 $P_{G2} = P_{③} + P_{④}$이다. 마찬가지의 사고로 정상사상 G3의 발생확률은 $P_{G3} = P_{G1} \cdot P_{G2} = P_{①} \cdot P_{②} (P_{③} + P_{④})$이다.

이와 같이 상정된 재해의 발생 확률을 구하는 것은 이론적으로 가능하다. 그러나 산업 재해에 관해서 사람은 재해의 원인이 되기도 하고 반대로 재해를 방지하는 일도 하기 때문에 동작의 확률적 데이터가 일률적이지 못하고, 2개 늘어선 밸브의 잘못된 조작은 서로 무관하지 않다는 등 (1)에서 논술했던 바와 같이 확률 계산에는 곤란한 문제가 있다.

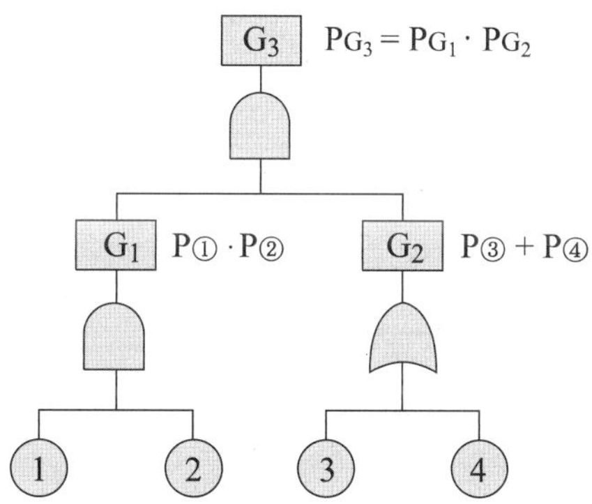

그림 3.10 정상사상의 발생 확률

3.3 예비사고 분석(PHA : Preliminary Hazards Analysis)

(1) PHA

대부분의 시스템 안전 프로그램에 있어서 최초 단계의 분석으로 시스템 내의 위험 요소가 어떤 상태가 있는가를 정성적으로 평가하는 기법

(2) PHA의 목적

위험의 통제가 아니라 시스템 개발 단계에 있어서 시스템 고유의 위험상태를 인식, 식별하고 예상되는 재해의 위험수준을 결정하는 데 있다.

(3) PHA의 기법

① 위험한 요소가 어느 서브시스템(전체 시스템을 구성하고 있는 시스템의 한 구성 요소)에 존재하는가를 체크리스트, 경험, 기술적 판단을 이용하여 먼저 조사한다.

② 위험한 요소를 위험상태로의 기폭제가 되는 요인을 식별하고 그 위험상태가 잠재적 재해로 이행하기 위해 필요한 조건을 검토한다. 그 위에 그 잠재적 재해를 방지하기 위한 수단이 강구되는 경우는 그 효과를 조사한다.

③ 예상되는 잠재적 재해의 위험성의 수준을 분류한다.

3.4 결함사고(위험) 분석(FHA : Fault Hazards Analysis)

(1) FHA

결함 위험분석은 PHA보다 개발 사이클이 다소 늦게 실행되는 정의와 개발단계에 실행되는 귀납적으로 평가하는 시스템이다. 기본적인 분석접근을 특수한 분야에서 일반적인 것까지 할 수 있다. 작은 구성이나 사건은 안전에 큰 영향을 줄 수 있다.

(2) FHA의 기재사항

① 서브시스템의 요소

② 요소의 고장형

③ 고장형에 대한 고장률

④ 요소가 고장났을 때 시스템의 운용 형식

⑤ 서브시스템에 대한 고장의 영향

⑥ 2차 고장

⑦ 고장형을 지배하는 뜻밖의 일

⑧ 위험성의 분류

⑨ 전 시스템에 대한 고장의 영향

3.5 고장의 형과 영향 분석(FMEA : Fault Models and Effects Analysis)

(1) FMEA

시스템 안전에 이용되는 전형적인 정성적, 귀납적 분석방법으로 시스템에 영향을 미치는 전체 요소의 고장을 형별로 분석하여 그 영향을 검토하는 것이다.

(2) 시스템에 영향을 미치는 요소의 고장형의 분류

① 누출 또는 개방된 고장

② 폐쇄 또는 차단된 고장

③ 기동의 고장

④ 정지의 고장

⑤ 운전단속의 고장

⑥ 오작동 등

(3) FMEA의 기재사항

① 요소의 명칭

② 고장의 형

③ 다른 요소 및 전 시스템에 대한 고장의 영향

④ 위험성의 분류

⑤ 고장의 발견방법

⑥ 시정방법

(4) FMEA의 장점 및 단점

① 장점 : 서식이 간단하고 비교적 적은 노력으로 특별한 훈련없이 분석을 할 수 있

다. CA와 병행되는 일이 많다.

② 단점 : 논리성이 부족하며 특히 각 요소간의 영향을 분석하기 어렵기 때문에 동시에 두가지 이상의 요소가 고장날 경우 분석이 곤란하며 또한 요소가 물체로 한정되어 있기 때문에 인적원인을 분석하는 데는 곤란이 있다.

(5) 고장의 영향에 대한 발생 확률(β)

· 대단히 자주 일어나는 손실 : $\beta = 1.00$

· 보통 일어날 수 있는 손실 : $0.1 \leqq \beta < 1.00$

· 가능한 손실 : $0 < \beta \leqq 0.10$

· 영향 없음 : $\beta = 0$

(6) FMEA 작성예를 아래 표에 나타내었다.

① 분석되는 요소 또는 성분의 명칭 설계도면중의 요소를 정의하기 위하여 사용되는 계약자의 도면번호, 블록다이어그램 중에서 그 항목을 정의하기 위해 사용되는 코드명

② 수행되는 기능의 간소한 표현

③ 특유의 고장형식의 기술

④ 고장의 발생에서 최종의 고장의 영향까지의 예상시간

⑤ 그 중 위험한 고장이 생길 염려가 있는 운용 또는 설비의 단계

⑥ 고장이 상위의 조립품, 설비, 인원에 미치는 영향에 관한 기술 고장의 영향

⑦ 그 고장형식을 발견할 수 있는 방법의 기술 또는 고장이 용이하게 발견되지 않을 때에는 어떤 시험방법 또는 시험항목의 추가로서 고장의 발견이 가능한가의 지적

⑧ 그의 고장형식을 소멸시키는가 그 영향을 최소화하기 위해 추정되는 시정활동의 기술, 가능한 미리 계획된 운용의 교체방식의 기술

⑨ 위험성 분류의 표시

카테고리 – 1 : 생명 또는 가옥의 상실

카테고리 – 2 : 사명수행의 실패

카테고리 – 3 : 활동의 지연

카테고리 – 4 : 영향 없음

⑩ 타 란에 포함 안된 관련 정보 등

표 3.4 • FMEA 양식의 예(NASA)

① 항목	② 기능	③ 고장 외형	④ 고장 반응시간	⑤ 설비 또는 운용단계	⑥ 고장의 영향			⑦ 고장의 발견 방식	⑧ 시정 활동	⑨ 위험성 분류	⑩ 소견
					시스템	시설	인원				

3.6 위험도 분석(CA : Criticality Analysis)

(1) CA

고장이 직접 시스템의 손실과 사상에 연결되는 높은 위험도를 가진 요소나 고장의 형태에 따른 분석법을 말한다.

$$C_r = \sum_{n=1}^{N} \left(\beta \, \alpha \, K_A K_E \, \lambda_A \, t \times 10^6 \right)_n$$

여기서 C_r : 치명도 지수(100만 시간 또는 100만회 동작 중에 당해 아이템의 고장 시스템이 치명적 고장을 일으키는 회수)

n : 특히 정한 손실에 해당하는 시스템 구성품에 있어서 치명적 고장 모드의 번호

N : 치명적 고장 모드의 총수

λ_A : 100만 시간당 아이템 기준고장률(모든 고장 모드를 포함한 것이며 일반적으로 고장 데이터에서 참조된다)

t : 각 구성요소의 총 동작시간 또는 횟수

K_A : λ_A를 구했을 때의 동작 스트레스에 대한 운용동작시의 고장률 보정계수(동작보정계수)

K_E : λ_A를 구했을 때의 환경 스트레스에 대한 운용동작시의 환경조건 보정계수(환경보정계수)

α : λ_A중 당해 치명적 고장 모드가 점하는 비율

β : 치명적 고장 모드가 일어났다고 하고 그 영향이 실제 발생하는 조건부 확률

(2) 고장형의 위험도의 분류(미국 자동차협회)

Category I	생명의 상실로 이어질 염려가 있는 고장
Category II	작업의 실패로 이어질 염려가 있는 고장
Category III	운용의 지연 또는 손실로 이어질 고장
Category IV	극단적인 계획 외에 관리로 이어질 고장

3.7 ETA(사고수 분석법)

1) ETA

FTA가 결과로서의 사고·재해를 설정해서 그곳으로부터 재해 원인이나 재해요인의 분석으로 진행시켜 가는 데에 대해서 ETA는 분석의 방향이 전혀 반대이며 이 분석에 의해서 처음에는 상정할 수 없었던 형태의 재해의 가능성을 지적할 수 있다.

ETA는 사고의 발단이 되는 input이 초기 사상으로서 시스템에 들어온 경우에 그 영향으로 계속해서 어떠한 부적합한 사상으로 발전해 가는지 그 과정을 나무의 가지 분기식으로 추구해서 분석하는 방법이다.

복잡한 시스템에서 중대 재해가 발생할 우려가 있는 경우에는 FTA와 ETA를 병용해서 분석하면 좋다. 다음으로 ETA의 기본적인 수법을 재해 요인의 조사·분석과 대책에 적용해서 설명한다.

2) ET도의 작성

ETA는 사고의 발단이 되는 초기 사상이 시스템에 들어온 경우에 이것에 관련하여 발생하는 기계·설비의 각 부분이나 작업 공정의 각 단계에서의 안전기능의 부적합한 상태가 어떠한 영향을 끼치는지에 착안해서 취해야 할 순서를 정해 그 순서에 따라 안전 기능의 유지가 성공하는지 실패하는 지로 나눈다. 나무의 형태로 전개해서 실패에 관계되는 각 가지에 있어서 발생하는 트러블이나 사고의 종류를 상정해서 각각의 발생확률을 정하면 최종적인 사고의 종류와 발생확률을 구할 수가 있다.

그림 3.11은 가솔린 저장탱크 청소중의 폭발 사고에 관계되는 ETA의 예이다. 이 사고의 경우는 「엔진에 의해 착화, 폭발」 하여 재해를 부른 것이지만 가솔린 저장용 탱크롤 리가 가솔린 저장탱크가 바람이 불어오는 쪽에 위치하여 엔진을 구동함으로써 배기 가스의 화기가 가솔린 탱크의 맨홀에서 새어 나와 있던 가솔린의 증기에 착화하여 폭발한 것으로 추측된다.

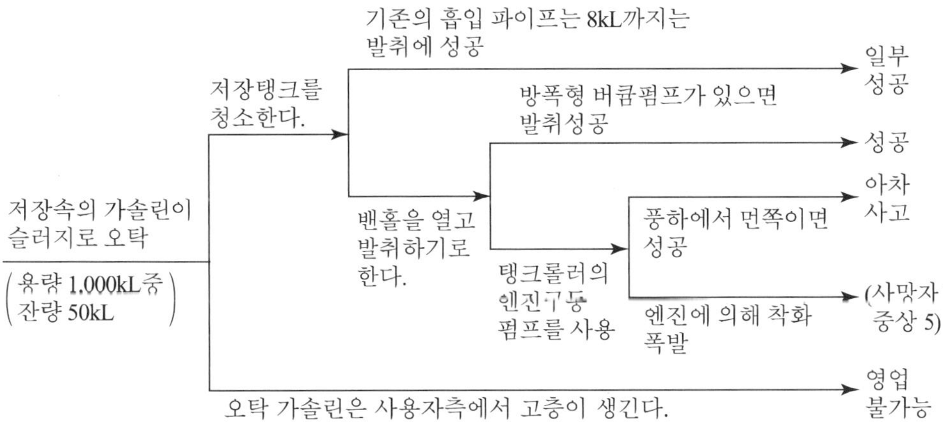

그림 3.11 가솔린 저장 탱크 청소중의 폭발사고

3) ETA와 사고의 확률

ETA로 분석할 때 「성공」 또는 「실패」의 논리수 및 실패에 기인하는 사고의 「발생확률」을 그림 3.12의 예로 나타냈다.

초기 사상(방아쇠 사상)은 ① 「crack 발생」 이다. 이것에 대한 안전 조치의 순서로서 ② 조기 발견 ③ 정지 조치 ④ 파손 방지 ⑤ 누설 검지 ⑥ 착화 방지를 상정하고 이것이 실패하면 「폭발」의 사고가 발생한다는 기본적인 사고 방식이다.

① 크렉 발생 확률을 $P_{①}$, ② 크렉의 조기 발견에 실패할 확률을 $P_{②}$, ③ 정지 조치의 실패확률을 $P_{③}$, ④ 파손 방지 조치의 실패 확률을 $P_{④}$, ⑤ 누설 검지의 실패 확률을 $P_{⑤}$, ⑥ 착화 방지 조치의 실패 확률을 $P_{⑥}$으로 설정하면 그림 3.2에서 알 수 있는 바와 같이 누설 검지 실패에 의한 사고 발생 확률은 P_B와 P_D로 나타내어져 어느 것이나 $P_{①}$~$P_{⑤}$의 논리곱이 된다. 또한 착화방지 조치의 실패에 의한 사고 발생 확률은 P_A와 P_C로 나타내어져 어느 것이나 $P_{①}$~$P_{⑥}$의 논리곱으로 되어 있다.

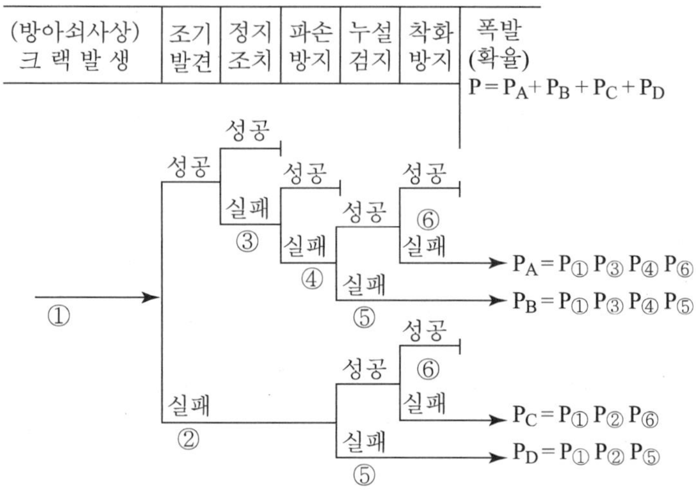

그림 3.12 ETA와 사고의 확률(P)

폭발의 발생 확률 P는 P_A, P_B, P_C 및 P_D의 논리화이기 때문에 P를 제로로 하기 위해서는 P_A, P_B, P_C 및 P_D의 각각이 제로가 아니면 안되지만 그러기 위해서는 $P_{①}$~$P_{⑥}$ 중에서의 1개가 제로이면 P_A, P_B, P_C 또는 P_D는 제로가 된다. 즉 최종 단계까지의 안전 조치 중 어느 것인가에 성공하면 결과로서 제로로 할 수 있지만 안전 조치는 빠른 단계에서 성공하는 것이 바람직한 것이다.

3.8 THERP(Technique of Human Error Rate Prediction)

(1) THERP

인간의 과오를 정량적으로 평가하기 위해서 개발된 기법으로 인간과오의 분류시스템과 그 확률을 계산하여 원래 제품의 결함을 감소시키고 사고의 원인 중 인간의 과오에 의한 사고 분석 및 안전공학적 대책수립에 사용된다.

(2) 인간과오 분류시스템

인간과오의 분류는 특정조치 또는 장치의 과오를 감소시키기 위하여 필요한 시정대책을 수립하는 데 필요하며 인간과오를 시스템 내에서 최대로 감소시키기 위한 조치는 다음과 같다.

① 시스템 내에 포함된 특정행위를 위해 요원을 선정하고 훈련시킨다.

② in put의 개선을 위해 시스템을 재설계하거나 조정 절차를 단순화시키고 정확한 out put을 보장해야 한다.

(3) 기본 과오율

① THERP법은 특정 시스템의 결함에 미친 기본 과오율(상이한 상황하에서 일으키는 유사한 인간의 시행착오 또는 행위간에 상대적으로 인정되는 일정한 비율의 인간과오)을 평가하는데 이용된다.

② THERP법을 적용하여 특정 시스템의 결함, 원하지 않는 사고의 잠재성을 발견하고 모든 인간의 활동을 관찰하여 기본 과오율을 더욱 악화시킬 수 있는 인간행위 및 활동을 식별하고 특정 인간의 과오가 시스템에 결함을 일으킬 확률을 계산해 내며, 그 과오를 과오표에 의하여 분류하고 시스템을 변경하여 특정시정책을 도출하게 된다.

(4) THERP는 ETA의 변형으로 고리, 바이패스를 가질 수 있고 인간-기계 시스템의 국부적인 상세한 분석에 유리하다.

3.9 HAZOP(Hazard and Operability Study : 위험과 운전성 연구)

(1) **화학 플랜트의 설계시** 기본 설계 도면을 이용하여 각 분야의 설계자들이 체계적으로 위험요소를 파악하고 또한 가동중인 설비에 대해서는 공정 변수가 정상상태로부터 이탈할 경우 발생할 수 있는 위험성을 정성적으로 평가하는 방법이다. 처음에는 사용 경험이 적은 새로운 기술을 적용한 공정설비에 실시할 목적으로 개발되었으나 기존 설비 또는 일부 변경의 경우에도 효과적이다.

(2) HAZOP의 목적

① 안전 측면에서 잠재적인 위험요소나 안전상의 문제점을 파악한다.

② 파악된 위험요소와 운전상의 문제점에 대한 고려가 설계상에 반영되어 있는지 확인한다.
③ 위 항의 설계상의 고려가 적합한지 확인한다.
④ ②, ③의 항에서 설계상의 고려가 누락 또는 적절하지 않다고 판단된 경우 설계변경을 요청한다.

(3) HAZOP의 적용대상

① 다수의 사상자나 심각한 환경오염을 초래할 수 있는 치명적인 화학물질이나 독극물의 누출 우려가 있을 경우
② 대형 화재나 폭발의 우려가 없는 경우
③ 새로운 공정기술이나 공정 제어 시스템을 도입하는 경우
④ 기존 설비의 변경으로 인하여 위험요소가 증가될 우려가 있을 경우에 적용이 된다.

(4) HAZOP의 전제조건

① 두 개 이상의 기기 고장이나 사고는 일어나지 않으며 안전 장치는 필요할 때 정상적으로 동작하는 것으로 간주한다.
② 장치 자체는 설계 및 제작 사양에 맞게 제작된 것으로 간주한다.
③ 조작자는 위험상황이 일어났을 때 그것을 인식할 수 있고, 위험시의 조치사항을 취할 수 있는 충분한 시간이 있는 경우 필요한 조치사항을 취하는 것으로 간주한다.

가이드 워드	의미	내용
NO/Not	디자인 의도의 완전한 부정	디자인 의도의 어떤 부분도 성취되지 않으면 아무것도 일어나지 않는다.
More less	정량적인 증가 또는 감소	가열, 반응 등과 같은 활동뿐만 아니라 흐름률, 온도 등과 같이 양, 성질을 나타낸다.
As well as	성질상의 증가	모든 디자인 의도와 운전조건이 어떤 부가적인 행위와 함께 일어난다.
Part of	성질상의 감소	어떤 의도는 성취되나 어떤 의도는 성취되지 않는다.
Reverse	디자인 의도의 논리적 반대	재료, 전류, 조종장치, 화학반응, 분해의 설비장치 등의 역반응이나 역류 등의 물질에 적용될 수 있다.
Other than	완전 대체	원래 의도한 목적 달성이 되지 않았을 경우 즉 다른 재료, 활동, 목적이 일어난다.

3.10 특성 요인도에 의한 분석

특성 요인도는 품질관리(QC)에서 개발된 수법이지만 재해 원인 분석으로 널리 사용되고 있다. 이른바 「물고기의 뼈」에 의한 사고 해석인데 이 분석기법은 원인의 분류에는 뛰어나지만 인과관계는 파악하기 어려운 난점이 있다.

특성 요인도의 작성 요령은 분석의 대상이 되는 특성이 결정되면, 그 다음은 등뼈, 대뼈, 중뼈, 소뼈의 순서대로 원인을 순차적으로 세분화하면 좋다.

그림 3.13의 특성 요인도의 패턴을 참고로 하기 바란다.

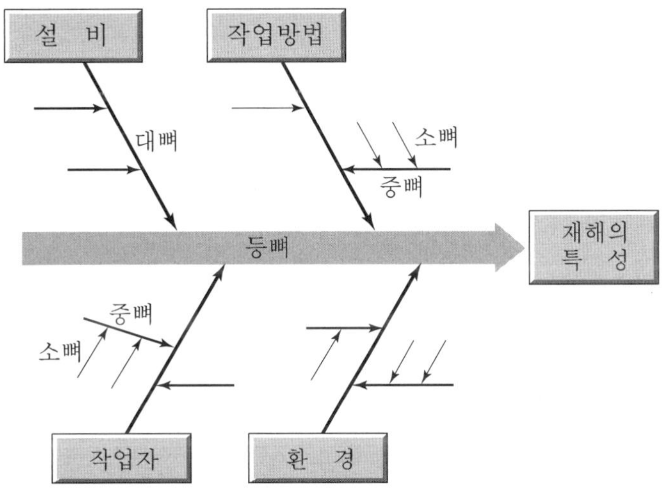

그림 3.13 특성 요인도의 패턴

04 재해통계

4.1 재해 통계의 목적

재해를 일으키는 원인은 많이 있지만, 그것들을 분석하고 대책을 검토하려면 많은 재해 사례에 대해 통계적 처리를 하고 그 결과로부터 공통적인 요소를 정리해 폭넓게 안전 대책으로 이용하는 방법과, 개개의 재해 사례에 대해 상세하게 조사를 하고 그 결과로부터 동종·유사 재해 방지 대책으로 이용하는 방법이 있다. 기업에 있어서는 이 양자를 병용하여 효과적인 안전 대책을 진척시켜 나가고 있지만, 재해 발생의 경향과 현상을 파악하고 안전 대책의 평가와 검토를 하기 위해서는 재해 통계를 유효하게 활용할 필요가 있다.

재해 통계는 과거 일정 기간에 발생한 재해의 실적을 올바른 통계 방법으로 분석해서 재해에 관한 제반 요소를 정리·파악함으로써 재해의 공통적인 발생 원인을 수량적으로 해명함과 동시에 재해방지대책을 효과적으로 수립하는데 유용하게 하는 것이 그 목적이다. 재해 통계는 과거의 재해 발생량과 여러 현상을 통계적으로 처리하는 것만으로는 불충분하고, 동종재해의 재발 방지뿐만 아니라 더 나아가 안전관리 대책을 확실히 세울 수 있도록 하는 것이 재해통계의 목적이다.

4.2 통계작성에 필요한 기본인식

재해 정보를 분석하여 통계처리 할 경우, 재해에 관한 기본 인식 여하에 따라 통계를 작성하는 방법, 통계를 읽는 법, 해석하는 사람에 따라 다르게 되기도 한다. 재해 발생의 메카니즘에 관한 이론적인 이해가 부족한 중소기업 등에서는 재해 발생 원인별 통계 작성에 있어 발생 원인을 물적 원인 또는 인적 원인 두 개 중 하나로 분류하지 않으면 안된다는 사고방식을 취하고 있는 경우가 많다. 제1장에서도 설명했던 바와 같이 하나의 재해에 대해, 대부분의 경우 「물」과 「사람」 두 가지에 대해 발생 원인이 있다고 할 수 있기 때문에 재해의 원인을 「물」 또는 「사람」의 어느 쪽인가로 나누어 버리는 통계는 당연히 불합리하다고 말할 수 있다.

다음으로 재해는 기업의 생산과 경영 활동의 결과로서 나타나는 결과이기 때문에 시간의 경과와 함께 통계 조건도 변화하는 경우가 있다.

그림 4.1에서와 같이 연도별 재해 건수(가상으로 상정)의 그래프를 살펴보면 이 사업장에서는 해마다 재해가 감소하는 경향을 보이고 있다. 그러나 안전관리의 노력이 결실을 맺고 있는지 아닌지 이 그림으로는 알 수가 없다. 생산 품목, 하청 외주 조건, 기계 설비, 전 작업자수와 부문별 작업자수 등 기타의 여러 조건이 이 통계 기간 중에 일정했다고 하면 이 곡선은 사업장의 안전 성적을 나타내고 있는 것이 된다. 이들 여러 조건들이 변화했다면 이 그래프는 재해 동향을 나타내고 있다는 것은 틀림없다고 해도 그대로 안전 성적을 나타내고 있는 것은 아니라고 해석하여야 한다.

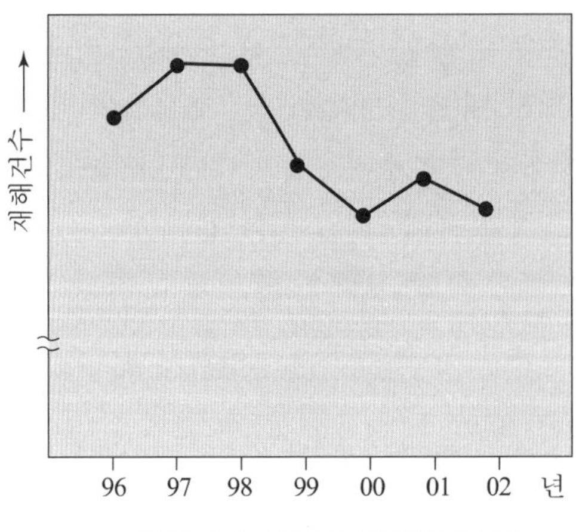

그림 4.1 연도별 화재발생건수

통계 작성자가 어떤 사실에 대한 데이터를 표로 정리하여도 실제로는 생각하고 있는 만큼의 의미를 나타내지 못하는 경우가 있다.

통계 작성시 객관적으로 판독될 수 있도록 통계 조건을 명백히 할 것, 그리고 모집단의 내용과 구성 내용에 관해서도 가능한 한 동질화하도록 할 필요가 있다.

4.3 재해 통계와 대상 재해

(1) 불휴(不休) 재해의 취급

노동부가 재해 통계로서 다루고 있는 것은 휴업 1일 이상의 재해(업종별 도수율, 강도율 등) 혹은 휴업 4일 이상의 재해(업종별 발생 건수, 사고유형별, 기인물별의 재해 건수 등)로 제한되고 있는데, 이것은 통계의 특성상 어쩔 수 없는 사항이다. 그러나 재해 결과로서 상해 정도와 재해 발생 계기의 중요도와는 무관하다고 생각된다. 불휴 재해라도 그 원인의 중요성에 대해 사망 재해나 중상 재해에 비해 아무런 경중의 차이를 물을 필요가 없고, 재해 결과의 중요성과 재해 원인의 중요성은 별개 문제라고 해도 좋다.

재해 통계를 안전 대책 자료로 활용하기 위해서 불휴 재해도 포함해서 통계를 작성할 필요가 있다. 다만 행정관청에 보고하는 것은 휴업 1일 이상의 재해이므로 휴업 재해와 불휴 재해를 구별하여 통계표에 나타내는 것은 관계없다.

또한 불휴 재해라 하여도 그 정도에 큰 차이가 있을 수 있다. 휴업 요양을 할 것인지, 출근하면서 통원 요양을 할 것인지는 의사가 정하는 경우도 있으나, 환자인 피재해 작업사의 형편도 고려하는 것이 보통이다. 즉 휴업 재해와 불휴 재해는 순수하게 의학적인 상해 정도를 말하는 것이 아니라, 피해 작업자가 휴업이라는 사회적 행위를 선택할 것인지 아니지는 개인이 정하게 된다. 이러한 관점에서 불휴 재해라고 하면 통계적 가치가 적다고 생각하는 것은 타당하지 않다는 것을 알 수 있다.

(2) 미큐로그롬 재해의 문제

불휴 재해를 통계에 포함하고 있는 기업에서도 지극히 경미한 재해, 즉 응급처치로 끝나 버리는 것과 같은 무상해적인 재해(이른바 머큐로크롬 재해)는 불휴 재해에서도 제외하고 있는 경우가 있다. 그러나 이러한 무상해적인 머큐로크롬 재해도 정확히 파악하여 불휴 재해의 일부로서 다뤄야 하는 것으로 불휴 재해 이하를 별도의 재해로 설정할 필요는 없다.

그러나 무상해적인 머큐로크롬 재해를 포함한 통계는 정확성이 결여될 경우도 있으므로 적어도 의료·행위를 동반한 재해는 반드시 재해 통계 대상으로 하는 것이 필요하고 머큐로크롬 재해는 별개의 통계로 독립시키는 것이 좋다.

(3) 대상 재해의 보고 수집 체제

위에서 제시한 바와 같이 기업내의 재해는 불휴 재해도 휴업 재해와 같은 수준에서 조사 보고되어야 할 필요가 있다. 또 무상해적인 사고도 마찬가지로 조사 보고되는 것이 바람직하다.

그러나 중대 재해나 중상 재해, 설비 파괴가 동반되는 재해는 현장 라인의 안전 스태프도 협력하여 상세한 조사가 이루어지지만, 불휴 재해의 경우는 조사 목적이나 필요성을 현장의 감독자, 본인이나 동료에게 충분히 이해시켜 두지 않으면 올바른 조사 보고를 얻을 수 없다. 따라서 통계 대상 재해가 확실하게 조사 보고되도록 안전관리 규정에 정해 두는 것이 중요하다.

말할 것도 없이 재해 통계를 목적으로 재해 조사를 하는 것이 아니므로(재해 조사 결과에서 얻어진 사실에 기초를 두고 통계를 내는 것이다.) 통계를 내기 쉽도록 담당자 선에서 조사 내용을 간략하게 써 버리는 것과 같은 일은 삼가하여야 한다.

4.4 재해 원인 요소의 분석

재해 통계에는 재해 그 자체를 다룬 것과 재해 발생 원인에 관여한다고 생각되는 요소를 파악하는 것으로, 그것이 다수의 재해에 있어 어떠한 통계적 의미를 갖는가를 알려고 하는 것이다. 전자에는 ① 건수(연별, 월별 등) ② 재해율(도수율, 강도율, 연천인율 등) ③ 상해 부위 ④ 상해의 성질 등에 관한 것이 있고, 후자에는 ⑤ 피해자(성, 연령, 경험, 직종 등) ⑥ 작업의 종류 ⑦ 사고의 유형 ⑧ 기인물 ⑨ 불안전 상태 ⑩ 불안전 행동 ⑪ 재해의 기본 원인 등에 관한 것이 있다. 그리고 이들을 적당하게 조합해서 여러 가지 깊은 분석을 할 수 있게 된다.

그러나 재해 통계는 그 작성 방법에 있어 충분한 목적을 갖고 검토하지 않으면 이용 가치가 적고, 재해 발생상황 일람표의 영역을 벗어나지 못하게 된다.

일본의 후꾸모리는 재해 요소를 표식으로 편성하여 통계표를 만들 경우 재해 요소의 효과적 조합을 표 4.1과 같이 정리하였다.

표 4.1 • 재해요소의 구성도표

	A. 기인물	B. 불안전 상태	C. 불안전 행동	D. 인적요소의 결함	E. 관리요소의 결함	F. 작업의 형	G. 동작의 형	H. 사고의 형	I. 상해의 형
J. 상해부위			○			○	○	○	◎
I. 사고의 형	○		○				○	◎	
H. 상해의 형	○	○	◎			◎			
G. 동작의 형		○	◎	◎		◉			
F. 작업의 형	○	○	◎	○					
E. 관리요소의 결함		◉	◎						
D. 인적요소의 결함			◉						
C. 불안전 행위	◎	◎							
B. 불안전상태	◉								

◉ : 귀중한 경향이나 성질을 찾아낼 수 있는 구성
◎ : 필요한 경향이나 성질을 찾아낼 수 있는 구성
○ : 참고가 되는 경향이나 성질을 찾아낼 수 있는 구성

재해 통계가 재해 전체를 관찰하고 재해 방지 대책의 검토에 가장 효과적으로 힘을 발휘하는 것은 재해 조사 결과에서 적출한 재해 원인 요소(① 사고의 형, ② 기인물 ③ 불안전 상태 ④ 불안전 행위 ⑤ 불안전한 인적 요소 ⑥ 관리상의 결함 등으로 인하여 재해 위험 원인을 알 수 있기 때문이다.

원인 요소의 분류 항목은 상세한 쪽이 많지만 수치가 너무 분산되어 버리는 것도 통계적으로는 일고(一考)를 요한다. 큰 회사의 보 운반 기계·기구 제조 공장의 요소 분석표를 표 4.2에 제시하였다.

표 4.2 • 재해 요소 분석표의 예

년 월 일 발생

부상자 성명	(세) (근속 년 개월) (직명)		
소 속	과 계	부 상 일 시	년 월 일 오전(후) 시 분경

분류	항 목		
기인물	1. 공작기계	a. 선반	b. 드릴링 머신
		c. 연삭기	d. 밀러
		e. 기어커터	f. 보링머신
		g. 브로치머신	h. 복합전용기
		i. 트랜스퍼머신	j. 기타
	2. 산업기계장치	a. 프레스기	b. 전단기
		c. 단조기계	d. 주조기계
		e. 세척기	f. 시험기
		g. 목공기계	h. 기타
	3. 양중운반기기	a. 동력 양중기	b. 수동 양중기
		c. 동력 콘베이어	d. 비동력 콘베이어
		e. 동력운반차	f. 수동운반차
		g. 팰릿·부품상자	h. 기타
	4. 공구·호이스트 액세서리	a. 수공구	b. 동력공구
		c. 작업용구	d. 짐꾸리기 용구
		e. 칼날(숫돌포함)	f. 기타
	5. 형·치구	a. 프레스형	b. 단조형
		c. 주형	d. 지그(클램프 장치 포함)
		e. 기타	
	6. 재료·부품 및 제품	a. 자동차부품	b. 기타의 부품
		c. 소재	d. 폐재료
		e. 완성차량	f. 기타
	7. 작업면	a. 작업대	b. 작업바닥면
		c. 통로(계단포함)	d. 접사다리·사다리
		e. 작업발판	f. 기타
	8. 가옥	a. 도어	b. 창
		c. 기둥	d. 기타
	9. 전기설비	a. 배선	b. 개폐기
		c. 전기기기	d. 기타
	10. 용접기	a. 가스용접기	b. 스포트용접기
		c. 아크용접기	d. 기타
	11. 특수한 장치 및 용기	a. 압력용기	
		b. 유해독극성 물질의 장치 및 용기	

		c. 폭발인화성 재료의 장치 및 용기 d. 고열물의 장치 및 용기 e. 유해방사성·방사능 물질의 장치 및 용기 f. 기타
	12. 사람	a. 본인 b. 공동작업자 c. 제3자
	13. 기타	
기인물자체의 불안전상태	14. 기인물 자체의 결함	a. 재료·재질이 나쁘다. b. 강도가 부족 또는 저하하고 있다. c. 안전이 고려되지 않은 구조였다. d. 보수·조정이 되어 있지 않았다. e. 미끄러지기 쉬웠다. f. 안전장치가 없었다. g. 안전장치가 나쁘다. h. 기타
	15. 기인물 자체의 불안전상태가 나쁘다.	
기인물에 관계된 불안전상태	16. 안전 방호의 결함	a. 방호 설비가 없었다. b. 방호 설비가 나쁘다. c. 기타
	17. 주변 배치의 부적합	a. 물건의 저장이 불안전하다. b. 작업장에 혼란이 있다. c. 작업공정이 불안전하였다. d. 작업위치가 불안전하였다. e. 작업장이 좁았다. f. 기타
	18. 작업 환경의 결함	a. 조명이 나쁘다. b. 환기가 나쁘다. c. 온도·습도가 나쁘다. d. 소음이 심했다. e. 분진이 심했다. f. 기타
	19. 기타의 불안전 상태	
	20. 기인물에 관계된 불안전 상태가 없었다.	
불안전 행위	21. 공동 작업의 결함	a. 신호·연락하지 않고 동작하였다. b. 신호·연락 체계가 미비한 채 동작하였다. c. 동작·호흡이 맞지 않았다. d. 기타
	22. 위험한 동작	a. 경보·표식을 무시하였다. b. 안전장치를 무효하게 하였다.

		c. 잘못된 기기를 사용하였다. d. 불안전한 기기를 사용하였다. e. 손이나 발등으로 기기에 대응하였다. f. 기기의 조작을 잘못했다. g. 무리한 자세로 동작하였다. h. 위험한 장소·위치에서 동작하였다. i. 필요이상으로 서둘렀다. j. 필요이상으로 힘을 넣었다. k. 위험하게 물건을 놓았다. l. 위험한 부분에 동작하였다. m. 위험한 물건에 손이 닿았다. n. 확실히 기다리지 않았다. o. 작업 상태(작업점)를 확인하지 않았다. p. 손(놓는) 위치가 나빴다. q. 기타
	23. 보호구의 사용 실수	a. 보호구를 사용하지 않았다. b. 나쁜 보호구를 사용하였다. c. 보호구의 사용법이 나쁘다. d. 잘못된 보호구를 사용하였다. e. 복장이 불량했다. f. 기타
	24. 기타의 불안전 행위	
	25. 불안전 행위가 없었다.	
	26. 본인 이외의 불안전 행위	a. 공동 작업에 결함이 있다. b. 제3자에게 불안전 행위가 있다.
불안전한 인적요소	27. 불량한 태도	a. 지시서를 무시하였다. b. 지시서를 잘못 이해하였다. c. 알고 있으면서 하지 않았다. d. 기타
	28. 부주의	a. 다른 생각을 하고 있었다. b. 착각을 하였다. c. 습관적(익숙)으로 되어 있다. d. 눈 깜작할 사이에 조치를 하였다. e. 안이한 기분이었다. f. 기타
	29. 지식, 기능의 결함	a. 안전 지식이 부족하다. b. 작업에 미숙련이었다. c. 기타
	30. 심신의 부조화, 결함	a. 심신이 부조화 상태 이었다. b. 심신에 결함이 있었다.

	31. 기타 불안전한 인적 요소		
	32. 본인에게 불안전한 인적 요소가 없었다.		
관리적 요소의 결함	33. 관리, 감독상의 결함	a. 규정이 존재하지 않았다. b. 규정 위반을 지시하였다. c. 안전 시책이 불충분하였다. d. 지시가 적합하지 않았다. e. 교육·훈련이 충분하지 않았다. f. 기타의 관리·감독상의 결함	
	34. 관리적 요소의 결함이 없었다.		
사고의 형	35. 중독되다 36. 맞았다 37. 끼었다 38. 비틀렸다 39. 굽혔다	40. 굴렀다 41. 떨어졌다 42. 찔렸다 43. 미끄러졌다 44. 깔렸다	45. 고온·저온에 닿았다 46. 유해물에 닿았다 47. 전기에 닿았다 48. 유해광선에 비쳤다. 49. 이물질이 침입했다(눈) 50. 기타
상해의 형	51. 좌상(타박상 포함) 52. 찰과상 53. 절자상 54. 좌열상 55. 좌멸상	56. 눈의 부상 57. 염좌 58. 골절 59. 절단 60. 화상	61. 섬광상 62. 전기상 63. 기타
상해의 부위	64. 두부 65. 안부 66. 이비부 67. 구진부 68. 면부 69. 경부	70. 배부 71. 흉부 72. 복요부 73. 상전박부 74. 수부 75. 지부	76. 대하퇴부 77. 족부 78. 지부 79. 전신(1/2 이상) 80. 기타

주) 본표는 업무상 부상 보고서에 첨부하여 제출할 것

과장	분석자(안전주임)

이들 코드에 의해 분류해 나갈 때 주의해야 할 것은 특히 「불안전 행위」라든지 「불안전한 인적 요소」 등의 인간요인에 관한 분석으로 조사자, 통계 담당자의 주관이 들어가기 쉽다는 점이다. 따라서 코드 분류 매뉴얼을 작성하여 분류 기준을 명확하게 해두지 않으면 안된다. 또한 피해자 본인과 조사자간에 이해와 신뢰 관계가 희박하면 올바른 분류가 불가능할 경우가 있기 때문에 주의를 요한다.

이러한 분류가 올바르게 행해지기 위해서, 그리고 재해 발생시의 작업 실태를 상세하게 조사하기 위해서 재해 조사 보고서와 병행해서 표 4.3의 작업 실태 조사표에 의해 작업조사를 하고 있는 예도 있다.

표 4.3 • 재해 조사시 병용하는 작업실태 조사표의 예

A. 작업에 관한 부상자 감독자의 이해도	
1. 하는 방법을 배우지 않았다	ㄱ. 조장, 선배는 지도했다 : 경험 1년 미만의 경우 지도기록표를 a. 활용하고 있다. b. 활용하고 있지 않았다. ㄴ. 가르치지 않는다.
2. 배웠으나 행하지 않았다	
3. 배웠으나 잊었다	ㄱ. 시간이 걸린다. ㄴ. 행하기 어렵다. ㄷ. 귀찮아 한다. ㄹ. 지금까지도 같은 것을 하고 있었다. ㅁ. 기계를 멈추면 타인에게 폐를 끼친다. ㅂ. 기타
4. 알고 있었으나 행하지 않았다	
B. 작업의 빈도 및 감독자의 장악정도	
1. 이번이 처음	
2. 지금까지 4~5회	
3. 지금까지 10회 이상	ㄱ. 방법에 대해 지금까지 수차례 주위를 주었다. ㄴ. 알고는 있었으나 묵인했다. ㄷ. 몰랐다. ㄹ. 기타
C. 작업전 미팅 실시상황(비정형 작업의 경우 기입하시오)	
1. 작업전 미팅을 행하도록 되어 있다	ㄱ. 조장 또는 작업지휘자가 작업내용을 구체적으로 설명했다. ㄴ. 조장 또는 작업지휘자가 각자에게 작업분담, 역할을 설명했다. ㄷ. 모두가 작업의 구체적인 내용을 확인했다. ㄹ. 모두가 작업중에 있을 위험 요소와 예상되는 재해에 대해 서로 의견을 교환했다. ㅁ. 모두가 가장 안전하고 하기 쉬운 방법을 생각하여 서로 의견을 교환했다. 위의 내용을 실시하지 않은 이유 :
2. 작업전 미팅을 행하도록 되어 있지 않다	

D. 이상 처리중의 재해	
1. 이상의 경우	ㄱ. 계획·보전부서와 조정한 후 어쩔 수 없었던 작업으로 인정했다. ㄴ. 대책이 진행중 또는 추진중 ㄷ. 대책이 취해지지 않았다. a. 이상이라고 생각 못했다. b. 이런 이상을 운영자만 알고 있었다. c. 이상정보가 끊어졌다. d. 대책 실시부서가 액션을 행하지 않았다. e. 기타
2. 불량이 일어난 시기	ㄱ. 신설 때부터 ㄴ. 개조 때부터 ㄷ. 기타
3. 발생빈도	회/직·주·월
4. 1회 이상 처리에 필요한 시간	ㄱ. 10초 이내 ㄴ. 1분 이내 ㄷ. 5분 이내 ㄹ. 10분 이내 ㅁ. 10분 이상 ㅂ. 30분 이상
5. 담당설비의 평균 가동률	약 %
6. 설비의 명칭	
7. 부상을 일으킨 곳의 구동부의 움직임	ㄱ. 연속 운전 ㄴ. 간헐 운전 ㄷ. 기타
8. 부상을 일으킨 곳의 구동부의 명칭	
9. 위의 구동부의 동력원	ㄱ. 유압 ㄴ. 공압 ㄷ. 전기 ㄹ. 기타

특기란(위의 실태에 대한 보충할 점 또는 부상자의 건강상태 등에 대하여 기입하시오)

해당하는 번호에 ○표, 공란에는 그 내용을 기입하시오.

4.5 통계 작성에 있어서 유의사항

(1) 통계 연도의 시점

재해 통계를 작성하는 사업장은 매월 재해 건수를 파악하고 집계해서 매달 비교하게 되고 이것이 12회 모이면 연간 합계에 의해 해마다 비교 실시하게 된다. 이 경우 통계상의 1년의 개시월은 어느 달이 좋을까? 각 사업장에서는 1월을 통계 개시월로 하고 있는 것이 가장 많다.

(2) 서투른 통계의 예

모처럼 통계를 만들어도 좀 더 많은 연구가 필요한 경우가 많다. 표 4.4에 나타낸 통계표는 데이타가 무엇을 의미하는지 이해하기 힘든 면이 있다.

표 4.4 • 예 : 전기공사업체의 재해 총계

(1) 부서별 · 연별 재해 발생건수

기호		○○년	○○년	○○년	○○년
본사	A 부				
	B 부				
	C 부	15	5	5	25
	D 부	4	4	3	11
E 지점			1	2	3
F 지점			1		1
G 지점		2	2	1	5
H 영업소		2		1	3
합계		23	13	12	48

(2) 연령별 · 연별 재해 발생건수

	2014년	2015년	2016년	계
~ 20세			1	1
~ 30세	7	5	1	13
~ 40세	8	3	7	18
~ 50세	6	4	2	12
~ 60세	1	1	1	3
~ 61세	1			1
합 계	23	13	12	48

(1)의 표에 의하면 과거 3년간에 있어서 어떤 부서가 가장 성적이 나빴는지 재해율이 아니면 알 수 없다. 또한 (2)의 연령별 재해 건수도, 연령별 제적 작업자수와 대비한 재해율이 아니면 아무런 의미가 없다. 이 표에 의하면 50~60대 층의 재해율이 낮게 나타나고 있는데, 그렇다면 이 기업에서 50~60대 층의 안전 대책은 성공하고 있는지? 아니면 50~60대 층의 사람은 거의 관리자로서 관리·감독적인 입무를 행하고 있었다면 재해율이 낮은 것은 당연한 것이 된다.

또 A부서와 B부서에서는 서로 다른 관계로 인해 과거에 재해통계가 없기 때문에 A부서와 B부서를 제외한 부서만으로 연령별 재해율을 분석하는 것이 타당한 분석이 될 것이다.

중요한 것은 통계를 만드는 경우에 어떤 사실과 그 배후 사실과의 관계가 올바르게 판독될 수 있도록 데이터를 처리하는 것이다.

(3) 좋은 통계

활용 가치가 높고 좋은 재해 통계를 만들기 위한 방법을 설명하면 다음과 같다.

① 비율과 지수

재해 통계뿐만 아니라 가능한 한 비율 또는 지수로 표시를 해야 한다. 건수 표시에 있어서 그 합계 수에 대한 구성 비율(%)로 표시하는 통계가 있는데 비율 또는 지수 비교를 하는 것이 중요하다.

예를 들면 남녀의 성별 발생건수를 총재해수에 대한 구성 비율로 비교하는 것도 좋고, 성별 재직자에 대한 성별 발생비율을 비교하는 것도 중요하다.

또 기인물인 기계 설비 별로 재해 건수를 분류하는 것으로는 각 기계 설비의 위험도가 비교가 되지 않기 때문에, 각 기계 설비 사용 대수를 분모로 하는 기계 설비마다의 재해 발생률과 기계 설비마다 발생 재해의 정도별 분포를 지수에 의해 비교하는 것이 좋다.

② 연령별 통계

연령별 재해 통계는 정확한 통계를 만드는 것이 어려운 법이다. 그 이유는 연령별 재직자수의 정확한 파악이 어렵기 때문이다. 1년 동안 현재의 인원수, 매월 현재의 인원수와 그것에 의한 연간 평균 인원수 등, 채용하는 방식이 하나로 제한되지 않기 때문에 통계작성에 지장이 있지만, 실무적으로 계산 가능한 방식을 일정하게 정해 두면 좋다. 통계 작성자가 다르다고 통계방식이 변해서는 안된다.

또 중년과 고령자의 안전 대책이 강조되고 있는 요즈음 고령자에 관한 재해 통계가 곧잘 화제가 된다. 고 연령자군과 저 연령자군의 재해율 비교시 주의점은 생산 부문과 비생산 부문의 종업원을 구분하지 않고 하나의 통계로 포함하는 것은 피해야 한다. 다른 취업 내용을 가지고 있는 작업자 층은 별개로 관찰하는 것이 올바른 방법이지만 연령별 재해 통계에 있어서는 특히 중요한 내용이다.

③ **남녀별 통계**

②항에서 설명한 내용은 남녀별 재해 통계작성에 있어서도 고려해야 한다. 여자 종업원의 3분의 2가 사무실에, 3분의 1이 생산 현장에 근무하고 있고, 남자 종업원은 3분의 1이 사무실 근무이고 3분의 2가 생산 현장에서 근무하고 있다. 이런 경우 전종업원의 남녀별 재해 발생률은 안전 대책 자료로서 별로 참고가 안된다.

④ **시각별 통계**

발생 시각별 재해 건수의 통계를 흔히 보지만, 이 통계를 분석하는 경우 동일 작업자수, 동일 작업이라는 조건이 없으면 의미가 없다. 그러므로 2교대제, 3교대제 작업 형태의 경우, 작업 내용이 동일해도 근로 인원이 다르면 각 시간대마다의 근로 인원 대 재해 건수의 비율을 산출하는 것이 좋은 통계이다. 건설업에서 이러한 두 조건이 유지되지 않는 경우에는 시각별 발생 건수만을 파악하는 것은 의미가 없다.

⑤ **기타**

1. 특정 작업이나 직종에 특징적인 재해 위험이 있는 경우(연마공인 경우 눈의 상해율이 높은 경우) 재해 총수를 상해 부위별로 분류한 것은 연마공의 눈의 재해라는 특징적인 위험을 전직종의 한 종류로 통계 속에 묻는 결과가 되기 때문에 충분히 주의하여 재해 정보를 분류하여야 한다.
2. 일정 기간의 재해 건수 집계뿐만 아니라 무언가 관련 요소와 대비시킴으로써 선명한 의미를 가지게 해야 한다. 어느 운수회사에서는 매년 재해 1건당 영업거리를 산출해서 안전관리 성과를 평가하고 종업원의 안전 의욕을 높이는 통계를 작성하고 있다.

PART | 3

구체적 위험과 그 방지대책

01 기계설비의 안전화

1.1 기계 설비에 의한 재해

기계 설비에 기인하는 산업 재해는 대단히 많고 모든 산업을 통해 산업 재해 총수의 30%를 넘는다. 특히 제조업에 있어서는 총 재해의 40% 이상이 기계 설비에 기인한다.

기계 설비에 의한 재해는 「끼임·말려듦」에 의한 것이 가장 많다. 특히 작업점에 협착부나 회전부를 가지는 기계류에 많은데, 동력 전달 기구, 전단 기계, 종이가공기계, 인쇄·제본 기계 등에서 발생하는 재해 대부분이 「끼임·말려듦」에 의한 것이다.

다음으로 「잘림·스침·까짐」 등의 재해가 많다. 작업점에 회전 부분, 특히 회전하는 칼날 또는 이를 가지는 기계류에 많이 발생하는데 금속공작기계, 목공기계, 식품 기계, 동력 공구 등에 의해 발생하기 쉽다.

기계 설비 재해의 직접 원인인 불안전 상태로서는 다음 내용이 지적되고 있다.

① 지정·용인된 작업 방법에 결함이 있었다.
② 위험 방호 조치가 적절하지 않았다.
③ 재료 등 물건을 놓는 방법, 작업 장소가 부적절하다.
④ 기계 설비 자체에 결함이 있었다.

또 작업자의 불안전 행동으로서는 다음의 것이 지적되고 있다

① 오 조작 등 잘못된 동작을 하였다.
② 위험 장소에 접근했다.
③ 운전 정지를 하지 않은 채 청소, 주유, 수리, 점검 등을 하였다.

④ 정해진 안전 조치를 이행하지 않았다.

이와 같이 기계 설비의 재해 위험은 대단히 종류가 많으며, 그 발생원인도 다양하고 복잡하지만 사업장의 안전 달성을 위해서는 먼저 기계 설비의 안전화를 꾀하지 않으면 안된다.

1.2 기계 설비 위험성

기계 설비 안전화에 대해 설명하기 전에, 기계 설비의 위험성에 대해 고찰한다. 이것에는 BS 5304 Safeguarding of Machinery(1975)에서 다음과 같이 분류하고 있다.

1) 기계적 위험

① **회전운동**

a. 단독으로 회전하는 기계 부분에서 말려드는 위험으로 체크, 이송 나사 등의 기계부분이나 연삭숫돌, 플라이스 커터 등의 가공 용구에서 많이 보인다.

b. 운동중인 2부품 또는 회전 부분과 고정 부분과의 사이에 일어나는 말려들기 위험이며, 역회전하여 접점하는 2롤사이, 벨트와 풀리, 체인과 스플로켓 사이, 숫돌과 워크 레스트 사이, 컨베이어와 프레임 사이가 해당된다.

② **직선 운동과 미끄럼 운동**

직접 왕복 운동 또는 미끄럼 운전 부분과 고정 부분 간에 생기는 협착위험이며, 금속가공프레스의 펀치와 다이 사이가 해당된다. 또 셔링나이프 등과 프레임 사이의 전단위험도 이것에 속한다.

③ **회전 운동 부분과 미끄럼 운동 부분간의 협착위험**

④ **진동 운동체의 끼임 위험**

격자 구조의 문짝 등이 이것에 속한다.

⑤ **처리중의 소재에 의한 위험**

아이롱기로 세탁물과 함께 말려드는 경우 등이다.

⑥ **기계 부품의 튀어나옴**

강도 부족 때문에 일어나는 숫돌의 파손이나 프레스 파손시에 튀어나오는 파편은 작업자에게 치명적 피해를 줄 우려가 있다.

⑦ **재료의 튀어나옴**

절삭가루의 튀어나옴, 단조중의 가공물이 튀어나올 때의 위험이 포함된다. 가공물의 유지 수단이나 비산물의 방호 방법이 문제가 된다.

2) 비기계적 위험

최근에 사용되는 기계에는 기계적 위험 외에 여러 가지 위험성을 내장하고 있다.

① **전기적 위험**

감전, 누전 또는 부품 고장이나 오통전에 의한 기계의 오작동, 정전기에 의한 관련 위험 등 기계의 위험성 평가에서 전기가 자지하는 중요성은 크다.

② **이온 방사**

방사성 물질, 뢴트겐 촬영 장치나 정전기 제거 장치 등에서 방사되는 이온의 위험성이 이것에 속한다.

③ **비이온 방사**

고수파 가열 장치나 레이저 가공기계에서 발생되는 비이온 방사선의 위험성이다.

④ **화학적 위험물**

특히 문제가 되는 것으로 다음 것을 들 수 있다.

a. 독물 : 가공재나 절삭액 등에서 발생하는 독물에 의한 위험이 문제가 된다.
b. 가연물 : 가연가스, 용제 및 연료 등의 가연성 물질에 의한 위험이다.
c. 산 등의 부식성 물질 : 산 처리를 할 때 생기는 부식 위험이다.

⑤ **폭약**

금속 성형시 등에 문제가 된다.

⑥ **소음과 진동**

금속 가공에서의 금속 프레스의 소음과 진동, 연삭 가공 중에 생기는 소음이나 진동은 작업자의 건강 장해를 일으키는 외에 작업 환경을 악화시켜 재해의 원인이 된다.

⑦ **압력**

과압에 의한 기기의 파열 위험 외에 저압에 의한 기계의 오작동이 문제가 된다.

⑧ **온도**

환경 악화 외에 주로 고온부와의 접촉에 의한 화상 위험이 대상이 된다.

⑨ **분진**

작업중 발생하는 분진은 자주 건강 장해를 가져오고, 또 때로는 폭발 재해를 일으킬 우려가 있다.

1.3 안전 점검

기계 설비에 의한 재해는 산업안전보건법의 기준이나 규칙 혹은 다음에서 말하는 안전 조건에 적합하지 않기 때문에 발생하는 경우가 많다.

이와 같은 재해를 미연에 방지하기 위해서는 초기 단계에 결함이 있는 기계 설비를 설치하지 않도록 사전에 안전 평가를 실시하는 것이 가장 근본적인 대책이다. 그러나 기계 설비는 설계·제조의 단계에 있어서 법령의 기준에 적합하고 기타의 세부사항에 관해서도 외관, 구조, 기능, 조작성 등의 안전성이 지켜지고 있어도, 사용시간의 경과와 함께 마모, 손상, 느슨함 등이 발생하거나 진동, 분진 등의 영향을 받아 성능은 반드시 열화하게 되어 있다. 이것들은 고장·파손으로 이어지고 설비비용(열화 손실과 보전 경비)이 증대함과 동시에 불안전 상태를 촉진하여 사고·재해의 원인으로 이어진다.

설비 관리(productive maintenance, PM)에 있어서는 설비 개선을 진행시키는(열화를 막는다) 것과 보전 기술을 개선하는(보전을 효과적으로 한다) 것이 강조되고 있지만, 안전 점검·안전 정비도 마찬가지로 안전성 저하의 방지, 점검·정비와 같은 효과적인 대책이 필요하다.

일상의 안전 점검도 고장이나 불량 상태가 될 때까지 방치하지 않고 가능하면 이상이나 고장의 징후증상 단계에서 파악하고 그 단계에서 정비하는 것이 가장 바람직하다. 하지만 고장 장소를 발견하고 그것을 보수하는 것만으로는 올바른 점검·정비라고 말할 수 없다.

1) 안전 점검 종류

(1) 일상 점검

작업 시작전 또는 사용전, 혹은 작업중에 일상적으로 행하는 점검이며 설치의 상태, 손상 상태, 접합 부분의 상태, 전압·전류·압력·유량 등 계기의 판독, 작동 상태 등 외관과 기능상의 점검을 하여 이상 유무를 확인한다.

일상 점검은 담당 작업자나 감독자 또는 작업 적임자가 하며, 결과는 부문 담당 책임자가 확인한다. 이상이 발견된 경우 즉각 정비하고 안전을 확인한 다음 사용을 개시한다.

(2) 정기 점검

정기 점검은 1개월, 6개월, 1년 등 일정 기간을 정하고 실시하는 것이며 이때 실시하는 점검항목으로는 외관, 구조 및 기능의 점검과 각 부의 분해에 의한 검사를 한다.

정기 점검으로는 산업안전보건법에 의해 보일러, 크레인 등 특정 기계 설비에 대해 일정 기간마다 행하는 정기 자체 검사와 특히 일정 자격을 가지는 자(그 사용하는 작업자로 자격을 가지는 것, 또는 검사 업자로서 등록을 받은 자)에 매년 행하게 하는 특정 자체 검사(동력 프레스 기계, 지게차 및 차량계 건설 기계가 이것에 해당한다)가 규정되어 있다.

이것들은 법에 정해진 규정에 의해 실시하는 정기 점검이지만, 이것 이외에도 위험 방지상 중요한 기계 설비에 대해서는 사업장마다 정기 점검을 하는 대상을 자체적으로 정해 둘 필요가 있는 것은 말할 것도 없다.

(3) 임시점검

정기 점검 대상이 되어 있는 기계 설비에서 점검 기간 동안 사용하지 않았던 기계의 사용을 재개할 경우, 사용하기 전에 점검을 할 필요가 있다. 또 일정 규모 이상의 태풍, 지진 등이 일어난 후에는 임시로 점검을 해야 한다.

2) 안전 점검 실시 시스템

안전 점검은 기계 설비 구조나 성능에 가장 정통하고 불안전 상태를 시정할 수 있는 직책을 가진 각 라인의 관리·감독자와 작업자에 의해 행해지는 것이 당연하다. 경영층은 안전 점검의 중요성을 인식하고 가장 효과적으로 실시할 수 있도록 시스템을 정할 필요가 있다. 그림 1.1의 안전 점검 및 정비 시스템의 예를 참고하기 바란다.

여기에서 중요한 것은 응급 수리만으로 기계 설비를 계속 사용하였기 때문에 큰 사고로 이어진 예도 있다. 또 보일러, 크레인 등의 위험 기계 설비나 전기 설비, 화학 설비 등은 특수한 기술이 요구되는데, 실시자의 자격이나 점검·정비 기술에 충분히 유의할 필요가 있다.

기계 설비에는 효율이나 정밀도가 중요한데, 이에 반해 위험성이 그다지 크지 않는 것도 있기 때문에 기계 설비에 관해서는 일상 보전이 행해지고 있을 것이다. 일상 점검에서 이상 진동, 벨트의 느슨함 등 간단히 보수할 수 있는 것은 사전에 범위를 정해 두고 현장에서 보수한다. 현장에서 보수할 수 없는 고장 등은 보전 파트에 연락해 보수, 개선을 하면 되지만 보수가 반복되는 것에 관해서는 정기 점검 시기의 앞당김, 설비 교체에 의한 보수를 실시한다.

점검 실시 기록은, 점검 연월일, 점검 항목, 점검 결과, 점검자 성명, 보수 등의 조치를 한 경우 그 중 보수내용을 일정한 양식(체크리스트)에 기재하고 반드시 상사의 확인을 받도록 한다.

여기서 설비 관리(PM)에 대한 안전점검 시스템의 새로운 사고방식에 대해 서술하면 다음과 같다.

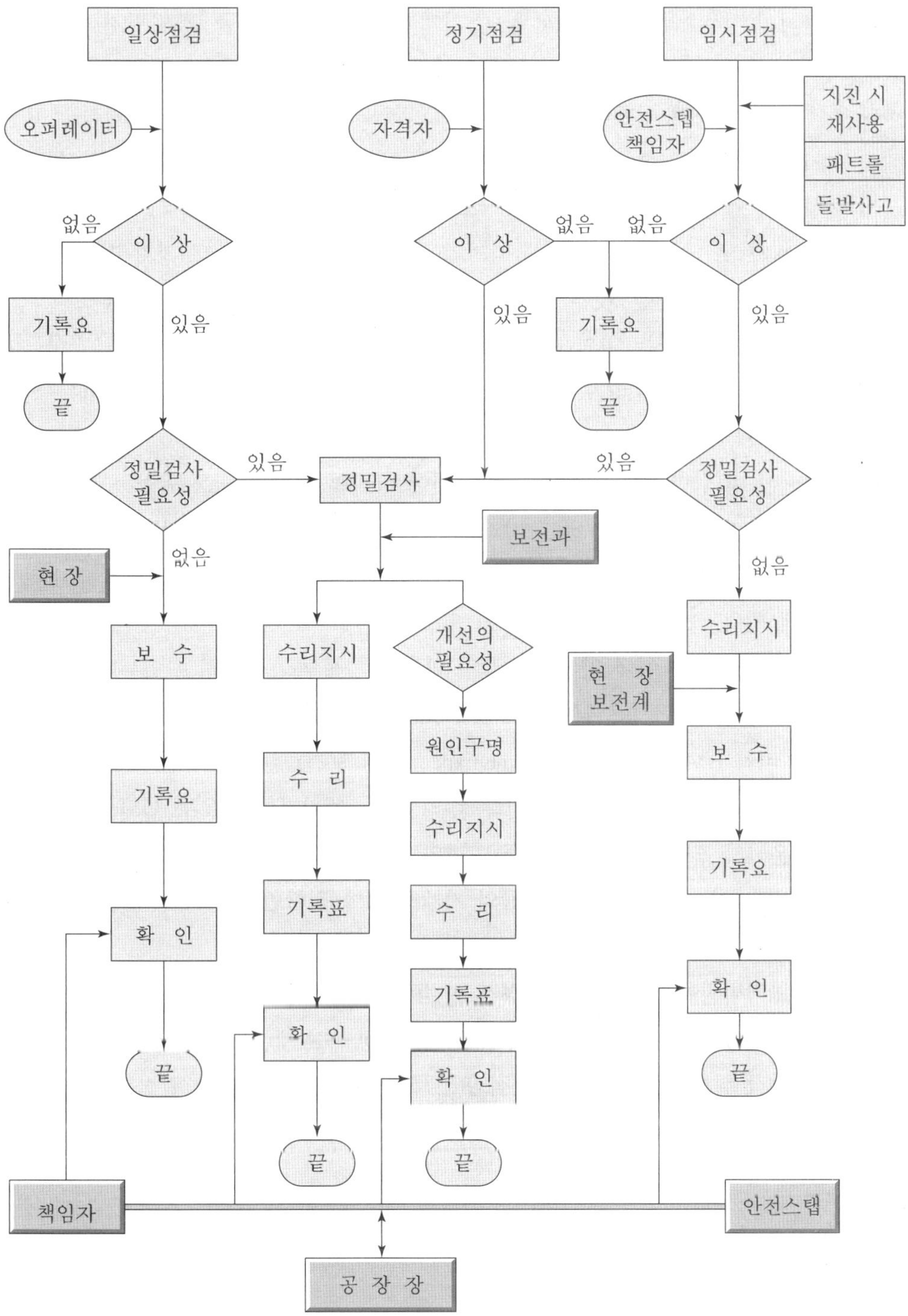

그림 1.1 안전점검 시스템의 예

설비 관리의 경우, 일상 보전에서는 ① 기계 설비의 이상상태를 빨리 발견하고 그것을 제거하는 것 ② 주유나 청소 등을 확실하게 하고 이상 열화를 방지하는 것이 중요하다. 이들을 철저하게 실행하여 열화를 바로 파악하고 오버홀(overhaul)을 가장 효율적인 시기에 실시한다. 즉 기계 설비가 고장을 일으키기 전에 분해, 정비하는 것이다.

기계 설비의 일상 점검을 통해 이상 장소를 발견하고 기능 저하 방지를 위하여 손실·정비를 일상적으로 하는데 그 정도에 따라 고장의 빈도는 다르다. 또 정기 점검 중간에 이상이나 고장이 발생하는 것은 안전상으로도 생산상으로도 큰 장해가 된다.

기계 설비의 안전관리는 미연에 고장을 방지하기 위한 예방 보전의 방식을 받아들이고, 안전성능의 열화 방지를 도모하기 위하여 점검 정비를 일상적으로 실시하는 노력이 중요하다.

건강 진단이 병의 발견을 목적으로 하는 것이 아니라 건강 상태를 확인하고 건강 유지를 도모하는 것을 목적으로 하는 것과 같이 기존 기계 설비 점검·정비 활동 목적은 시간과 함께 피할 수 없는 열화의 진행 방지(청소, 급유, 다시 조임 등)와 복원 수리를 행하는 것에 있다.

화학 공업 등 장치 산업에 있어서는 설비 관리를 일찍부터 실시하고 있는데 그림 1.2는 모화학 공장의 관리 시스템의 플로챠트이다. 이 공장에서는 모든 설비를 중요도에 따라 PM 설비와 BM(Breakdown Maintenance 사후 보전) 설비로 나눠 안전관리를 행하고 있다. PM 설비는 과거의 검사 기록, 수리 기록, 예비기계의 유무, OSI(On Stream Inspection 운전시 경향 검사)의 적절한 방법의 유무, 운전 실적 등을 종합 판단하고 예지 보전, 예방 보전, 개량 보전 등 각각의 기계 설비에 적합한 관리 시스템을 선택하여 확실하고 효율적인 설비 안전관리에 노력하고 있다.

산업안전보건법령에서 일상 점검, 정기 점검(정기 자체 검사)이 정해져 있는 기계 설비에 관해서는 법령에 따르는 것은 물론이지만 그것 이외에 기계 설비에 관해서도 일상의 안전 점검 실시 프로그램, 정기 점검(검사, 정비, 개선)의 대상 결정과 그 실시프로그램 등을 책정할 필요가 있다.

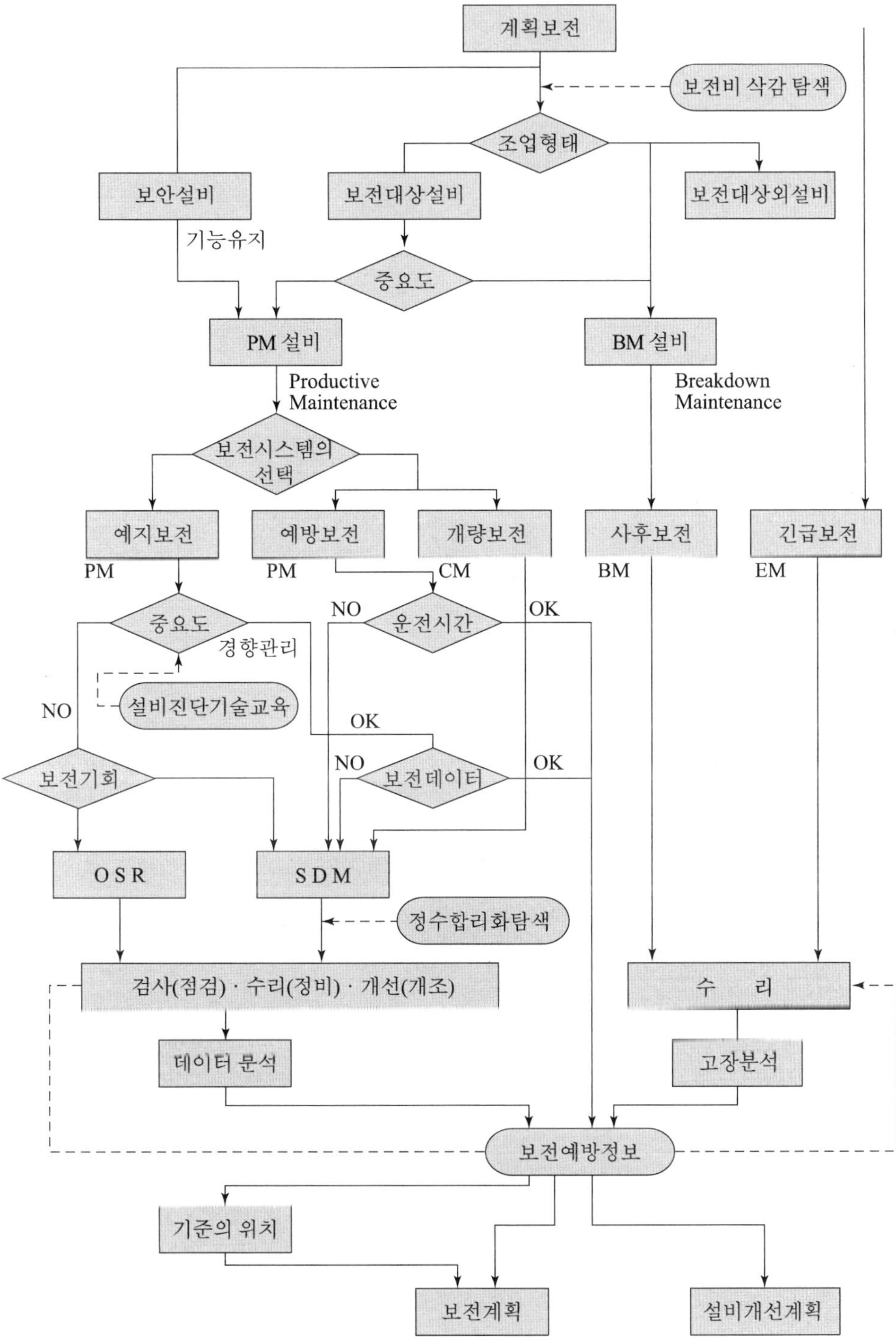

그림 1.2 모 화학공장에서의 설비관리 시스템의 플로챠트

3) 점검 기준

일상 점검 또는 정기 점검 등 어떠한 경우에서도 점검 실시자, 점검 대상, 점검 시기, 점검 방법 및 점검 결과에 관한 조치·대책에 관해서는 명확하게 해 둘 필요가 있다. 이것을 정한 것이 점검 기준이다. 점검 기준은 과거의 고장 통계 분석 결과, 법령, 단체 등의 자체 기준, 사고 사례 등을 고려하여 효율성과 합리성이 있는 것으로 한다. 점검 기준의 구성은 다음 항목에 의한다.

① **점검 대상**

기계 설비 명칭 또는 시험이나 측정의 명칭 등

② **점검 장소**

점검 대상의 기계 설비 각 부분, 부품명 등

③ **점검 항목**

마모, 느슨함, 변형, 균열, 파손, 부식, 누설, 이상 온도, 이상 음, 진동, 이상 압력, 이상 전압, 이상 전류 유무 등

④ **실시 주기**

기계 설비 사용 조건이나 경과 연수, 환경 조건, 재질 등에 따라 다르다. 법령에 의한 결정은 그대로 따르지만 그 외는 과거의 고장 통계, 보전 기록 등을 분석하고 충분한 안전도를 고려하여 실시한다.

⑤ **점검 방법**

점검 장소의 상태와 점검 항목에 적당한 방법을 구체적으로 정한다. 점검을 하기 위한 검사 기기나 공구는 점검에 맞도록 명확하게 지정하여 둔다. 특히 정기 점검은 분해·검사를 하는 경우가 많으므로 그 방법에 관해서도 기록하여 둔다.

⑥ **판정 기준**

점검 결과가 적절한지 아닌지를 판정하기 위한 기준을 사전에 정해 둔다. 마모, 손상, 기타의 이상으로 허용할 수 있는 한도를 양적으로 나타내는 것을 기록해 둔다. 표 1.1은 아크 용접기용 절연 홀더의 점검 기준 예를 나타낸 것이다.

표 1.1 • 아크용접기용 절연홀더의 점검기준 예

점검개소		주기	점검항목	점검방법	판정기준
크램프부	1. 선단 절연물	D	탄화, 파손, 탈락, 균열, 박리, 스패터의 부착	육안검사	1. 절연물의 손상에 의해 충전부가 노출하지 않을 것 2. 절연물의 탄화, 균열이 없을 것 3. 스패터가 심하게 부착하여 있지 않을 것
	2. 절연물 고정나사	D	느슨, 탈락	육안검사	1. 느슨해져 있을 때 다시 조일 것 2. 탈락한 것을 부착할 것

4) 체크리스트

안전 점검을 확실하게 효과적으로 실시하기 위해서는 담당자가 사용하기 쉽도록 체크리스트를 작성하는 것이 좋다. 일상 점검용의 체크리스트는 현장감독자가 중심이 되어 추안을 작성한다. 정기점검용 및 임시점검용이 체크리스트는 현장감독자 또는 점검 담당 기술책임자가 중심이 되어 원안을 작성한다.

원안이 작성되면 시행시 문제가 없는 것을 확인하고 안전보건위원회의 심의, 기타의 수속을 거쳐 결정한다.

사업장에 따라 점검기준과 체크리스트를 합한 것을 사용하고 있는 곳도 있다.

1.4 본질 안전화

1) 본질 안전

기계 기구의 재해 위험성은 다양하여 어느 재해에 대해는 위험성이 없어도 다른 종류의 재해에 대한 위험성은 존재할 수 있다. 작업 순서를 생략하거나 착각하거나 무심코 지나쳐 순서를 잘못 조작하는 등의 조작 오류나, 운전 중 트러블이나 고장 때문에 위험한 상태를 부르는 일이 없도록 구조나 기능에 특별한 연구를 하는 것이 안전화의 목표이다. 본질 안전화를 기계 설비에 적용하고자 할 경우 우선 다음의 내용을 포함하고 있어야 한다.

① 안전 기능이 기계 설비에 내장되거나 또는 내장되어 있을 것
② 기계 설비 조작이나 취급시, 실수로 인하여 사고·재해로 이어지지 않도록 소위 풀프루프(fool proof) 기능을 가지고 있을 것
③ 기계 설비나 그 부품이 파손, 고장이 일어나도 안전한 쪽으로 작동하도록 이른바 페일세이프(fail safe) 기능을 가지고 있을 것

그러나 기계 설비가 가지는 위험성은 앞에서 설명했듯이 반드시 단순한 것은 아니다. 예를 들면 기계의 작업점에서 접촉 위험성에 대한 본질적 안전화가 취해져도 다른 운동 부분, 충전 부분, 고온 부분 등에 대한 방호나 가공재료에 의한 위험의 배제, 사용 장소 주변에 존재하는 가스, 증기, 분진 등에 대한 안전 배려도 고려되어야 한다.

또 배치나 설치 등에 따른 위험성과 절차나 보수에 따른 여러 가지 문제점을 해결할 필요가 있고 취급자의 작업 능력이나 인간 특성을 고려한 설계를 하여야만 비로소 완전한 본질 안전 기계라 말할 수 있다.

현재의 본질 안전 기계 설비는 전부 채택하기에는 여러 가지 미비한 문제가 있지만, 기계 설비 주요 위험에 대한 안전 기능으로서, 또는 예상되는 중대 사고를 방지하기 위한 대책으로 본질 안전화의 선택은 적극적으로 추진되어야 한다.

2) 안전장치의 내장

이것은 풀프루프의 가장 단순한 형태이다. 종래부터 개발되고 있는 바깥 부착형의 안전장치 기능을 구조적으로 기계 설비에 내장한 것이다.

그 대표적 예는 안전 프레스이다. 즉 작업자를 슬라이드에 의한 위험에서 방지하기 위하여 안전 기구를 시스템에 부착한 프레스이며, 조작 위치 등의 전환 스위치를 어떠한 위치로 바꾸어 놓는 경우라도 자동적으로 안전을 확보할 수 있다. 또 전환 스위치와 안전 기구와는 완전히 인터록(Interlock)되어 있다.

또 교류아크 용접기의 자동 전격 방지 장치도 외부부착 사용이 일반적이지만, 정격 전류가 크지 않은 용접기에 있어서도 자동 전격 방지 기구를 부착하는 것이 개발되고 있다.

3) 풀프루프

풀프루프란 조작 순서의 오류 등에 대응하는 것으로, 전기 세탁기 탈수기에 있어 스위치를 끊어도 정지하지 않으면 뚜껑이 열리지 않는 기구는 풀프루프의 대표적인 것이다. 표 1.2는 가공 기계의 주요한 풀프루프 기구를 나타낸다.

① **가드**

가드의 기본적인 사항은 앞절에서 이미 설명하였다. 인터록 가드는 대단히 광범위하게 사용되어 있고, 가드가 열리고 있는 사이에는 기계는 작동하지 않고 기계가 작동하고 있는 동안 가드는 열 수가 없다(그림 1.3)

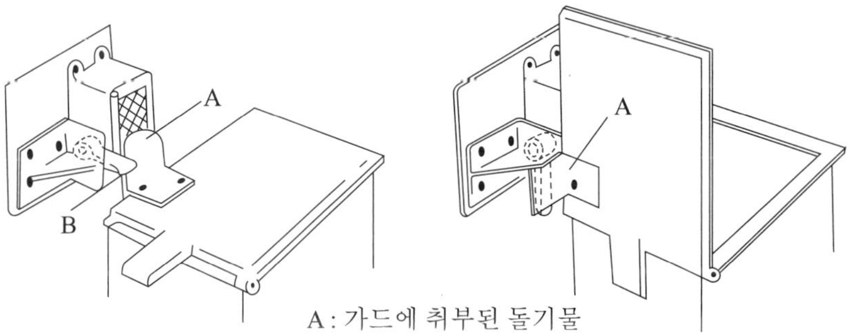

그림 1.3 직접 동력용 스위치와 조합된 인터록 가드의 예

② **조작기구**

가장 일반적인 것은 양손 조작 기구이며, 양손으로 동시에 눌러 버튼이나 레버를 조작시킴으로써 위험 영역에서 손 등을 격리한다.

③ **록기구**

수동 또는 자동에 의해 기계가 요구하는 조건이 채워진 다음, 기계가 다음 작동을 하는 기구이다. 순서의 오류를 막기 위한 기능으로서 많이 사용되고 있다. 그림 1.4는 키 인터록에 관한 원리를 나타내고 있다.

표 1.2 • 가공기계에 사용되는 주된 Fool Proof 기구

종류	명칭 또는 형식	기능
가드(guard)	고정가드 (fixed guard)	개구부로부터 가공물과 공구 등을 넣어도 손은 위험영역에 머무르지 않는다.
	조절가드 (adjustable guard)	가공물과 공구에 맞도록 형상과 크기를 조절한다.
	경고가드 (warning guard)	손이 위험영역에 들어가기 전에 경고한다.
	인터록가드 (interlock guard)	기계가 작동 중에 개폐되는 경우 기계가 정지한다.
조작기구	양수조작	양손으로 동시에 조작하지 않으면 기계가 작동하지 않고 손을 떼면 정지 또는 역전 복귀한다.
	인터록가드 (interlock guard)	조작기구를 겸한 가드로서 가드를 닫으면 기계가 작동하고 열면 정지한다.
록(lock)기구	인터록 (interlock)	기계식, 전기식, 유공압식 또는 이들의 조합으로 2개 이상의 부분이 상호 구속된다.
	키 방식 인터록 (key type interlock)	열쇠를 사용하여 한쪽을 잠그지 않으면 다른 쪽이 열리지 않는다.
	키 록 (key lock)	1개 또는 상호 다른 여러 개의 열쇠를 사용한다. 전체의 열쇠가 열리지 않으면 기계가 조작되지 않는다.
트립(trip)	접촉식 (contact type)	접촉판, 접촉봉 등에 신체의 일부가 접촉하면 기계가 정지 또는 역전 복귀한다.
	비접촉식 (non-contact type)	광선식, 정전용량식 등으로 신체의 일부가 위험영역에 접근하면 기계가 정지 또는 역전 복귀한다. 신체의 일부가 위험영역에 들어가면 기계는 작동하지 않는다.
오버런(overrun)기구	검출식 (detecting)	스위치를 끈 후 관성운동과 잔류전하를 감지하여 위험이 있는 동안 가드가 열리지 않는다.
	타이밍식 (timing)	기계식 또는 타이머 등을 이용하여 스위치를 끈 후 일정시간이 지나지 않으면 가드가 열리지 않는다.
밀어내기(push & pull) 기구	자동가드	가드의 자동문이 열렸을 때 자동적으로 위험영역으로부터 신체를 밀어낸다.
	손을 밀어냄 손을 끌어당김	위험한 상태가 되기 전에 손을 위험지역으로부터 끌어당겨 제자리로 온다.
기동방지기구	안전블록	기계의 가동을 기계적으로 방해하는 스톱퍼(stopper) 등으로서 통상 안전블럭과 같이 쓴다.
	안전플러그	제어회로 등으로 설계한 접점을 차단하는 것으로 불의의 작동을 방지한다.
	레버록	조작레버를 중립위치에 놓으면 자동적으로 잠긴다.

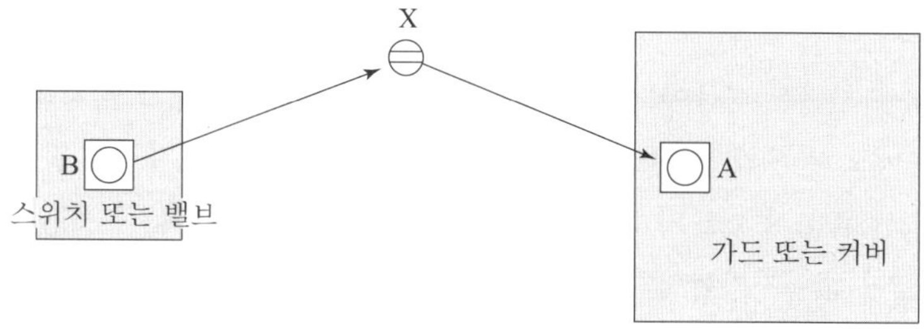

그림 1.4 키 인터록의 원리

④ **트립기구**

브레이크 장치와 짝을 지어 위험한 기계의 급정지 장치 등에 널리 사용된다. 그림 1.5는 컨베이어에 사용되는 끈을 잡아당기는 식의 트립장치이다. 또 프레스의 안전장치 등에 자주 사용되는 광선식 검출 기구는 대표적인 비접촉식 트립기구이다.

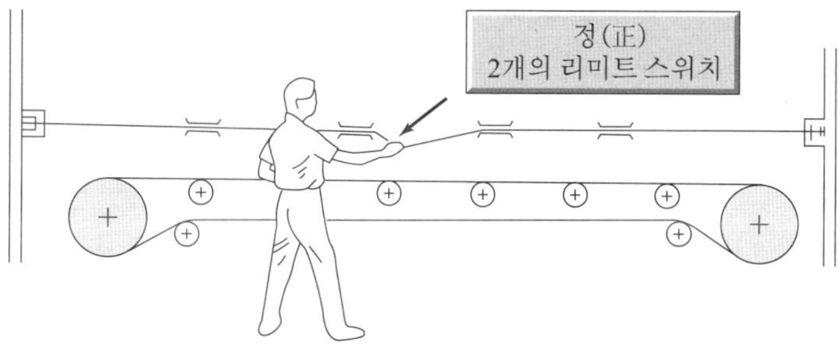

(a) 2개의 리미트 스위치를 갖추고, 와이어가 어느방향으로 당겨져도 급정거 기능을 작용시킬수 있다.

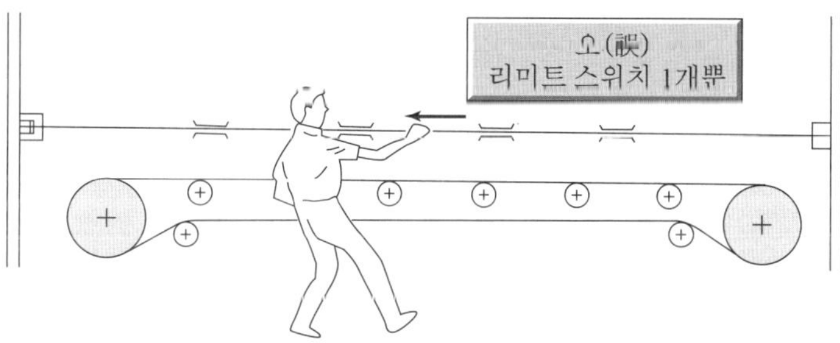

(b) 리미트 스위치가 1개 뿐이기 때문에, 와이어가 그림의 방향으로 당겨졌을 때에는 위치에 따라 작동하지 않는다.

그림 1.5 컨베이어의 비상 정지용 트립장치

⑤ **오버런기구**

동력을 차단한 다음에도 타성으로 운동을 계속하는 기계가 많지만 스위치를 끊은 다음에도 완전히 정지하지 않으면 가드가 열리지 않는 기구를 말한다. 기계의 회전을 검출하여 가드가 열리지 않도록 하는 검출형, 스위치를 끊은 후 일정 시간(위험이 없어지기까지의 시간) 경과 후에 가드가 열리는 시간형 등이 있다.

⑥ **현장에서의 에라 방지 개선**

작업 현장에 있어서 풀프루프화를 도모하는 것도 대단히 중요하지만 해당되는 회사만의 문제라고 생각하는 것은 옳지 않다. 안전의 개선 활동 중에서 여러 가지의 아이디어가 기대된다. 쉬운 예로서 직류 전원용 플러그의 끼움 잘못 예방형을 그림 1.6에 나타낸다. 풀프루프는 원래 인간의 착오 미스 등 이른바 휴먼 에라를 방지하는 것으로 개발되었지만 인간이 에라를 일으키기 어렵게 하는 구조나 기구도 광의의 풀프루프라고 할 수 있다. 습관적인 조작 방향과 기계의 운동 방향의 일치, 계기나 표식의 보기 쉬움 등 이른바 기계의 인간공학적 개선도 넓은 의미에서의 풀프루프라 할 수 있다.

그림 1.6 끼움 잘못 예방의 직류전원용 플러그

4) 페일세이프

페일세이프 기술은 기계 설비의 안전화 대책 중 대단히 많이 사용되고 있다. 안전 설계방법에는 여러 가지 종류가 있고, 이것을 통합하면 표 1.3과 같지만 이 중에서 페일세이프는 풀프루프와 함께 현장에서 유용한 수단으로 대단히 많이 사용되고 있다. 페일세이프는 기능면에서 다음 3단계로 나눌 수 있다.

표 1.3 • 안전조치 방법의 분류

	수법	내용
1	페일세이프	설비 또는 장치의 일부에 고장이 있는 경우 안전측으로 동작하는 방법
2	백업	주요한 기능의 뒤쪽에서 대기하고 주요한 기능의 고장시 그 기능을 대행하는 방법
3	페일소프트	설비 또는 장치의 일부가 고장난 경우 기능의 저하를 초래해도 전체적으로 기능을 정지시키지 않는 방법
4	다중계화	동일한 또는 같은 종류의 기능인 것을 다중으로 설비하고 교체 또는 선택적 또는 병렬적으로 사용하는 방법
5	고장진단, 회복	설비 또는 장치가 고장난 경우 고장을 검출하고 가급적 신속하게 기능을 회복할 수 있도록 하는 방법
6	플프루프	사람이 취급하는 시스템에서 사람이 잘못하기 어렵거나 또는 잘못하여 조작하여도 안전하게 되도록 하는 방법
7	디레이딩	정격 값보다 낮은 값으로 사용하는 등 안전여유를 갖게 하여 설계하고 사용하는 방법
8	위험측 고장의 저감	위험측의 출력에 연결되는 고장의 발생확률을 작게 하려는 방법

① **페일 · 페시브(fail passive)**

부품이 고장나면 기계는 정지의 방향으로 이행한다.

② **페일 · 액티브(fail active)**

부품이 고장나면 기계는 경보를 내면서 단시간의 운전이 가능하다.

③ **페일 · 오퍼레이셔널(fail operational)**

부품의 고장이 있어도 기계는 다음 보수가 행해질 때까지 안전한 기능을 유지한다.

산업 기계에서는 일반적으로 ①이 많이 사용되고 있다. 페일세이프 기구에는 강도나 안전성의 유지를 목적으로 하는 구조적 페일세이프와, 기능의 유지를 목적으로 하는 기능적 페일세이프가 있고 후자는 또한 기계적 페일세이프와 전기적 페일세이프로 나뉜다.

(1) 구조적 페일세이프

구조적 페일세이프의 대표 예는 항공기에서 볼 수 있다. 항공기 구조상 페일세이프 대책은 다음과 같이 검토되고 있다(그림 1.7)

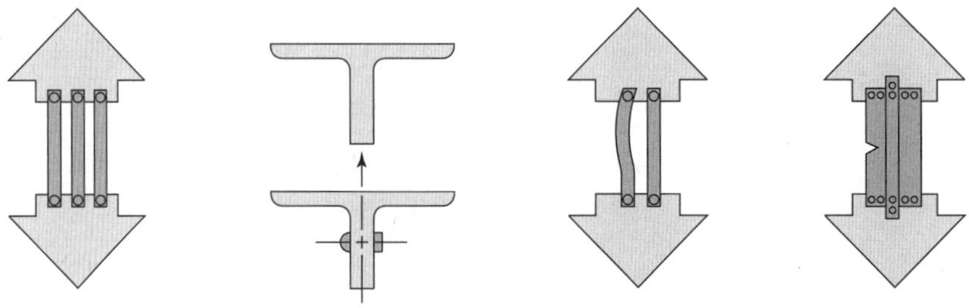

① 다경로 하중 구조　② 분할 구조　③ 교대 구조　④ 하중 경감 구조

그림 1.7 페일세이프 구조의 종류

① **다경로 하중 구조**

하중을 전하는 부자재가 다경로로 되어 있고 일부가 파괴하여도 남은 부자재로 지탱이 되는 구조

② **분할 구조**

1개의 큰 부자재가 통상 차지하는 장소를 2개 이상의 부자재를 조합시켜 하중을 지탱하는 구조

③ **교대 구조**

어느 부자재가 파괴되면 그 부자재가 맡고 있었던 하중을 다른 부자재가 교대하여 맡는 구조

④ **하중 경감 구조**

구조물의 일부가 파손되면 하중은 주로 다른 부분으로 옮기고 파손부의 하중은 경감되어 파국적인 파괴로 되지 않는 구조

(2) 기능적 페일세이프

대표적인 예로 철도 신호 시스템에서의 신호용 전자 릴레이가 있다. 그림 1.8에 나타내는 바와 같이 이 릴레이 회로에 있어 릴레이의 전자석이 여자(勵磁)되면 그 전자 흡인력은 동작 접점이 구성되기 때문에 복귀 접점을 안전 측에, 동작 접점을 불안전측의 신호에 분배하면 전기회로나 코일 등에 단선 등이 일어나도 릴레이는 중력에 의해 복귀하고 안전측의 정지신호가 나오게 된다.

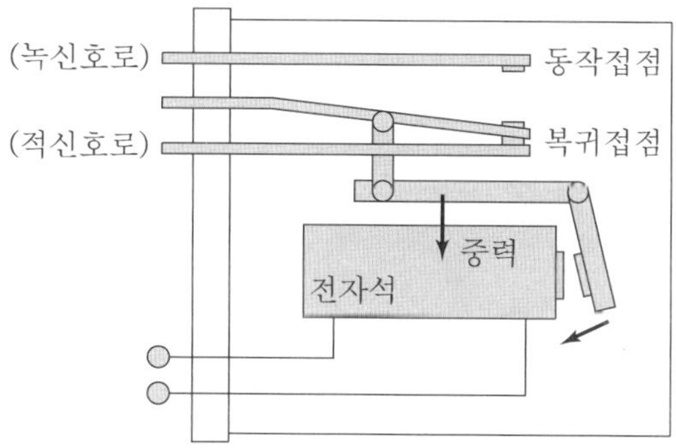

실제의 중력형은 거치형 교류선조,
궤도, 계전기에서 볼 수 있다.

그림 1.8 신호용 전자릴레이의 페일 세이프 기본구성

02 전기에 대한 위험방지

2.1 전기의 위험성

산업현장에서는 전기에 대한 위험성에 대비하면서 각종의 전기기계나 배선설비를 취급하고 있다. 그러나 전기기계설비가 손상되어 있거나 그 취급을 잘못하면 치명적인 상해를 받을 수도 있게 된다.

전기의 위험성으로 중요한 것은 ① 전격의 위험 ② 인화폭발의 위험 ③ 전기화재의 위험 등이다.

1) 전격(Electric shock)

1. 전격에 따른 재해의 특징

전격에 의한 재해는 보통 감전재해라고 부르지만, 그 발생형태별로 보면 중요한 특징은 나음과 같다.

① 전기기술자나 전기취급자의 전기전문직종의 사람 외에 일반 직종인 사람의 재해도 많다. 최근 연간 감전사망재해에서는 후자가 40% 정도를 차지한다.

② 기인물로 된 전기설비는 저압(교류에서 600 V 이하, 직류에서 750 V 이하)인 것도 적지 않다. 최근 연간 감전사망재해에서는 저압설비에 의한 것이 30~40%를 차지하고 있다.

③ 전기사고 발생은 여름에 많고 특히 저압전기설비에 따른 감전은 고압에 비해 많

이 나타나고 있다.

④ 감전재해는 사망 위험성이 대단히 높고 휴업 4일 이상인 감전피해자의 20% 정도가 사망하고 있다. 휴업 4일 이상인 상해자에 대한 사망자 비율이 이처럼 높은 사고의 형은 다른 사고에서는 거의 없다.

(주) 「감전」 이라는 용어가 일반적으로 널리 쓰이고 있지만, 학술적으로는 「전격(電擊)」 이라는 용어가 쓰이고 있다. 특히 전류가 본체에 미치는 작용에 대해 기술하는 경우에는 「감전」 보다 한정된 의미에서는 「전격」 이 사용되고 있다.

2. 전격 위험성

전격의 위험성은 전압의 고저에는 직접 관계가 없고, 주로 다음에 의해 정해진다.

① 통전전류의 크기

② 통전전류의 시간

③ 통전전류 경로

④ 전원의 종류

그 밖에 간접적으로는 인체 저항이나 주파수, 전압의 크기가 관계한다.

(1) 전류 값

감전당한 경우 인체의 위험성은 인체에 흐른 전류 값의 크기에 따라 크게 좌우된다.

① **최소 감지 전류**

전격의 감각을 일으키는 최소의 전류이며 그 값은 60 Hz 교류에서 평균 1.1mA 이다. 이 정도의 전류값이면 위험은 전혀 없다.

② **고통 전류**

전류값을 크게 하면 근육의 자극이 거세게 되고 고통을 느끼게 되는데, 견딜 수 있는 한계의 전류를 고통 전류라 하고 그 값은 대체로 7~8 mA이다. 이 정도의 전류 값이면 생명에는 지장이 없다.

③ **불수(不隨) 전류 또는 가수 전류**

전류 값을 더욱더 크게 하면 직접 생명에 이상은 없지만 통전 경로의 근육 경련이 한층 더 심해져 신경이 마비되어 운동신경도 마비에 이른다. 전격을 받고 있는 동안 의식은 확실한데, 자기 힘으로 그 전원에서 이탈할 수가 없게 되어 호흡곤란이 되어 의식을 잃거나 질식사 하는 경우가 있다.

이와 같이 운동을 할 수 없게 되는 한계의 전류값을 불수 전류라고 하고 남자의 경우 16mA, 여자의 경우 10.5mA 정도이다. 반대로 운동 자유를 잃지 않는 최대 한도의 전류를 가수 전류라고 한다. 그 값은 대체로 남자의 경우 9mA, 여자의 경우 6mA 정도이다.

④ 심실 세동 전류

전류 값을 크게 하면 심장이 경련을 일으키고 정상의 맥동을 칠 수 없게 되어 심실이 미세하게 움직여 수분 내에 사망하게 된다. 심실에 미세한 움직임을 일으키는 전류를 심실 세동 전류라고 한다. 이 값은 인간에 의한 생체 계측은 불가능한 것이므로 다양한 동물에 의한 실험값이 발표되고 있다.

그 값은 표 2.1과 같이 나와 있는데 동물의 체중 및 그 심장의 중량에 대체로 비례하고 있다. 인간의 경우 체중이 비슷한 양에 관한 실험값이 적합한 것으로 추정된다.

표 2.1 • 동물의 심실 세동을 일으키는 전류값

동물종류	수	평균중량		심실세동을 일으키는 최소전류(mA)		심실세동을 일으키지 않는 최대전류(mA)
		몸(kg)	심장(g)	평균	최소~최대	평균
모르모토	10	0.55	1.8	28	18~45	20
토끼	10	2.20	6.0	30	19~44	25
고양이	10	2.90	15.0	29	10~39	23
개	10	22.00	170.0	110	70~220	92
돼지	9	79.00	300.0	240	170~270	200
양	25	56.00	270.0	350	160~390	240
송아지	10	70.00	420.0	310	210~470	270

(2) 전격 시간

인체에 통전시간이 길수록 위험하게 되는 것은 말할 것도 없다.

① **전격 시간과 위험 접촉 전압**

충전부에 인간이 전격을 받은 경우, 몸에 가해지는 전압(인체를 흐르는 전류와 인체 저항과의 곱)을 접촉 전압이라 한다. 이 접촉 전압이 낮을수록 인체의 위험도가 작아진다. 일본에서는 이것에 관한 규정은 없지만 독일에서는 이 접촉 전압의 값을 65 V, 스위스에서는 50 V, 영국에서는 40 V로 정하고 있다.

따라서 손에서 손 또는 손에서 발로의 경로로 통전한 경우의 전격 시간과 위험 접촉 전압(인체 저항값의 최소를 500Ω라고 가정한 경우)과의 관계를 구하면 표 2.2와 같다. 따라서 인체에 땀을 흘리고 있을 때는 인체 저항이 저하하기 때문에 100V 정도의 전압이라도 1초 정도 통전하면 위험하게 된다.

표 2.2 • 전격시간에 대한 위험 접촉 전압

전격시간(초)	1.0	0.8	0.6	0.5	0.4	0.3	0.2
위험접촉전압(V)	90	100	110	125	140	165	200

② **전격시간과 위험 전류**

전격시간과 위험 전류와의 관계를 구하면 표 2.3과 같다.

표 2.3 • 전격시간과 위험 전류

전격시간(초)	1.0	0.8	0.6	0.5	0.4	0.3	0.2
위험전류(mA)	180	200	220	255	280	330	400

(3) 전원의 종류

전격의 위험도는 전원의 교류나 직류, 전원의 주파수 등에 의해서도 좌우된다.

① **가수 전류와 주파수**

남자에 대해 5 Hz에서 10,000 Hz까지의 주파수에서의 가수 전류를 측정한 결과는 그림 2.1과 같다. 주파수가 50 Hz 또는 60 Hz 부근의 가수 전류가 가장 작으며, 우리들이 매일 사용하고 있는 사용 주파수가 가장 위험한 것임을 알 수 있다. 따라서 고주파 용접기는 정격 주파수가 50 Hz 또는 60 Hz인 교류 아크용접기에 비교해 안전한 것이다.

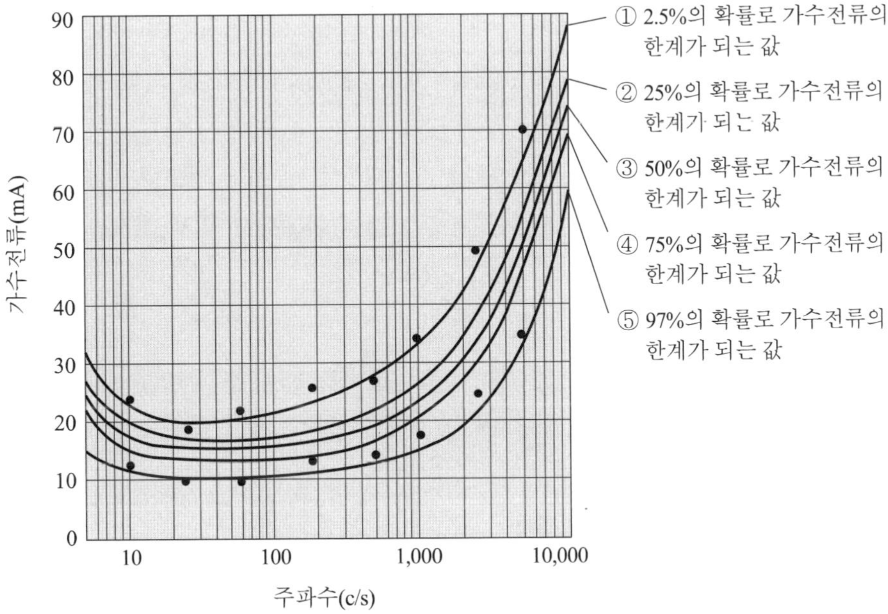

그림 2.1 가수전류에 미치는 주파수의 영향

② **심실 세동 전류와 교류 및 직류의 관계**

양에게 한쪽 앞발에서 다른 뒷다리로 3초간 통전한 결과 심실 세동 전류와 직류 및 교류와의 관계를 표 2.4에 제시하였다. 직류에서의 심실 세동 전류는 60 Hz 교류에서의 것보다 대체로 4~5배로 되어 있다.

표 2.4 • 심실 세동전류를 일으키는 직류 및 교류와의 관계

전류의 종별 및 주파수		동물 수	심실세동을 일으키는 최소전류(mA)		심실세동을 일으키지 않는 최대전류(mA)
			평균	범위	평균
직류	전족(+)	6	1,500	1,200~2,100	1,200
	전족(−)	5	1,100	700~1,500	1,000
	합 계	11	1,300	700~2,100	1,100
교류	25 Hz	10	320	190~490	290
	60 Hz	25	250	160~390	240

(4) 인체 저항

인체의 내부저항은 대체로 500~1000 Ω이지만 인체와 전극 또는 대지접촉저항은 맨손 및 맨발의 경우 피부 저항이 주체가 되고, 인가전압, 접촉면의 습도, 접촉 면적, 접촉 압력 등에 따라 변화한다. 이 중에서도 인가전압과 습도에 의해 현저하게 변한다.

인가전압이 100 V 정도일 때 피부가 건조되어 있는 경우는 보통 수만Ω의 피부저항이 있으나, 피부가 땀에 젖어 있으면 1/12~1/20, 물에 젖어 있으면 1/25까지 저하한다. 또 인가전압이 1,000 V 정도가 되면 피부는 절연 파괴되고 내부 조직만의 저항으로 된다. 이러한 관계를 나타낸 것이 그림 2.2이다.

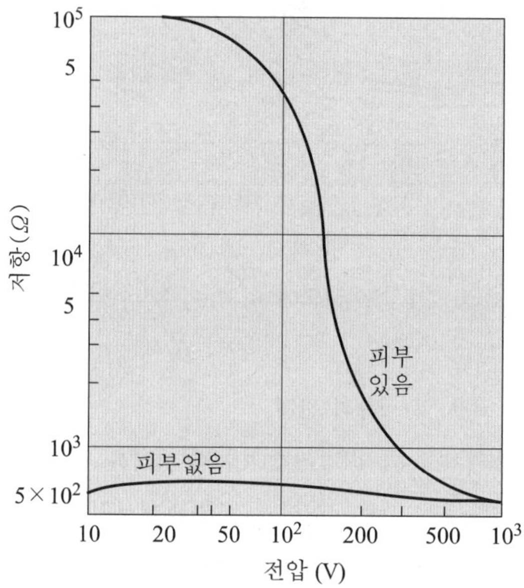

[전류경로 : 손 → 발, 전극 : 10 ~ 12 cm²]

그림 2.2 인가전압에 의한 저항의 변화

(5) 수중에서의 전격

수중에서의 전격 사고는 육상에 비해 대단히 적다. 하지만 수중 또는 풀에 설치된 조명기구에서의 누전, 수중펌프에서의 누전의 경우 물속에 들어간 사람이 전격을 받는 예가 있다. 물속에 전류가 흐르는 경우 충전부에 직접 접촉하지 않고도 전격을 받을 수 있다. 이 밖에 수중 용접일 때 용접 전류의 일부가 작업자의 신체를 흐르기 때문에 전격을 받을 수 있다.

(6) 전격 위험에 대한 안전 전압

전격의 위험도에 관해서는 이미 말했던 바와 같이 여러 가지 요소가 복잡하게 관계되어 있기 때문에 그 안전 한계를 명기하는 것은 곤란하지만, 감전시의 전기적 조건이 가장 나쁜 경우를 산정하여 각국에서 채용하고 있는 안전 전압을 표 2.5에 나타내었다.

표 2.5 • 각국에서 채용되고 있는 안전 전압

국가	안전 전압(V)
체코슬로바키아	20
독 일	24
영 국	24
오스트리아	65 (0.5초), 110~130 (0.2초)
벨기에	35
스위스	36
네덜란드	50
대한민국	30
프랑스	24 (교류), 50(직류)

2) 전기 설비에 의한 인화 · 폭발

(1) 전기 설비의 불꽃, 아크, 과열 등

전기 설비는 가연성 가스 증기나 가연성 분진이 대량으로 취급되는 이른바 폭발 위험 장소에서 사용되는 일이 많다. 이와 같이 위험 장소에서는 전기 설비에서 발생하는 불꽃, 아크, 과열 등이 점화원이 되어 폭발을 일으킬 위험이 있다.

가연성 가스 증기나 분진에 점화하는 에너지 값을 구한 실험값을 나타내면 표 2.6과 같다. 일반적으로 가스 증기에 관해서는 10^{-1}~10^{-2} mJ의 에너지로 점화하는데, 즉 대단히 작은 불꽃이나 아크로 인화 폭발을 일으킬 우려가 있는 것을 알 수 있다. 또 분진의 경우는 수 십 mJ의 에너지로 점화하는데, 가스 증기에 비교해 제법 큰 값이며 보통의 나이프스위치 등의 개폐 때에 발생하는 불꽃 등이 가진 에너지보다 훨씬 작은 것이다.

표 2.6 • 가연성 가스 증기, 분진의 최소 점화 에너지의 측정예

가연성 가스 증기		가연성 분진	
명칭	에너지(mJ)	명칭	에너지(mJ)
메탄	0.28	마그네슘	20
프로판	0.26	알루미늄	20
헵탄	0.24	송진	10
벤졸	0.20	폴리에틸렌	80
사이클로프로판	0.17	경질고무	50
에틸렌옥사이드	0.06	석탄	40
수소	0.019	전분	40
이황화탄소	0.009	비누	60

(2) 점화원이 될 수 있는 전기 설비

① 전기 기기류

1. 개폐기류 : 칼날형 개폐기나 전자 개폐기 등은 부하 전류의 개폐시 불꽃이나 아크가 발생한다.
2. 전동기류 : 3상 유도 전동기가 과부하에 의해 온도가 상승한 경우나, 코일의 단락 및 지락 등이 발생한 경우 불꽃이나 아크가 발생한다. 슬리핑이 붙은 전동기나 단상전동기에서 콘덴서 기동시 불꽃이 발생한다.
3. 변압기류 : 1차, 2차 코일의 혼촉이나 코일의 단락 등 이상 시 점화원이 된다.
4. 배선기구 : 플러그 콘센트나 케이블 커넥터 등 차입접속기 등은 차입 플러그를 플러그에서 꽂고 뺄 때에 불꽃이 발생한다.
5. 조명 기구류 : 조명기구의 파손, 형광등에서 안전기 과열 등이 점화원의 원인이 된다.
6. 각종 계측기 : 회로계나 절연 저항계 등은 전지를 내장하고 있기 때문에 점화원이 될 수 있다.
7. 기타 : 저항기류, 전자밸브용 전자석, 전자브레이크

② 전기 배선

전기 배선은 지락, 단락, 단선 등의 사고시 점화원이 된다.

3) 전기 화재

전기 설비에 의한 화재의 주요 발생 원인은 다음과 같다.

① **누전**

누전이란 전기의 통로로 설계된 이외의 곳에 전기가 흐르는 현상이며, 엄밀한 의미에서 전기가 있는 곳에는 반드시 누전이 있다. 보호 접지를 의무화하고 있는 곳에서는 누전의 대부분은 지락이라고 생각해도 좋다. 누전의 발화 기구에 관해서는 여러 가지 실험 및 연구를 시도하고 있다. 저압의 경우, 발화에 이르기까지 수 내지 수십 A의 전류가 필요하며 그 전단계로서 수십 내지 수백 mA의 전류에 의한 착화물의 탄화가 있는 경우 누전으로 인한 화재가 발생하는 경우가 많다. (따라서 누전 검출은 이 단계가 아니면 안된다).

② **단락**

단락은 전기 화재 원인으로서 가장 많다. 단락 원인에는 절연 열화 외에 노출 충전부에의 이물질 접촉, 수분(비, 수돗물 등), 분진 등이 있다.
단락에 대해는 퓨즈, 차단기가 있으면 대부분 피해가 없지만, 전류의 분량에 따라 순간적으로 대전류가 흐르면 단락점이 녹아 단선의 상태가 되고, 그 때 발생한 스파크로 인해 절연 피복 또는 그 주변의 가연성 물질에 착화할 수 있으므로 2중, 3중의 대책을 세워 두지 않으면 안된다.

③ **접속부의 과열**

전선 접속부의 과열과 개폐기 칼날 등의 가동 접촉부 과열이 있다. 접속 단자 삽입부에서 절단된 것 같이 끊어진 것, 콤파운드 내에서의 단선, 애자 관통부에서의 파괴 등 다양하게 나타난다. 따라서 접속부는 정상시 뿐만 아니라 이상시의 기계적 및 열적 변형에도 견딜 수 있는 것이어야 한다.
가동 접촉부의 이상은 접촉면의 산화, 변형, 마멸 등이 원인인 것이 대부분이다.

④ **절연 열화**

절연 열화의 원인은 열, 물, 부식이며 이것이 오존 발생, 전리 작용 등의 전기적 원인과 교착하고 서로 원인이 된 결과로서 일어나는 것이다. 따라서 사용 장소에 적합한 기기, 배선의 선택이 필요하다. 급격한 절연 열화인 절연 파괴, 결선 차이 등에 의한 것도 있다.

2.2 전격 위험의 방지

전기 기계 기구, 배선 등에 의한 전격 위험은 주로 이러한 노출 충전 부분 또는 누전에 의해 충전된 전기 기기의 외부상자(케이스)에 작업자 신체의 일부가 접촉하여 발생한다.

그림 2.3은 배전선에 접촉하여 전격을 받는 경우 통전 경로 예를 나타낸 것으로 일반적으로 전격은 이와 같은 상태에서 전원에 접촉했을 때 일어나는 것이다.

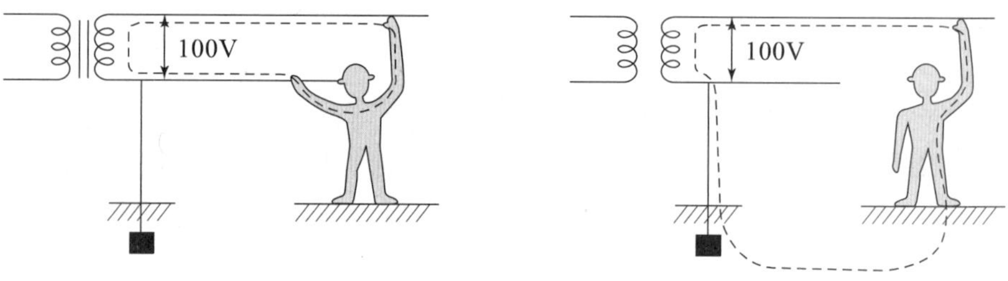

(a) 선사이에 닿았을 때 (b) 전압 측선에 닿았을 때

그림 2.3 전격 통전경로의 예

따라서 이러한 전격 위험을 방지하기 위해서는 첫째로 노출 충전 부분을 없애든지, 적어도 인체가 접촉할 가능성을 없애는 것, 둘째로 전기 기기에 누전이 생기지 않도록 절연을 강화하는 동시에 만일 누전이 생겨 기기의 케이스에 위험한 전압이나 전류가 발생한 경우에는 즉시 전원을 차단하는 조치가 필요하다.

1) 전기 기계 기구

(1) 충전 부분의 방호

전기 기기는 사용의 목적에 따라 충전부가 노출되는 어쩔 수 없는 부분을 제외하고 일반적으로 충전부가 노출되지 않은 것을 사용한다. 변전실과 같이 전기 취급자 이외의 사람 출입을 금지한 장소 등에 설치하는 전기 기기는 노출형의 것이 인정되지만, 전기 취급자라고 하여도 실수하여 충전부에 닿을 우려가 있기 때문에 이와 같은 장소에서도 가능한 한 비노출형의 것을 사용한다.

만일 충전 부분의 절연 피복에 손상 등의 결함이 있으면 안전하게 피복해 두거나 접근 방지 울타리를 설치할 필요가 있다.

(2) 보호 접지의 실시

보호 접지란 전기 기기의 금속 케이스를 낮은 저항으로 접지하는 것이며, 접지를 실시함으로써 전기 기기 금속 케이스에 누전이 발생하여도 금속 케이스에 생기는 대지 전압을 낮게 억제해 감전 사고를 방지 또는 저감할 수 있다.

전기설비기술기준의 판단기준(이하 전기 기준이라 칭함) 제18조에는 300 V 이하의 전기 기기는 그 금속 케이스에 100Ω 이하의 제3종 접지 공사를 하는 것이 정해져 있다. 누전시 전기 기기에 생기는 대지전압은 제2종 접지 저항값에도 관계하기 때문에 단지 200Ω 이하로 접지하면 충분하다고 말할 수 없지만, 가능한 한 낮은 저항값으로 접지해 두면 감전 사망의 위험성을 저감시킬 수 있다.

이 경우 접지선의 피복색이 녹색인 것을 사용하고 만일 피복 색에 녹색이 없는 경우는 접지선으로 사용하는 전선의 양단에 녹색의 테이프를 감고 다른 전선과 잘못 사용하지 않도록 한다.

(3) 안전장치의 사용

① 이동식 또는 가반식 전기 기기

이동식 또는 가반식 전기 기기에는 전기 기기의 금속 케이스에 접지를 시공하지 않고 사용되는 경우가 많다. 특히 가반식 전기 기기의 경우 접지를 하고 있지 않은 상태에서 누전이 생기면 누락 전류가 전부 인체를 통해 흐르기 때문에 사망 위험성이 높다. 이 경우 단상이면 3심의, 3상이면 4심의 케이블을 사용하고 그 중의 1심을 전용 접지선으로 사용하고, 콘센트 플러그 등도 접지극이 있는 것을 사용하고 전원 공급과 동시에 완전한 접지가 행해지도록 하면 좋다.

감전 방지용 누전차단장치는 지락 검출 장치, 차단 장치, 개폐 기기 및 테스트 버튼 등으로 이루어지고, 전로나 전기 기기에서 누전이 생긴 경우 그 동작 원리를 그림 2.4에 나타내었다. 누전에 의한 감전 사고를 방지하기 위한 방법으로 현재까지는 가장 뛰어나다고 생각된다.

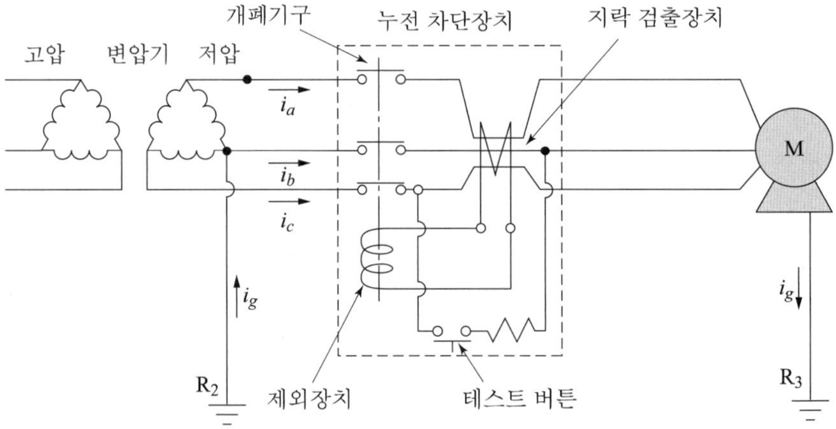

정상시 $i_a + i_b + i_c = 0$

누전시 $i_a + i_b + i_c = i_g$

그림 2.4 누전차단장치의 동작 원리

또 사람이 쉽게 접촉할 우려가 있는 전기 기기에 전기를 공급하는 전로에 대해서도 누전차단장치의 설치를 의무화하고 있다. 누전차단장치의 설치에 있어서 설치 장소의 전로 상황에 맞는 누전차단장치를 선정하고 원칙적으로 각 분기 회로마다 부착하는 것이 바람직하다.

② **교류아크 용접기**

교류아크 용접기의 2차 회로에서 감전 사고를 방지하는 구체적인 방법으로서 그림 2.5에 나타내는 절연형 홀더의 사용과 함께 교류아크 용접기용 자동전격방지 장치를 설치하여야 한다. 이 장치는 용접 작업이 가능한 상태에서 아크가 발생하지 않고 있을 때 용접기 2차 회로에는 용접기 본래의 2차 무부하 전압이 아니고 보조 변압기 2차 쪽의 전압이 인가되도록 되어 있다. 그 동작 원리의 일례를 그림 2.6에 나타내었다.

보조 변압기 2차 쪽의 전압은 30 V 이하의 안전 전압이기 때문에 이 장치를 용접기에 설치하는 것에 따라 용접기 2차 회로에서의 감전 사고를 방지할 수 있다. 더욱이 아크를 발생시키려면 용접봉을 피재물에 접촉시켜야 되고, 이에 따라 자동적으로 잠깐 동안 용접기 본래의 2차 무부하 전압이 용접기 2차 회로에 인가되므로 용접봉을 피재물에서 조금 떼어 놓으면 용이하게 아크를 발생시킬 수 있다. 선반의 이중바닥 등 도전체로 둘러싸인 좁은 장소, 높이 2 m 이상인 곳에서 철골 등의 도전체에 닿을 우려가 있는 장소에서 용접 작업을 하는 경우 이 장치의 사용을 의무화하고 있다.

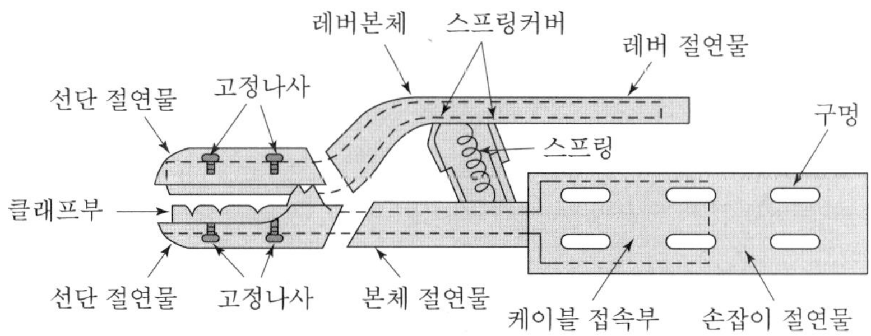

그림 2.5 용접봉 홀더

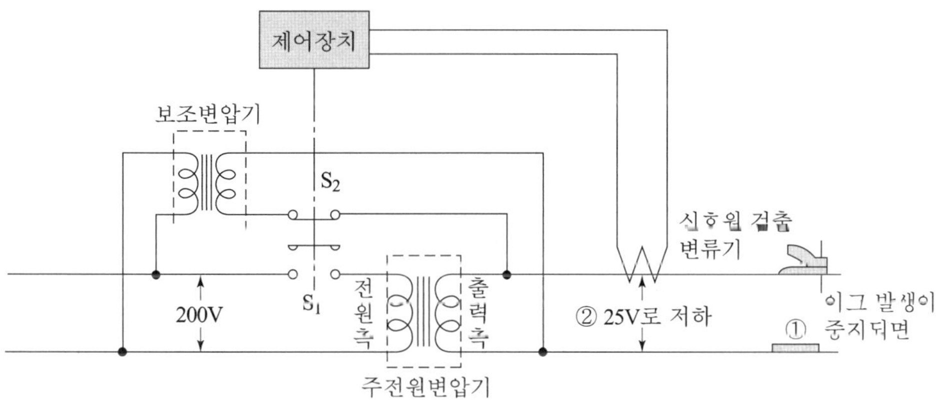

그림 2.6 전격방지장치의 회로도

(4) 이중 절연 전기기기의 사용

이중 절연 전기기기란 전기기기의 충전부를 이중으로 절연 시공하는 것으로 전기 기기에서의 누전이 일어나기 어렵게 하는 것이다. 이와 같은 전기 기기를 사용하면 전기 기기에서의 누전에 의한 감전 사고를 방지할 수 있다. 두 개의 절연 가운데 하나를 기능 절연이라고 하며, 이것은 전기 기기 본래의 절연에 필요한 것이고 감전에 대해 기본적인 보호가 되는 절연이다. 다른 하나는 보호 절연이라고 하고 기능 절연의 파괴에 의한 감전 위험성에 대해 보호를 확실하게 하도록 기능 절연 위에 마련된 독립된 절연이다.

(5) 비접지식 전로의 채용

현재의 저압 배전 방식은 일반적으로 고압에서 저압으로 감압하는 변압기의 저압측에 제2종 접지 공사를 하고 있는데, 비접지식 전로란 그림 2.7(a)에 나타내는 바와 같이 변압기의 저압측을 접지하지 않는 배전 방식이다. 이와 같은 전로를 채용하면 전기 기기에서 누전이 생겨도 누락 전류가 흐르는 전기회로가 일반적으로 구성되지 않기 때문에 안전하다.

더욱이 비접지식 전로의 경우에도 변압기 내부에서 고저압이 혼촉하면 위험하기 때문에 고압측 코일과 저압측 코일의 사이에 혼촉 방지판이 있는 변압기를 채용하고 혼촉 방지판을 접지할 필요가 있다.

비접지식 전로를 하는 방법은 그림 2.7(b)에 나타내는 바와 같이 저압전로에 절연 변압기를 사용하고 전로를 비접지식으로 하는 방법도 있다.

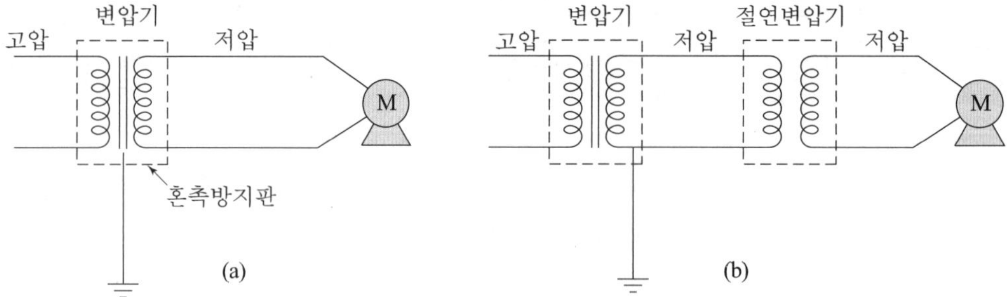

그림 2.7 비접지식 전로

2) 배선, 배선기구

(1) 저압 옥내 배선

옥내에서 사용하는 저압 전선은 원칙적으로 나(裸)전선을 사용해서는 안된다. 그러니 절연 전선이라도 질연 피복의 열화·손상은 위험하며, 선로의 전선 상호간 또는 전로와 대지간의 절연저항 점검을 자주해야 한다.

(2) 이동 전선

이동 전선은 절연 피복이 손상당하기 쉽기 때문에 절연 피복이 튼튼한 것으로 사용하여야 한다. 공장이나 건설 현장에서는 일반적으로 캡타이어 케이블을 사용하며 단면적 0.75 mm^2 이상의 것을 사용한다.

기름기 있는 바닥면에서는 합성 고무로 피복한 케이블을 사용한다(천연 고무는 기름에 약하다).

(3) 절연 전선 등의 접속

절연 전선과 케이블을 서로 접속하는 경우 접속관(절연 전선의 경우) 또는 케이블 커넥터(케이블의 경우)를 사용한다. 심선을 서로 꼬아 그 위를 테이프로 감는 이른바 직접 접속은 하지 않는다. 접속 부분의 접촉저항 때문에 발열, 테이프의 연소, 심선 노출, 화재 등의 위험 원인이 된다.

또 외부 배선을 기기의 접속 단자에 접속할 때 심선이 노출되어 있는 부분이 있으면 충분히 절연할 필요가 있다.

(4) 서압 개폐기류

커버나이프스위치, 상사개폐기, 교류전자개폐기, 배선용 차단기 등은 KSC 표준품을 사용하는 동시에 사용전로의 계통명을 명시하여 두는 것이 필요하다.

2.3 정전기의 위험 방지

1) 정전기의 위험성

정전기는 전하의 분포가 시간적으로 변화하지 않거나 혹은 변화해도 대단히 완만하고 전자작용을 일으키지 않는다. 정전기 방전에 의한 불꽃은 대부분 단시간에 끝나기 때문에 고체를 착화시키지는 못한다. 정전기에 의해 발생할 수 있는 위험에는 다음과 같이 여러 현상들이 존재한다.

(1) 폭발, 화재

정전기에 의한 폭발, 화재는 정전기 방전이 가연성 물질(가연성 가스, 증기·분진)의 착화원이 되기 때문에 발생하는 것이다. 그러나 정전기 방전이 발생한 경우라도 가연성 물질의 점화(착화)에너지(표 2.6 참조) 이상이 아니면 발생하지 않는다.

(2) 전격

인체에 대전된 정전기 또는 대전 물체에서 인체로 방전이 일어나면, 인체에 전류가 흘러 전격이 발생한다. 전격은 정전기 방전 전류가 어떤 크기 이상이 아니면 발생하지 않는다. 정전기로 인한 전격은 대부분의 경우 전격사가 발생할 만큼 강한 것은 아니다. 그러나 전격으로 인한 쇼크로 신체의 밸런스를 무너뜨려 이로 인해 높은 곳에서의 추락, 기계 등에의 접촉 등 2차 재해를 일으키는 원인이 된다. 또 전격은 전격에 의한 불쾌감, 공포감 등에서 작업자의 안전을 위협하는 원인이 된다.

(3) 생산 장해

첫째로 정전기 방전이 발생했을 때의 방전 전류, 전자파, 발광에 기인하여 생산장해를 일으키고 아래와 같은 위험이 발생할 수 있다.

① 방전 전류에 기인한 반도체 소자 등 전자 부품의 파괴, 오작동

② 전자파에 기인한 전자 기기, 장치 등의 잡음, 오작동

다음으로 정전기의 흡인, 반발력에 의한 장해로서 가루의 막힘, 실의 감김, 인쇄얼룩, 제품의 오손 등이 있다.

2) 정전기의 발생

정전기는 두 개의 다른 물체가 접촉, 분리했을 때 그림 2.8과 같은 과정을 거쳐 물체에 발생한다. 즉 두 개의 물체가 접촉하면 그 계면에서 전하의 이동이 일어나고(그림 a), 부(−)의 전하가 서로 반대 방향으로 분리되어 전기 이중층이 형성된다(그림 b). 그 후 전기 2중층의 전하 분리가 일어나고 두 개의 물체에는 각각 극성이 다른 같은 양의 전하가 발생한다(그림 c).

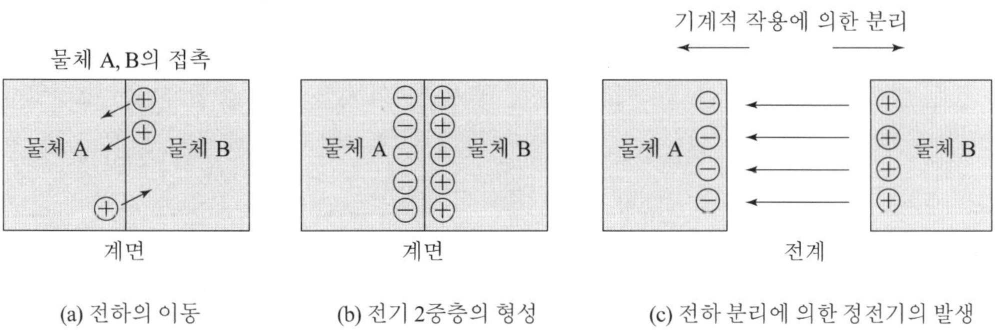

그림 2.8 접촉에 의한 정전기의 발생

정전기는 같은 종의 물체라도 표면 상태(표면의 더러움, 부식, 평활도 등)에 따라 다르게 나타나며, 일반적으로는 접촉, 분리과정을 거치면서 모든 물체에 발생하는 것이다. 다음은 산업 현장에서 가장 많이 일어나는 정전기 발생 종류를 나타내었다.

(1) 벨트, 롤 등에 의한 대전

동력 전도 장치의 벨트가 풀리와 밀착하여 떨어질 때 혹은 마찰 등에 의해 강하게 대전한다. 벨트는 풀리의 근처에서 정전 용량이 작아지고 전하의 누설이 적은 경우 큰 전압(20 kV 이상)이 나타난다.

또 고무공장, 필름공장, 테이프공장 등에서 가연성 용제를 포함하는 비도전성의 시트인 경우 롤러 사이를 통한 직후에 강렬하게 대전하고 이것이 원인이 되어 폭발을 일으키거나 전격을 느끼는 경우가 자주 있다.

(2) 분체의 대전

분체가 스파우트(홈통) 또는 파이프 속을 유동하는 경우 강한 대전이 나타난다. 이러한 대전은 주로 분체와 다른 물체와의 마찰에 의한 것이라고 생각된다.

분체, 체분리, 혼합 등의 작업에서도 마찬가지로 대전한다. 또 압축 공기를 사용하여 공급하는 경우에는 대단히 많은 양의 정전기가 대전한다. 이들이 점화원이 되어 분진 폭발을 일으켰던 예도 적지 않다.

(3) 인화성 액체의 대전

세구유리병에 금속제 깔때기를 끼우고 여과지 또는 여과면을 통해 액체가 내려갈 때 많은 양이 대전하게 된다. 이 때 유리병에서 절연되어 있는 금속성 깔때기는 고전위가 된다. 가솔린, 에테르, 석유 벤젠, 미네랄 스프리트, 톨루엔 등의 액체는 일반적으로 고유저항이 높고 10^{12}~10^{14} $\Omega\cdot$ cm 이상 되는 것이 많다.

대체로 탄화수소계의 액체류는 양호한 전기 절연체라고 생각하면 된다. 이러한 액체가 금속 및 유리, 플라스틱 등의 파이프 속을 유동할 때 파이프 및 액체에 정전기가 발생한다. 그러나 액체의 고유저항이 10^9 $\Omega\cdot$ cm 정도 이하의 경우에는 정전기의 누설로 크게 대전하는 것은 거의 없다고 생각해도 좋다.

(4) 인체의 대전

인체가 작업 등에 의해 접촉, 마찰이 있으면 인체에 정전기가 발생한다. 신발이 절연성이면 보행에 의한 바닥과의 접촉, 마찰에 의해 신발에 대전하고 결과적으로 인체에 정전기가 대전한다. 그 밖에 가연성 액체가 노즐보다 강하게 분출하고, 그 증기를 발산하고 있는 장소에 있거나 플라스틱류를 롤로 처리하는 경우와 고압의 수증기가 누설하여 분출하고 있는 경우 그 부근에 있으면 많은 양의 정전기가 대전된다.

인체의 정전기 대전을 정전기의 발생 원인에 의해 구별하면 다음과 같은 세 개를 들 수 있다.

① 인체 자신의 행동에 의해 발생한 정전기로 인한 대전
② 다른 대전 물체와의 접촉에 의해 인체에 이동한 정전기로 인한 대전
③ 다른 대전 물체의 접근에 의해 인체로 정전 유도한 유도 전하로 인한 대전

3) 정전기에 의한 재해 위험 방지 대책

(1) 정전기 발생 방지

① 마찰을 적게 할 것

정전기가 가장 많이 발생하는 것은 미끄럼 마찰이다. 단지 압착시킨 경우와 다소라도 슬립시킨 경우 그 대전량은 2단위 정도나 다르다고 한다. 따라서 일반적으로 가능한 한 슬립시키지 않는 것이 바람직하다.

분체나 액체를 분출시킨 경우 공기와의 마찰에서는 거의 대전하지 않지만 벽면 등과의 마찰에서는 현저하게 대전한다. 또 파이프 속을 유동시키는 경우, 유속의 속도에 따라 대전량이 달라진다. 따라서 특히 대전량을 적게 할 필요가 있는 경우에는 허용되는 범위에서 유속을 작게 하는 것도 하나의 방법이다.

② 대전 계열의 재질을 검토할 것

정전기의 발생을 억제하려면 표 2.7의 대전 계열에서 접촉하는 상호의 물체가 다음과 같은 관계에 있는 것이 바람직하다.

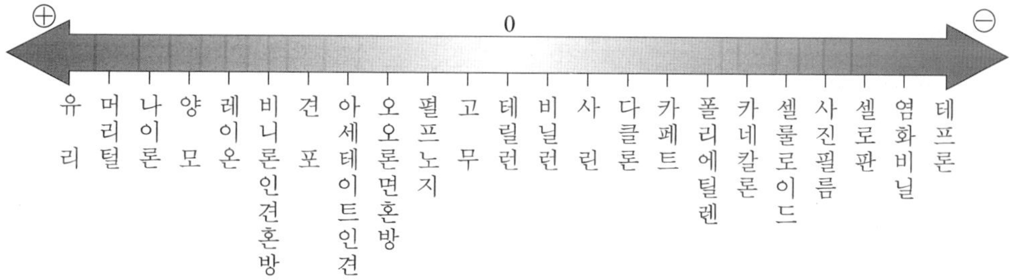

표 2.7 대전계열

(2) 전하의 축적 방지

① 금속 부분의 접지

기계 설비 금속부분은 완전히 접지해 둘 필요가 있다. 접지극에는 지하에 매몰한 수도관 또는 접지용 단소봉 혹은 동판 등을 사용한다. 접지극과의 연결선은 충분히 굵은 전선을 사용하고 접속은 튼튼하게 한다. 필요에 따라 접속 철물을 사용하거나 또는 땜납 마무리를 하고 사용중 완화되거나 끊어질 우려가 없도록 충분히 주의하여야 한다. 그림 2.9에 그 예를 나타내었다.

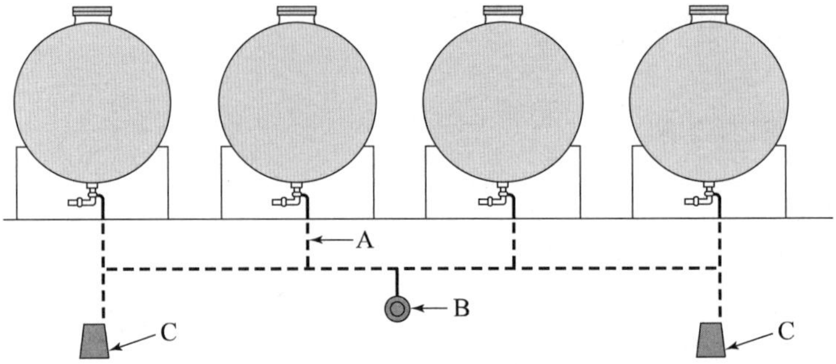

A : 접지용 동선　B : 수도관　C : 탄소봉

그림 2.9 용제 저장탱크의 접지

② **부도체의 대전 방지**

기본적으로는 가능한 한 도전성 재료를 사용하는 것이 좋지만 그렇지 못한 경우 부도체의 표면을 도전성 재료로 대전 방지 조치를 한 것을 사용한다. 이 외에 대전 방지제도 활용한다. 도체인 경우 접지는 필수조건인 것이다.

③ **가습**

정전기 재해는 겨울에 많은데 겨울에는 공기의 상대습도가 낮고, 외부의 기온이 낮기 때문에 건조하다. 일반적으로 상대습도가 65%에 달하면 정전기에 의한 장해는 일어나지 않게 된다. 따라서 사정이 허락하는 한 습도를 늘리는 것이 대전 방지상 대단히 유효하다.

④ **제전기기에 의한 대전 방지**

대전을 방지하는 제전기구에 의해 공기를 전도화하여 목적물에 역극성의 전하를 부착시켜 이것을 중화하여 제전하는 방법이 있다. 공기를 이온화 하는데 코로나 방전을 이용하는 것과 방사성 동위원소를 사용하는 것이 있다.

(3) 인체의 대전방지

인체의 대전 방지를 도모하려면 ① 도전성 섬유를 섞어 넣은 대전 방지 작업복의 착용 ② 대전 방지용 작업화 사용 ③ 작업바닥을 도전성 바닥제를 이용하는 등의 방법이 취해진다. 그 밖에 작업자 자신이 대전 물체에 접근·접촉하지 않고 인체가 절연 상태가 되는 환경에서의 작업을 피하는 등의 배려를 하는 것도 필요하다.

03 폭발 화재의 방지

3.1 최근의 폭발, 화재 재해 발생형태

폭발·화재 재해의 발생건수는 전체적으로 감소해 오고 있지만 피해의 중대성, 다양화(새로운 기술에 관계되는 재해 발생 등) 등 재해방지 대책의 필요성은 여전히 높다. 폭발·화재 발생형태의 특징은 다음과 같다.

(1) 폭넓은 업종에서 발생

전형적인 화학공업에서는 이상반응에 의한 폭발, 배관 등에서의 가스누출 및 가연성 물질에 의한 화재 등이 있다. 이 외에 음식점, 레저시설의 연료 가스 누설에 의한 화재·폭발, 건축공사현장에서 도장중의 유기 용제 증기 폭발까지 모든 업종에서 발생하며 그 범위는 계속해서 증가하고 있는 추세이다.

(2) 화학 플랜트에 숨어 있는 위험

안전관리가 철저히 관리되고 있는 대규모 사업장일수록 취급하는 위험물의 분량이 많고 화학 플랜트도 대형화, 다양화하고 있으므로 기존의 방식보다 운전관리 방법에 변화를 보이는 등 보다 충실한 안전 대책이 필요하다.

(3) 각종 공사 용접, 용단의 위험

가스에 의한 용접, 용단 및 아크용접은 수선선박공사, 건축공사, 설비공사 등으로 폭넓게 사용되고 있다. 근접 작업 장소에서 다수의 근로자가 작업을 하고, 가연성 물질도 다양하게 사용하는 경우가 많기 때문에 용접, 용단의 불꽃, 불티가 착화원이 되어 화재를 발생시키는 등 중대 재해가 될 위험성이 크다. 근래에 발생한 이천 및 여주 공장의 화재는 전부 용접에 의한 화재이었다.

(4) 금속 등 분진 폭발

가스, 증기에 의한 폭발 외에 금속분진 폭발 예도 많고, 특히 분진 폭발은 발생원리나 이해 부족으로 인해 대비책이 미비한 상태이다. 앞으로 늘어나리라 예상되는 금속분진의 다양한 이용 방법에 대해서도 충분한 대책 및 검토가 필요하다.

(5) 신기술 분야에서 특수 가스에 의한 재해의 발생

반도체 제조공장 등에서는 위험성 및 독성이 모두 높은 실란(SiH_4) 등의 특수 가스가 사용되고 있으며, 봄베 및 가스 공급설비 등에서는 특수 가스를 소비하는 설비와 배기 설비에 이르기까지 이에 대한 충분한 누설방지 대책이 필요하다.

3.2 연소

(1) 연소의 요건

연소란 빛과 열을 동반하는 산화반응이며, 연소에 의해 사람이나 사회적 재산에 피해를 줄 수 있는 것을 화재라고 한다. 연소에는 세가지 요건이 필요하다.

① 산화되기 쉬운 물질, 즉 가연성 물질이 있을 것
② 산화성 물질, 즉 공기 중에 산소나 산화제 등이 있을 것
③ 열에너지의 공급원, 즉 착화원이 있을 것

가연성 물질이 연소하기 위해서는 공기중에서 가연성 물질이 연소를 개시할 수 있는 온도까지 높아야 한다. 표 3.1에 제시된 자료와 같이 목재라면 250~260℃의 발화온도가 되었을 때 비로소 발화한다. 이 온도를 발화온도라고 한다.

표 3.1 • 각종 가연물의 발화온도

가연물	발화온도(℃)	가연물	발화온도(℃)
목재	250~260	황인	30
목탄	300	중유	260
역청탄	360	등유	210
갈탄	300	가솔린	257
무연탄	490	에틸알콜	363
코크스	500	메탄	537
파라핀왁스	400	수소	500
유황	232	일산화탄소	609
적인	260	아세틸렌	305

발화온도에 차이가 있는 것은 물질의 산화력, 표면 활성 상태, 열전도성 등에 관련되기 때문이다. 그러나 가연성 물질 전체가 발화 온도까지 오를 필요는 없고 일부분만 타기 시작해도 그 주위는 곧 발화 온도 이상이 되어 산소의 공급이 있는 한 연소는 확대된다. 일반적으로 어두운 곳에서 겨우 볼 수 있는 불은 반드시 500℃ 이상의 온도이며 성냥의 불길은 아무리 작아도 1,200℃ 정도, 전기 불꽃은 2,000℃ 이상이 된다.

물질의 연소는 산화반응이며, 화학반응에서 나타나는 이상 반응속도는 온도가 100℃ 상승할 때마다 약 2배가 되기 때문에 연소와 같은 발열 반응은 일단 반응이 개시되면 그 발열에서 온도가 급상승하고 그 때문에 반응속도가 촉진되고 온도 상승을 초래하여 연소 속도는 지수곡선을 그려 상승하게 된다.

또한 고온도에 의해 급격한 가스 팽창을 가져오고 파괴가 행해지는 것이 폭발이다. 그러나 보통 연료의 연소나 일반 화재에서 폭발이 되지 않는 것은 공기에 의해 공급되는 산소의 공급속도가 일정하기 때문이다.

하지만 가연성의 가스·증기나 분진은 공기속으로 확산하여 산소와 분자끼리 결합하는데 산소는 이러한 연료 분자와 용이하게 화합할 수 있으므로 이와 같은 상태에서 연소가 시작되면 폭발을 일으킨다.

(2) 자연 발열과 자연 발화

공기 속에서 연소를 일으키는 경우 물질의 종류에 따라 착화나 연소의 성질에 현저한 차이가 있다. 화재에 관하여 가장 중요한 문제는 가연성 물질의 자연 발화에 관한 성질이다.

자연 발화는 자연 발열에 의해 열이 축적되고, 물질의 자연 발화온도(발화점)에 도달하여 연소에 이르는 현상이다. 그러므로 자연 발열을 일으키는 물질은 다른 열원이 없어도 연소한다. 자연 발화 현상은 진기한 현상으로 생각되기 쉽지만, 공장에서는 깻묵이나 기름 헝겊이 자연 발화해 화재를 일으키는 예가 있다. 그러나 자연 발열을 일으키지 않는 물질에서도 고온도가 되면 자연 발화를 일으킨다. 예를 들면 황인이 30℃에서 발화하는 것은 앞서 설명한 것과 같다(표 3.1).

자연 발열을 하기 위해서는 화학 반응에 의해 발생하는 반응열이 반응 물질 자체 중에 축적될 필요가 있다. 일반적으로 반응열이 발생하는 데 따라 그 열이 방출하면 반응 물질의 온도는 오르지 않지만, 반응열의 발생 속도가 그 방출 속도보다 크게 되면 반응 물질의 온도는 상승하여 자연 발열이 일어난다. 자연 발열에 의해 반응 물질의 온도가 상승하면 반응의 활성화에너지가 생기기 때문에 더욱더 반응열의 발생 속도가 증대하고 드디어 급격한 온도상승이 일어나게 되는 것이다.

자연 발열을 일으키는 물질의 대부분은 강한 환원성을 가지고 공기속의 산소를 흡수하여 자연히 산화하고 이때 산화열이 축적하여 온도의 상승을 초래하고 드디어 자연 발화 온도에 이르러 연소를 시작한다. 따라서 산화성 물질과 환원성 물질이 접촉하면 화재를 일으키거나 폭발을 일으킬 위험이 있다. 그밖에 표 3.2에 언급하는 바와 같이 수많은 자연 발열을 일으키는 경우가 있기 때문에 주의를 요한다.

표 3.2 • 자연발열의 분류

1. 산화발열	불포화성 유지, 금속분, 석탄 등
2. 분해발열	질화면, 셀룰로이드 등
3. 흡착발열	활성탄, 기타 탄소 분말류 등
4. 중합열	액화시안화 수소 등
5. 흡수발열	카바이드, 오산화인 등
6. 혼촉발열	산화성 물질과 환원성 물질의 조합 등
7. 발효발열	건조, 건볏집 등

또 서로 혼촉하여 발화하거나 발화하기 쉬운 물질을 생성하는 물질의 조합을 표 3.3 및 표 3.4에 예시하였다.

표 3.3 • 산화성 물질과 환원성 물질의 조합에 의해 발화 · 폭발하는 경우

산화성 물질	환원성 물질	비고
염소산염류, 과염소산염류, 과망간산염류, 초산암모늄, 기타 초산염류, 중크롬산염류, 과산화물 등	유황, 목탄, 금속분, 인, 산화안티몬, 유기물 기타 환원성 물질	약간의 마찰, 충격, 가열 또는 농황산이 접촉하면 더욱 위험하며 산화물은 습기 존재시 특히 위험
과산화수소 농후용액	금속분 분진 금속산화물, 유기물 등	
발연(농) 질산	인화수소, 황화수소, 텔레빈유, 기타 유기물	
과염소산	무수질산, 금속산화물 기타 환원성 물질	
무수차아염소산	유황, 인, 유기물 등	
무수크롬산	무수질산, 알콜 등	
아산화질소	유황, 인, 탄소 등	
피크린산	유기물	
액체공기, 산소, 염소, 브롬 등	수소, 메탄, 아세틸렌, 유황, 인, 나트륨, 칼륨, 금속분말, 텔레빈유와 그의 침윤물 기타 유기물	
중크롬염산, 염소산염, 과염소산염, 염소, 산화수은 등의 산화제	히드라진 및 그의 수화물, 히드록실아민 및 그의 염류	
질산, 차아염소산 용액, 표백분 농용액, 염산가스(습) 등	아세틸렌	

표 3.4 • 특정 물질의 조합에 의해 불안정한 폭발을 일으키는 경우

혼합물질의 종류		생성물질	비고
암모니아 및 염화암모늄 농후용액	염소, 차아염소산류, 브롬, 요소	할로겐화 질소	건조상태의 것은 특히 폭발성이 현저하다.
암모니아수와 탄산암모늄 용액	산화금(은), 염화금, 질산은	뇌산염	
에틸알콜	질산수은 등의 질산염	뇌산염	
아세틸렌, 디아세틸렌, 기타의 아세틸렌계 탄화수소	구리, 은, 수은의 염류 또는 암모니아와 습기 존재하의 중금속화합물	아세틸렌화 중금속	
히드라진 및 그 수화물	아질산 또는 아질산염류	질화수소산	
염소산 칼륨	암모니아, 탄산암모늄, 염화제1주석, 초산은, 알루미늄염, 산화염, 아산화수은 등	불안정한 염소산염	
염소산염류, 과망간산염류	강산	불안정한 산소산	

이와 같이 물질의 온도가 발화온도에 도달하여 공기 속에서 자연 발화하여 연소되면 자연 발화 현상이지만, 밀폐 공간내에 반응 물질이 자연 발화를 일으키면 공간 내부의 압력이 급상승하여 폭발을 일으키게 된다.

3.3 폭발

(1) 폭발 현상

폭발은 화학변화에 따른 압력의 급격한 발생 또는 개방의 결과로서 폭음을 동반한 가스 팽창 등이 일어나는 현상이다. 일반적으로 재해나 사고가 발생한 경우 폭발과 연소가 연쇄적으로 발생하는 일이 많다. 폭발 종류는 일반적으로 다음과 같이 분류된다.

① 가연성 가스, 증기의 폭발(아세틸렌, 수소, 가솔린 등)
② 분해 폭발성 가스의 폭발(아세틸렌, 산화에틸렌 등)
③ 가연성 미스트의 폭발(분출한 작동유, 디젤기관 내의 경유 등)
④ 가연성 분진의 폭발(플라스틱 분말, 곡분, 탄진, 금속 분말 등)
⑤ 고체, 액체의 분해 폭발(화약류, 유기과산화물 등)
⑥ 수증기 폭발(용융금속, 용융염과 물의 접촉이나 보일러 폭발과 같은 급격한 물의 비등)
⑦ 반응 폭주

폭발의 전파속도는 음속 이하지만 음속을 넘는 거센 폭발을 폭굉(detonation)이라고 한다. 또 폭발에서 압력 상승은 초압의 약 10배 이하이지만 폭굉에서는 수십 배에 달하기도 한다.

(2) 폭발 한계

가연성 가스나 분진은 공기 또는 산소의 혼합기체 속에서 제한된 농도범위일 경우에만 폭발한다. 이것은 그 농도 이내가 아니면 화염이 전파되지 않기 때문이다. 이 농도를 폭발 한계라고 하고, 공기와의 혼합기체 속의 가연성 가스, 증기의 용량 %, 분진에서는 공기속의 단위 체적 당 중량으로 표현되고, 농도범위 가운데 최고 농도를 폭발상

한계, 최저 농도를 폭발하한계라고 부르고 있다. 표 3.5에 가연성 가스의 폭발 한계를 나타낸다.

표 3.5 • 1기압, 25℃, 상향 전파일 때의 공기중 폭발 한계 (단위 : 가연성가스의 vol%)

물질	하한계	상한계	물질	하한계	상한계
수소	4.0	75	사이클로헥산	1.3	7.8
일산화탄소(습)	12.5	74	메틸사이클로헥산	1.1	6.7
메탄	5.0	15.0	메틸알콜	6.7	36(60℃)
에탄	3.0	12.4	에틸알콜	3.3	19(60℃)
프로판	2.1	9.5	디메틸에테르	3.4	27
부탄	1.8	8.4	디비닐에테르	1.7	27
헥산	1.2	7.4	아세토알데히드	4.0	36
에틸렌	2.7	36	아세톤	2.6	13
아세틸렌	2.5	100(81)	메틸에틸케톤	1.9	10
프로필렌	2.0	11	황화수소	4.0	44
부텐-1	1.6	10	이황화탄소	1.3	50
부텐-2	1.7	9.7	암모니아	15	28
1,3-부타디엔	2.0	12	히드라진	4.7	100
벤젠	1.3	7.9	(가솔린)	1.3	7.1
톨루엔	1.2	7.1	염화비닐모노머	4	21.7
자일렌(o,m-)	1.1	6.4	산화에틸렌	3	100(80)
자일렌(p-)	1.1	6.6			

(3) 착화원

표 3.2와 같이 자연 발열을 일으키는 물질은 자신의 반응열이 축적하여 자연 발화를 일으키는 경우가 있다. 그러나 가연성 가스, 증기나 분진의 경우에 공기를 혼합하는 것 만으로 발화 폭발하는 것은 아니다. 반드시 발화에 필요한 에너지를 가지는 착화원(점화원)이 주어져야 한다. 이 착화원은 표 3.6과 같이 많은 종류가 있다.

표 3.6 • 착화원

분류	성상	
전기적 착화원	① 전기불꽃	② 정전기 불꽃
고 온 착화원	③ 고온표면	④ 열복사
충격적 착화원	⑤ 충격, 마찰	⑥ 단열압축
화학적 착화원	⑦ 화염	⑧ 자연발화

가연성 가스나 분진이 존재하는 작업장에서 화기의 사용은 안되며, 사용전기설비도 방폭형의 것이 아니면 위험하다.

정전기 스파크에 관해서는 수소나 용해 아세틸렌 등이 분출한 경우에 용기가 대전하고 방전하여 점화원이 된다. 또 고압산소용기내의 고압 산소가 조정기내에 유입하면 조정기내의 대기압의 공기는 순간적으로 50기압까지 상승하여 고온이 된다. 이 때문에 조정기 내에 기름 등의 가연성 물질이 있으면 발화하고 폭발하는 경우가 있다.

3.4 위험물의 성상

「위험물」이라고 하는 말의 의미는 넓지만 여기에서는 법령에서 지정되어 있는 「위험물」에 대해 설명한다.

(1) 폭발성 물질

표 3.7 • 폭발성 물질의 성상

물질명	성상
질산에스테르류	
니트로글리콜	무색, 부동성, 액체, 응고점 −23℃
니트로글리세린	담황색, 유상, 액체, 발화점 270℃
니트로셀룰로오스(질화면)	백색, 면상 또는 분말, 발화점 137~186℃
질산에테르	무색, 투명, 액체, 인화점 10℃
니트로화합물	
트리니트로벤젠	황색 결정
트리니트로톨루엔(TNT)	담황색 결정, 발화점 300℃
피크린산(황색약)	휘황색 결정, 발화점 300℃
테트릴	등황색 분말, 발화점 185~195℃
유기과산화물	
메틸에틸케톤과 산화물	무색 액체, 인화점 58℃ 이하, 분해점 125℃, 발화점 205℃
과산화벤조일	무색 결정, 충격이나 열로 용이하게 분해 폭발, 발화점 125℃
과산화아세틸	승화성, 백색 결정, 열이 나면 폭발, 인화점 45℃
라우릴퍼옥사이드	백색 분말
헥소겐	백색 분말

표 3.7에 주요한 폭발성 물질의 성상을 나타내었는데, 이들은 가연성 물질인 동시에 산소 공급 물질이기도 하며, 대단히 폭발하기 쉬운 물질이다. 또한 가열, 충격, 마찰에 의해 다량의 열과 가스를 발생하여 심한 폭발을 일으키는 위험성을 가지고 있다.

이러한 물질은 작업장내 반입을 최소 필요한도로 하고, 그 취급은 신중하게 해야 한다. 함부로 화기 기타의 점화원이 될 우려가 있는 곳에 접근시키거나 가열이나 마찰을 하거나 충격을 주어서는 안된다.

(2) 발화성 물질

표 3.8에 주요한 발화성 물질의 성상을 나타내었는데 이들은 통상의 상태에서도 발화하기 쉽기 때문에 착화원이 될 우려가 있는 것에 접근시키지 말아야 한다. 또한 산화성 물질, 공기 또는 물에 접근시키지 말고 충격을 주지 않는 것 등 성상에 따른 대책이 필요하다.

표 3.8 • 발화성 물질의 성상

물질명	성상
알칼리 금속	
금속리튬	은백색 결정, 물과 발열 반응하여 수소를 발생
금속나트륨	은회색의 부드러운 고체, 물과 발열 반응하여 수소를 발생
금속칼륨	은백색의 부드러운 고체, 물과 발열 반응하여 수소를 발생
금속분	
마그네슘 분	은백색 분말, 산·알칼리·온수와 반응하여 수소를 발생, 연소하기 쉽다.
알루미늄 분	은백색 분말, 산·알칼리·물과 반응하여 수소를 발생, 착화하기 쉽다.
아연 분	은백색 분말, 산·알칼리와 반응하여 수소를 발생
인 및 인화합물	
황인	담황색 고체, 공기중에서 발화, 발화점 30℃
적인	적갈색 분말, 발화점 260℃
황화인	황색 고체, 발화점 100℃
탄화칼슘(카바이드)	회흑색 고체, 물과 반응하여 아세틸렌을 발생
인화석회(인화칼슘)	적갈색 결정, 물과 반응하여 발화하기 쉬운 인화수소를 발생
하이드로설파이드 화합물	백색결성성 분말, 습한 공기에서 발열분해 심함, 75~85℃에서 자기분해
셀룰로이드	자연발화성, 발화점 약 165℃

(3) 산화성 물질

표 3.9에 주요한 산화성 물질의 성상을 나타내었는데 이 물질들은 단독으로 발화, 폭발하지 않지만, 가연성 물질이 환원성 물질과 접촉한 경우 충격이나 착화원을 주면 폭발의 위험성이 있다. 쉽게 분해를 촉구할 우려가 있는 물질에 접촉시키거나 가열, 마찰 또는 충격을 주어서는 안된다.

표 3.9 • 산화성 물질의 성상

물질명	성상	물질명	성상
염소산염류		무기과산화물	
염소산 칼륨	무색 결정 또는 백색 분말	과산화 칼륨	백황색 결정
염소산 나트륨	무색 결정	과산화 나트륨	황백색 결정
염소산 암모늄	백색 결정	과산화 수소	무색 액체
염소산 칼슘	무색 또는 미황색 고체	과산화 바륨	무색 결정
염소산 바륨	무색 고체	과산화 마그네슘	백색 결정
아염소산 나트륨	백색 결정		
차아염소산 칼슘	백색의 결정성 분말, 150℃ 이상에서 산소를 방출하여 폭발		
과염소산염류		질산염류	
과염소산 칼륨	무색 결정	질산 칼륨	무색 또는 백색 결정
과염소산 나트륨	백색 결정	질산 나트륨	무색 또는 백색 결정
과염소산 암모늄	백색 결정	질산 암모늄	백색 결정, 180℃에서 분해

(4) 인화성 액체

인화성 액체는 공기와 접촉한 상태에서 가열되면 외부에서 화기를 가깝게 하지 않아도 발화한다. 이 발화의 최저온도를 발화점이라고 한다. 또 인화성 액체는 그 표면에서 증발한 증기와 공기가 혼합기체를 생성하고 작은 에너지로 연소 폭발을 일으킨다. 이 폭발성 혼합기체를 형성하는 최저 온도를 그 액체의 인화점이라고 한다.

상온에서 인화점이 낮은 액체일수록 표면에서 증기 발생이 심하고 인화 위험성이 크다. 인화성 액체의 증기는 대체로 공기보다 비중이 크고 확산속도가 작기 때문에 낮은 곳을 따라 흐르며 의외로 먼 곳까지 도달한다. 인화성 액체는 누설에 의한 화재, 폭발 위험에 대해 충분한 주의를 하여야 한다.

표 3.10에 주요한 인화성 액체의 성상을 나타내었다. 인화성 액체의 안전 대책으로

표 3.10 • 인화성 액체의 성상

물질명	인화성(℃)	폭발한계(용량%)	발화점(℃)	증기밀도(공기=1)
아크릴나이트릴	0	3.0~17	481	1.8
아세트알데히드	−39	4.0~60	175	1.5
아세톤	−20	2.1~13	465	2.0
이소부틸알콜	28	1.7(51℃)~10.6(94℃)	415	2.6
에탄올	13	3.3~19	363	1.6
에틸벤젠	15	1.0~67	432	3.7
에틸메틸케톤	−9	1.7~11.4(93℃)	404	2.5
에틸렌옥사이드	<−17.8	3.6~100	429	1.5
가솔린	−43	1.4~7.6	257.2	3~4
o-자일렌	32	1.0~6.0	463	3.7
클로로벤젠	29	1.3~9.6	593	3.9
클로로벤젠초산	39	4.0~19.9(93.4℃)	463	2.1
추산에틸	−4	2.0~11.5	426	3.0
초산비닐	−8	2.6~13.4	402	3.0
초산부틸	22	1.7~7.6	425	4.0
초산메틸	10	3.1~16	454	2.8
시안화수소	−18	5.6~40	538	0.9
에틸에테르	−45	1.9~36	160	2.6
1,4-디옥산	12	2.0~22.5	180	3.0
디클로로헥사논	44	1.1~9.4(100℃)	420	3.4
사이클로헥산	−20	1.3~8.3	245	2.9
1,2-디클로로에탄	13	6.2~16	440	3.4
스타이렌	32	1.1~6.1	490	3.6
석유에테르	<−17.8	1.1~5.9	287,8	2.5
텍레빈유	35	0.8~	253.3	4.8
톨루엔	4	1.2~7.1	480	3.1
이황화탄소	<−30	1.3~50	90	2.6
부탄올	29	1.4~12	343	2.6
프로판올	23	2.1~13.7	412	2.1
이소프로필 알코올	12	2.0~12.7(93℃)	399	2.1
프로필렌옥사이드	<−37	2.8~37.0	449	2.0
헥산	−22	1.1~7.5	223	3.0
벤젠	−11	1.3~7.1	498	2.8
무수초산	49	2.0~10.3	316	3.5
메탄올	11	6.0~36	385	1.1

① 인화점 이하의 온도에서 취급하고 ② 누설 방지에 만전을 기하고 ③ 제조, 취급 설비는 원칙적으로 옥외에 설치하고, 옥내 설비는 충분히 환기, 통풍을 행할 것 ④ 착화원의 관리 등이 중요하다.

(5) 가연성 가스

가연성 가스는 상온, 상압에서 기체로 되어 있는 것이 공기, 산소 기타의 산화성 기체와 어느 일정 농도 범위 내, 즉 폭발 한계 내에서 혼합되어 있을 때, 점화 에너지가 주어지면 화염이 급속히 혼합 가스 속을 전파하여 폭발을 일으키는 것이다.

가연성 가스가 누설했을 때 폭발성 혼합 가스를 형성하는지 어떤지는 가연성 가스의 비중이나 작업 장소의 통풍 상태 등에 의해 크게 좌우된다.

가연성 가스에는 아세틸렌이나 산화에틸렌과 같이 분해 폭발성을 가지는 것이 있다. 분해 폭발성 가스라고 불리는 것은 지연성 가스가 없어도 자신이 점화에 의해 화염을

표 3.11 • 가연성 가스의 성상

물질명	폭발한계(용량%)	발화점(℃)	증기밀도(공기=1)
아세틸렌	2.5~100	305	0.9
암모니아	16~25	651	0.6
일산화탄소	12.5~74	609	1.0
에탄	3.0~12.5	472	1.0
에틸렌	2.7~36.0	450	1.0
염화비닐	3.6~23.0	472.2	2.2
디메틸에테르	3.4~27	350	1.6
수소	4.0~75	500	0.1
부탄	1.6~8.5	365	2.0
1-부틸렌	1.6~10.0	385	1.9
프로판	2.1~9.6	432	1.6
프로필렌	2.0~11.1	455	1.5
포름알데히드	7.0~7.3	424	0.8(−20℃)
메탄	5.0~15.0	537	0.6
황화수소	4.0~44.0	260	1.2
수성가스	7.0~72		0.6
석탄가스	5.3~32		

발생하여 폭발하는 성질을 가지고 있다. 분해 폭발은 고압하에서 발화에 필요로 하는 에너지가 작아져서 폭발이 일어나기 쉽다. 몇 가지 주요 가연성 가스의 성상을 표 3.11에 나타내었다. 가연성 가스의 폭발 방지는 ① 폭발성 혼합 가스를 만들지 않는다. ② 착화원의 제거 ③ 폭발 압력 효과의 감소 등이 중요하다.

더욱이 산소는 가연성 가스는 아니지만 강한 지연성을 가지고 있기 때문에 과잉 산소 분위기 속에서는 가연성 물질이 심하게 연소하고(그림 3.1) 작은 분량의 유지류에서도 착화원이 존재하면 폭발을 일으킨다. 또 가연성 가스, 증기나 분진의 폭발 한계도 공기중의 경우보다 넓어지고 폭발 위험성이 증대한다.

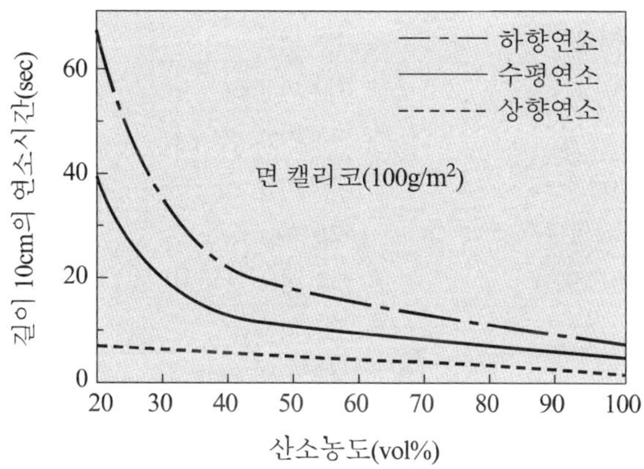

그림 3.1 포의 연소시간과 산소농도

(6) 가연성 분진

가연성 분진 그 자체는 위험물이 아니다. 그러나 공기 중에 부유하고 있는 분진은 가연성 가스의 폭발과 같이 작은 에너지에서 폭발을 일으킬 위험성이 있다. 이와 같은 분진 폭발은 분체의 산소(공기)와의 접촉면적이 증대하고 산화 반응이 촉진되는 것으로 생기지만 그러기 위해서는 아래의 조건이 필요하다.

① 분진이 가연성이다.

② 분진이 미립자이다.

③ 지연성 가스내에 부유하고 있다. 즉 외력으로 유동이나 뒤섞임을 받고 있다.

④ 부유 장소에 점화원이 존재한다.

표 3.12에 주요한 가연성 분진의 성상을 나타내었다. 분진이 1μm 이하 정도의 미립자라면 가스와 마찬가지로 취급되어야 하며, 일반적으로 세밀하고 잘 건조한 것일수록 착화하기 쉽고 폭발의 위력도 크다. 대책으로는 ① 취급 설비 밀폐화 또는 분진의 습윤화 ② 분진의 누설방지와 집진장치의 설치 ③ 청소에 의한 퇴적 방지 ④ 착화원의 제거 등이다.

표 3.12 • 가연성 분진의 성상(부유상태)

물질명	폭발한계(용량%)	발화점(℃)
마그네슘분	20 이상	520
알루미늄분	35 이상	645
아연분	500 이상	680
메탄분	45 이상	460
실리콘(금속규소)	160 이상	775
페로실리콘(규소철)	425 이상	860
석탄분(역청탄)	35 이상	610
유황분	35 이상	190
전분	45 이상	470
소맥분	60 이상	470
폴리에틸렌수지분	15 이상	490
베이크라이트분	30 이상	460
가루비누	45 이상	430
나프탈렌	50 이상	559

04 취급운반에 의한 위험의 방지

4.1 취급 운반의 위험성

취급 운반공정은 공장 또는 창고에서 물품의 이동, 반송 및 보관에 있어 반드시 존재하게 된다. 또 제조업이나 운송업뿐만 아니라 도매, 소매업 등 제3차 산업의 분야까지 기계화가 진행되고 있고 사용하는 기계도 용도에 따라 다양해져 가고 있다.

최근의 취급 운반 작업으로는 노무 절감, 합리화가 진행되고 취급하는 중량이 증가함과 동시에 대형의 짐을 다량으로 신속히 다루기 위하여 콘베이어, 포크리프트, 대형의 화물 자동차, 캐리어 등이 도입되어 하역의 작업 방법도 다양화하고 있다.

이와 같이 기계에 의한 취급운반이 빈번한 현장에서는 재해발생 형태도 다양하며 재해 위험의 분류방법도 여러 가지가 있다. 산업안전보건공단이 발표한 통계자료에 따르면 2006년도 부상자 7300명 중 작업내용별 분류에 있어 운반, 상·하역 및 운전작업으

표 4.1 • 운반, 상·하역 및 운전작업으로 인한 부상사 현황

세부 내용	부상자(명)	발생비율(%)
계	2,052	100.0
인력 운반작업	830	40.4
교통 및 운송수단 운전작업	471	23.5
상·하역, 적재작업	459	22.4
건설기계 등의 운전작업	137	6.7
동력 운반작업	122	5.9
기타(정보부족 포함) 운반, 상·하역 및 운전작업	33	1.6

로 인한 부상은 2,052명으로서 전체 부상자 중 27.7%를 차지하고 있다. 이를 세분화하여 살펴보면, 인력 운반작업 40.4%, 교통 및 운송수단 운전작업 23.5%, 상·하역, 적재작업 22.4%, 건설기계 등의 운전작업 6.7% 등의 순서로 나타났으며 표 4.1과 같다.

또한 사망자의 경우 작업내용별 분석에 따르면 사망자 1133명 중 운반, 상·하역 운전작업으로 인한 사망자는 397명으로 35.0%를 차지하고 있다. 이를 세분화하여 살펴보면, 교통 및 운송수단 운전작업 53.1%, 상·하역 적재작업 14.1%, 동력 운반작업 13.9% 등의 순서로 나타났으며 표 4.2와 같다. 표에 따르면 교통 및 운송수단 운전작업 211명 중 충돌·접촉에 의한 재해 85.8%(181명), 추락에 의한 재해 5.7%(12명) 순으로 발생하였으며, 상·하역 적재작업 56명 중 낙하·비래 30.4%(17명), 추락 26.8%(15명) 순으로 발생하였다.

표 4.2 • 운반, 상·하역 및 운전작업으로 인한 사망자 현황

구분	사망자(명)	발생비율(%)
계	397	100.0
교통 및 운송수단 운전작업	211	53.1
상·하역 적재작업	56	14.1
동력 운반작업	55	13.9
건설기계 등의 운전작업	43	10.8
인력 운반작업	32	8.1

(1) 인력 운반 작업

인력 운반 작업에 따른 재해 위험으로는 다음의 것을 들 수 있다.

① 적절하지 않는 기구, 도구를 사용한 것, 운반 방법이 적절하지 않았던 점
② 들어 올리는 방법, 운반방법의 기본 동작이 지켜지고 있지 않은 점
③ 운반 작업에 대한 훈련이 불충분한 점
④ 취급하는 것의 위험성 등에 관한 지식이 없고 안전 교육이 불충분한 점
⑤ 작업장이나 작업이 많은 점
⑥ 옥외의 작업이 많은 점
⑦ 현장의 작업 관리가 작업자의 자주성에 맡겨져 있던 점

등이 지적되고 있다. 또한 짐의 운반 작업으로는 기계와 인력에 의한 작업이 조합되어 행해지는 점에서 기계와의 접촉에 의한 위험이 많은 것도 놓칠 수 없다.

(2) 하역 운반 기계에 의한 작업

하역 운반 기계작업에서 위험성이 최대인 것은 기계가 이동하는 것, 짐이 이동하는 것 및 이러한 주변에서 인간이 이동하는 것일 것이다. 공장에서 말하면 원료, 부품, 제품 등이 놓인다 → 이동한다 → 놓인다 고 하는 상태 변화가 기계와 인간의 쌍방을 축으로 하여 행해진다. 이 중심을 이루는 것이 하역 운반 기계인데 이들에 관계되는 작업 위험성으로서는 다음의 것을 들 수 있다.

① 생산기계에 비하여 구조상 혹은 관리상의 조치가 충분하지 않다.
② 하역운반을 하는 환경의 안전 정비 또는 환경과 사용하는 기계와의 부적응을 볼 수 있다.
③ 하역운반의 작업계획이 사전에 확실히 검토되어 있지 않다.
④ 현장에서의 작업지휘가 결핍되어 있는 경우가 많다.
⑤ 오퍼레이터에 대한 교육 훈련이 철저하지 못하다.

또 재해는 기계의 전도, 적하의 낙하 등에 의해 오퍼레이터 자신이 재해를 입는 것, 기계의 작업 구역에 들어간 오퍼레이터 이외의 작업자가 기계에 깔리거나 끼이든가 짐의 밑에 깔리는 것, 기계의 점검·보수 작업중에 오퍼레이터나 검사자가 재해를 입는 것 등으로 크게 나뉘지만 오퍼레이터 이외의 작업자가 많이 재해를 입기 때문에 주변의 작업자에 대한 배려가 필요하다.

특히 크레인 등에 의한 재해는 본체의 구조, 기능 등의 결함에 의한 것보다도 짐을 매는 방법 또는 운전 조작의 부적절, 신호의 불철저 등에 의해 매달은 짐의 낙하나 매달은 짐과 다른 물체와의 사이에 끼이는 사고 등이 많다. 기체의 안정 유지 불충분 또는 과부하의 상태에서 운전된 이동식 크레인의 전도도 적지 않다.

4.2 취급 운반의 합리화

물건의 취급 운반은 운송업이나 화물 취급업을 제외하고 생각하면, 기업의 주목적인 사업에 부수적인 작업이며 주목적 작업은 아니다. 따라서 취급 운반의 공정에서 일어나는 재해나 사업 목적의 수행을 위해서는 쓸모없는 사건이며, 생산과 안전의 일체화를 위해 근절해야 하는 최대의 표적이다.

생산 기업에서 운반 기계의 개선이나 운반 방법의 과학적 연구가 행해지게 된 것은 그다지 오래된 일이 아니다. 그러나 최근 자동화, FA화의 물결과 함께 자동 반송 시스템의 발전은 눈부신 것이지만, 취급 운반의 안전관리는 다음 여러 점에 유의하여 기술적 개선이 행해져야 한다. 즉 운반 관리 방법과 일체적으로 취급 운반의 안전을 진행시키는 입장을 잊어서는 안된다.

(1) 운반 효율의 상승

취급 운반의 횟수를 감소시키는 동시에 운반의 기계화를 진행시키는 유닛로드를 크게 하면 면적과 공간을 최대로 이용하는 등 운반의 무리, 헛됨을 없애고 효율상승 및 안전의 확보를 도모한다.

(2) 공정 관리의 적정화

운반 관리는 그것 자체가 독선적으로 진행시킬 수 있는 것이 아니라는 것은 말할 것도 없으며, 어디까지나 공정 관리가 적정하게 되도록 운반 계획의 검토, 운반 작업의 기계화·자동화의 채용을 진행시킴으로써 운반의 무리를 없애고 안전 확보를 꾀하도록 한다.

(3) 작업 조건의 개선

인력 운반을 최대한 없애고 피로 경감을 도모하는 것은 운반 작업의 안전 조건을 개선하는 기본이다.

4.3 취급 운반의 원칙

취급 운반의 위험방지에는 운반 관리에서 여러 원칙에 의해 과학적으로 대책을 진행시킬 필요가 있다. 필요한 원칙은 다음과 같다.

① 취급 최소화 원칙 : 재 취급(일단 도매하고 또 쌓는다고 하는 헛된 취급)을 하지 않는다. 취급 운반의 횟수를 최소한도로 한다.

② 유닛로드의 원칙 : 짐은 정리된 형으로 하고 동일된 외형으로 한다.

③ 파렛트화 : 짐은 파렛트 위에 정리해 두고 포크리프트나 파렛트 리프트로 다룰 수 있도록 한다.

④ 활성의 원칙 : 짐은 활성 레벨이 높은 상태로 유지한다.

⑤ 중력 이용의 원칙 : 중력을 활용하고 수고나 동력을 절약한다.

⑥ 기계화 원칙 : 인력 운반을 기계 운반으로 바꾼다.

⑦ 오토메이션의 원칙 : 운반을 자동화방식에 의해 행한다.

⑧ 중간 이음 폐지 원칙 : 운반 종점에서 짐을 내리고 다시 짐을 쌓기 때문에 이음매를 적게 한다.

⑨ 균형 운반의 원칙 : 운반 시스템 전체 속에서 균형이 취해진 흐름이 되도록 한다.

⑩ 배치의 원칙 : 기계 설비, 짐을 놓는 장소 등의 레이아웃을 적절하게 하고 운반을 효율적으로 한다.

⑪ 직선화의 원칙 : 운반 경로의 굴곡을 피하고 가능한한 직선으로 한다.

⑫ 공간 활용의 원칙 : 정리정돈을 잘하고 유니트 놓기 등 입체적인 활용을 생각한다.

⑬ 화물 보호의 원칙 : 운반중에 화물이 손상되지 않도록 짐의 방호를 행한다.

⑭ 자중 경감의 원칙 : 운반용의 기계 기구, 포장 등의 중량은 가능한 줄인다.

⑮ 정비의 원칙 : 운반 기계의 점검, 정비, 고장의 신속 수리 등 보전을 충분히 한다.

⑯ 표준화의 원칙 : 기계의 형식, 화물 상태나 포장, 작업 방법 등을 표준화 한다.

⑰ 단순화의 원칙 : 운반에 대해 작업 방법의 단순화를 한다.

⑱ 안전의 원칙 : 안전한 운반이 생산성을 향상시킨다.

4.4 인력 운반의 위험 방지

인력에 의한 취급 운반은 앞에서 설명한 사고 방식과 여러 원칙에 의거하여 가능한 폐지해야 하지만 부득이 한 경우 인력 작업의 안전대책은 다음과 같다.

① 작업용구·도구는 적정한 것을 사용한다.
② 취급물의 위험성이나 특성, 취급방법 등에 대해 사전에 교육한다.
③ 물건을 들어 올리는 방법, 운반하는 방법 등의 기본 동작, 작업 순서 등에 대해 충분히 훈련한다.
④ 작업 장소의 바닥, 통로 등 환경을 정비한다.
⑤ 가능한 한 작업 지휘자를 정하고 지휘·감독을 하게 한다.
⑥ 작업자의 능력을 파악하고 적정한 배치를 고려한다.
⑦ 준비 체조를 작업 전에 반드시 실시한다.
⑧ 휴식을 적절하게 한다.
⑨ 건강 관찰, 컨디션 파악에 노력한다.
⑩ 지도, 지시한 사항이 지켜지지 않으면 즉각 주의, 시정한다.
⑪ 작업자에게 안전모, 안전화 등의 보호구를 착용시킨다.

4.5 기계 운반 위험 방지

(1) 작업 지휘 계통의 확립

하역 운반 기계를 사용하는 작업은 작업자가 다른 작업에 종사하는 작업자와 혼재하여 행해지는 경우가 많아 운반 계통이 폭주하는 경우도 있다. 이 때문에 하역 운반 기계에 의한 각 작업을 통괄 관리하는 작업 책임자를 지명하고 작업 상호간의 조정·연락 기타의 지휘를 취할 필요가 있다.

또 하역 운반 기계에 의한 작업 계통마다 작업 지휘자를 정하고 작업의 구체적인 안전 대책을 실시하기 위한 지휘를 행하게 하는 것이 중요하다.

(2) 운반 작업 계획의 작성

하역 운반 작업은 항상 생산이나 판매 쪽에서 요구되는 일정 계획에 따라서 제한된 시간 내에 일정량의 짐을 운반하여야 한다. 이런 과정에서 무리, 헛됨이 없는 하역 운반을 행하기 위해서는 짐의 흐름을 지장이 없고 안전하게 소화시킬 수 있는 기계 실비, 작업자를 배치하지 않으면 안된다.

산업안전보건법에서는 차량계 하역 운반 기계를 사용하여 작업을 행할 때는 사전에 「작업계획을 정하고 또한 당해 작업 계획에 의해 작업을 행해야 한다」 고 정해져 있다. 이 작업 계획에는 차량 하역 운반 기계의 운행 경로, 작업 방법이 나타나 있어야 한다. 이것은 차량계 뿐만 아니라 모든 하역 운반 기계를 사용하는 작업에 대해서도 마찬가지로 필요한 것이다.

앞 절에서 설명한 운반의 여러 원칙 가운데 운행 경로에 관한 ⑧ 중간 이음 폐지의 원칙 ⑨ 균형 운반의 원칙 ⑩ 배치의 원칙 ⑪ 직선화의 원칙 등을 중시하면서 무리가 없는 운행 경로의 계획을 정하고, 또 이외의 운반 원칙에 따라 안전하고 합리적인 작업 방법을 정할 필요가 있다. 계획을 작성할 때 배려해야 하는 사항을 언급하면 다음과 같다.

① 하역 운반 기계의 설치·사용하는 장소의 넓이, 지형, 지반 등의 상태
② 사용 기계의 종류, 능력 등
③ 운행 경로
④ 구내 제한 속도
⑤ 제한 하중
⑥ 작업자의 배치
⑦ 다른 기계 설비 설치·사용 상태와의 관계
⑧ 짐의 종류, 위험·유해성, 형상, 중첩 등

(3) 운반 노면의 정비

운반 노면의 정비는 운반 지장의 저감을 위해서, 그리고 차량 운행시의 위험방지를 위해서 중요하다.

① 노면의 결함에서 가장 위험한 것은 하수관 전선관 뚜껑의 손상 및 결락이다. 이 뚜껑의 절손, 빠짐, 바닥면에서의 돌출 또는 손상 등의 장소는 반드시 보수, 정비

되어야 한다. 튼튼한 재료의 뚜껑으로 미끄럼방지를 하고 통로면에 요철이 생기지 않도록 관리할 필요가 있다.

② 노면에 있는 단차, 작은 급경사도 운행에 지장을 초래하기 때문에 가급적 완만한 경사가 되도록 한다.

③ 노면의 손상, 움푹 패임은 철분이나 콘크리트 또는 철분이나 아스팔트를 발라 보수하면 좋다.

(4) 운반 속도

생산성을 올리기 위해서 운반 속도를 올리는 것이 요구되는 경우가 있다. 그러나 운반 스피드를, 구내 제한 속도를 올림으로써 실현하려고 하는 생각을 해서는 안된다. 운반속도를 올리려고 하면 다음 사항을 해결해야 한다.

① 짐을 놓는 장소의 정리 정돈과 정비를 양호하게 한다.
② 기계력, 자동화 고도장치 이용을 도모한다.
③ 특히 짐의 쌓고 내림 방법을 개선한다.
④ 짐의 취급, 하역 운반의 작업 전반을 통하여 안전화를 강조한다.

(5) 안전 작업 철저

하역 운반 기계에 의한 안전 작업 철저를 위한 요구사항을 아래와 같이 제시하였다.

① 작업 순서를 작성하고 작업자에게 이를 지키도록 철저히 한다.
② 기능 강습 수료자 등 필요한 자격을 가지는 사람에게 운전 조작을 하게 한다.
③ 과부하 상태에서 기계를 사용하지 않는다.
④ 구내 제한 속도를 지키게 한다.
⑤ 운행 경로의 정비, 폭의 확보, 필요에 따라 유도자 배치 등을 한다.
⑥ 승차석 이외의 장소에 작업자를 동승시키지 않는다.
⑦ 짐이 무너지지 않도록 방지조치를 한다.
⑧ 주행중 또는 작업중의 기계나 짐에 접촉하지 못하도록 위험 범위 내 작업자를 출입하게 하지 않는다.
⑨ 운전자가 기계를 떠날 경우 기계작동 방지 조치를 철저히 시킨다.
⑩ 작업자에게 안전모, 안전화 등의 보호구를 착용시킨다.

05 추락·전도에 따른 위험방지

5.1 추락재해의 특징

(1) 추락재해의 발생 현황

2006년도 발생된 업무상사고 사망자중 2007년 3월말 까지 산업재해보상보험법에 의해 보상받은 1,133명을 분석한 결과, 재해자 소속 사업장의 산업분류는 건설업 43.5%, 제조업 29.5%, 운수업 6.8% 등으로 분석되었다. 주요 발생형태는 추락 32.6%, 충돌·접촉 22.8%, 협착·감김 10.0%, 낙하·비래 7.4%, 전도·전복 6.4%, 전류접촉(감전) 5.1%, 붕괴·도괴 4.9%, 화재폭발 4.8% 등으로 나타났다.

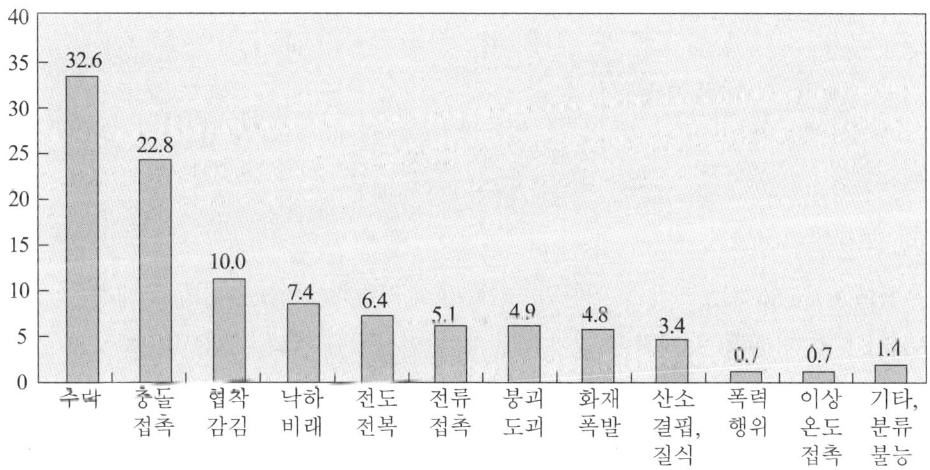

그림 5.1 주요 재해의 발생형태

표 5.1에 의하면 사망자의 경우 추락재해가 사망재해의 30% 이상을 차지하고 있으나 부상재해의 경우에 있어서는 15% 내외의 통계를 나타내고 있다. 이것은 추락재해의 특징을 말해주는 것으로서 추락재해는 다른 재해에 비해 강도율이 높다는 것을 알 수 있다.

표 5.1 • 추락재해의 추이

년	사망재해	재해율	부상재해	재해율
2007	1164명	31.7	7583명	15.3
2006	1133명	32.6	7399명	13.7
2005	1142명	31.5	7338명	15.2

한국산업안전보건공단 자료

추락재해를 부상자와 사망자로 구분하여 분석한 결과를 표 5.2와 5.3에 나타내었다.

표 5.2 • 부상자별 세부사항

세부 내용	부상자(명)	발생비율(%)
계	1,011	100.0
계단, 사다리에서 추락	288	28.5
비계 등 가설구조물에서 추락	215	21.3
운송수단 또는 기계 등 설비에서 추락	169	16.7
기타 추락	116	11.5
건물 대들보나 철골 등 기타 구조물에서 추락	88	8.7
상세정보 부족한 추락	39	3.9
개구부 등 지면에서 추락	37	3.7
재료더미 및 적재물에서 추락	32	3.2
지붕에서 추락	27	2.7

(2) 문제점

추락에 의한 재해는 피해가 대단히 크게 될 우려가 있지만, 추락방지 대책을 세우는데 있어 다음과 같은 문제점이 있기 때문에 사업장에서 추락 위험의 중대성을 충분히 인식하고 대책을 철저히 하여야 한다.

표 5.3 • 사망자별 세부사항

세부 내용	사망자(명)	발생비율(%)
계	369	100.0
비계 등 가설구조물에서 추락	90	24.4
건물 대들보나 철골 등 기타 구조물에서 추락	85	23.0
운송수단 또는 기계 등 설비에서 추락	59	16.0
개구부 등 지면에서 추락	44	11.9
지붕에서 추락	37	10.0
계단, 사다리에서 추락	28	7.6
재료더미 및 적재물에서 추락	5	1.4
기타(정보부족 포함)	21	5.7

① 추락의 위험이 자주 발생되는 높은 곳의 작업은 임시의 작업이 많다. 또 상황에 따라 위험 장소가 변화한다.

② 작업에 따라서 난간 등을 만들 수 없는 등 설비면에서 대책을 강구하는 것이 대단히 어려운 경우가 있다. 안전한 작업바닥의 설치가 곤란한 때에는 추락방지 대책으로서 안전띠 등을 사용해야 하지만 작업성을 손상하는 경우가 있기 때문에 작업자의 안전에 대한 의식이 낮을 때는 사용되지 않는 경우가 있다.

③ 작업자의 작업 형태에 따라서는 통상의 안전 대책으로 불충분하고 특수한 대책을 강구하는 것이 필요한 경우가 있다.

④ 비교적 낮은 장소에서의 작업에 관해서는 안전 대책이 경시되기 쉽고, 접사다리, 말비계 등의 간단한 용구, 설비 등도 안전의 확보가 불충분한 상태에서 안이하게 사용되는 경우가 있다.

5.2 추락 위험성

공중에서 추락할 때 몇 초간에 어느 정도 낙하하는지 또 낙하 거리에 대해 낙하 속도가 얼마가 되는지를 나타내는 것이 그림 5.2 및 그림 5.3이다. 공기 저항이 없다고 하면 낙하물의 중량이 달라도 낙하 속도는 같다. 공기 저항이 있어도 2초 이내(그림 5.2에서 20 m 이내)의 낙하라면 그 영향은 무시할 수 있다. 그림 5.3에서 보는 바와 같이 5 m의 높이에서 낙하 속도는 시속 약 35 km, 10 m 높이면 낙하속도는 시속 약 50 km, 15 m 높이에서 떨어지면 시속 약 60 km로 지면에 충돌하게 된다.

지면에 충돌했을 때 받는 힘은 낙하물의 중량과 낙하속도가 클수록 크지만, 충격후의 시간도 무시할 수 없다. 떨어지는 물건이 딱딱하고 또 지면도 딱딱하면 충격은 단시간에 흡수되고 대단히 큰 힘이 걸린다. 반대로 연한 물건끼리라면 충격은 약하게 된다.

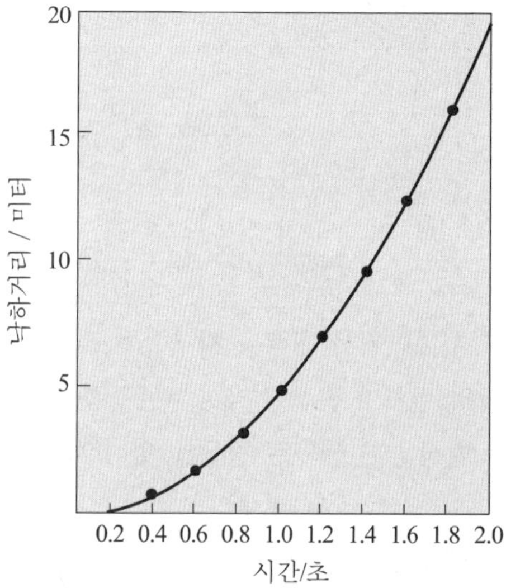

그림 5.2 시간당의 낙하거리

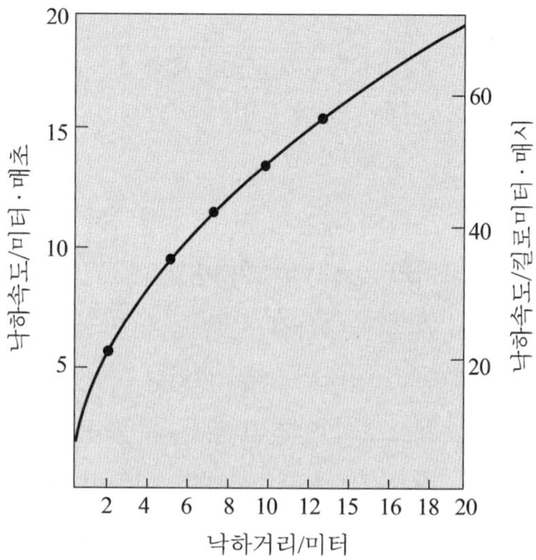

그림 5.3 낙하거리와 낙하속도

표 5.4 • 추락높이별 재해 발생현황

구분	사망자(명)	발생비율(%)
계	369	100.0
2 m 미만	4	1.1
2 m 이상 ~ 3 m 미만	31	8.4
3 m 이상 ~ 5 m 미만	63	17.1
5 m 이상 ~ 10 m 미만	107	29.0
10 m 이상 ~ 20 m 미만	72	19.5
20 m 이상 ~ 30 m 미만	16	4.3
30 m 이상 ~ 50 m 미만	24	6.5
50 m 이상	7	1.9
분류불능	45	12.2

추락 높이와 피해 정도에 대해 산업안전보건관리공단에서 조사한 보고가 있다. 작업자의 추락 재해 사망 369건에 대해 추락 높이 별로 재해발생비율을 나타낸 것이 표 5.4 이다. 이 표를 보면 5 m 이상 ~ 10 m 미만에서 29%가 발생하여 가장 많이 발생되는 것으로 나타났다. 이러한 이유는 작업점의 높이가 가장 많은 경우일 것으로 추정된다.

5.3 추락 방지의 대책

추락 재해는 작업 장소의 주위에 따라 높은 장소가 있으면 작업 내용에 관계없이 발생하는 특징을 가진다. 따라서 높은 곳에서 작업하는 작업 행동의 잘못된 지적을 논하는 것보다는 높은 곳에서의 작업을 없애거나 혹은 줄이거나 하는 본질적인 대책이 가장 효과적이다.

조선업이나 건축 공사에서는 지상에서 작업 후 높은 곳으로 옮기고 조립해 나가는 방법이 많이 강구되고 있다. 그러나 현실적으로 높은 곳에서의 작업은 무수하게 존재하므로 이에 대한 공통적인 대책이 필요하다.

(1) 작업바닥

높은 곳에서 작업할 때의 기본적 대책은 작업바닥을 확보하는 것이다. 특히 높이가 2 m 이상인 장소에서 작업을 행할 때는 작업바닥을 만드는 것이 규칙에 정해져 있다. 작업바닥은 정상적이지 않을 경우 비계를 조립하고 설치할 필요가 있다. 비계 설치 및 작업바닥의 재료, 구조, 구성 등의 작업시의 조치, 작업 주자의 선임 등에 관해서는 법규에 규제되고 있기 때문에 반드시 이것에 따른다.

「미끄러짐」에는 바닥재의 재료와 신발의 부적절함, 물이나 기름의 존재, 청소라든지 정리 정돈의 불량 등이 관계한다. 비계판으로는 미끄러지지 않는 강철제 비계판을 만들 수 있다.

(2) 난간, 울

작업바닥의 끝이나 개구부에는 난간이나 울을 설치하여야 한다. 작업바닥 전부 난간 등이 설치될 수 없지만 가능하면 반드시 설치해야 한다.

난간은 인체의 중심보다 높은 위치에 비계를 만들 필요가 있다. 규칙에는 높이 75 cm 이상으로 되어 있는데, 인체공학적으로 90 cm 이상은 필요하다. 또 밑으로 빠져 떨어지는 것을 막기 위하여 난간은 옆 비계를 만들어 둔다.

또 강도도 중요하며 인간의 압력이나 끄는 힘도 난간, 울, 울타리 등의 부착강도에 관계한다. 참고로 표 5.5에 사람의 압력과 인력의 실험값을 나타내는데 비계 임의의 위치에서 임의의 방향으로 100 kg의 하중에 견딜 수 있도록 설계해야 한다는 주장도 있다. 로프를 붙인 난간은 안심감을 줄뿐이며 효과는 없다.

표 5.5 • 사람의 힘

상태도							
실험항목 / 피험자	에서 멈춘다 (전)	에서 멈춘다 (후)	누른다		끌어 당긴다	달리면서 누른다	어깨로 누른다
최대값 kg	18	13	1명	107	99	127	71
			2명	171			
			3명	278			
			4명	316			
			9명	355			
평균 kg	9.9	8.1	1명	73.5	79.0	67.4	36.3
			2명	151.4			
			3명	234.4			
			4명	310.3			
			9명	334.6			

(3) 안전대 착용

작업바닥에 난간, 울 등을 만들고 높은 곳의 작업을 하는 것이 원칙이지만, 원칙을 지킬 수 없는 곤란한 경우에는 작업자에게 안전대를 착용시켜야 한다. 안전대는 인체가 낙하해도 신체에 상해가 없을 정도로 충격을 흡수할 수 있도록 로프, 부속 쇠장식 등의 강도가 정해져 있다. 안전대를 설치하고 있어도 공사계획이나 작업 계획 단계에서 적절한 설치 위치를 고려해 두지 않으면, 그 기능을 유효하게 발휘할 수 없고 작업성을 저하시키거나 한다. 또 추락시의 머리 보호용으로 안전모를 착용할 필요가 있다. 안전대의 자세한 내용은 후에 보호구에서 자세히 서술하도록 한다.

(4) 접사다리, 사다리 등

접사다리, 사다리 등에 의한 재해는 일시적인 고소 작업 또는 승강 동작에 따른 추락이 많다.

접사다리는 알루미늄 합금제가 대부분을 차지하고 있는데, 개각시의 고정쇠식, 다리의 구부러진 곳, 밟는 면의 파손 유무 등을 점검한 후 사용하여야 한다.

이동 사다리는 튼튼하고 재료에 손상이 없는 것이 당연하지만, 특히 미끄럼방지 장치를 부착해 둔다. 사다리에서 작업하는 경우, 시하로 추락하여 재해를 입는 예는 무수히 많다. 또한 슬레이트, 염화 비닐판 등 충격에 약한 재료로 덮인 지붕 등에서 미끄러져 추락하는 것을 방지하기 위하여 폭 30 cm 이상의 디딤판을 만드는 동시에 디딤판에 미끄럼방지를 한다.

(5) 작업 행동

대부분의 산업 재해에 인간의 불안전 행동이 관련되어 있다. 높은 곳에서의 작업은 사망에 직결하기 쉽다. 비계판 위로 큰 짐을 지고 운반하는 작업은 발밑까지 눈이 닿지 않기 때문에 잘못된 경우 추락하여 사망하게 되는 경우도 있다.

불안전 행동에 관해서는 교육 부족, 미숙련, 규칙무시, 착각 등 여러 가지 원인이 배후에 존재한다.

높은 곳에서의 작업에서는 특히 ① 정해진 안전 작업 룰을 지킨다. ② 한눈을 팔지 않는다. ③ 무리하지 않는 것 등이 중요하다. 따라서 이에 대한 기본 대책으로는 높은 곳에서 작업하는 인원에 대한 안전 교육 철저, 가능하면 높은 곳의 작업원은 지명하는 것이 좋다. 또 감독자에 의한 작업 지휘도 충분히 하는 것 등이 중요하다.

5.4 보행중의 전도 방지

실내외 보행 중 또는 계단을 이용하는 경우 미끄러지거나 잘못된 스텝으로 인하여 넘어지거나 계단에서 전락하는 재해는 많다. 2006년도 재해발생 현황을 보면 사망자 1133명중 72명이 전도로 인하여 사망하였으며, 이것은 전체재해에 7.2%를 차지하고 있으며, 부상자의 경우 7399명중 1586명(21.4%)이 전도·전복에 의한 사고였다. 표 5.6에 부상자의 비율이 높은 전도·전복의 발생상황에 대하여 제시하였다.

표 5.6 • 전도 · 전복 부상자 세부사항

세부내용	부상자(명)	발생비율(%)
계	1,586	100.0
바닥에서 미끄러짐	507	32.0
계단에서 전도	269	17.0
기타 전도·전복	269	17.0
바닥의 돌출물 등에 걸려 넘어짐	225	14.2
물체의 전도·전복	221	13.9
운송수단·설비에서 전도	69	4.4
상세정보 부족한 전도·전복	26	1.6

(1) 바닥면에서의 미끄러짐

인간의 보행 동작은 그 사람에 적합했던 보폭과 리듬으로 행해지지만 보행시에 바닥면에 가하는 힘은 바닥면에 수직인 힘과 수평인 힘으로 갈라진다.

일반적으로 무게 W의 물체가 놓이고 그것에 수평력 H가 작용할 때 H 방향으로 미끄러진다.

$$F = \mu W < H$$

여기는 μ는 마찰계수이다.

또 물체와 바닥 사이에 모래가 있으면 모래의 입자가 미끄러짐의 작용을 하여 미끄러지기 쉬워진다. 마찬가지로 물이나 기름이 있는 경우에는 얇은 물이나 기름의 층이 생겨 이것이 마찰계수를 감소시키고 미끄러지기 쉬워진다.

보행에 의한 중심 이동에서도 마찬가지이며 미끄러짐이 일어나면 중심위치가 전후 좌우의 어느 쪽으로 기울고 몸이 기울기 때문에 전도하게 된다.

미끄러짐이 발생하는 것은 신발바닥과 바닥 마무리재료와의 사이에 생기는 마찰(신발바닥 또는 바닥마무리재의 변형에 의한 저항도 가해진다)이지만, 미끄러짐에 의한 전도는 거의 발뒤꿈치가 바닥에 접지한 순간에 발생한다. 접지한 발이 바닥에 주는 수평력을 바닥의 마찰이 지탱할 수 없어 미끄러지고 전도가 일어나는 것이다.

바닥면의 미끄러지기 쉬움은 마무리재 자체의 재질과 바닥면의 요철, 경사, 물, 기름 등의 존재에 따라 달라진다.

(2) 전도 방지 대책

① 바닥면

통로나 작업바닥 외에 생각지 않은 곳에 턱이 있으면 전도하기 쉽다.

1. 바닥에서의 높이 20 cm 정도까지는 넘기 쉬우나 40 cm 이상에서는 넘기가 어려워진다.
2. 바닥의 턱이 작으면 눈치 채지 못하는 경우가 많다. 3 cm 이하의 내림 턱에서는 밟아도 쓰러지지 않지만, 6 cm를 넘으면 넘어질 위험이 있다.
3. 오름 턱은 3 cm에서도 발이 걸리거나 넘어져서 위험하다. 1.5 cm 이상의 턱은 두드러지게 색을 칠하면 좋다. 안전상으로 가능한 한 턱이 없는 설계가 좋다.

② 바닥의 마무리재

바닥면에 다른 종류의 마무리 시공을 하고 있는 경우 예를 들면 타일바닥 ↔ 모르타르바닥, P타일 ↔ 금속판과 같은 시공이 되어 있으면 보행시 바닥에서 받는 감촉에 의해 보폭 등 보행리듬이 변하고 다른 바닥면에 발을 내렸을 때 전도하는 일이 있다.

바닥면에는 동질의 재료를 사용하거나 감촉이 비슷한 것으로 하는 것이 바람직하다.

③ 바닥면의 상태

물이 바닥면에 항상 흐르는 목욕탕, 식료품 공장, 기름이나 모래가 존재하는 작업현장 등과 같이 바닥면의 마찰계수를 감소시키는 물건이 존재하는 것은 대단히 위험하기 때문에 아래와 같이 대책을 세우는 것이 좋다.

1. 바닥면의 보수, 청소를 자주 한다.
2. 바닥면이 미끄러지기 쉬운 곳에서는 금속이나 플라스틱제의 미끄럼 방지 테이프를 붙인다.
3. 바닥면에 요철이나 손상을 만들지 않는다.

④ **작업자의 신발**

작업자의 신발은 안전구두, 고무바닥구두 등 구두창의 마찰 계수가 큰 것으로 하고 미끄러지기 쉬운 신발은 사용하지 않는다. 또 여성의 하이힐은 작업중 금지하는 것이 좋다.

5.5 계단에서의 전도 방지

(1) 계단에서의 전도 재해의 특징

산업안전보건관리공단에서 분석한 통계자료에 의하면 전도에 의한 사고는 발생형태별 사고분석 1586명중 부상자 269명으로서 17%를 차지하고 있으며, 추락사고의 경우 부상자 1,011명중 288명(28.5%)이 계단에 의해 사고가 났다. 또한 건축 및 구조물 표면에 의한 사고에서는 부상자 1981명 중 577명(28.9%)이 발생했으며, 작업수행중 과실에서는 계단 등 구조물에서 사망자 321명중 계단에서 실족으로 인한 사망사고 37명(11.5%)이 발생했다.

(2) 계단의 대책

인간은 계단의 구조에 대해 그다지 위험 의식을 가지고 있지 않으므로 계단의 안전성 여하에 대해서도 그다지 배려를 하지 않는 경향이 있다. 계단의 안전 조건을 다음에 요약하여 본다.

① 구배는 30~35° 정도가 좋다.

② 층계참, 디딤면의 치수가 계단의 일부분에서 달라지면 위험하다.

③ 층계참, 디딤면의 치수 관계는 그림 5.4와 같이 하는 것이 좋다.

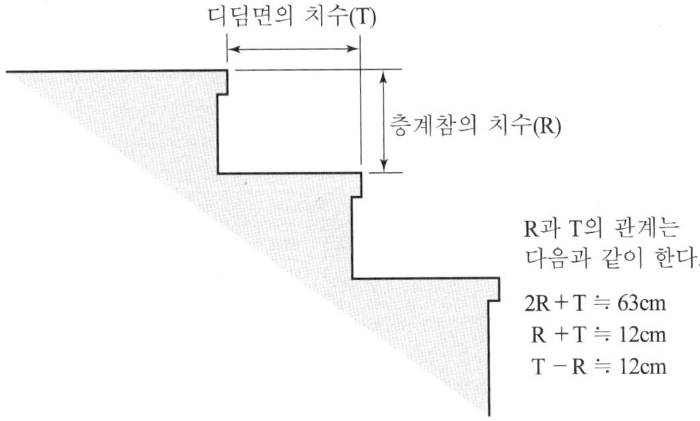

그림 5.4 층계참 및 디딤면의 치수

④ 계단 표면은 미끄러지지 않는 것이 좋다. 바닥을 거칠게 하면 좋지만 넘어지거나 설리는 일이 일어나지 않도록 한다.

⑤ 난간은 양측 또는 최소한 측면에는 반드시 설치한다. 높이는 계단의 선단에서 재어 85~90 cm가 적당하다.

⑥ 계단에 화물 등을 두지 않는다.

⑦ 물, 기름, 모래 등의 존재가 금물인 것은 일반의 바닥면과 같다. 보수, 청소도 자주 해준다.

⑧ 조명이 어두우면 디딤면의 선단을 착각하거나 내릴 때 마지막의 디딤면을 바닥면으로 착각하거나 하여 위험하기 때문에 75 lux 이상의 조도를 확보한다.

⑨ 여자의 하이힐은 발을 언제나 발톱 끝 세우기형으로 하고 발톱 끝에 체중이 걸려 불안정한 자세가 된다. 계단의 승강이 많은 환경에서는 사무중에 하이힐을 금시하는 것이 요망된다.

06 비래·낙하에 의한 위험의 방지

6.1 비래·낙하의 위험성

비래(飛來)·낙하(落下) 위험이란 다른 장소에서 날아오기나 상부에서 떨어져 온 물체 등이 작업자에게 접촉함으로써 생기는 위험을 말한다. 대표적인 것으로 비계위에서 공구 등의 낙하, 크레인의 후크에서 짐 낙하, 둥근 톱으로 절단중인 목재조각의 비래, 연삭 숫돌의 파열에 의한 파편의 비래, 손에 들고 있던 공구나 짐을 발밑으로 떨어뜨리는 사고 등이 있다. 따라서 비래·낙하에 의한 산업 재해는 「끼임·말려듦」, 「추락·전락」에 이어 많이 발생하고 있으며 모든 업종에서 비래·낙하 위험 방지를 도모할 필요성이 있다. 특히 많이 발생하고 있는 것은 건설업, 임업 및 제조업 중의 기계 기구 제조업, 금속 제품 제조업 및 목재·목제품 제조업 등이다.

6.2 비래·낙하의 위험방지 대책

비래·낙하의 위험방지대책은 위험 발생 상태에 따라 3가지의 케이스로 나눠 설명할 수 있다.

(1) 기계 작업중의 가공물, 기계파손에 의한 파편 등의 비래 방지

기계에 의한 가공물의 절단, 결손 등에 의한 비래 위험을 방지하기 위해, 기계에는 덮개나 기타의 비래방지 설비를 설치하는 것이 필요하다. 기계에 의한 절삭 칩이 비래할 위험이 있는 경우에도 마찬가지다.

제조 공장은 일정한 장소에서 작업을 하는 일이 많기 때문에 방호는 그다지 어렵지 않다. 선반 등 기계 그 자체를 덮어 버리는 방식, 연삭판의 연삭과 숫돌에 적용되는 커버 및 실드 등은 통상적으로 볼 수 있는 예이다.

덮개나 울타리는 비래물에 대해 충분한 강도와 효과를 가져야 한다. 가루가 날아오는 것을 방지하는 이유라면 안전장치를 두는 것으로도 충분한 효과를 볼 수 있지만, 산업용 로봇의 워크 방출 위험을 방지하기 위해서는 튼튼한 울타리가 아니면 안되고, 고속 회전체의 회전 시험용에는 견고한 장벽으로 격리할 필요가 있다.

연삭판의 연숫돌 덮개 및 목재 가공용 둥근톱반의 반발 예방장치에는 구조 규격이 정해져 있다. 또한 연마 작업이나 깎아내기 작업 등에 의한 분진, 유해물질의 비래 등에 의한 눈 재해 방지용에는 보호 안경의 착용이 필요하다. 보호 안경에는 강화유리 렌즈용과 경질 플라스틱 렌즈용이 있다.

(2) 취급 운반중인 짐 등의 낙하방지

취급 운반 작업은 인력에 의한 것과 하역 운반 기계 등에 의한 것이 있고 짐의 낙하방지를 포함하여 제5장에서 안전 대책에 대해 서술하였다.

(3) 높은 곳에서의 물건 낙하 방지

건축 공사 및 기타의 작업에서 상하 동시작업을 하는 경우, 낙하물에 의한 위험 방지를 아래 내용과 같이 항상 도모할 필요가 있다.

① 상하에서 작업을 동시에 하지 않는 작업 계획이나 기계 설비의 배치 계획을 세밀히 작성함으로써 계획 단계에서의 안전 대책을 철저히 한다.
② 작업간의 연락 조정을 철저히 하고 적절한 공정 관리를 한다.
③ 수작업으로 하는 투하 작업을 없애고 크레인, 엘리베이터 등을 이용한다. 어쩔 수 없이 투하 작업을 할 때는 슈트 등의 전용 설비를 설치한다.
④ 양생 네트, 시트, 깔때기 모양의 소변기 등 방호설비를 설치한다.
⑤ 높은 곳에 놓아둔 자재 등이 진동이나 바람 등으로 낙하하지 않도록 확실하게 묶는 등의 대책을 강구하는 동시에 정리 정돈을 충분히 한다.
⑥ 안전모의 착용을 철저히 한다.
⑦ 위험 구역에는 출입금지 조치를 강구한다. 또 필요에 따라 감시인을 배치한다.

PART | 4

인간행동의 안전대책

COUNTERMEASURE OF UNSAFE ACTION

01 불안전 행동이란

1.1 불안전 행동과 재해

불안전 행동이란 대단히 넓은 개념이므로 차라리 위험한 행동이라고 하는 것이 훨씬 이해가 쉬울 것이다. 위험이 안전의 반대 개념인 것은 이미 기술하였다. 위험의 존재가 결과적으로 사고·재해를 초래하는 것이기 때문에 인간의 위험 행동만 없으면 사고·재해의 원인이 되는 일은 없다고 할 수 있겠지만 인간의 행동을 전체적으로 관리하는 것은 대단히 어려운 일이다.

또한 위험한 행동으로 분류할 수는 없지만 사고·재해의 원인이 되는 것에는 인간의 실수를 들 수 있을 것이다. 실수한 행동의 속성은 처음부터 잘못된 것이 있는가 하면 사고·재해의 원인 분석 후 행동이 잘못된 것으로 판명된 것도 있을 수 있다. 그 중에는 위험하다고 말할 수 없지만 결과적으로 재해로 이어진 것도 있다. 밸브를 우측으로 돌려 닫았는데 개방 상태가 되어 사고가 된 예가 있었다. 밸브를 닫았을 때의 회전 방향은 보통 우회전이다. 가끔 밸브는 역방향으로 개폐하게 되어 있음에도 불구하고 완전히 확인하지 않고 조작한 것이다. 이 행동을 위험 행동이라고 말할 수 있지만 불안전 행동이라고 하는 쪽이 타당한 것 같다. 위 예의 밸브는 위험한 상태라고 하는 것보다 불안전 상태에 있다고 하는 쪽이 정확할 것이다.

재해의 직접 원인이 되는 불안전 행동 형태에 관해서는 2편 1장에서 언급했지만 이 분류에 의한 재해 발생을 2006년도 통계를 통해 살펴보면 불안전한행동으로 사망자 중 작업수행 중 과실 28.3%, 구조물 등 그 밖의 위험방치 및 미확인 19.6%, 작업수행 소홀 및 절차 미준수 19.2%, 설비·기계 및 물질의 부적절한 사용·관리 15.4% 등의 순서로 나타나고 있으며 표 1.1과 같다.

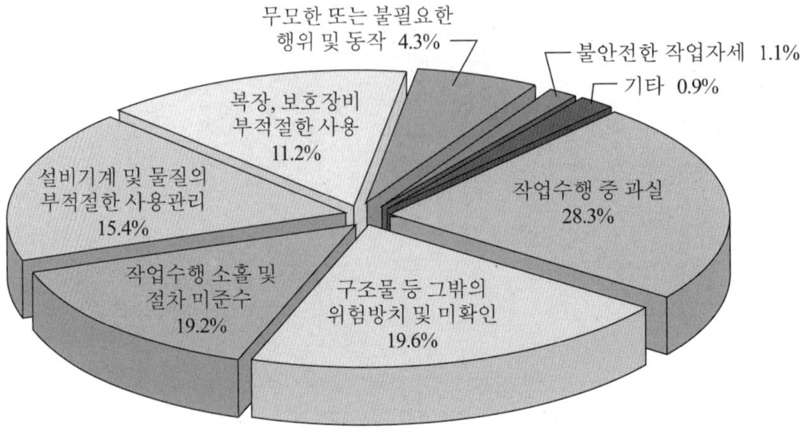

표 1.1 • 불안전한 행동에 의한 사망자 비율

구 분	사망자(명)	발생비율(%)
계	1,133	100.0
작업수행 중 과실	321	28.3
구조물 등 그 밖의 위험방치 및 미확인	222	19.6
작업수행 소홀 및 절차 미준수	217	19.2
설비·기계 및 물질의 부적절한 사용·관리	174	15.4
복장, 보호장비 부적절한 사용	127	11.2
무모한 또는 불필요한 행위 및 동작	49	4.3
불안전한 작업자세	13	1.1
기타(분류불능 포함)	10	0.9

(한국산업안전보건공단)

※ 불안전한 행동이란 재해를 초래하게 된 작업자 자신 또는 동료의 행동에 대한 불안전한 요소임

① 제조업에서는 불안전한 행동에 의한(불안전한 행동이 있었다) 재해가 전체의 90% 이상을 차지한다.

② 매년 통계에서 「작업수행 중 과실」이 가장 높은 비율을 차지한다.

③ 산업안전보건법 시행규칙에서 금지되어 있거나 각 사업장의 안전기준 등에 규정되어 있는 항목과 규칙·기준 등에서 구체적으로 규정하기 어려운 항목을 비교하면 항상 규정하기 어려운 항목의 사고가 많게 나타나고 있다. 즉 규칙을 지키는 것만으로는 불안전한 행동에 의한 재해는 없어지지 않는다. 따라서 실수나 미세한 불안전 행동에 대한 대책이 필요하게 된다.

표 1.2 • 콤비나트의 사고원인 집계표

사고원인	사고건수	사고원인	사고건수
운전관리	380	설비관계	221
작업정보의 제공전달	25	구조설계불량	66
인지·확인의 미스	21	재료불량	31
오판단	28	공작불량	41
오조작	55	계장제어계통	7
기능미숙(경험부족)	19	열화	44
작업기준의 불량	81	외부하중·충격	8
지휘·명령의 불량	44	기타	24
점검불량	62		
보수불량	6	원인계(중복 포함)	601
기타(반응을 포함)	39	사고건수	461

(일본 고압가스 보안협회)

건설업에 관해서도 상기 중에 ①~③의 사항은 거의 마찬가지이다. 더욱이 표 1.1의 통계 자료는 작업자 사망자에 대한 결과이며, 간단한 정황 설명밖에 기재되어 있지 않기 때문에 불안전한 행동 형태(현상)별로는 분류할 수 있어도 불안전 행동의 배후 원인까지는 명백히 분석되어 있지 않다.

표 1.2에 제시한 것은 일본의 석유 콤비나트 130개 사업장에 대해 고압 가스 보안협회가 실시했던 사고 원인 조사결과를 집계한 자료이다. 표 1.2의 사고 대상은 누설, 긴급 방출, 화재, 폭발, 중독, 파손, 정전 및 작업 정지이다. 운전관리 원인 380건 중에 작업자의 불안전 행동에 해당하는 것은 인지·확인의 미스 21, 오판 28, 오조작 55, 기능미숙(경험부족) 19건으로 합계 123건이며 총사고 461건의 26.7%를 차지한다. 또 이 표에서 콤비나트의 사고 건수 중에 설비 결함 47.9%와 함께 운전관리 결함 82.4%가 존재하고 운전관리 결함 중에 인적 결함에 해당되는 것은 26.7%이며 인적 결함의 내역은 다음 순서대로 많은 것을 알 수 있다.

제1위 오조작
제2위 오판단
제3위 인지·확인의 미스
제4위 기능 미숙(경험부족)

이 자료를 통해 불안전 행동의 배후 원인을 파악할 수 있다.

1.2 불안전 행동의 종류

제2편 표 1.2에서 언급한 불안전 행동의 분류는 통계가 가능한 형태적인 분류이며 그 원인을 분류해서 구별한 것은 아니다. 안전관리를 실제로 진행시키기 위한 입장에서는 불안전 행동을 다음과 같은 종류로 나눌 수가 있다.

① 작업상의 위험 지식부족에 의한 불안전 행동
② 기능 미숙에 의한 불안전 행동
③ 태도 불량(의욕부족)에 의한 불안전 행동
④ 실수에 의한 불안전 행동

즉 모른다, 불가능하다, 하지 않는다, 인적 실수의 4종류로 나눈다.

1) 지식의 부족

작업자가 작업에 관련된 충분한 지식이 없으면 능률을 올리면서 안전하게 일을 수행하기 어렵다. 작업에 필요한 지식에는 2종류가 있다. 하나는 자기 자신의 작업을 수행하는 것에 대한 필요한 기술적인 지식이며, 다음은 작업과 관련이 있는 위험과 방호방법의 지식이다. 본래 이 두 가지는 하나지만 실제로는 분리되어 사고가 일어나는 경우가 많다.

작업은 가능하나 안전 지식이 부족한 사람이 적지 않다. 작업순서를 충분히 습득하지 못하고 순간적으로 일어날지도 모르는 위험이나 긴급 이상 사태에 대처하기 위한 교육 훈련이 불충분하기 때문에 일어나는 불안전 행동 재해는 대단히 많다.

안전교육의 필요성을 부정하는 사람은 없다. 교육은 안전지식을 바르게 실행하기 위한 하나의 방법일 뿐, 단지 안전지식을 주지시키기 위한 것은 아니다. 교육을 하는 목적은 혼자서 안전상의 문제를 발견하고 그것을 해결할 수 있는 능력을 양성하기 위한 것이다.

2) 기능의 미숙

불안전 행동 재해는 기능의 미숙 또는 작업 경험이 부족한 자에게 많이 생긴다는 것은 이미 알려진 사실이다. 어떤 일에서도 안전에 관계되는 노하우가 있다. 경험과 숙련된 작업자는 작업준비 부족이나 작업방법에 있어 효과적으로 안전하게 처리함으로써 무리하거나 불필요한 동작이 없는 안전작업이 가능하게 된다.

크레인은 와이어 로프로 짐을 들기 때문에 짐의 이동 중에 흔들리게 되는 위험이 있다. 예를 들면 숙련된 운전사는 크레인을 주행하면서 로프의 흔들림 주기와 같은 시간에 일정한 가속을 하여 최고 속도가 되도록 운전하고 짐이 흔들리지 않도록 부드럽게 운전이 가능하다. 그만큼 흔들려서 일어나는 재해의 위험은 거의 없는 셈이다.

또 평소 운전하는 이동 크레인과 조작 양식이 다른 크레인을 처음 운전하다가 매달은 짐이 떨어져 사망 재해를 일으킨 사례도 있다. 어떤 직종이라도 미숙련·미경험은 위험하다.

3) 태도의 불량(의욕의 결여)

위험이 존재하는 것 때문에 안전 규정이 정해져 있다. 그러나 안전 기준을 지키지 않아도 자신은 부상을 입지 않을 것이라는 자만과, 번잡하고 성가시면 절차를 생략하는 행위 등은 불안전 행동 중에서 나타나는 가장 많은 사례이다.

뻔뻔스러운 성격의 소유자나 규정을 위반해도 부상당하지 않을 것으로 생각하는 어리석은 타입의 사람에게 사고가 많이 발생하는 것을 알 수 있다. 결국 안전이라는 것은 지시보다 태도, 마음의 문제이다. 단순히 교육 부족이라는 것보다 실제로는 동기유발이 이루어지고 있지 않는 것이다. 안전한 행동을 해야 한다는 마음이 부족한 것이다.

재해의 「기본적 원인」 중에는 안전에 대한 의욕 결여를 제시하는 경우가 대단히 많다. 불안전 행동의 지적은 좋지 않은 인간관계로 발전할 수 있어 감독자가 시정을 망설이기도 한다. 이러한 관리 감독자와 작업자 쌍방의 안전 태도 불량 때문에 발생하는 재해는 아주 많다. 그러나 안전하게 작업을 수행하는 것에 대해 의욕을 가져 달라고 부하에게 호소하면 모두가 순수하게 받아준다고 할 수 없다. 아니 그렇게 간단하지 않은 것이 통상적인 작업현장에서의 문제인 것이다.

어쩌면 안전에 뻔뻔스러운 인간에게도 다른 동기가 있다. 편안히, 그리고 남들이 하는 것처럼 일을 하고 혼자만 좋게 되고 싶다는 이유 등이다.

인간의 행동 원리는 자신이 지향하는 것에 향하려고 하는 자주성이 있다. 인간은 로봇이 아니다. 명령한 대로 움직이는 것만은 아니다. 그러나 개개인의 안전 태도에는 그가 속하고 있는 집단의 힘이 크게 영향을 준다. 소집단 활동을 통해 일을 하고자 하는 마음이 활성화되고 구성원인 개인의 안전 활성화 추진이 왕성해야 하는 이유도 여기에 있다.

4) 인적 실수

(1) 인적 실수의 종류

인간의 실수에 관해서는 아직 그 정체가 전부 해명되지 않고 있으며 이에 대한 대책도 확고한 것이 별로 없다. 또 실수라는 정체의 복잡성 때문에 「실수」를 의미하는 말은 대단히 많다. 오류, 잘못, 과실, 과오, 착오, 실패, 실책, 미스…. 영어에서도 Mistake, Fault, Defect, Error 등 여러 가지 용어가 있다. 이러한 의미는 전혀 다른 것 같이 생각되지만 사용방법에 정해진 규칙도 없는 것 같다. 그러나 우리들은 작업중 일어나는 실수를 제거하지 않으면 안된다. 여기서 실수의 종류에 대한 여러 학자들의 내용을 제시하고 해석해 보기로 한다.

먼저 룩(L. W. Rook)의 분류는 표 1.3과 같다. 제품의 설계 단계에서 사용 단계에 이르는 여러 가지 과정에서의 실수를 제시하고 있다. 심리학자 차피니스(A. Chapanis)는 표 1.4와 같이 심리학의 입장에서 분류하고 있다.

표 1.3 • 실수의 종류(L. W. Rook)

실수의 종류
1. 인간공학적 설계의 실수
2. 제작 실수
3. 검사 실수
4. 설치 및 보수의 실수
5. 조작 실수
6. 취급의 실수

표 1.4 • 실수의 종류(A. Chapanis)

실수의 종류
1. 신호의 실수
2. 작업 공간의 실수
3. 지시의 실수
4. 시간의 실수
5. 예측의 실수
6. 연속 응답의 실수

표 1.5는 인간의 심리학적 분류로서 스웨인(A. D. Swain)의 이론이다.

표 1.5 • 실수의 분류

① Omission Error (생략 실수)	필요한 작업 내지는 절차를 수행하지 않는 것에 의한 실수
② Time Error (지연 실수)	필요한 작업 내지는 절차의 수행의 지체에 의한 실수
③ Commission Error (수행 실수)	필요한 작업 내지는 절차의 불확실한 수행에 의한 실수
④ Sequential Error (순서 실수)	필요한 작업 내지는 절차의 순서의 잘못으로 인한 실수
⑤ Extraneous Error (불필요한 수행 실수)	불필요한 작업 내지는 절차를 수행하는 것에 의한 실수

또 인간의 행동 프로세스로부터 분류하면 표 1.6과 같이 분류가 가능하다. 이것은 입력－의사결정－출력－피드백 이라고 하는 인간의 행동과정에 따라 어떤 과정에서도 인적 실수를 일으키는 원인이 있다는 것을 나타내고 있다. 표에서는 하나하나에 실수에 대한 원인이 있다고 하지만, 복합적으로 각 요소가 조합되어 실수의 원인이 되는 경우가 많다.

표 1.6 • 인간의 행동의 흐름에서의 실수 분류(大島正光)

1. 입력 실수
2. 정보처리 실수
3. Decision Making 실수
4. 출력 영역의 지시 단계에서의 실수
5. 출력 영역의 실수
6. Feedback 단계에서의 실수

(2) 인적 실수의 성질

인간은 누구나 실수를 고의로 일으키지는 않는다. 고의로 규정을 위반하고 불안전한 행동을 하는 것을 실수라고 말할 수 없다. 또는 지식이 없었기 때문에, 아직 기능을 습득하지 못했기 때문에, 경험도 없기 때문에 무리한 작업을 해서 실패하였다고 하는 불안전 행동도 실수라고 할 수 없다.

알고 있다, 하면 된다, 할 예정이었다, 라는 생각과 행동을 하였지만 잘못된 결과나 행동을 하는 경우를 실수라고 부른다. 흔히 인간은 실수를 범하는 동물이라고 말한다. 그러나 나는 절대로 실수를 하지 않겠다고 결의하고 바르게 행동하면 실수하지 않고 적절하게 처리할 수 있는 가능성과 능력도 가지고 있는 것이다.

어떤 때는 실수를 일으키지만 어떤 때는 거의 실수를 하지 않는다. 이것은 대뇌 중에 있는 구피질이 생리학적 원칙에 따라 신체와 정신을 활동과 휴식의 리듬에 따라 규제하고 생체로서의 균형을 유지시키고 있기 때문이다.

한편 인간은 자신을 둘러싸고 있는 주위 환경 속에서 자신이 의도한 일을 행하기 위해서 대뇌의 신피질은 방대한 외계 정보를 이용하여 자율적으로 행동을 결정한다. 그러므로 그 과정에서 깜박 잊어버리거나 무심코 지나쳐 버리는 실수가 있어도 고도의 판단 처리 사이에 발생하는 실수를 초보적인 단순 미스로 처리해 버리는 것은 과학적인 사고방식이 아니다. 그러나 인적 실수의 외형은 대부분이 초보적인 미스, 단순 미스라고 하는 것이 정설이며, 전문적인 미스는 아니라고 생각하는 쪽이 맞다. 그렇지만 실수의 본질은 결코 쉽고 단순한 것은 아니다.

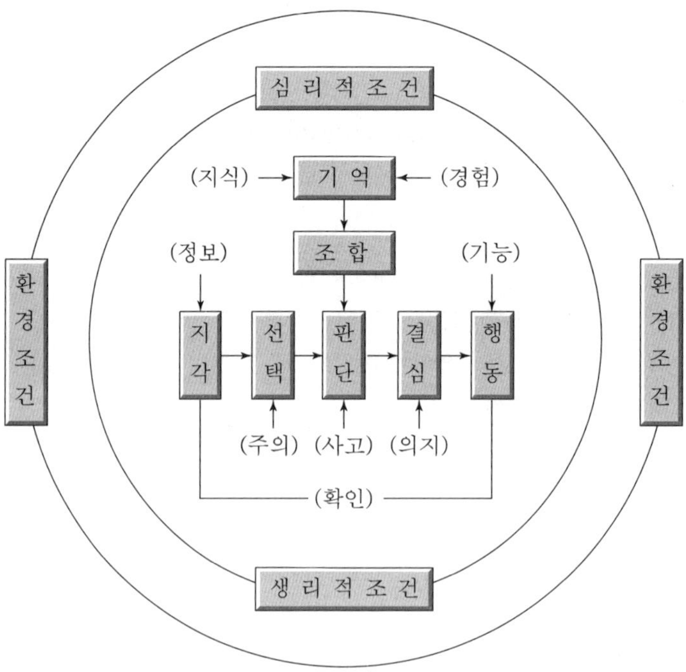

그림 1.1 인간의 정보처리 모델

(3) 대뇌의 정보처리에서 본 인적 실수

다음은 대뇌의 정보처리 과정에 따른 인적 실수를 설명하고자 한다. 이 과정은 인적 실수가 어떤 정보처리 과정에서 일어났을까?, 또는 실수의 직접 원인으로서 어떠한 동기 또는 환경이 관여했을까? 라고 하는 심리적·생리적 원인 분석에 관련된 것이다.

대뇌의 정보처리 모델에 관해서는 故 橋本邦衛 박사가 발표한 것이 유명하며, 매우 상세하기 때문에 그림 1.1과 같이 설명한다.

① 인지 · 확인의 미스

외부의 정보를 받아들여 대뇌의 감각 중추에서 확인되기까지의 과정에서 일어나는 실수이다. 인지하는 것은 바로 전에 제시된 정보나 그림, 신호, 지시 등을 인정하는 것이며, 확인이라고 하는 것은 작업을 순서대로 진행시키기 위한 작업 상황이나 다음 행동·작업에 관한 정보, 신호 등을 필요한 것과 불필요한 것으로 선별하여 필요한 것에 대해 인식하는 것을 말한다.

지각하지 않는다	지각을 잘못한다
인지하지 않는다	인지를 잘못한다
확인하지 않는다	확인을 잘못한다

② 기억 · 판단의 미스

정보 확인 후 필요한 것은 기억(지식과 경험에 기초한다)에 대해 판단하고, 상황에 적응하도록 의사결정을 내려 운동 중추에서 동작 명령을 내리는데, 이 과정에서 일어나는 실수이다. 기억의 대부분은 중추 영역에서 처리되는 것으로 예를 들면 「그것을 잊고 있어 놀랐다」 「기억의 잘못으로 판단을 잘못했다」 등의 실수가 이것에 해당한다.

기억이 없다	기억을 잘못한다
판단하지 않는다(잊어버린다)	판단을 잘못한다
의지적 제어가 되지 않는다	결정을 잘못한다

③ 동작 · 조작의 미스

운동 중추에서 동작이 명령되지만, 동작이 발현하기까지 도중에 조작을 실수하거나 절차를 생략하는 등의 실수이다.

다른 동작을 취한다	동작을 생략한다
동작을 잘못한다	동작·자세가 혼란스럽다
동작 순서를 건너뛴다	동작·순서를 잘못한다

④ **사람의 조건과 환경 조건의 영향**

대뇌의 정보처리는 그림 1.1의 모델과 같이 행해지지만 그 과정은 사람 개인의 특징적인 조건과 사람이 존재하고 있는 환경 조건에 의해 영향을 받는 것이다.

(4) 시스템 실수와 인적 실수

인적 실수에 의한 노동 재해는 확실히 많다. 그러나 인적 실수를 구체적으로 분석하면 순수하게 인간의 오조작이나 오판이라고 하는 종류의 것과, 실수의 원인이 설비에 따른 작업 결함이나 관리 운용면에서 준비부족으로 인한 실수가 있다.

예를 들면 잘못된 작업정보로 인하여 작업을 진행시켜 재해가 발생한 경우와, 작업 순서가 잘못되었기 때문에 조작 실수로 재해를 입은 경우, 인간의 실수는 있었지만 기본 원인이 되는 것은 오히려 작업 시스템의 결함이다. 이것을 시스템 실수라고 한다.

표 1.2의 사고 원인 집계표의 운전관리 원인을 시스템 실수 원인과 순수 인적 실수 원인으로 분류한 것이 표 1.7이다. 이 표에서 보면 시스템 실수 64%, 인적 실수 36%가 되고 시스템 실수 쪽이 많다. 따라서 작업 시스템의 미비점을 개선하면 인적 실수도 상당히 줄어들 것으로 사료된다.

표 1.7 • 시스템 실수와 인적 실수

시스템 실수		인적 실수	
작업기준의 불량	81	인지, 확인	21
점검 불량	62	오판단	28
지휘명령의 불량	44	오조작	55
작업정보의 제공	25	기능미숙	19
보수 불량	6		
소계(건)	218	소계(건)	123
비율(%)	64	비율(%)	36

COUNTERMEASURE OF UNSAFE ACTION

02 불안전 행동의 배후 원인

불안전 행동의 직접적인 원인으로서 앞장에서 ① 지식 ② 기능 ③ 태도(의욕), ④ 인적 실수를 들었는데 이들을 발생시키는 배후의 원인은 대단히 넓다. 본장에서는 이들 각각에 대해 간단히 설명해 둔다.

여러 가지의 설명방법이 있지만 레윈(Lewin)의 인간 행동방식 이론식에서 말한 인적 원인과 외적 원인으로 나누어 설명한다.

2.1 인적 원인

1) 심리적 원인

(1) 장면 행동

돌발적으로 위기적 상황이 발생하면 그것에 의식이 집중되어 그 외의 사항을 깨닫지 못하고 전후 분별 없이 그대로 행동하는 경우가 있다. 이와 같이 어떤 방향으로 강한 욕망이 있으면 그 방향에만 몰두하는 행동을 장면행동이라고 한다.

벨트 컨베이어로 운반되어 오는 부품에 하자가 있는 것을 발견하고 서둘러서 제거하고자 손을 내민 결과, 부품의 모서리에 손을 벤 재해는 이것에 해당한다

인간은 장면행동에서 위험을 의식하지 않고 있기 때문에 대단한 사고를 일으키기도 한다. 장면행동을 막으려면 위험한 대상에는 아예 접근할 수 없도록 울타리 등으로 방호하는 이외에 방법은 없다.

(2) 망각

일상 생활 중에서 물건을 분실하는 일은 누구에게나 있다. 그러나 작업중에 필요한 수순을 망각하면 사고로 이어진다. 독일의 에빙하우스(Ebbinghaus)는 사람의 기억율을 다음 식에서 산출하였다.

$$\text{기억율} = \frac{\text{최초로 기억하는데 걸린 시간} - \text{그 후에 기억하는데 걸린 시간}}{\text{최초로 기억하는데 걸린 시간}}$$

예를 들면 최초에 15분만에 기억하였지만 24시간 후에는 10분만에 기억할 수 있었다면 그 때의 기억율은 33.3%라는 것이다. 그는 기억율의 시간적 경과를 그래프로 나타냈는데 이것이 유명한 망각곡선이다(그림 2.1). 그림에서 알 수 있듯이 일단 기억해도 급속히 잊어버리지만 시간의 경과와 함께 잊히는 정도가 완만하게 된다. 새로이 기억한 것은 잊기 쉽고 오래도록 기억하였던 것은 잊기 어렵다. 작업중의 연락 및 정보는 오늘, 내일의 행동에 관한 사항이 많다. 대단히 서둘러야 하는 작업 정보도 있다. 30분이 경과하면 반은 잊어버리기 때문에 중요한 내용은 문서 연락이 반드시 필요하다.

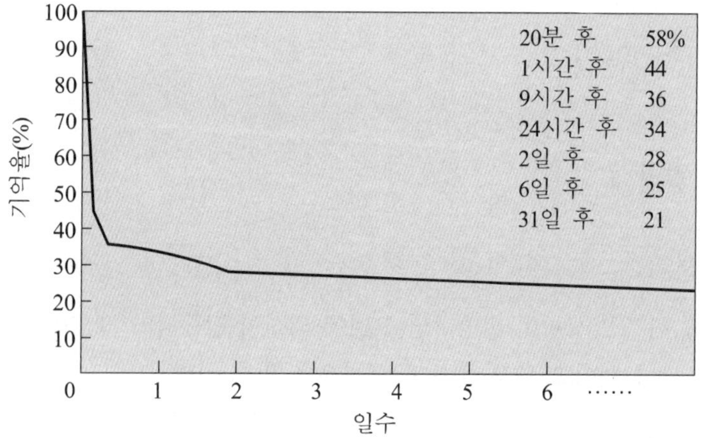

그림 2.1 에빙하우스의 망각곡선

(3) 주변적 동작

사람들은 일반적으로 어떠한 상황에서 의식을 갖고 생각이나 동작할 때 도중에 일상적인 관습 동작을 의식의 한쪽에서(주변에서) 행하는 경우가 있다. 철골바닥에서 아크

용접을 하고 있는 작업자가 신체의 방향을 바꾸거나 일어나 사고가 나기도 하지만, 이와 같은 주변적 동작은 의식하고 하는 행동이 아니다.

주변적 동작은 거의 주위 상황을 보지 않고 행해지기 때문에 외계의 위험을 느끼지 못하는 경우가 많다. 또 주위의 상황에 적응하도록 동작의 조정을 행하지 않기 때문에 위험 장소에 모르고 접근하기도 한다.

자신은 주의하여 작업을 하고 있어도 모든 동작을 의식하여 행하는 것은 불가능에 가깝다. 작업중에는 이와 같은 의식 주변적 동작이 발생한다는 것을 미리 고려하여 위험 장소를 울타리 등으로 방호할 필요가 있다. 그것이 불가능하면 감시인을 두고 접근금지 표지판을 거는 등 위험 범위에는 절대로 접근하지 않도록 대책을 강구해야 한다.

(4) 잡념

작입중에 일 이외의 문제, 예를 들면 야유회 예정, 텔레비전 드라마의 회상 등 이른바 잡념이 의식을 점유하고 그 때문에 불안전한 행동을 일으키는 경우도 적지 않다. 특히 고민하는 경우 작업에 대한 주의력이 떨어진다. 지우려고 애써도 떠오르게 되는 것이 고민의 특징이다. 가장 많은 것이 가족의 병, 빚, 인간관계의 부조화, 이성과의 관계 등이다. 이러한 문제로 고민이 시작되면 사태가 호전하지 않는 한 일에 몰두할 수 없다. 심각한 고민 끝에 지하철을 정지하지 않은 채 지하철역을 그대로 달려버린 운전자의 예도 있는 바와 같이 언제 사고를 일으킬지 모른다. 이런 경우 직속 상사인 감독자나 동료와 상담, 격려가 필요하다. 인간관계상의 문제이면 전문가에 의한 카운슬링이 유효하다.

(5) 무의식 행동

주변적 동작은 의식의 중심에 없는 습관적 동작을 무의식적으로 해버리는 것을 말하며, 걱정을 하고 있을 때도 무의식 동작을 동반한다. 그러나 이외에도 무의식 행동은 여러 가지의 경우에 나타난다.

우리들은 일상 행동에서 주위의 사물을 객관적으로 관찰하며 행동하고 있지만 거의 외부를 의식하지 않는 경우도 적지 않다. 뜨거운 차를 그대로 마셔 목구멍이 데이던가, 친구와 담소하면서 적신호의 교차점을 횡단하여 교통사고를 당한 사람도 많다.

이와 같은 무의식 행동은 자주 익숙해진 환경에서 일어난다. 또 서두르고 있을 때에도 일어나기 쉽다. 일에서도 마찬가지로 착각, 착오, 간과 등의 실수를 하는 일이 자주 있다.

(6) 위험 감각

위험에 대해 많이 설명해 왔지만 불완전 행동을 방지하는 관점에서 말하면, 각각의 작업자가 도대체 무엇을 기준으로 위험하다고 판단할 것인지는 대단히 중요하다.

산업 재해에서 위험은 먼저 첫째로, 작업하는 사람이 기계설비에 대하여 어떤 위험성을 인정하는지 혹은 주변 환경에서 위험을 느끼는지 심리적인 문제와 관계가 있다. 같은 기계설비나 환경에 대해 어떤 사람은 위험을 인정하지만, 어떤 사람은 별로 위험하지 않다고 생각하는 직장에서는 반드시 재해가 일어난다. 산업안전보건법 시행규칙에 열거되어 있는 위험방지는 가장 대표적인 위험을 대상으로 한 것이지만 이런 사항을 무시하는 사람도 없는 것은 아니다. 위험 예지 활동이 각 직장마다 활발히 진행되고 있는데 위험 감각을 높이기 위한 활동으로서 효과가 있다.

(7) 지름길의 반응

지름길 반응이란 그 이름 그대로 통행할 길이 있음에도 불구하고 가능한 한 가까운 길을 걸어 빨리 목적 장소에 도달하려고 하는 것을 말한다. 정규 통로를 걸으면 대단히 헛수고를 하는 기분이 되기 때문일 것이다.

공장내의 통로에 흰선 표시를 하고 있어도 이를 무시하고, 기계 옆을 빠져 나가거나 놓아둔 재료를 넘어가다 재해를 일으킨 예도 있다.

(8) 생략 행위

지름길 행위와 매우 닮은 행동이며 예의 범절과 무례감의 문제이다. 생략 행위의 대표적인 것으로 소정의 작업 용구를 사용하지 않고 근처의 용구로 적당히 하거나 보호구의 미사용, 정해진 작업 순서를 빼먹는 행동 등이 있다. 그러나 이와 같은 안전 수단의 생략이 행해지는 경우, 작업은 단시간으로 해결됨에도 불구하고 안전 수단을 강구하는 데에 수고가 지나치게 걸린다는 단점도 있다. 중대한 작업이나 본격적인 작업에서는 그렇지 않지만, 부대적 작업이나 임시의 단시간 작업에서는 특히 이러한 경향이 있다. 작업자가 피로하거나 일을 서둘러 하는 경우에는 한층 빼먹는 일이 많아진다.

대책으로 가장 중요한 것은 직장의 분위기, 집단으로서의 규율과 도덕성 회복이다. 특히 그 중심이 되어야 할 감독자의 리더십이 중요한 관건이다.

(9) 억측 판단

억측 핀딘이란 세멋대로 하는 주관적 판단이나 희망적 관찰에 의거하여 이 정도면 될 것이라고 확인하지 않고 행동으로 옮겨 버리는 것이다. 자동차가 교차점에서 신호대기를 하고 있을 때 전방의 파란신호가 완전히 변한 후 출발해야 하지만 좌우의 신호가 빨갛게 된 찰나에 출발하는 것은 위험하다.

위험 감각의 문제와도 관계가 있지만 안전 행동은 안전확인에 의해 보장되는 것이므로 아래 사항이 중요하다.

① 작업 정보는 정확히 전달하고 또 정확히 입수한다.
② 과거의 경험에 구애되어 선입관을 가지고 판단하지 않는다.
③ 자신의 입장에서 일방적으로 희망적 관측을 하지 않는다.
④ 항상 바른 작업을 하는 일에 노력한다.

(10) 착오(착각)

사람에게 착오는 항상 일어난다. 오감 중 안전과 관계가 큰 시각, 청각, 촉각에 관한 착오내용을 다음과 같이 제시한다. 그림 2.2를 보면 (1), (2) 모두 a－b의 쪽이 c－d보다 길게 보인다. 그러나 실제로는 양쪽 모두 같은 길이이다. 물건의 대소 판단에 관해서도 표 2.1과 같이 실수하기 쉬운 경우이다. 청각기능에서도 일반적인 대화시 표 2.2와 같이 착오가 생기기 쉽다.

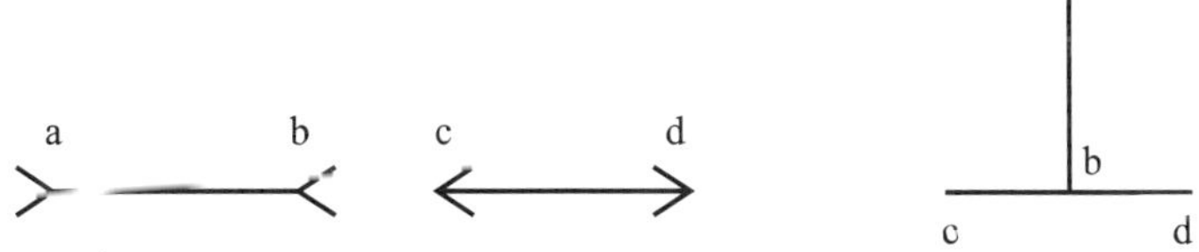

(1) (2)

그림 2.2 눈의 착오

표 2.1 • 크기 판단의 실수

1. 온난색은 크게 보인다.
2. 밸브가 높은 것은 크게 보인다.
3. 주위에 작은 것이 있을 때는 주위에 큰 것이 있는 경우보다도 크게 보인다.
4. 배경공간이 좁은 경우에는 넓은 경우보다도 크게 보인다.
5. 공기의 투명도가 높은 경우에는 크게 보인다.

표 2.2 • 청각적 착오

1. 유사언어의 혼동
2. 숫자의 잘못 듣기
3. 긍정과 부정 혼동
4. 대칭어의 교체 : 우~좌, 상~하
5. 판단 오류
6. 듣고 흘린다
7. 순서의 탈락, 역전
8. 현실에 없는 언어의 삽입
9. 기타(망각, 기억의 혼동 등)

촉각은 원시적 감각의 하나이며 보통 사람은 꽤 둔감하다. 표 2.3에 손가락에 의한 판단 오류의 비율을 나타내었다.

표 2.3 • 손가락에 의한 판단의 오차율

두께의 경우	구배의 경우			굴곡의 경우
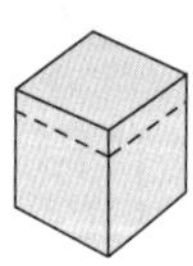	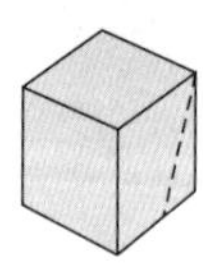			
	엄지손가락의 경우		검지의 경우	
5 mm : 23%	5°	30%	42%	10°: 37%
10 mm : 4%	10°	20%	12%	20°: 3%
	15°	–	7%	

이와 같은 착오가 작업중에 발생하지 않기 위해서는 설비와 환경을 개선하는 것이 선결이다. 같은 형태나 크기의 밸브를 1개소에 정연하게 배치하는 것은 보기에는 좋지만 선택의 실수를 일으키기 쉬우므로 계통에 따라 색채, 크기, 위치 등을 바꾸는 쪽이 좋다.

(11) 익숙

불안전 행동은 일의 지식이 부족하고 경험이 많지 않은 사람에게만 일어나는 것은 아니다. 숙련자도 실수를 한다. 숙련자라면 작업을 잘 하고 빠르고 피곤하지 않고 안전하게 할 수 있는 능력은 보통의 작업자보다 높다. 그러나 작업 개개의 순서가 무의식적이고 자동적인 연속 동작으로 진행해 버리기 때문에 일상과 다른 이상이 있어도 놓쳐 버리는 경우가 있다. 익숙해지는 것이 지나쳐 실수가 일어날 수 있는 것이다.

예를 들면 펀치카드 타사 같은 흥미가 적은 일에서는 타자수가 숙련하는 과정에서 작업량도 늘고 미스도 적어지지만, 숙련되고 난 후에 작업량이 많아서 오타율이 증가한다고 한다. 또 항공기 파일럿의 경우, 신인때에는 조작 기술에 관한 실수가 가장 많고 전문가에서는 익숙에 의한 억측 때문에 항법이나 판단에 관한 실수가 많다고 하는 조사가 있다. 그러므로 숙련자라도 사고를 당하는데 그 이유를 들면 표 2.4와 같다.

표 2.4 • 숙련자가 사고를 당하는 이유

1. 여러 해 같은 일을 하고 있다	습관 동작이 나온다.
2. 일을 잘 알고 있다.	지레짐작한다.
3. 일을 능숙하게 할 수 있다.	빼먹는다.
4. 일에 사신을 가지고 있다.	확인하지 않는다.
5. 빨리 일을 할 수 있나.	다른 일에 손을 댄다.

(12) 성격

성격이란 각 개인의 감정 및 의지적인 소질에서 기인하는 특유의 행동양식이라고 말할 수 있다. 지식이나 지능 외에 우리들의 마음을 제어하는 것이 성격이다. 성격과 재해 경향의 관련은 그다지 명확하지 않지만, 다음 성격의 특성은 주목해야 한다.

① 주의 일탈성(주의가 곧 벗어난다)
② 천려성(중요한 때도 주의하지 않는다)
③ 집단 이반성(규칙이나 습관을 수용하기 어렵다)
④ 대인 불감성(타인에게 영향을 주지 못한다)
⑤ 고통감 이상성(고통을 예사로 생각한다)
⑥ 자기 과신성(자신이 너무 지나치고 위험 감각이 약하다)
⑦ 사회 부적응성(자기 주장이 강하고 팀웍이나 그룹의 목표에 무관심하다)

이 분류는 재해 다발자에 대해 젠킨스(T. N. Jenkins)가 조사한 결과이다. 과거에는 재해 빈발자의 문제로 이에 대한 대책이 나왔지만, 최근 연구에서는 이에 대한 비판도 많다. 재해 빈발자인지 아닌지의 기준도 없고, 기준을 찾는 것보다 설비나 환경을 안전화하면 된다는 사고방식이 설득력을 얻고 있는 추세이다. 그러나 교통위반 상습자나 교통사고 다발자 등도 있기 때문에 생산 현장에서도 작업자의 성격 특성에 대해 알아두는 것은 바람직한 일이다.

2) 생리적 원인

(1) 피로

한마디로 피로라고 부르고 있으나 그 현상은 대단히 복잡하고 일어나는 부위, 일어나는 방법에 따라 형태도 다르다.

피로는 단순한 근육 피로뿐만 아니라 근육과 신경 결합부의 시냅스 피로 외에 대뇌 중추의 피로도 있다. 예를 들어 소리를 들으면 타액 분비를 일으키는 개를 달리게 하여 피로하게 하면, 이 조건 반사는 약해지거나 아주 꺼져 버린다. 즉 근육이 피로하게 되는 것은 대뇌 중추가 관련되어 있다는 것을 알 수 있다. 인간의 피로를 생각하면 육체적 피로뿐만 아니라 대뇌의 작용을 잊어서는 안된다. 산업현장에서 피로를 정의하면 아래와 같이 나타낼 수 있으며 이것이 피로의 3대 특징이다.

① 능률의 저하
② 생체의 다각적인 기능 변화
③ 피로 자각 등의 변화가 일어나는 것

피로의 정도는 실질적으로는 표 2.5와 같이 구분되지만 ②의 정도에서 멈추는 것이 바람직하다.

표 2.5 • 피로 정도의 분류

1. 그날 중에 회복하고 다음날은 정상적으로 생활할 수 있다.
2. 다음날로 미뤄지지만 정규의 휴일에 따라 회복한다.
3. 정규의 휴일 외에 휴일이 없으면 회복할 수 없다.
4. 피로, 사고, 착오, 노이로제, 수면 불량 등의 나쁜 상태를 일으킨다.

피로 특징의 하나인 능률 저하는 단지 사무량의 능률저하라고 하는 것이 아니고 일을 많이 처리할 수 있어도 피로가 크면 능률이 오르는 것은 아니다. 능률 저하의 형에는 표 2.6과 같이 여러 가지 요인이 있나. 또 피로감과 권태감, 생산성, 작업의 정확도와의 관계는 그림 2.3과 같다.

표 2.6 • 능률 저하의 형

1. 사무량의 감소
2. 착오의 증가
3. 사무량의 혼란
4. 일의 정밀도 저하
5. 단위 사무량당 시간 연장
6. 사무실에서 기름 타기, 익숙 등에 시간을 요한다.
7. 창의적인 일이나 연구 등을 하기 어렵다.
8. 바른 판단을 하기가 어렵다.

작업중에는 일의 양이 크든 적든 피곤해진다. 근육의 에너지 소비량이 커지면 육체 피로도 커진다. 작업 시간이 길어져도 피로가 증대한다. 최근에는 에너지 소모가 큰 육체노동이 줄고 정신 피로도가 크게 발생하는 일이 증가하는 추세이다. 교내 근무, 자동화에 따른 감시 업무, 트러블 발생시의 정신적 긴장감 등이 증가하고 있다.

정신적인 피로는 대뇌 피질보다는 대뇌저부(시상하부 기타)의 피로가 중요하고 감정이나 의욕의 작용에 특히 영향을 준다.

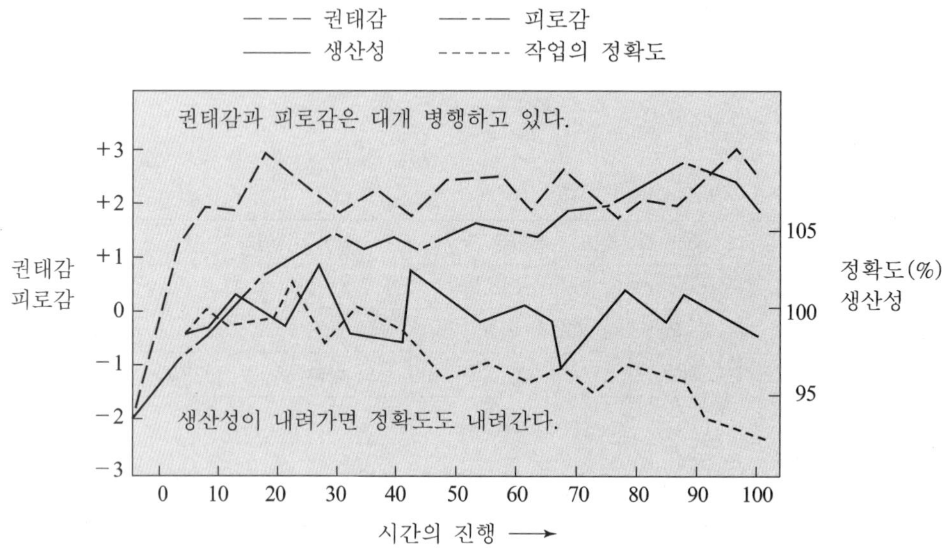

그림 2.3 피로감과 권태감, 생산성, 작업의 정확도와의 관계

표 2.7 • 피로의 원인

1. 미숙련
2. 수면 부족 혹은 철야
3. 통근 시간이 지나치게 긴 경우
4. 연령이 너무 낮거나 고령의 경우
5. 질병에 의한 체력 저하의 시기 혹은 생리일 등
6. 연속 작업시간이 지나치게 긴 경우
7. 휴식 시간의 부족, 휴일의 부족
8. 초저녁 근무(3교대시) 및 심야근무의 동시 연속 근무
9. 초저녁 근무(3교대시) 혹은 심야근무를 며칠 연속할 경우
10. 반 구속 시간이 지나치게 긴 경우(예를 들면 근무외 통학)
11. 지나치게 많은 잔업
12. 작업 강도의 과대
13. 근무시간 중의 평균 에너지 대사율의 과대
14. 악환경(저조도, 공기중의 CO_2 과잉, 고온, 진동 등)
15. 독물 작용
16. 작업 조건의 불비(예를 들면 작업 위치가 낮거나 높은 것이 지나친 경우)

※ $\text{에너지 대사율} = \dfrac{\text{노동 대사량(작업에만 필요한 칼로리)}}{\text{기초 대사량(생명유지에 필요한 칼로리)}}$

육체노동의 피로는 회복하기 쉽지만 정신 피로는 회복하기 어렵다. 어느 쪽의 피로도 다음날로 미루면 과로에 빠진다. 과로는 인간의 신체기능을 저하시키고, 일 속의 긴장감과 작업의 정확도를 저하시키므로 불안전 행동이나 실수를 유발한다. 그 때문에 재해의 증가에 직결되는 것이다.

피로의 원인으로 생각되는 것은 다수 있지만 인간공학을 연구하는 大島正光 박사는 표 2.7과 같이 통합하여 나타내고 있다.

(2) 수면 부족

현대인은 수면 부족 경향이 있다고 한다. 일본 총무청의 사회생활 기본 조사(1986년)에서 5년전과 비교하면, 일본 사람의 생리적 활동시간(수면·식사 등)은 19분 감소하고 여가시간이 23분 늘어났다고 발표하고 있다. 그 중 남자 작업자의 작업시간은 4분(평일에는 12분) 길어지고 있다고 한다.

일본의 작업자는 작업시간이 늘어도 수면시간을 줄임으로써 여가시간을 만들고 있다고 말할 수 있다.

하루쯤 자지 않아도 즉각 병이 되는 것은 아니지만 산업안전을 위해서는 좀더 수면시간을 소중하게 생각하여야 한다. 수면부족 상태에서는

① 졸린다고 느낀다. 특히 오후에 이 느낌이 강해진다.
② 신체가 나른하고 활력이 부족한 느낌이 든다.
③ 자율신경계에 장해가 나타나기 쉽고 식욕부진, 구토, 설사 등이 일어나기 쉽다.
④ 정신 기능의 영역에서는 의욕을 잃는다. 주의가 집중되지 않는다. 끈기가 계속되지 않는 등의 경향이 보인다

또 수면부족이 매일 계속되면 내장이나 혈관계의 기능 장해가 오고 피로감이 강해진다. 정신면에서도 의욕, 기력이 저하하여 주의 지속·집중이 되지 않고 정서가 불안정하게 된다. 지식·기능에는 현저한 장해가 나타나지는 않지만 그것을 활용하는 의지, 의욕에 지장을 일으킨다.

濟藤一 박사는 수면부족에 의한 영향을 표 2.8과 같이 정리하고 있다. 표에서 보는 바와 같이 수면부족은 안전상의 신뢰성을 저하시키는 것이 심하며 사람의 불안전 조건을 만드는 가장 큰 원인이라 말할 수 있다.

표 2.8 • 수면부족의 영향

1. 피로증대
2. 능률 저하
3. 재해를 일으킨다.
4. 질병에 걸리기 쉬워진다.
5. 결근 증가
6. 계획성 소실
7. 새로운 일에 적응할 수 없게 된다.
8. 오인, 놓침, 수의 오류나 타성에 관계되는 오류의 증가
9. 과실, 평상시 일으킬 수 없는 부주의나 망각에 가까운 과실을 일으킨다. 위험하다고 알면서도 해 버린다.
10. 평상시는 억제하고 있었던 자신의 버릇이 생긴다.
11. 보고 있거나 감각이 있는 부분이 국한되고 그 때문에 생각지 않은 실수, 충돌이나 전도 등의 상처를 입는다.
12. 컨디션에 맞추어 순간적으로 해야 하는 일을 오래 계속할 수 없게 된다.
13. 타인과의 의사소통이 나빠진다. 타인과 이야기를 하여도 생각하지 않는 것을 말하거나 소중한 것을 말하는 것을 잊거나 잘못 듣거나 과묵하게 되기도 한다.
14. 전신의 조화를 잃고 부자연스러운 자세를 타성적으로 계속하여 국소 피로의 원인이 된다.

(3) 신체 기능의 부적응

신체 각부의 인체측정치에 따라 오른손잡이인지 왼손잡이인지 등이 고려되지 않은 작업 공간이나 조작 용구, 기타의 작업 설비에 의해 무리한 자세가 강요된다.

지능에 관해서도 예전에는 높을수록 좋은 것으로 생각되었지만 너무 높아도 좋지 않은 것으로 판명되었다. 연령, 경험, 작업 조건 등이 동등한 사고자 무리와 무사고자 무리에 대해 그 지능 성적을 비교해 보면, 사고 발생률은 지능이 높거나 낮을 경우에 많이 발생하고, 중간지능이 적은 U자형을 하고 있어 각 작업에 대한 적정한 지능 수준이 있다는 것이 명백하게 판명되었다.

또 물건을 보거나 소리를 듣거나 시간을 판단하는 지각의 움직임과, 이것에 반응하는 손이나 발에 의한 동작의 밸런스가 잡혀 있을 때 사고를 일으키지 않게 된다. 예전에는 이것을 반응 동작이라 칭하였으며 빠를수록 좋다고 했다. 그러나 이 반응 동작을 면밀히 분석하고, 지각과 동작으로 나누어 표준화한 테스트에 의해 비교해 보면, 지각

능력이 동작의 성적에 비해 뛰어난 지각형의 사람에게 무사고자가 많고, 반대로 동작이 빠르고 지각 판단이 신속하지 않는 동작형의 사람에게 사고가 많은 경향을 나타내고 있다. 물론 아무리 지각 판단이 빨라도 이것에 따르는 동작이 너무나 완만해도 좋지 않다. 다소 지각 우위의 경향을 가지고 서로 적절한 밸런스가 취해지고 있는 것이 필요하다.

(4) 알콜

교통안전에서 음주운전은 엄격한 처벌대상이 되고 있는 것처럼 산업안전 전반적인 작업 수행 중에도 음주작업은 금물이다. 작업중의 안전 확보와 알콜은 대단히 큰 관계가 있다. 표 2.9는 알콜 혈중 농도에 따라 취한 상태가 어떻게 되는지를 나타낸 것이다.

혈중 농도 0.02%는 취하기 시작한 상태이지만 그것이 0.05% 정도가 되면 알콜의 마비작용은 대뇌에 미치고, 인간의 본능적 욕망을 지배하는 구피질을 불러 일으켜 자기 억제가 약해지고 인격이 변해 버린다.

표 2.9 • 알콜 혈중 농도와 취태

농도(%)	변화
0.01	머리가 개운치 못하다.
0.02	열감, 상쾌감, 무언가 핑 돈다.
0.03	가볍게 떠들어 댄다.
0.04	큰 소리로 떠든다.
0.05	자기억제가 제거되고 충동적이 된다.
0.10	비실거리다 졸리게 된다.
0.20	혼자서 걷지 못한다. 소리를 지르며 운다.
0.30	어휘를 모르게 된다.
0.40	마비상태, 마침내 사망한다.

이 이상의 혈중 농도에 관해서는 설명하지 않지만 문제는 술에 취한 후 깨는 속도–소실시간 이다. 실험에 의하면 64 g의 알콜(소주 환산 약 240 cc)을 마시면 혈중 알콜이 소실될 때까지 대개 8시간 이상 걸린다. 알콜 163 g(소주 환산 약 600 cc)의 경우에는 24~25시간 정도 경과하지 않으면 혈중 농도는 제로가 되지 않는다고 한다.

개인차도 있고 마시는 방법에 따라 다르지만 120 cc 음주량에 대해 완전히 깨기까지의 시간은 약 5시간 정도 걸리며, 360 cc를 마시면 15시간 지나야 알콜이 분해된다. 이는 다음날 아침에서 오후까지 알콜이 남아 있는 셈이며 대뇌의 활동 레벨이 완전하지 않은 채 작업하게 되고 불안전한 행동을 일으키기 쉽다.

이것이 480 cc라든지 600 cc가 되면 다음날 저녁까지 알콜이 남은 상태에서 일을 하는 것이기 때문에 한층 더 위험하다. 주말에는 소주 환산으로 240 cc까지만 마시도록 하는 것이 중요하다.

(5) 질병

질병자가 작업에 종사한다는 것은 있을 수 없다고 생각하기 쉽지만 그렇지 않은 경우가 의외로 많다. 정신 신경증, 정신 분열증, 우울증, 간질, 고혈압 등의 유병자가 작업 중에 발병하여 재해에 이르는 예는 예전에도 많이 있었다.

교통 안전부문에서는 일찍부터 문제시 되어 왔지만, 기타의 생산 기업에서도 건강관리의 면이나 안전관리 면에서 작업 종사자의 컨디션, 건강에 대한 관찰·지도가 필요하다.

(6) 연령

나이가 들면서 나타나는 신체 각 기능의 저하는 개개의 인체 기능별로 다르다. 55~59살 연령자의 각종 기능 수준이 20~24살 정도의 최고치를 기준으로 하여 어느 정도로 저하하는 지를 나타낸 그림 2.4는 유명하다. 이 그림에서 망점의 부분은 기능 저하가 현저한 것이다. 고령자는 감각기능과 평형기능, 어깨관절의 유연도, 근력, 동작 조절능력, 지능, 병의 저항력·회복기능 등이 현저하게 저하하고 있는데 이는 행동 안전성을 유지하는 데는 불리하다는 것을 말해주는 것이다.

이 외에 두 가지 이상의 동작을 동시에 하는 종합적 기능, 감정의 조절력, 창조력·독창력 등의 저하도 볼 수 있다.

이상의 기능 저하에 관해서는 개인차가 크지만 고연령 작업자에 대해 일반적으로 일의 분량과 분담, 근무시간대의 조정, 작업시간의 단축, 작업환경의 개선, 건강의 유지·증진에 관계되는 지도 등에 의해 작업에 대한 적응성을 증대시키는 것이 필요하다.

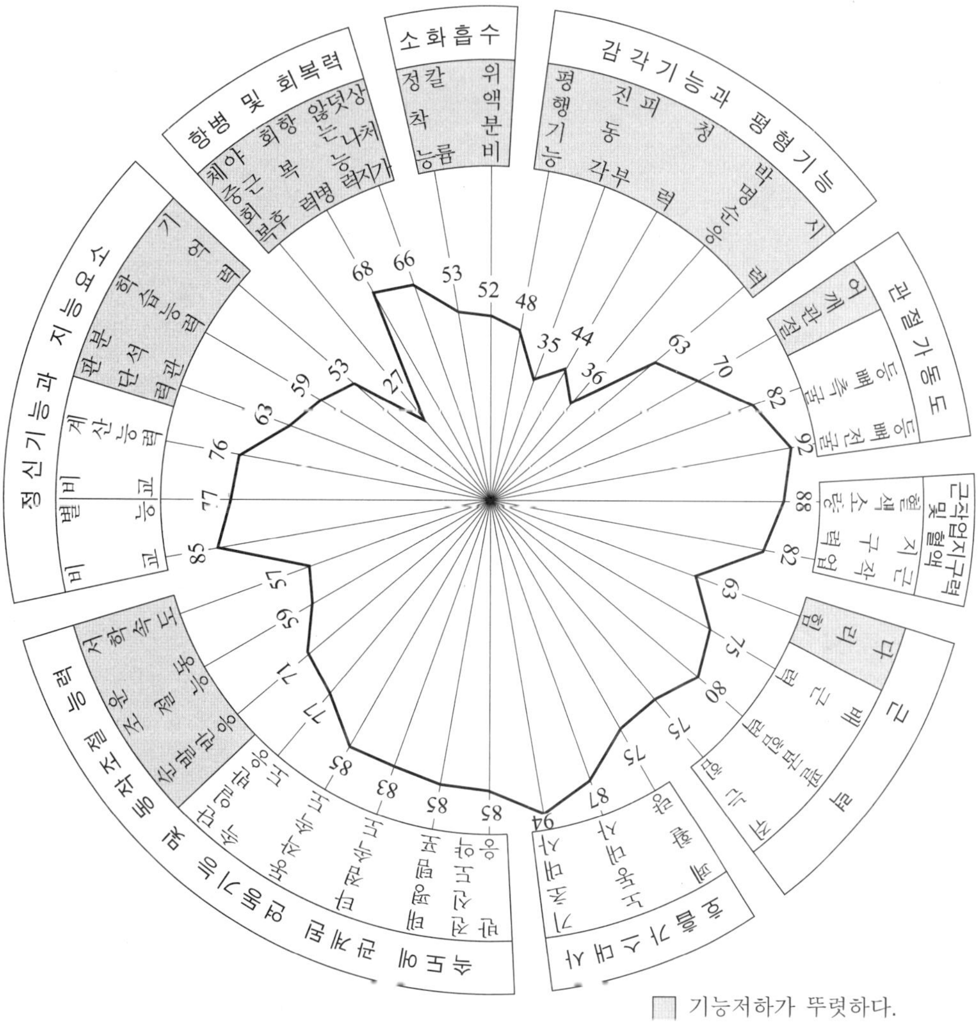

그림 2.4 20~24세 정도 최고기를 기준으로서 55~59세의 각종 기능 수준의 상대관계

2.2 외적(환경적) 원인

1) 인간관계 원인

기업에 근무하는 작업자는 결코 혼자서 일하고 있지 않다. 설령 작업자가 한 사람밖에 없어도 사업주가 있다. 작업자는 직장에서 자신 이외의 사람과 대인관계를 반드시 가진다. 사업장 전체뿐만 아니라 각 직장의 작업은 개인의 모임인 집단, 조직의 계획·목표와 개인에게 분담된 작업 등의 복합적인 결과로서 진행하는 것이다.

각 작업자의 지식, 기능, 노력, 작업 결과, 상호 협조, 협력, 반목 등은 직장의 능률과 사기에 관계되고, 작업 동료 및 관리·감독자와 작업자의 사이가 미묘한 때는 심각한 가치관의 차이나 감정의 섭섭함이 일어나기도 한다. 이른바 인간관계가 잘 안되는 사람이 나오는 경우가 있다. 인적 원인에서 말한 잡념이나 고민의 원인이 되기도 한다.

대기업 신입사원이 1년도 근무하지 못하고 퇴직하는 사람들의 이직 이유는 대부분 직장의 인간관계 부조화에 의하는 것이 많다고 한다. 남이 보기에는 훌륭한 직장이지만 괴로워하는 본인에게는 견딜 수 없는 고난의 멍석이다.

인간관계 때문에 고민하는 작업자, 인간관계가 나쁜 직장은 작업 의욕의 침체, 작업 능률의 저하, 작업순서의 혼란, 안전의식의 저하 등과 함께 사고나 재해의 발생 위험이 커지는 것이다. 그러나 작업자에 영향을 주는 인간 환경 원인으로는 가정 문제도 중요하며, 연애, 가정내 불화 또는 이웃과의 접촉 등 여러 가지 문제가 있다. 작업 안전이 가정의 평화와 밀접하게 연결되어 있는 것은 옛날에나 지금도 변하지 않았다.

2) 설비적(물적) 원인

기계설비나 원재료의 위험성과 그 취급에 관한 문제점 등은 이미 제3편에서 말했기 때문에 불안전 행동의 배후 원인으로서 미치는 내용에 관해서는 새삼스런 설명이 필요하지 않다. 취급상 실수의 기본 원인에는 기계설비 등의 설계나 설비보수의 결함에 의한 것이 상당하다. 설계가 좀 더 인간공학적으로 배려되어 있으면 불안전 행동이라고 하는 조작이나 오류 등은 나타나지 않는 경우가 많다.

기계설비의 안전성이라고 하면 이전에는 그 구조(재료·강도 등), 기능(가동상태, 성능 등), 외관(형, 위험부의 덮개, 표면의 안전 등) 등이 주로 생각되었다. 최근에는 여기에 더하여 작업성(부품배치, 표시, 조작의 용이도 등), 보수성(점검 정비를 하기 쉽고 횟수가 적어도 되는 등), 신뢰성(고장·트러블이 적다) 등이 중시되고 있다. 조작이나 보수의 난이도나 어려움을 해소하지 않고 인간의 행동 측에만 확실성을 요구하는 결과가 되어서는 안되며, 고장이 많아지면 비정상적 작업(긴급 대응)의 기회가 늘어나며 위험 작업도 많아질 것이라고 한다.

이러한 예도 있다. 자동 절삭기계에서 부품가공 중 자동 송급장치가 움직이지 않아 원인을 조사하려고 오른손을 폈을 때 리미트 스위치에 손이 닿아 송급장치가 갑자기 움직이기 시작하고 오른손이 말려들어 중상을 입었다. 원인은 리미트 스위치의 위치가 부적당하고 돌출형의 것이었기 때문이다.

산업안전보건법 시행규칙에도 기계설비 등의 위험 방호에 대해 많은 규정이 있지만 이것은 작업자가 불안전 행동을 할 경우 위험을 방지하고 재해에 연결되지 않게 하기 위한 최소한의 규정이다.

본질 안전화의 하나인 풀프루프(Pool Froof) 설계는 작업자가 미스를 하여도 재해까지로는 사태가 진행되지 않게 하기 위한 기능을 가진다.

표 2.10 • 유압식 트랙 크레인의 조작 장치의 오조작의 관계

다른 메이커의 유압식 트랙크레인의 조작경험		오조작 한 것		오조작 같은 것	
		건수	%	건수	%
있 음		677	70.8	800	83.7
없 음		279	29.2	156	16.3
계		956	100.0	956	100.0
조작장치를 오조작 하였다 (한 것 같았다)	나른 조작레버	439	55.2	519	56.3
	소삭레버의 방향	121	15.2	116	12.6
	주권과 보권의 브레이크	103	13.0	109	11.8
	주권과 보권의 클래치	116	14.6	158	17.1
	기 타	16	2.0	20	2.2
	계	795[1]	100.0	922[2]	100.0

주)[1] 2항목 이상의 중복 회답이 있으므로 677이 되지 않는다.
[2] 2항목 이상의 중복 회답이 있으므로 800이 되지 않는다.

(자료출처 : 일본 건설노동재해방지협회)

또 표 2.10에 나타내는 바와 같이 이동식 크레인 운전자는 조작 장치 배열이나 조작 방법이 상이한 크레인을 운전했을 때 80% 이상의 사람이 오조작 했던 경험을 가지고 있다. 이 중에는 오조작을 한 결과 사망 재해를 일으켰던 예도 있다. 설비의 표준화가 도모되지 않았기 때문에 일어난 위험 사례이다.

3) 작업적 원인

작업적 원인에는 두가지 종류가 있다. 하나는 작업의 내용, 방법 등 작업 그 자체에 관한 원인과 작업을 실시하는 장소의 조건에 관한 원인이다. 어느 것이나 불안전 행동을 유발하는 것으로 중요한 의미를 가진다.

(1) 작업 방법적 원인

① 작업 자세

나쁜 작업 자세로 일하는 경우에는 다음과 같은 악영향을 받는다.

a. 자세 유지를 위하여 불필요한 근력이 필요하게 되고 대단히 피곤해지기 쉽다.
b. 동작의 원활성이나 안정성에 문제가 있고, 특히 운동 조정에 필요한 노력이 커져 피로도가 크다.
c. 작업의 진척을 방해하는 동시에 작업의 질을 저하시킨다.

예를 들면 전기 공사중 안전벨트 착용에 의한 전주 작업에서 플리커 테스트(단속적인 빛을 보면 조금씩 가물거리면서 보이지만 단속의 간격을 차츰차츰 짧게 하면 연속된 빛으로 보인다. 이때의 빛의 간격 값을 측정하여 피로 정도를 알 수 있다)와 기타의 피로 검사에 의하면 피로 진행이 시간의 경과와 함께 증대하고 기둥 위의 작업이 1.5시간 이상 계속되면 피로도가 커진다고 하는 실험 결과도 있다. 부자연스러운 작업 자세를 장시간 계속하는 것은 안전상으로도 대단히 문제이다.

② 작업 속도

자동차에 경제속도가 있는 바와 같이 대부분의 작업에서도 경제속도는 존재한다. 숙련 작업자는 많은 경험에 의해 이 경제속도를 터득하고 있다. 작업의 경제적인 작업속도는 피로가 축적되지 않는 범위내에서 생산성과 안전성의 확보로 이루어져야 한다.

작업에 필요한 시간을 크게 나누면 ① 동작시간(작업자의 육체 동작이 중심인 시간), ② 기계시간(기계설비 가동이 중심인 시간), ③ 정신시간(작업자의 두뇌 활동이 중심인 시간)의 세 종류로 분류되지만, 일을 서두르게 되면 동작시간과 정신시간에 제한이 생겨 불안전한 동작이 되기 쉬워진다.

또 최근에는 기계화·자동화가 확산되고 있으며 인간의 작업 동작이 기계에 맞춰 부자연스러운 속도로 되기 쉽고, 작업자가 심한 피로로 괴로워하는 예가 늘고 있다. 자동화 덕택으로 재해의 총량은 감소하고 있지만 재해의 강도는 오히려 높아지고 있는 것은 이러한 사정이 모두 관련되어 있기 때문이라고 생각된다.

③ 작업 강도

작업을 힘든 작업, 쉬운 작업으로 흔히 구분하는데 에너지 소비가 큰 자업은 수없이 많이 있다. 이들은 근육에 큰 피로를 주는 것뿐만 아니라 정신적 또는 감각적으로도 강한 영향을 준다.

그림 2.5에서 보는 바와 같이 중근(重筋) 작업을 지속함에 따라 주의력, 추리판단, 심신의 조절기능 및 의지적 동작능력이 차츰차츰 저하하여 나가는 것을 알 수 있다.

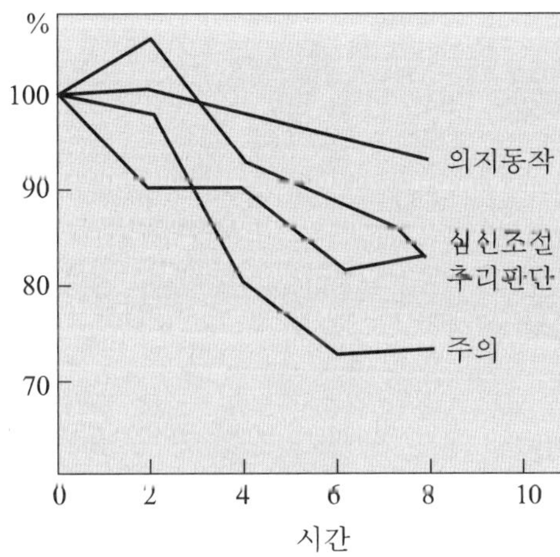

그림 2.5 중근 8시간 노동에서 정신기능의 변화

표 2.11 • 동작과 에너지 대사율

<table>
<tr><th>주가 되는 동작부위</th><th>움직이는 방법</th><th>피험자의 호소</th><th>R.M.R.</th><th>대표예</th></tr>
<tr><td rowspan="2">손끝</td><td>기계적으로 움직인다.</td><td>손목이 피로하지만 익숙하면 그렇지도 않다.</td><td>0~0.5</td><td rowspan="2">0.1 전구 필라멘트 부착
0.3 전신 송신
0.4 주판
0.5 식자
0.7 전화다이얼 돌리기
0.9 스탬프 누르기</td></tr>
<tr><td>의식적으로 움직인다.</td><td>장시간에서는 국소피로가 있다.</td><td>0.5~1.0</td></tr>
<tr><td rowspan="2">손끝의 동작이 상지까지 미친다.</td><td>손끝의 움직임이 앞 팔까지 미친다.</td><td>그다지 피로하지 않다. 이로서는 가볍다고 생각한다.</td><td>1.0~2.0</td><td rowspan="2">1.2 계산기 돌리기(천천히)
1.8 전기드릴(정적작업)
2.0 콘크리트 갈기(가볍게)
2.5 콘크리트 구멍내기 (2폰트헤머)</td></tr>
<tr><td>손끝의 움직임이 윗 팔까지 미친다.</td><td>가끔 쉬고 싶다.</td><td>2.0~3.0</td></tr>
<tr><td rowspan="2">상지</td><td rowspan="2">보통이 움직이는 방법</td><td>대단한 고통이 되지 않으나 최초 익숙하지 않으면 괴롭다.</td><td>3.0~4.0</td><td rowspan="2">3.0 가벼운 빗, 손도끼 깍기
4.0 유리청소, 끌에 의한 목삭
5.0 거친 톱
5.3 장작패기(앉아서)</td></tr>
<tr><td>국소피로를 느끼고 익숙해도 오래는 계속할 수 없다.</td><td>4.0~5.5</td></tr>
<tr><td rowspan="3">전신 안아올리기, 돌림, 당긴다, 민다, 던진다, 상하로 움직이게 한다.</td><td>보통의 움직이는 방법</td><td>계속하여 일을 하려고 생각하면 할 수 있으나 30~40분에 한번 쉰다.</td><td>5.5~6.5</td><td rowspan="3">5.8 톱질
6.0 흙탕 모으기
6.5 삽질(16 kg, 18회/분)
7.0 석탄 긁어 모으기
7.5 견목의 톱질
8.5 곡괭이
9.5 리어커(200 kg)를 자전거로 끈다.</td></tr>
<tr><td>동작이 비교적 크고 힘을 평균으로 넣는다.</td><td>20분 계속하면 가슴이 답답해진다. 그러나 가벼운 일이라면 계속할 수 있다.</td><td>6.5~8.0</td></tr>
<tr><td>특히 순간적으로 전신에 힘을 집중한다.</td><td>5~6분 이 일을 하면 그 후는 어떠한 일도 할 수 없다.</td><td>8.0~9.5</td></tr>
<tr><td rowspan="2">전신 (위와 같음) 직업 중노동자, 예를 들면 토건 노동자의 작업</td><td>심한 작업중이나 마음에 어느 정도 여유가 있다.</td><td>때때로 일의 이야기를 하면서 일을 하지만 5분은 계속되지 않는다.</td><td>10.0~12.5</td><td rowspan="2">10.0 석탄 내리기(급), 전력으로 차밀기
10.5 곡괭이질(콘크리트 부숨)
11.0 삽질(72회/분)
12.4 구멍파기
14.0 구멍메워 굳히기(패널)
17.0 반사로내의 부수기
23.0 콘크리트 깨기
29.0 대장간(10파운드, 30회/분)</td></tr>
<tr><td>전신에 힘을 집중하고 1분 이내 밖에 견딜 수 없다.</td><td>마음에 여유 등이 거의 없고 거의 꿈속에서 일을 한다.</td><td>12.5~</td></tr>
</table>

작업의 힘든 정도는 작업이 생체에 주는 생리적 부담의 무게에 관계되는데, 이 생리적 부담의 무게를 작업 강도라고 하고 칼로리 소비를 근거로 하는 것이 보통이다. 어떤 작업에서 칼로리 소비 정도 나타내는 지수로 에너지 대사율(R.M.R : Relative Metabolic Rate)을 많이 사용한다. 그러나 R.M.R.만으로는 작업 강도를 전체적으로 나타낼 수 없다.

$$\text{R.M.R} = \frac{\text{노동 대사량(작업유지에 필요한 칼로리)}}{\text{기초 대사량(생명유지에 필요한 칼로리)}}$$

만원 전차에서 흔들리면서 발을 뻗치고 서있는 것은 칼로리 소비가 적다. 피곤한 상태에서 두뇌만을 사용하는 정신 작업도 칼로리 소비는 적지만 쉬운 일은 아니다. 표 2.11은 몸의 동작과 에너지 대사율을 나타낸 것이다.

④ **작업시간**

일반적으로 지나치게 긴 작업시간은 작업자의 피로, 저능률을 가져오며, 재해로 이어지는 것이 명백하다. 이것은 앞 절에서 제시된 그림 2.5에서도 이해되지만, 표 2.12와 같이 알루미늄 제련 전기분해 작업에서 작업시간의 형체가 다른 그룹에 대해(플리커치) 일간 저하율에는 명백히 작업시간의 길이에 의한 차이가 나타나고 있다.

표 2.12 • 작업 시간의 길이 및 시상이 피로도에 미치는 영향
(알루미늄 제련 전해공장 기계반 작업자 12명 평균)

작업시간(시간)	7	7	10	10	14
근무시간	07:00~14:00 (새벽근무)	14:00~21:00 (주간)	21:00~07:00 (야근)	07:00~17:00	17:00~07:00
일간 저하율(%) (12명 평균)	−5.4 (5일 평균)	−8.5 (4일 평균)	−9.7 (4일 평균)	−13.6 (1일)	−18.6 (1일)

또 작업시간이 긴 것은 당연히 재해 기회가 많아지는 셈이기 때문에 생체 기능의 시간적 변화(저하)와 함께 불안전 행동에 의한 위험 증가는 중요한 문제이다. 작업시간과 재해율에 관한 연구 조사는 안전 심리학자 등을 중심으로 오래 전부터 행해지고 있으며 많은 데이터가 있다. 공장 현장 등에서는 재해의 증가로 이어

지고 있으며, 계산 작업 등의 두뇌 작업에서는 능률 저하와 실수 증가가 보이는 등 기능검사에 의한 피로 발현과 일치하는 것이 확인되고 있다. 그림 2.6, 그림 2.7은 이와 관련된 그림이다.

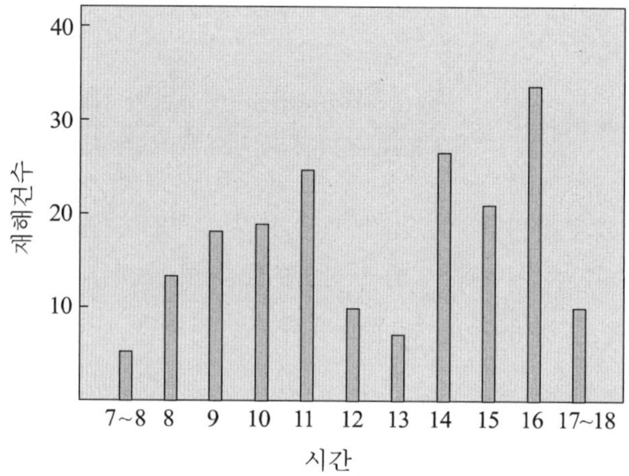

그림 2.6 동작적 재해의 시각적 변화(어떤 댐 공사현장의 경우)

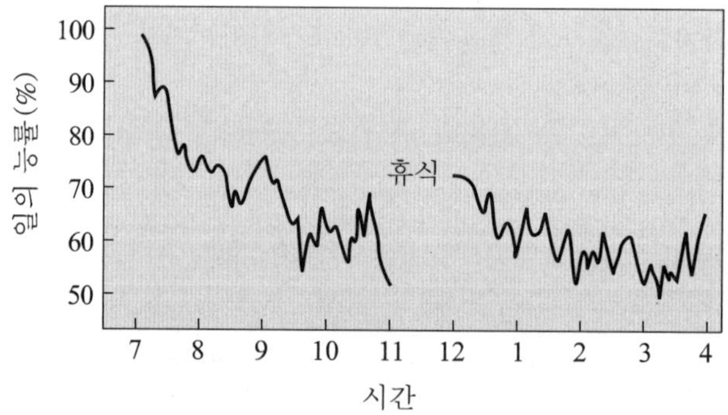

그림 2.7 8시간 가산 작업의 양적 변화

⑤ **휴식 시간**

같은 작업을 장시간 계속하는 경우 어느 한도 이상으로 길어지면, 작업자에게 고통이나 피로감이 증가하거나 능률 저하 현상을 보인다. 그림 2.6과 같이 오전 및 오후에 재해가 많이 발생하는 것도 이 때문이다(정점 뒤의 재해 감소는 심리적인 노력에 의한 작업의 조화 때문이라고 볼 수 있다).

따라서 이와 같은 신체적 영향이 나타나는 한계 시간 내에 휴식을 줄 필요가 있지만, 작업 강도와 작업 환경인자(더위, 추위, 소음, 유해가스 등)에 의해 휴식시간 배치를 고려 할 필요가 있다. 물론 작업 강도는 가벼워도 고도의 정신 긴장이 요구될 때는 장시간의 계속작업은 불가능하다.

(2) 작업 환경적 원인

① 작업 공간

작업 장소가 넓은 지, 좁은 지, 높은 장소인지 그렇지 않으면 낮은 장소인지 등은 일을 하기 쉬움, 하기 어려움에 가장 관계가 깊다. 작업시 자세를 편안히 취하든가, 신체의 움직임을 자유롭게 하든가, 시간이 길어져도 정확히 작업이 가능할 수 있는가 등의 문제는 작업 공간을 설정하는 경우에 있어 매우 중요한 검토 사항이다. 정상적 작업에서는 설비 배치나 작업 위치를 합리적으로 정하고 있어도, 임시 업무, 비정상적 작업, 특히 건설 공사와 같이 옥외 작업을 주로 하는 작업에서는 무리한 줄 알면서도 불안전한 작업 공간을 설정해 버리는 것이 적지 않다. 무리가 있는 동작을 하기 쉬운 작업 공간에서는 언제든지 불안전 행동이 일어날지 모른다.

② 정리 · 정돈

정리·정돈이 잘 되어 있지 않는 직장에서는 반드시 불안전 행동에 의한 재해가 빈번하게 발생하고 있다. 정리·정돈이 잘 되지 않으면 넓은 공간도 좁아져 버린다. 신체를 움직이면 난잡하게 두어진 재료나 물건에 충돌·접촉하는 등 여러 가지 작업 행동상의 위험을 만들어 내는 원인이 된다. 정리·정돈이 잘되지 않는 사업장은 안전과 생산에 필요한 무리·헛됨·지지분함을 개선할 수 없다. 공장이나 건설 현장에 대해 안전진단을 할 때 정리·정돈 상황을 보면 안전관리 활동을 잘 하고 있는지 아닌지, 불안전 행동에 의한 재해가 많은지 적은지 등은 대체로 판단이 된다. 정리·정돈은 안전을 위한 것뿐만 아니라 작업 전체에 통하는 원칙이지만 그 진행법 등에 관해서는 다음 편에서 후술한다.

③ 조명

거의 모든 작업에서 시각이 중요한 역할을 하고 있으며, 조명과 작업의 관계는 항상 중시하여야 한다. 조명이 부적절한 경우 작업자에게 미치는 영향으로는 다음의 것을 들 수 있다.

1. 작업자에 대한 영향
   · 물건을 보기 어렵다.
   · 시력 저하
   · 피로 증대
   · 작업 미스가 많아진다.
2. 직장에 대한 영향
   · 정리·정돈이 잘 안된다.
   · 직장의 분위기가 어둡다.
   · 작업 의욕이 저하된다.
3. 생산에 대한 영향
   · 산업재해 발생
   · 능률, 품질의 저하 가능

이와 같이 조명의 부적절함은 많은 영향을 미치며 손실을 발생시킨다. 그림 2.8은 동일 제품을 다루는 신공장과 구공장에서 광원과 조도를 바꾼 경우, 재해사고 건수, 오조작 건수 및 피로에 의한 결근자수의 비교이다.

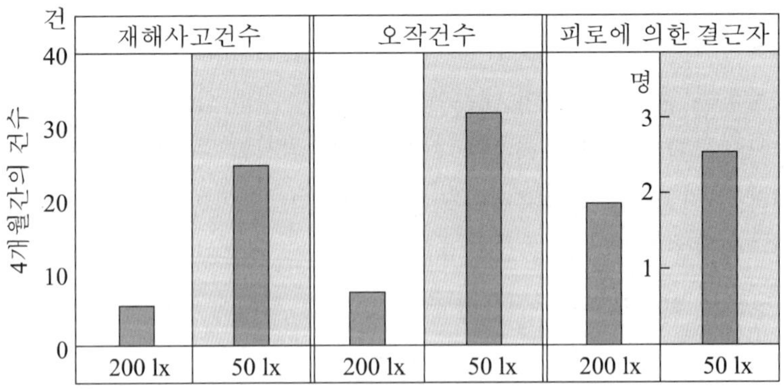

동일한 설비로 같은 제품을 만드는 신공장(형광램프 200lx)과 구공장(전구 50 lx)을 비교한다.

그림 2.8 조명과 사고

물건이 잘 보이는지 보이지 않는지는

① 보는 대상의 크기

② 대상과 배경과의 밝기(휘도) 차이

③ 조도

④ 대상을 보는 시간(움직이고 있는 물건은 보기 어렵다)

⑤ 시각기관의 명암 순응상태

⑥ 보는 사람의 연령, 경험, 태도 등의 문제가 관계된다.

조명을 설계하는 경우에는 이러한 조건을 충분히 검토할 필요가 있으며, 조명 개선은 다른 작업 환경 조건의 개선에 비해 훨씬 용이하며 안전상의 효과도 크다.

④ **색채**

조명 문제와 관련하여 다음으로 고려할 것은 색채 조절의 문제이다. 작업중 확인 및 식별을 용이하게 하려면 색의 대비를 적절하게 이용해야 하고 조명 효과는 이 색채 이용과 밀접한 관계를 가진다.

색채를 잘 이용하면 시각적으로 인식된 대상이 가지는 의미－예를 들면 위험물 등－가 이해도가 용이하게 되고 색채의 심리적 효과도 있으므로 작업 능률과 안전의 향상이 기대된다. 이것은 색채 조절이 작업자의 안전 행동의 사이클과 관계가 깊다는 것을 나타내고 있다. 그러나 단지 채색했기 때문에 색채 조절이 잘 되었다고 할 수는 없다. 색 종류가 지나치게 많고, 더덕더덕 칠한 원색을 사용하고 있고, 광택이 강한 색채 재료의 지나친 사용 등으로 눈이 피곤해지는 실패 사례도 있다. 안전상 효과가 있는 색채 조절에 관해서는 후술하고자 한다.

⑤ **소음**

작업 실시중 필요한 정보는 청각에 의한 것이 시각에 의한 것 다음으로 많다. 즉 소리·대화에 의한 정보 전달은 작업 수행에 빠질 수 없는 수단인데 이 전달을 방해하는 원인에 소음이 있다. 소음이 일정 이상의 강도일 경우 청각 피로를 일으키고 계속 진행시 난청을 일으키기도 하지만 본 장에서는 불안전 행동의 발생 내지 유발 원인으로서의 소음만을 생각한다. 소음의 영향으로 야기되는 불편은 다음과 같다.

1. 대화의 방해 : 작업중에 일상 대화를 많이 할 필요는 없지만, 협의나 지시 등에 필요한 대화가 소음에 의해 방해되고 중요한 정보가 상대방에 전해지지 않으면 큰 위험을 초래할 가능성이 있다. 소음과 대화 명료도 및 대화 가능 거리의 근사값은 표 2.13과 같다.

표 2.13 • 소음과 회화 방해(근사값)

소음레벨(폰)	청취명료도(%)	회화가능거리(m)
45	약 80	약 4
55	약 70	약 2
60	약 60	약 1
70	약 50	약 0.5

2. 작업 능률의 저하 : 소음 레벨이 90폰 이상이 되면 작업 실수는 확실하게 증가한다. 소음이 연속적이든 간헐적이든 관계없으며 소음에 익숙한 사람이라도 마찬가지이다.

3. 불쾌감 : 기분이 안정되지 않고 불쾌하게 된다고 하는 심리적 영향은 개인차가 있지만 일반적으로 불편을 호소하는 경우가 많다. 특히 두뇌 작업에 있어서는 영향이 크다.

⑥ 온열 조건

작업을 하는데 있어 온열 조건의 영향은 생체 피로에 큰 원인이 되며 불안전 행동이 나타나게 된다. 영국의 Vernon 등은 온도와 사고 도수율의 관계를 연구한 결과 가장 온화한 온도조건에서 사고 발생률은 최저로 나타나고 있으며 이 관계를 그림 2.9와 같이 나타내고 있다. 또 심한 고온은 사고 발생률을 증가할 뿐만 아니라 큰 사고가 점점 많아진다는 것을 지적하고 있으며, 고온 상태하에서 사고 발생률은 젊은이보다 고령자 쪽이 많지만 쾌적 온도 상태하에서는 노소간에 그다지 차이가 없다는 것을 명백히 하고 있다.

저온은 인체를 무디게 하거나 경직시키고 고온은 기를 흩어 놓는다. 온도의 변화는 신체의 리듬을 무너뜨려 피로를 증가시키게 되는 것이다.

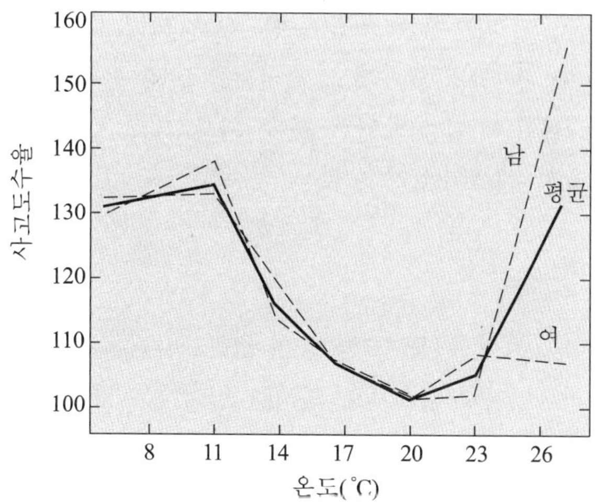

그림 2.9 온도와 사고 도수율의 관계

4) 관리적 원인

불안전 행동위 직접 원인이나 배후 원인은 앞서 논의된 바와 같이 개인적인 원인도 있으나 외부 조건으로서의 원인도 있다. 관리적 원인이란 이들을 제거하고 억제하기 위한 계획, 실시, 평가에 관한 사항이다.

(1) 교육·훈련 부족

교육·훈련이 불충분하기 때문에 작업자의 지식 부족, 기능 미숙 등에 의한 불안전 행동으로 사고가 계속 발생하는 직장이 의외로 많다. 교육·훈련만으로 안전태도가 형성이 되지 않는다고 하는 직업장이 많다.

(2) 감독 지도의 불충분

교육 훈련 성과를 작업에 투입시키는 것은 불안전 행동이 없도록 진행되는 것이기 때문에 작업자의 작업 행동에 대한 감독 지도의 존재는 대단히 중요하다.

인간은 다른 사람으로부터 감독을 받고 제어되는 것을 본능적으로 기피하지만 직장의 생산활동에는 사전에 설계된 기계설비, 원재료 및 그것들의 취급방법과 일정한 기술적 원칙에 기초를 두고 대응할 수 있는 인간의 생산 행동이 필요하다. 직장에서 작업자의 행동 원칙이 본인의 자주 능력으로 수행되도록 노력하는 것도 필요하고, 동시에 감독 지도에 의해 이탈을 방지하는 것도 없어서는 안되는 것이다.

작업 개시전 작업 협의, 작업중의 안전 확인, 지시, 지도 등이 작업자의 불안전 행동을 방지하는 데 필요한 대책이다.

(3) 적성 배치의 불충분

업무에 필요한 지능, 지식, 기능, 체력 등이 없는 사람들이 일으키는 불안전 행동에는 적정한 배치가 이루어지지 않으므로 인해서 일어나는 경우가 많다. 신체적·정신적 발달 정도, 능력적 결함, 노령화 현상 등에 의해 문제가 되는 작업자에 대해 적성 배치는 안전상으로 필요한 것이다.

최근에는 자동화 직장에서 중년과 노년 작업자의 부적응이 문제가 되는 곳도 있기 때문에 주의를 요한다.

(4) 기타

이 외에 작업자의 불안전 행동을 유발시키는 관리상의 문제는 대단히 많다. 안전관리에 필요한 대부분의 대책이 불안전 행동의 방지와 밀접하게 관계되기 때문이다. 안전관리 조직, 규정·기준 매뉴얼의 정비, 안전관리 계획, 안전 패트롤 등 이러한 문제에 관해서는 후편에서 서술한다.

03 부주의 심리

3.1 주의력

앞장에서 불안전 행동을 일으키는 배후 원인에 대해 상세하게 설명하였는데, 작업중에 충분한 주의력을 가지면 불안전 행동을 일으키지 않게 되고 재해를 방지할 수 있다. 재해의 원인으로 「부주의」를 드는 것은 잘못된 것이라고 하지만 재해방지 대책에 대한 논의에서 주의력에 기대하는 경우가 적지 않다.

이쯤에서 주의력에 대해 생각해 볼 필요가 있다. 그런데 주의의 정의는 「특정 대상을 한정하고 선택하여 의식을 집중한다」라고 말하지만, 狩野廣之 박사는 그의 저서 「부주의 이야기」에서 인간의 주의 한계에 대해 다음과 같이 적고 있다.

「인간의 주의력이 무한하지 않다. 라는 것을 알고 있다. 그러나 그 지속시간이 어느 정도이며, 공간적인 폭이 어느 정도인지는 많은 여러 가지 조건에 따라 변화하기 때문에 구체적인 장소와 조건이 분명하지 않은 한 일률적으로 이것을 말할 수 없다. 그러나 보통의 경우 변화하지 않는 단순 자극을 명료하게 의식하고 있는 시간은 1초 내지 수 초이며 결코 긴 시간 지속되지 않는다. 여기에 주의 변동이라고 하는 현상이 있다. 본인은 주의하고 있지만 실제로는 명료하게 의식하지 않는 순간이 있다는 것을 알 수 있다. 다음으로 고려할 사항은 공간적인 폭인데 이것은 오히려 물리적 공간에서의 차원을 문제로 하는 것보다는 심리적 공간에서의 방향성이라고 하는 것에 그 기본적인 제약이 있다.」

어느 재해 사례에서 사람의 심신기능이 정상인 상태에서도 인간의 주의력에 한계가 있다는 것을 말한 적이 있지만, 주의력에는 변동성이 있어 지속되지 않으며, 또 주의에는 방향성이 있고 눈앞의 것은 알지만 뒷일에는 주의하지 않고 어떤 일에 주의하면 다른 것에 주의하지 않는다고 하는 것이다.

주의의 방향성은 더욱더 자세하게 고려하여야 할 특성이다. 대뇌 피질에서 의식의 작용은 동시에 두 방향에서 수용된 정보에 대해 처리할 수 없다. 즉 단일 채널이다. 그러므로 상대가 두 명 있고 두 명으로부터 동시에 말을 걸어도 이야기의 내용은 동등하게 알 수가 없고 눈으로 물건을 보는 경우에도 두 개의 물건을 동시에 확실하게 볼 수 없다. 어느 경우에도 하나의 대상에 주의가 강하게 작용한다. 즉 선택성이 있다는 것이다.

또한 주의에는 일점 집중의 특성이 있다. 기계의 계기판에 중대한 변화가 나타났을 경우, 주의는 계기판에 집중하게 되고 다른 정보는 전혀 의식되지 않는 상태가 이것에 해당한다. 긴급 비상 사태에 직면하면 대체로 이와 같은 상태에 빠져든다.

인간은 官本武藏과 같은 검의 명인이라면 몰라도 아침부터 저녁까지 자고 있는 사이를 포함하여 신경을 팔방으로 넘치게 하고 어떠한 위험에도 대응한다고 하는 능력을 가지고 있지는 않다.

주의력에는 이와 같이 한계와 폭이 있다는 것을 인식하여 둘 필요가 있다. 다시 말하면 주의력에는

① 변동성
② 방향성
③ 선택성
④ 일점 집중성

이 있다고 하는 것이다.

3.2 주의력과 대뇌의 활동

불안전 행동이라는 것은 일반적으로 잘못된 행동으로 위험에 연결될 우려가 있는 것이라 생각해도 좋다. 인간은 잘못할 수 있으며, 결국 실수를 일으키기 쉽다. 이 실수는 대뇌의 활동과 밀접하게 관련된 사상으로 설명할 수 있다.

우리들은 외계의 사물을 보거나 생각하고 판단한다고 하는 정신활동을 밤낮으로 하고 있다. 이것을 마음의 작용이라고 칭하는데, 이 작용은 대뇌의 세포가 활동하고 있는 것뿐만 아니라 의식 작용이 없어서도 안된다. 의식의 작용이란 자기 자신이 존재한다고 하는 자기 인식이 가능한 동시에 자기 자신의 행위를 스스로 의식할 수 있는 작용이다. 그리고 의식작용의 정도에 따라 대뇌는 보다 복잡하고 고도의 정신활동을 영위할 수 있다.

의식작용의 정도라는 것은 의식 수준(레벨)의 상승 정도로 바꿔 말해도 좋지만, 우리들의 의식 수준은 하루 일과 중에서 여러 가지 수준을 오가고 있다. 이것은 대뇌 특히, 새로운 뇌(대뇌 피질)가 발생하고 있는 뇌파의 파형 패턴 변화에서 판독할 수 있다.

그림 3.1은 대표적인 뇌파의 패턴이고 두뇌의 활동 상태 즉 의식 수준에 대응하여 독특한 파형을 내고 있다.

β파 : 뇌세포가 활발하게 활동하고 풍부한 정신 기능을 발휘하여 활동파라고도 한다.

α파 : 뇌는 안전 상태이며 가장 보통으로 인정되어 휴식파라고도 한다.

θ파 : 의식이 몽롱하며 졸음이 심하고 실수를 일으키기 쉽다.

δ파 : 숙면상태

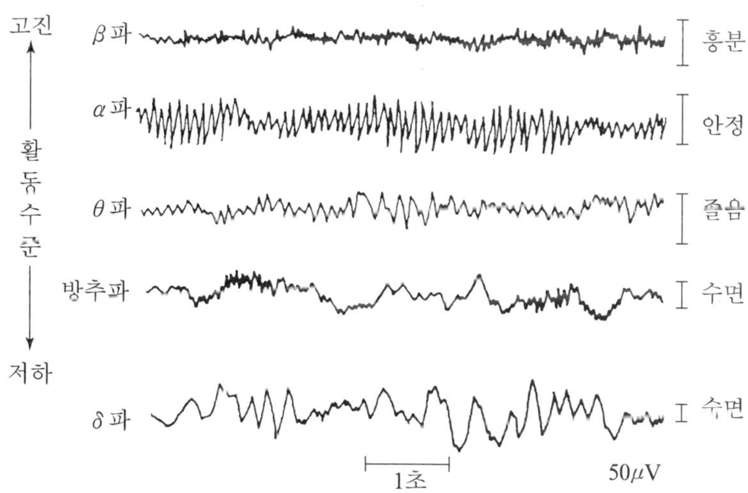

그림 3.1 뇌파의 패턴과 의식수준

안전 인간공학자였던 故 橋本邦衛 박사는 뇌파 패턴을 토대로 하여 실수 가능성을 5단계로 나누고 각각의 단계에서 주의의 작용, 생리적 상태 등을 표 3.1과 같이 나타내었다.

페이즈 0은 무의식 상태이기 때문에 작업중에는 나타나지 않지만, 페이즈 I은 뇌파에서는 세타파가 우세한 상태이고 의식은 몽롱하고 강한 부주의 상태가 계속되어 인간의 실수가 빈발하는 상태이다.

페이즈 II는 알파파에 대응하는 의식 수준을 표현하고, 정상적인 의식 상태이긴 하지만 휴식시의 느슨한 상태이다. 전두엽은 그다지 활동하지 않기 때문에 예측작용이 활발하게 작용하지 않고 창조적인 의지력도 그다지 기대할 수 없다. 페이즈 III은 베타파에서의 의식 수준이며 의식은 명료하고 전두엽이 왕성하게 활동하고 있고 무심코 미스를 일으키는 일도 거의 없다.

페이지 IV는 긴장의 과대 혹은 감정 흥분시의 의식이며, 대뇌의 에너지 수준은 대단히 높지만 주의는 눈앞의 한 점에 집착되어 바른 판단이 불가능하다. 패닉 사태에서 당황하든가 공포감에 떨고 대뇌의 정보처리 기능이 마비상태로 빠지는 것도 이 페이즈 IV이다.

이렇게 생각해 보면 안전작업을 위해서는 작업자가 평상시 페이즈 III에서 작업하는 것이 바람직하지만 전두엽은 대단히 피곤해지기 쉽기 때문에 긴장하고 일하려고 노력해도 곧 페이즈 II의 의식수준으로 되어 불안전 행동을 하기 쉬운 상태가 되어 버린다.

표 3.1 • 의식 수준과 실수 가능성

페이즈	의식의 상태	주의의 작용	생리적 상태	실수가능성	뇌파패턴
0	무의식, 실신	제로	수면, 뇌발작		델타파
I	subnormal 의식 희미	inactive, 부주의	피로, 단조, 수면, 술에 취한다.		세타파
II	normal relaxed	passive, 마음속으로 향한다	안정기거, 휴식시, 정상작업시		알파파
III	normal clear	active, 앞으로 향함, 주위폭도 넓다	적극 활동시	최소	베타파
IV	hyper normal over-excited	한점에 집중 판단 정지	긴급방위반응 서둘러→패닉	최대	베타파 또는 은하파

橋本 박사의 조사에서는 근무 중 3분의 2에서 4분의 3은 페이즈 II이며, 특히 익숙해진 일상적인 정상 작업에서는 대부분이 페이즈 II로 처리되고 있다고 한다. 따라서 통상의 작업은 페이즈 II의 의식 수준에서 위험이 없도록 기계설비나 작업 환경을 안전화할 필요가 있지만 비정상 작업에서는 필요에 따라 페이즈 III로 바꿔 작업하도록 훈련하는 것이 중요하다.

셀프 컨트롤의 방법으로 지적 확인이 자주 행해진다. 큰 소리로 지적 확인을 함으로써 작업자의 의식은 페이즈 III이 된다. 이 외에 감시인이나 작업 지휘자를 두고 작업자가 불안전 행동을 일으키지 않도록 신호나 지시를 행하는 조치, 즉 더블 체크 시스템의 채용도 위험 작업 등에서 자주 행해진다.

인간의 일상생활이나 작업 생활에서 주의와 부주의의 상태는 이상과 같이 변동하면서 번복되고 있는 것이며 이 생리주기를 부정할 수 없다.

요컨내 주의상태의 반대가 부주의가 아니고 주의 이웃에 부주의가 붙어 있는 것이다. 인간은 고의로 부주의하게 되는 것이 아니고 주의하고자 하는 의지가 작용하고 있어도 자연적으로 주의의 이웃에 있는 부주의 상태가 나타나는 것이다.

부주의를 완전히 피하는 것은 무리이며, 주의력을 집중하면 실수가 없어진다고 생각하는 것은 원리에 맞지 않는다. 실수로 인한 행동을 일으키지 않기 위해서는 본인의 의식 수준을 능숙하게 처리할 수 있는 설비나 작업 방식의 연구가 필요하다.

3.3 의식 수준과 부주의 현상

표 3.1의 실수 가능성은 대뇌 피질의 활동 수준 차이에서 발생하는 것이지만, 의식 수준에 의해 일어나는 부주의 현상(실수 행동)은 여러 가지가 있다. 페이즈 이론에 의하면 다음과 같이 설명된다.

(1) 페이즈 I의 경우

페이즈 I의 경우는 심하게 피로했을 때 몹시 성가시다고 하는 기분이 선행하기 때문에 다음과 같은 실수 행동이 일어나기 쉽다.

① **인지 · 확인의 실수**

· 눈앞의 신호, 정보를 놓친다. 착각한다. 무관심하다.
· 번거롭다고 하는 느낌이 앞서 점검을 빼먹는다.

② **기억 · 판단의 실수**

· 지시·연락 사항을 깜빡 잊는다.

③ **동작 · 조작의 실수**

· 목전의 상황을 보고 안이하게 손을 내민다(장면 행동).
· 감정적으로 난폭하게 다룬다.
· 빨리 작업을 중단한다.

(2) 페이즈 II의 경우

이 경우는 예기치 않은 사태에 주의를 빼앗겨 인지 실수를 하는 경우로서 확인 하지 않는 경우가 해당되며, 의식적인 감정 억제가 잘 되지 않으므로 인해 의사 결정시 정보 처리상의 실수 행동이 많아진다.

① **인지 · 확인의 실수**

· 예측부족으로 인하여 예기치 않은 사태에 마주치고 인지·확인을 실수한다.
· 잘못 읽는다. 지레짐작한다.

② **기억 · 판단의 실수**

· 위험하다는 것을 알고 있었지만 그 순간 위험을 잊었다.
· 확인할 필요 없이 확실하다고 믿고 점검하지 않는다.
· 전에도 성공했기 때문에 이번도 괜찮다고 생각했다.
· 상대가 알고 있으리라 생각하고 연락하지 않았다.
· 일이 끝났다고 생각하고 다음 작업을 시작했다.
· 작업에 몰입하여 정신없이 작업순서를 잘못 수행했다.
· 다음 작업에 신경을 쓰다가 순서를 빼먹었다.

③ **동작 · 조작의 실수**

· 약간의 시간을 기다리지 않고 다른 일에 착수하여 시기를 놓친다.

· 습관 동작이 나타나는 것을 제어 못한다.
· 반사적으로 손을 내밀었다.

(3) 페이즈 Ⅲ의 경우

페이즈 III은 주의력이 가장 잘 작용하고 정면의 주의 시야도 넓다고 표 3.1에서 설명하였지만 부주의 현상이 나오는 일은 충분히 있을 수 있다.

대뇌의 정보처리 회로는 단일 채널 구조이기 때문에 갑자기 많은 판단 및 처리가 임박했을 때는 처리가 잘못되는 경우가 있다. 사고의 경우를 보면, 자동기계에 문제가 생겨 열심히 정비한 후 후방에 있는 산업용 로봇의 매니플레이터가 움직여 일격을 받고 중상을 입은 경우도 있다. 이때 사고를 당한 작업자는 페이즈 III의 의식 수준이었던 것이다. 기억·판단의 실수로서 다음과 같은 것이 있다.

· 상황의 급변, 시간이 절박한 가운데 즉시 판단에 임박했다.
· 일에 열중하여 주위의 상황이나 시간의 경과를 깨닫지 못하고 뒤늦게 알게 된다.
· 작업 과제가 너무 어려워 생각에 잠긴다.

(4) 페이즈 Ⅳ의 경우

페이즈 IV의 경우는 눈앞에 생긴 일에 깜짝 놀라 주의를 모두 빼앗기든가 당황하여 조작을 잘못하는 실수 행동이 나오기 쉽다.

① **인지 · 확인의 실수**

· 목전의 돌발사태에 일점 집중한다
· 다른 정보를 무시한다.

② **기억 · 판단의 실수**

· 과도한 긴장·흥분 때문에 판단이 불가능하게 된다.
· 서두른다. 화낸다. 공포 때문에 동작을 억제할 수 없다.

③ **동작 · 조작의 실수**

· 지름길 반응, 단락 반응을 한다.
· 무목적, 무의미하게 동작을 반복한다.

COUNTERMEASURE OF UNSAFE ACTION

04 불안전 행동 재해의 방지

4.1 불안전 행동 재해의 방지

본 장에서는 불안전 행동이 계기가 되는 재해의 방지에 대해 말하는데 이것에 관해서는 크게 두 가지 사고방식이 있다. 하나는 불안전 행동 그 자체를 방지하는 것, 또 하나는 불안전 행동이 발생했어도 재해에 연결되게 하지 않는 것이다.

다시 말하자면 불안전 행동의 배후 원인으로서 인적 원인 및 환경적(외적) 원인으로서 제4편 2장의 1,2에서 말한 여러 항목은 제2편 표 1.10의 재해의 기본 원인으로서 4M 각 항목과 매우 공통되는 것이기 때문에 불안전 행동 재해의 방지 대책도 4M의 사고방식으로 진행시키는 것이 좋으며 그 내용은 표 4.1과 같다.

표 4.1 • 불안전 행동 재해의 방지 대책

(1) Man : 인간 대책 하고자 하는 마음, 생활지도, 지적확인, 위험예지, 직장의 인간관계, 리더십, 팀워크, 커뮤니케이션 등	(3) Media : 작업 대책 작업정보, 작업자세, 작업순서, 피로방지, 작업환경 등
(2) Machine : 설비 대책 (물적 대책) 안전설계, 위험방호, 본질안전화, 표준화, 표시장치나 조작기기 등	(4) Management : 관리 대책 관리조직 규정·기준, 계획, 적성배치, 평가, 교육·훈련, 감독·지도, 직장활동, 건강관리 등

4.2 인간 대책

1) 하고자 하는 감정의 고취

최근에는 「일하고자 하는 감정」의 고취가 한창 유행하고 있다. 불안전 행동의 방지에서도 작업자의 안전에 대한 하고자 하는 감정은 대단히 중요하다.

「심신(心身)은 같다」 라고 하는 말이 있다. 사람의 마음 상태는 행동에 영향을 미친다. 이른바 「하고자 하는 감정」이 있고 없고는 행동방식에 대단한 차이가 있다.

하고자 하는 감정 있는 경우에는 명쾌한 동작, 자극에 대한 빠른 반응이 생겨난다. 하고자 하는 감정이 없을 때는 일을 하여도 위화감과 피로감이 곧 생겨 버린다. 그러나 아무렇게나 하고자 하는 감정이 강조되어도 그렇게 될 수 없는 것이 보통의 인간이다.

그렇지만 인간에게는 욕망이 있다. 마슬로우(A. H. Maslow)는 인간 욕구의 특성에서 하등동물의 저조한 욕구와 다르고 고차의 욕구, 즉 자기 표현에 의해 살려고 하는데 있다고 말하고 있다. 마슬로우의 욕구 단계설에서는 ① 기저(基底)에 생리적 욕구 ② 다음으로 안전 욕구 ③ 사회적 욕구(집단에 동료로서 받아들이고 싶다) ④ 자아의 욕구(자기의 가치를 밖에서 인정받고 싶다) ⑤ 자기 실현 욕구(자기의 가능성을 높이고 싶다)가 있고 차츰 위로 계층적으로 발전하여(그림 4.1) 자기 실현이 인간 최고 높은 욕구라고 설명하고, 사람의 환경이 불량하면 저조한 욕구만 생겨나는 생활이 된다고 지적하고 있다.

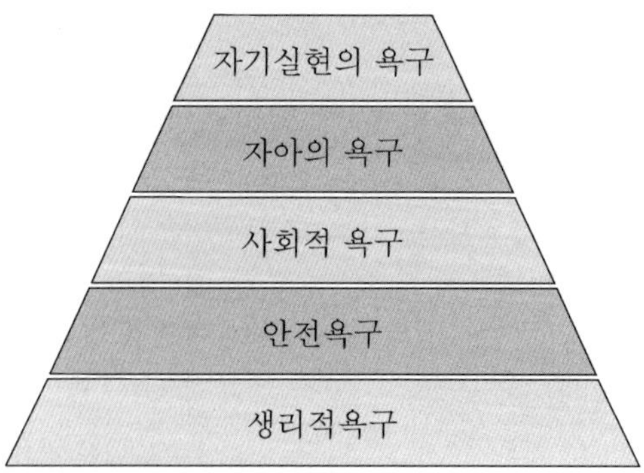

그림 4.1 마슬로우 욕구 계층

제2계층의 안전 욕구는 동물에서도 볼 수 있는 위험 회피의 본능적 욕구이며, 어떠한 사람도 눈 앞에 보이는 위험에서는 반드시 피하고 싶은 욕망이 작용한다. 다만 보이지 않는 위험에 대한 이해가 사람에 따라 다를 뿐이다.

따라서 직장 집단 속에 있는 사람들의 안전에 대한 하고자 하는 감정의 고취는 집단 안에서 동료로서 활동하고 싶다.(사회적 욕구), 집단 안에서 동료로부터 인정받도록 자기 계발을 하고 싶다.(자아의 욕망), 자기의 능력을 가능한 높이고 싶다.(자기 실현의 욕구)라고 하는 인간으로서의 욕구의 차원이 연결되어 있는 것이다. 그러므로 개인의 의욕, 행동 능력은 집단의 사기와 활성도에 영향을 준다.

자기 관리 능력이 낮은 사람이라도, 집단이 의논하고 정한 것에는 충실하게 따르게 된다. 집단에서 결정한 목표 사항에 따라「자신도 ○○를 한다」라고 자기가 결정하면 좀처럼 무시하지 않는다. 이와 같이 집단의 힘으로 구성원 각 개인의 행동 결의를 견고하게 할 수 있는 것이고, 또 회사에서 정한 「○○작업에는 반드시 보호구를 사용하자」,「반드시 신호를 한 다음에 전원을 넣도록」이라는 규칙을 직장 전원이 확인함으로써 작업자 전원의 실천 의욕은 강해지게 된다.

또 이미 말했던 바와 같이 우리들의 사고·판단·기억·창조나 지성·이해 등의 정신 활동을 영위하고 있는 것은 대뇌의 신피질(대뇌 피질)이지만 기력을 나타내는 것은 대뇌의 구피질(대뇌 변연계, 특히 시상하부)이 원천이다.

안전하게 행동하기 위해 필요한 예측성, 창조성, 주체성이라고 하는 작용은 신피질 중에서도 전두엽에서 행해지지만 전두엽은 피곤해지기 쉽다. 전두엽이 정열적인 작용을 계속하게 하기 위해서는 구피질의 활동을 건전하게 하고 그 활력을 강하게 할 필요가 있다.

불안전 행동의 방지, 실수의 방지라고 하면 의례 안전 교육이라고 하는 말이 생각나지만, 교육훈련은 대뇌의 신피질을 단련하고 있는 것이고 구피질을 활성화 하는 것이 아니기 때문에 지식이나 기능을 부여해도 하고자 하는 감정의 고취는 즉각 연결되지 않는다.

따라서 작업자가 하고자 하는 감정을 높이기 위해서는 직장의 최소 단위로 되어 있는 집단의 하고자 하는 감정을 높이는 것이 선결이다. 그러기 위해서는 관리·감독자가 중심이 되어 다음의 여러 가지를 추진하는 것이 대단히 중요하다.

① 살 가치가 있는 직장 만들기를 진행시킨다(일의 충실감과 하고자 하는 감정은 정

비례한다).

② 프로의식(일의 긍지와 즐거움)을 고양한다.
③ 책임감(프로는 자신의 일에서 실수를 하지 않는다)을 강조한다.
④ 관리·감독자가 하고자 하는 감정을 먼저 일으키고 솔선수범한다.
⑤ 직장 전원이 정한 안전 행동 목표에 대해 각자의 역할을 주지한다.
⑥ 낙오에는 각자의 이유와 대책을 생각한다.
⑦ 사업주는 안전에 대해 하고자 하는 감정에 철저한 자기의 모습을 종업원에게 보여준다.

이것은 작업자에게 프로페셔널로서 작업중에 안전을 관철시키기 위한 방법이지, 지식이나 기능을 위한 교육은 아니다. 오히려 「동기부여」 라고도 말해야 할 것이다. 그리고 각자의 안전에 대한 하고자 하는 감정은 직장 집단에서 아래내용을 고취시키며 함께 뿌리내리는 것이라 생각된다.

① 안전 활동에 대해 역할을 완수하고 있다는 달성감
② 안전 활동이 평가되고 있다는 충실감
③ 안전에 관하여 능력이 인정되고 있다는 만족감
④ 안전상의 책임을 가지고 있다는 책임감
⑤ 안전 활동이 늘고 있다는 성장감

2) 작업자의 생활 지도

작업자의 고민, 피로, 수면부족, 알콜, 질병, 노령화 등이 작업에 악영향을 미치고 작업 행동에 혼란을 일으키지 않도록 작업자 자신이 사생활을 적정하게 관리하는 것은 대단히 중요하다.

3) 지적 확인

안전 작업 대책의 하나이며, 위험 예지 훈련과 함께 사람에 대한 효과를 설명하고자 한다.

지적 확인의 목적은 작업자의 착각, 오판단, 오조작을 막음으로써 작업 정확도를 높이기 위한 방법이다. 그러면 지적 확인은 왜 작업의 정확도를 높일 수 있는 것인가?

첫째, 지적하는 것에 의해 「자기」와 「대상」과의 결합도를 높이기 때문이다. 자기의 일부인 손끝을 가능한 대상에 접근시킴으로써 단지 시각적으로만 대상을 파악하는 것보다 자기를 대상에 적극적으로 지향시키고 자기와 대상과의 결합을 밀접하게 함으로써 인지 정확도가 높아지는 것이다.

둘째, 지적 확인을 하면 「대상」을 파악할 때 시각뿐만 아니라 지적에 의한 운동지각, 발성에 의한 근육 지각, 청각 등의 여러 영역이 참가하고 인지 확률이 높아지게 된다.

셋째, 근육운동을 동반하는 행동은 체성감각을 동반하여 강한 의식이 남게 된다.

넷째, 지적 확인의 근육 운동에 동반되는 자극은, 대뇌 변연계를 자극하여 흥분 수준을 높이고 이것에 의해 내뇌 피질의 활성 수준이 높아져 페이즈 III에 용이하게 전환되는 것이다.

게다가 지적 확인에 필요로 하는 1~2초의 시간 손실은 통상의 경우(긴급사태 발생시나 일시적인 작업 밀도의 상승시가 아닌 경우) 아무런 문제가 되지 않는다.

철도 작업 과학 연구소가 행한 실험에서도 지적 확인을 한 경우 행동 오류 발생율은 지적 확인을 하지 않는 경우의 3분의 1이하 이며, 해동 개시 지체는 지적 확인을 한 경우에 적은 것으로 나타났다. 따라서 지적확인을 하는 경우 유의 사항은 다음과 같다.

① 각 직장 전원이 토의를 거쳐 지적 확인을 행하는 대상 작업 등에 대해 실시 요령을 정한다.
② 전원이 반드시 실시할 것을 외눈 합의힌다
③ 처음 시작할 경우 사업장 전체로 일대 캠페인을 하고 반복하여 PR한다.
④ 지적한 대상을 가리켜 「○○의 ○○」라고 명료하게 호칭한다. 소리는 크게 내는 것이 좋다.
⑤ 처음에는 전원이 참가할 것이라고 생각할 수 없다. 감독자·리더의 솔선수범이 절대 필요하다.
⑥ 하지 않는 부서가 있으면 이는 감독자의 책임임을 명백히 해 둔다.

4) 위험 예지(KY)

설계도면을 보거나 혹은 현장에서 작업 설비나 환경을 보면서 직업 속에 잠재되어 있는 위험 원인과 대책에 대해 의논한다. 많은 사업장에서 위험 예지 훈련(KYT)이라든지 위험 예지 활동(KYK)이라고 하여 아래와 같은 내용으로 이미 행해지고 있다.

① 직장, 작업 방법 어디에 위험이 있는지?
② 위험의 포인트는 무엇인지?
③ 당신이라면 어떻게 한다.
④ 모두 이렇게 하자.

라고 하는 대책 목표를 결정한다. 위험 예지 활동은 감수성을 높이고 집중력 및 해결 의욕의 향상과 함께 작업을 안전하게 수행하는 능력을 향상시키는 것이며 유의해야 하는 사항은 다음과 같다.

① 감독자에 대해 리더로서의 임무를 확실히 한다.
② 작업자에 대해는 매일 미팅에서 단시간에 할 수 있도록 훈련한다. 모두 빠르고 바르게 하는 것이 목표이다(안전 교육을 충분히 해 두지 않으면 빠르고 바르게 할 수 없는 점에 유의)
③ 도해는 직장의 작업에 맞는 것, 가능하면 아차사고 사례 등을 사용하면 적당하다.
④ 회의실에서 도해를 보면서 하는 단계에서 현장에서 작업전 미팅을 할 수 있도록 발전하는 것이 중요하다.
⑤ 임시 작업, 비정상 작업 등의 경우에는 작업 그룹에서 사전에 작업 협의를 할 때 실시하면 좋다.

초기의 위험 예지 활동은 많은 사람의 팀 위험·예지훈련에서 출발했지만 시간도 걸리기 때문에 이를 보완하여 단시간 위험 예지, 1인 위험 예지, 개별 위험 예지 등 새로운 수법이 개발되어 오고 있다.

최근에는 장치 산업에서 플랜트의 이상(공정 운전 설계값·기준값에서의 변동)에 대한 감수성을 높이고 적절한 조치를 신속히 할 수 있도록 공정 위험 예지라는 훈련을 하는 곳도 있다. 이러한 기본은 소집단 활동이며, 매일 작업에 정착되고 적용되는 것으로써 효과를 기대할 수 있다.

5) 직장의 인간관계

사람은 사람과 사람 사이에서 생활하고 있기 때문에 인간이다. 직장에서의 인간관계에 서투른 점이 있으면 사람은 자신의 능력을 발휘하여 일을 할 수 없고 재해 방지에 필요한 상사와 부하, 동료간에 의사소통을 충분히 도모할 수 없다.

인간관계를 원활하게 유지하는 것은 직장의 안전을 위해서 가장 기본적인 조건이다. 감독자가 부하의 불안전 행동을 발견하면 즉각 시정하도록 명할 필요가 있다. 그러나 매번 지적을 하면 원망을 받기 때문에 다음에 발견할 때까지 함께 엄격하게 시정을 명하겠다고 생각하면 이미 재해가 일어나는 경우가 많다.

이러한 예는 뜻밖에도 많다. 안전 작업에 청신호와 적신호는 존재하지만 황색 신호는 존재하지 않는다. 작업자의 규칙 무시를 근절하기 위해서는 직장의 좋은 인간관계가 대단히 중요하다.

먼저 개인의 자기 관리 능력을 높이기 위해서 직장 집단의 영향이 큰 몫이라고 말했지만, 직장 중에서 특히 감독자와 작업자 간의 인간관계가 나쁘면 집단의 팀 워크도 혼란해지고 직장 전체의 목표도 달성하기 어렵게 된다.

감독자에는 두 개의 임무가 있다. 하나는 부하의 목표나 과제를 달성시키기 위하여 독려·지도하는 것이다. 일을 배당하고 필요한 것을 가르치고 때로는 부하를 꾸짖을 수도 있다.

표 4.2 • 인간관계가 나쁜 직장에서는

1. 감독자, 책임자의 작업 지휘 체계가 잘 취해지지 않는다.
2. 작업 순서를 철저히 지키지 않는다.
3. 감독자가 없으면 손을 뺀다.
4. OJT(직장 내 교육 훈련)가 잘 되지 않는다.
5. 임시로 작업반을 편성하는 경우 작업량에 따른 적정한 인원배치가 어렵다.
6. 그러한 경우 임시로 책임자가 된 자가 작업지휘를 충분히 할 수 없다.
7. 결근자가 있는 경우 작업 분담의 변경으로 불평이 나오기 쉽다.
8. 미팅이 잘 되지 않는다.

또 하나는 직장의 인간관계를 양호하게 유지하는 것이다. 부하들의 반목을 막고 자신도 부하와 좋은 관계를 유지할 수 있어야 한다. 전자를 일 중심의 행동, 후자를 인간관계 중심의 행동이라 부른다. 이 두 개와 부하의 고충, 불만의 관계는 다음과 같다.

① 인간관계 중심의 행동이 적은 감독자는 일 중심의 여부에 관계없이 부하의 고충·불만이 많다.
② 인간관계 중심의 행동이 중간 정도인 감독자는 일 중심의 행동이 많아지면 급속히 부하의 고충·불만이 늘어난다.
③ 평소 인간관계 중심의 행동이 많은 감독자는 일 중심의 행동이 많아져도 부하의 고충·불만은 늘지 않는다.

부하 즉 작업자의 불평·불만·고충은 일의 엄격보다도 직장의 인간관계에서 불만이 생긴 것이다. 그리고 인간관계가 나쁜 직장에서는 일에 관하여 표 4.2와 같은 불편이 생긴다. 불안전 행동 방지뿐만 아니라 전반적인 안전에 걸쳐 양호한 인간관계의 형성이 중요하다.

6) 리더십

최근에는 프로야구의 감독자의 강연이 대단히 빛을 본다. 개성이 강한 프로페셔널 집단을 이끌고 구성원의 힘을 최고도로 발휘시키기 위해서는 강력한 리더십이 필요하며 그 노하우는 기업인에서도 대단히 참고가 되기 때문일 것이다.

리더십이란 집단의 목표나 과제를 달성하기 위해 감독자가 부하에 대해 영향력을 행사하는 것이다. 훌륭한 감독자가 있으면 그 직장의 성적은 반드시 오른다. 안전의 성적도 같다. 훌륭한 감독자란 어떤 사람인가?

브레이크와 무톤이라고 하는 사람은 리더십을 그림 4.2와 같은 관리 격자도로 표현하고 관리자나 감독자의 리더십을 다음의 5가지 타입으로 분류하고 있다.

① **이상형**

업무에 대한 관심과 인간에 대한 관심이 모두 대단히 높다. 부하는 자기 일에 열심히 하고 인간관계는 신뢰와 존경에서 맺어진다.

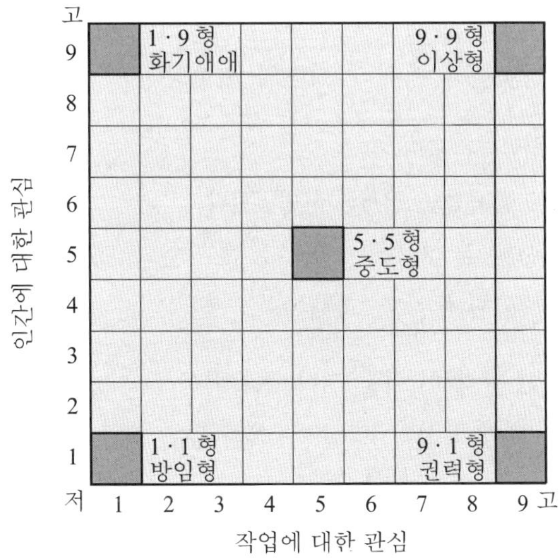

그림 4.2 관리 격자도 모형

② **권력형**

업무에 대한 관심은 높지만 인간에 대한 관심은 낮다. 일 중심형으로 인간관계에는 무관심하다. 업적은 그다지 오르지 않는다.

③ **화기애애형**

인간에 대한 관심은 높지만 업적에 대한 관심은 낮다. 능률은 나쁘지만 조직은 화기애애하고 인간관계가 양호하다.

④ **방임형**

업적에 대한 관심, 인간에 대한 관심 모두 최저, 부하는 최소한의 노력으로 일을 하면 좋고 기분이 매우 좋다.

⑤ **중도형**

업적에 대한 관심, 인간에 대한 관심 모두 중간 정도인 상태를 말한다. 부하의 하고자 하는 삼성, 조직 기능 발휘도 밸런스가 취해지고 있다.

그러면 안전에 관하여 이상형의 리더쉽을 발휘하기 위하여 감독자에게 요망되는 안전 과제는 무엇인가. 다음 5항이 중요하다.

① **안전의 기본을 공부한다.**

불안전 행동의 방지뿐만 아니라 직장의 위험방지 때문에 안전에 관한 기본적인 지식이 필요하다.

② **직장에서 안전상의 문제점을 철저하게 발굴한다.**

자신의 직장에 관해서는 자신이 가장 잘 알고 있다. 공격해야 하는 목표를 정하기 위해서는 반드시 실시해야 할 과제이다.

③ **부하에 대해 가능한 한 많이 아는 것이 중요하다.**

부하 한 사람 한 사람의 성격, 장단점, 취미 등을 최대한 알아둔다. 인간관계를 양호하게 하기 위해 가장 중요한 정보이다.

④ **부하 전원에 안전활동 역할을 분담시킨다.**

전원 참여의 활동이 전체의 성적을 훌륭하게 한다. 감독자 한 명이 수행 가능한 역할은 한계가 있다. 부하 한 사람 한 사람의 역할을 명확하게 나타내어야 한다.

⑤ **직장에서 정한 것이 충분히 지켜지지 않는다고 하면** 책임은 감독자인 자신에게 있다고 생각해야 한다. 부하의 탓으로 돌려서는 안된다. 안전 소집단 활동이 잘 안되는 직장의 공통점은 감독자가 소집단 활동이 저조한 이유를 리더와 부하의 이유로 하기 때문이다.

이와 같이 함으로써 감독자의 리더십은 이상적으로 발휘되기 시작한다. LEADER를 한 글자씩 풀어보면 아래와 같다.

L	Listen	듣다
E	Explain	설명하다
A	Assist	돕다
D	Discuss	상의하다
E	Evaluate	평가하다
R	Respond	책임지다

리더십을 완전하게 이룰 수 있는 기능은 표 4.3과 같다.

표 4.3 • 리더쉽의 기능

1. 부하와 함께 안전한 목표를 구체적으로 설정한다.
2. 부하가 목표 달성을 할 수 있도록 원조·지도를 한다.
3. 부하의 상호관계를 공평하게 조정한다.
4. 부하가 집단 내에서 적응할 수 있도록 배려한다.
5. 부하의 제안, 질문, 보고를 권장한다.
6. 집단 전체의 것을 우선적으로 고려한다.
7. 부하에 대하여 따뜻한 인간성, 관용, 애정을 갖는다.

7) 팀웍

팀웍이란 한 직장의 사람들이 연대 의식을 가지고 공동으로 일을 하는 것이다. 작업자 전원이 사기(선체를 위해서 자신이 한다고 하는 적극적인 기분)가 넘치고 종합 능력을 발휘하여 일을 하는 상태를 말한다.

한 작업자의 불안전 행동은 본인이 재해를 당 할뿐만 아니라 주변의 작업자 또는 작업자 전원에게 상처를 입히기도 한다. 한 사람의 규율 무시가 전원의 안전 습관을 소용없게 하기도 한다. 팀웍은 집단의 규율을 견고하게 하면서 직장에서 불안전 행동을 없애 나가는 것이다.

직장내에서의 결정 사항이 잘 지켜지게 하기 위해, 또 낙오자가 발생하지 않도록 하기 위해 감독자·리더를 중심으로 팀웍을 강하게 하여야 한다.

팀웍이 좋은 직장에서는 안전 규율·규칙을 집단으로 받아들이고, 구성원은 서로 단단히 단결하고 협력하여 이것을 수행하려고 하는 분위기에 넘쳐 있다. 이와 같은 직장에서는 각자 동료를 친구로 인식하고 자신도 친구의 중요한 일원으로서 자각하고 있기 때문에 친구의 불안전 행동은 서로 기분 좋게 경고할 수 있고 안전 규칙 위반은 상대방에세 재해를 가하는 것으로 생각하고 자주적으로 규칙 준수 분위기가 강화된다.

집단을 통솔하고 팀웍의 중심이 되는 것은 감독자나 리더 이에 또 하나가 있다는 것을 알 수 있다. 그것은 일반적으로 집단 규율로 나타나는 것이다. 집단을 형성하고 있는 사람들 사이에는 자연히 행동이나 판단 기준이 생기고, 일단 기준이 되면 개인은 계속 그 기준에 기초하여 행동하게 된다.

불안전 행동을 금지하고 안전의 규율에 따라 해야 할 것은 반드시 하고, 해서는 안되는 것은 절대 하지 않는다는 것이 집단 기준으로 형성되면 팀웍이 좋아지고 안전분위기가 촉진된다. 팀웍을 높이기 위해서는 다음 조건이 필요하다.

① 구성원 각자 모두 심신이 건전하며, 자신의 역할에 대해 책임감을 가지고 있을 것, 또 집단의 목표·목적을 충분히 이해하고 있을 것.
② 구성원 각자가 동료의 역할이나 실력을 이해하고 신뢰하고 있을 것. 특히 감독자·리더에 대해 신뢰하고 있을 것.

그리고 이 기반 위에서 불안전 행동을 추방하기 위해 팀으로서의 행동 기준을 확립하는 구체적 방법은 다음과 같다.

① 직장 집단으로서 안전 활동 목표를 명확하게 정한다. 목표는 구체적, 현실적으로 달성 가능한 것으로 한다.
② 집단의 목표 결정은 집단 전원이 참가하여 결정한다. 모두가 주역이 되도록 해야 한다.
③ 구성원 한 사람 한 사람의 역할, 행동 목표를 명백히 한다. 작업자 전원이 무엇을 한다고 하는 것뿐만 아니라 자신이 이것을 한다고 하는 행동이 명백한 목표를 정한다. 감독자·리더는 각자의 행동 목표가 명확하게 되는지 아닌지 충분히 배려할 필요가 있다.

이러한 방책을 진행시키는데 있어서 전술한 리더의 역할이 충분히 발휘될 수 있도록 감독자·리더는 노력하여야 하지만, 그러기 위해서는 다음의 기술이 중요하다는 것을 잊어서는 안된다.

① 말하는 기술
② 듣는 기술
③ 정리하는 기술
④ 칭찬하는 기술
⑤ 꾸짖는 기술

8) 커뮤니케이션

어떤 사람으로부터 정보, 의지, 의견 등을 다른 사람에게 전달하는 것, 또 이것에 영향을 주는 것을 커뮤니케이션이라고 한다. 특히 감독자는 상사, 동료, 부하와의 사이에 여러 가지 커뮤니케이션을 행하는 데 부하와의 사이에서 커뮤니케이션을 생략하는 경우 일방적 지시(one-way communication)가 되므로 주의할 필요가 있다. 즉 상하간의 의사 교환도 양호하고 쌍방향 대화가 되도록 노력해야 한다. 그러나 일의 능률이나 생산량에 관한 것은 프로이므로 커뮤니케이션은 잘 되기 쉽지만 안전의 룰, 예의 범절, 습관 등의 문제가 된다면 어떠할 것인가.

어느 공장에서 감독자와 종업원의 의식 조사 결과 다음과 같은 결과가 나왔다.

- 엄격한 상사가 좋다고 생각하고 있는 부하 76%
- 엄격한 상사는 부하가 싫어한다고 생각을 하고 있는 상사 51%

리더쉽에 여러 가지 타입이 있다는 것을 앞에서 설명하였는데, 이 공장에서는 마음에 드는 리더쉽 관념이 상·하간에 다르며 커뮤니케이션의 어려움을 느끼게 한다. 또 다른 조사로는 다음과 같은 내용도 있다.

- 직장이 자신들의 문제를 잘 이해해 준다고 생각하는 종업원 34%
- 부하의 문제를 잘 이해하고 있다고 생각하는 직장 95%
- 관리자가 자신들의 문제를 잘 이해해 주고 있다고 생각하는 직장 71%
- 부하 직장의 문제를 잘 이해하고 있다고 생각하는 계장 90%

이 조사에서 상사가 자기를 평가하고 있는 정도로 아래의 사람은 상사를 평가하고 있지 않다는 것을 말하고 있다. 두 개의 조사는 모두 직장이나 조직체에서의 가치 평가나 자기 인식이 상·하간에 달라지기 쉽다는 것을 표현하고 있다.

불안전한 행동을 근절하려고 하는 경우, 위험 인식이 상·하간에 다르면 대단히 위험한 것이 된다. 감독자가 위험하기 때문에 보호구의 착용을 지시하여도 작업자가 그런 위험은 없다고 생각하면 소용이 없고, 임시 작업을 실시하기 전, 작업 순서를 협의하여도 리더와 작업자의 인식 차이가 남아 있는 상태에서는 위험하게 되는 것은 당연한 결과이다.

커뮤니케이션의 효과를 기대하려면 항상 실시하는 측의 배려가 중요하다. 말했기 때문에 상대는 듣고 있으며, 게시했기 때문에 보고 있을 것이고, 인쇄물을 배포하였기 때문에 읽을 것이라고 생각하고, 상대의 감정이나 기분은 고려하지 않고 상대방의 선의와 성의에 기대한 사고 방식으로는 좋은 커뮤니케이션을 할 수가 없다. 커뮤니케이션 하는 쪽의 성의와 친절이 중요하다.

4.3 설비 대책(물적 대책)

표 4.1에 불안전 행동 재해방지를 위한 설비 대책 항목을 나타내었고 「안전설계」, 「위험 방호」 및 「본질 안전화」에 관해서는 이미 제3편에서 설명했다. 본 절에서는 그 나머지 문제를 설명한다.

1) 인간과 기계의 접촉 계면

불안전 행동 재해는 작업자의 행동 오류 등 불안전 행동에 의한 것이지만, 제2장 「불안전 행동의 배후 원인」에서 언급한 바와 같이 설비(물)쪽에 불안전 행동의 원인이 있는 경우도 적지 않다. 기계설비의 위험 부분은 대체로 눈으로 볼 수 있기 때문에 주의하여 신중하게 다루면 안전하다고 생각하는 것은 잘못이며, 실제로 존재하는 위험 그 자체를 제거하든지 방호하고, 인간과 기계설비와 관련되는 작업에 의해 발생할지도 모르는 위험에 관해서도 억제하는 것이 안전 대책이다.

예를 들면, 인간이 가지고 태어난 이동속도는 대체로 시속 4 km이며 최고로 100 m에 10초를 한계로 한다. 이것에 맞게 만들어져 있는 눈, 귀, 대뇌의 처리 속도 그대로 우리들은 고속의 기계를 다루고 있는 것이다.

고속도로를 질주하는 자동차나 음속으로 나는 제트기의 조종에는 아주 단시간내에 많은 확인이나 판단을 행하지 않으면 안되며, 조금의 시간차나 혼란도 허락하지 않는다. 직장의 기계설비 조작에서도 무거운 핸들, 기계마다 배치가 다른 조작 레버나 짧은 시간내에 판독하기 어려운 계기판이 늘어져 있으면 피로도도 대단하고 언젠가는 반드시 실수를 한다.

현대의 공장이나 기타의 산업 현장에서는 자동화가 도모되어 운전중인 기계 설비의 위험부에 접근하는 기회가 적어지고 있다. 하지만 운전의 시작과 종료, 제어는 인간이 하는 것이기 때문에 안심하고 사용할 수 있는 기계설비가 아니면 곤란한 것이다.

인간과 기계는 각각 장점도 있고 단점도 있다. 이와 같은 양자의 특성을 잘 조화시키는 인간공학적 대책, 바꾸어 말하면 기계의 「대인 적합성」을 향상시키지 않으면 기계류의 능력이 높아지는데 따라 사고에 의한 피해도 커진다.

또 잊어서는 안되는 것이 정상 상태에서의 인간의 행동을 기초로 한 안전설계는 절대로 필요할 때 도움이 되지 않는 경우가 있다. 정상시의 인간 행동과 과도한 긴장상태에서의 인간 행동은 구별되어 생각해야 한다. 또 인간의 행동은 사람에 따라 다르기 때문에 상황에 따라 행동하는 것도 각각 다르게 나타난다. 설계측의 의도대로 사태가 진행되지 않기 때문에 사고에 이르는 예도 자주 볼 수가 있다.

표 4.4 • 인간 · 기계 시스템의 여러 가지 측면

분류	내용
형태학	· 인간과 기계의 형태적·치수적인 차원의 조화 · 작업영역과 행동 공간, 기계치수, 핸들·레버류의 재배치 · 운동방향 등, 차량의 실내 설계 등에 응용
역학	· 인간이 조작하는 힘이나 속도·제어작업에 의한 응답 특성 등 · 역학적인 인간의 측면과 기계의 제어특성과의 조화 분담 등 · 자동차, 항공기의 조작 성능과 다루기 쉬운 것은 이를 응용
정보의 흐름 (인간·기계의 상호교류)	· 인간과 기계가 상호교신하고 조합되어 활동하기 위해서는 정보의 흐름이 중요 · 인간의 감각·지각·정보처리과정, 속도, 의사결정, 판단 업무의 배분 등 · CTC, 자동화시스템의 콘트롤-룸 설계 등에 중요
환경	· 소음, 진동, 조명, 온도, 기류, 방사선 등의 조건으로 사람의 요건을 만족하는 기계적인 측면 및 주변의 제체
시간특성	· 인간과 기계 등이 매일매일 변화하는 것 · 작업중의 변화, 피로, 단조로움 등의 인간특성과 기계의 지속적인 기능, 작업의 계획 등과 적합
종합 시스템적 특성과 역할의 분담	· 인간·기계 시스템의 활동상황에서는 여러 가지 형태와 기동(시스템의 활동과 여러 가지 단면과 그 시간적 변화)을 표시, 종합적 기능의 균형으로서 인간을 포함한 시스템이 안정되고 응답이 양호해야 함 · 시스템 계획의 철학적의미 확립이 필요. 대형 복합 시스템 설비의 기본작업

인간·기계 시스템에서의 문제점을 정리해 보면 대단히 많으며 표 4.4와 같이 나타날 수 있다. 인간과 기계와의 접촉계면의 문제로서 하나는 표시 장치와 인간의 감각기와의 정보 흐름 문제이며, 또 다른 하나는 제어기와 수족과의 관계이다. 이 두 가지 관점에서 기계설비의 안전 대책을 검토한다.

2) 표시 장치

(1) 인간의 감각기능

인간의 감각기능으로는 자연계의 일부 현상밖에 감지할 수 없지만, 하나의 감각보다도 2개 이상의 감각을 동시에 사용하는 쪽이 분석능력은 뛰어나다. 이것은 현장에서 중요한 주의 경보로서 표시등과 알람의 병용이 행해지는 근거이기도 하다. 이것은 패턴 인식에서도 마찬가지로 다수의 부품 중에서 형상이 다른 것을 골라내거나 직물의 검사에서 조그마한 상처를 찾아내는 것을 인간은 비교적 간단히 해결한다.

이와 같이 인간은 고도의 감각능력을 가지지만 심리적 조건이나 생리적 조건에 따라 신뢰성이 변동한다는 약점이 있고, 특히 전술한 바와 같이 긴급사태에 직면하면 신뢰성 제로에 빠져드는 일조차 있다.

미국 스리마일섬의 원자로 사고에서 1차 냉각수의 과열로 최악의 사태에 이르렀고 이로 인해 긴급 로(furnace)심 냉각 장치가 자동적으로 작동하여 로내 주수가 행해졌지만 작업원이 이것을 수동으로 바꾸어 주수를 억제한 결과 더욱 파국적인 방향으로 사태가 진행해 버렸다. 나중에 그 작업원의 진술에서 "그 때 계기실에서는 수 분간에 100회 이상의 신호, 경보가 울리고 그는 무엇이 어떻게 되고 있는지 생각할 수 없게 되어 버렸다"고 한다. 이 교훈으로 시스템의 계측량을 전부 표시하는 것이 중요한 것이 아니고 운전상 대응 조치를 필요로 하는 것들의 표시, 기타 중요 정보의 표시를 바르게 판독하기 쉽게 하는 것이 중요하다고 생각하게 된 것이다.

(2) 계기 판독의 용이도

인간이 작업을 하는 경우 일에 관한 정보 및 지시를 바르게 확인하고 오류없이 판단하고 바르게 조작하기 위해서는 인간이 인식하고 또 용이하게 판단할 수 있는 것으로 설계되어야 한다.

계기에는 원형(환형), 종형(수직형), 디지털형(계수형) 등이 많이 사용되지만 판독의 용이도(오독율, 판독시간)는 같지 않다. 그림 4.3에 각종 계기의 형태마다 오독율을 나타내었는데 창문형이 가장 낮았으며 다음으로 원형순이다.

아날로그식 계기의 다이얼 눈금 간격에 따라 오독률이 다르고 간격 숫자가 크게 될수록 오독률은 커진다(그림 4.4). 기타 쉽게 판독하기 위한 필요 사항은 다음과 같다.

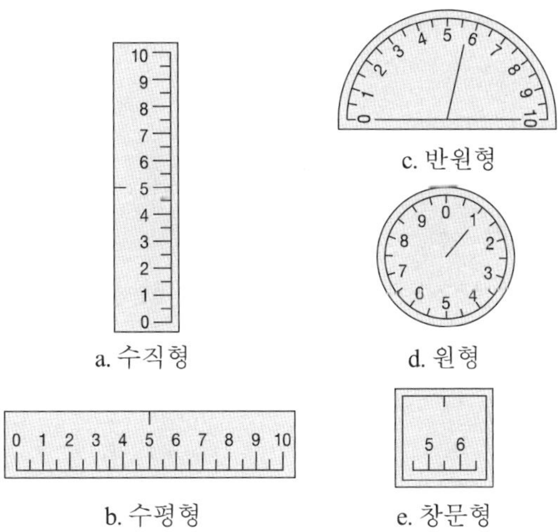

형	오독율%
수직형	35.5
수평형	27.5
반원형	16.6
원 형	10.9
창문형	0.5

그림 4.3 계기의 형태와 오독률의 관계

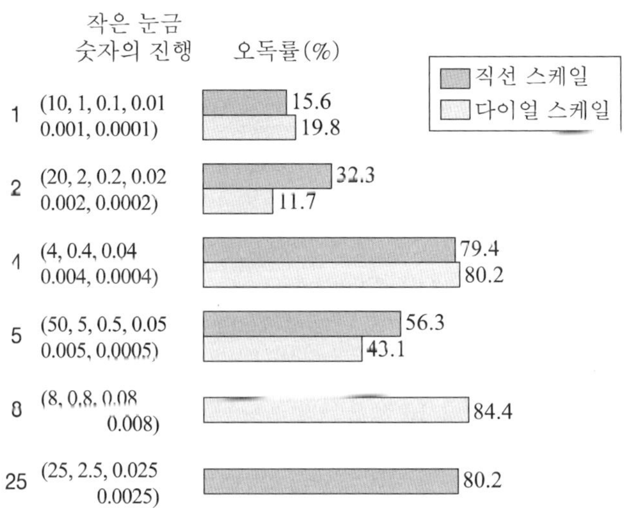

그림 4.4 오독률과 눈금관계

① 계기의 설치는 필요한 정밀도를 읽을 수 있는 장소에 한다.

② 빈번하게 사용하는 계기류는 함께 정리하며 가장 보기 편리한 장소에 설치한다.

③ 연결된 계기류는 왼쪽에서 오른쪽으로, 위에서 아래의 순서대로, 사용 순서대로 배열한다.

④ 공정의 흐름에 따라 배열한다.

⑤ 같은 종류의 계기는 가능하면 한 군데에 모아 구별한다.

⑥ 종류별로 묶은 경우에는 다음과 같은 방법으로 한다.

· 종류별로 테두리를 한다.

· 종류별로 색칠을 한다.

· 종류별로 그룹과 그룹의 사이를 조금 떼어 놓는다.

· 공정을 고려하여 선으로 연결한다.

⑦ 표시의 바늘두께는 다이얼의 눈금 간격보다 좁게 한다.

⑧ 표시의 바늘은 시차와 그림자를 제거하기 위해서 다이얼 면에 가능한 한 접근시켜 부착한다.

⑨ 압력, 유량, 온도 등의 지시계기는 제어간격, 상·하한 값, 설정 값 등을 다이얼에 명시하여 둔다.

⑩ 조명은 균등하게 밝히고 눈부시지 않도록 한다. 알람 표시는 주의를 끄는 곳에 한다.

표 4.5 • 단일 표시등의 규칙(MIL-STD-1472A)

크기/형식	적색	황색	녹색	백색
직경 1/2 inch(12.7 mm) 또는 그것 이하로 하고 연속점등	기능이상, 작동정지, 고장발생, 정지조작	지연, 점검중, 재점검을 요함	정상진행 중, 받아들임이 좋고 준비가 좋다.	기능유지, 동작위치, 운전중
직경 1 inch(25.4 mm) 또는 그 이상의 크기에서 연속점등	마스터등 (시스템 또는 서브시스템의 종합표시)	비상경고 (위험의 접근)	마스터등 (시스템 또는 서브시스템의 종합표시)	
직경 1 inch(25.4 mm) 또는 그 이상의 크기로 점멸(3~5/초)	긴급조건 (사람 또는 장치에 재해의 우려가 있다)			

(3) 주의와 경보

시스템에 이상이나 위험이 발생했을 때 작업자에게 주는 주의나 경보의 표시에는 여러 가지 방식이 있다. 시각적으로는 표시등이 일반적으로 사용되고 그 예를 표 4.5에 나타낸다. 경보음에는 표 4.6과 같은 종류가 있다. 시스템이 복잡하게 되면 이러한 분류 사용이 어렵기 때문에 경보가 과다하게 되지 않도록 하는 것이 좋다.

표 4.6 • 경보음의 종류, 특징(Morgan)

알람	강도	주파수	주의를 끌기 쉬움도
폰(경적)	고	저~고	양호
사이렌	고	저~고	피치를 올리고 내리면 양호
벨	중	중~고	양호
부자	저~중	저~중	양호

3) 조작 기기

(1) 배열과 선택

사람들은 일반적으로 일련의 동작을 정해진 순서대로 처리해 갈 때 동작 대상을 처음에 훑어보고 그 후에는 예측을 하면서 다음의 동작으로 옮겨 나간다. 페이즈 III에서는 실수가 없지만 페이즈 II가 되면 동작을 잘못하기도 한다. 작업자의 의식 수준이 항상 페이즈 III이 아니기 때문에 레버, 버튼, 노브, 스위치, 밸브 등은 조작순서에 따라 배치하고 계통이 다른 것은 구별하기 쉽도록 간격을 두고 선이나 색으로 식별이 가능하도록 하는 것이 좋다. 특히 중요한 조작시에는 조작구의 형을 크게 하고 2단 조작으로 하는 동시에 작업중인지 작업 종료인지를 구별하는 표시등을 만들면 좋다. 조작기기에 관한 중요 사항을 열거하면 다음과 같다.

① 일에 가장 적합한 조작 기기를 선택한다(예를 들면 조작 정밀도, 속도, 빈도 등에 따라).

② 손으로 조작하는지, 발로 조작하는지 미리 검토한다. 빠른 조작은 손으로 하는 쪽이 좋다.

표 4.7 • 전기장치의 조작표준(JIS C 0601)

	조작도	설명
조작방향	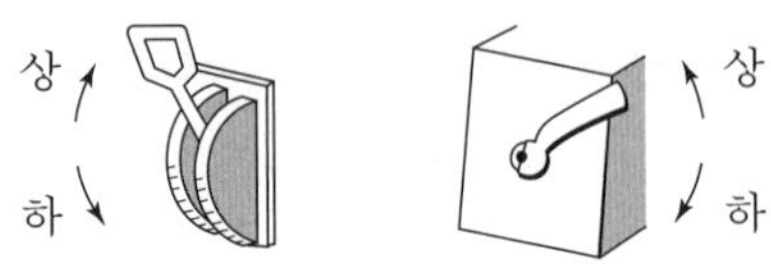	상 : 적극적 방향 하 : 소극적 방향
	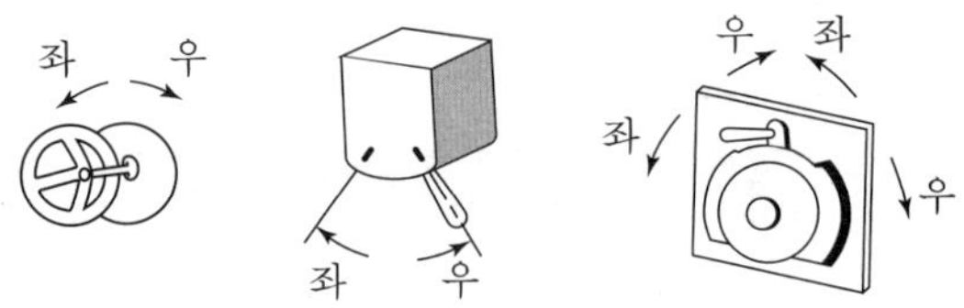	우 : 적극적 방향 좌 : 소극적 방향
	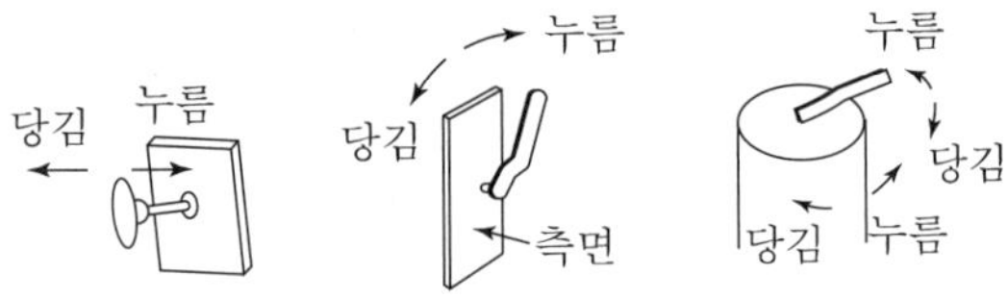	누름 : 적극적 방향 당김 : 소극적 방향
	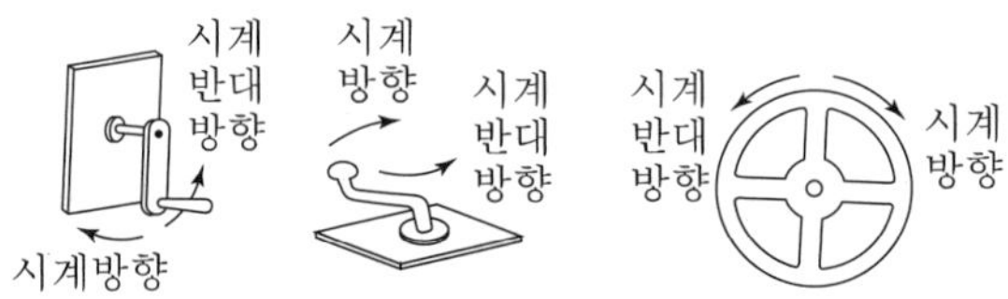	시계방향 : 적극적 방향 시계반대방향 : 소극적 방향
2개의 조작장치 배치	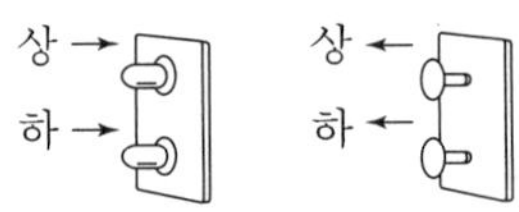	상 : 적극적 방향 하 : 소극적 방향
	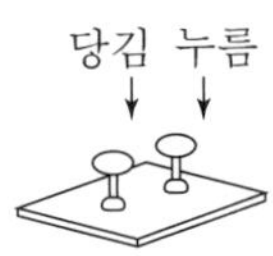	누름 : 적극적 방향 당김 : 소극적 방향
	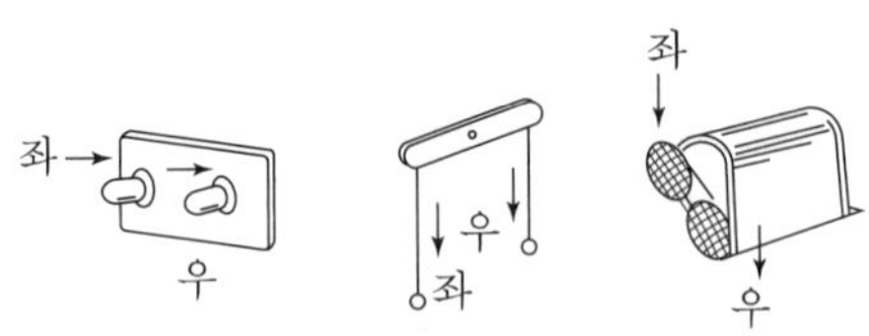	우 : 적극적 방향 좌 : 소극적 방향
적극적 방향 : 유통, 기동, 증가, 많음, 길음, 강함, 정, 순 등 소극적 방향 : 소멸, 정지, 감소, 적음, 짧음, 약함, 부, 역 등		

표 4.8 • 전기장치의 상태표시 표준(JIS C 0601)

표시등	색상	적 녹	적, 명(점) : 적극적 내용 녹, 암(멸) : 소극적 내용
	밝기	명(점) 암(멸)	
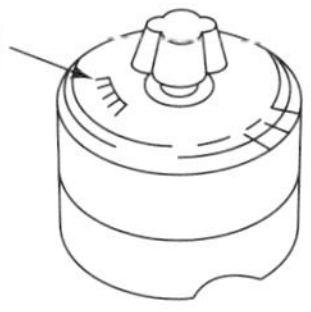 			적 : 적극적 내용 녹 : 소극적 내용
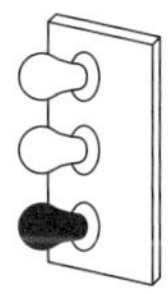			다 : 적극적 내용 소 : 소극적 내용
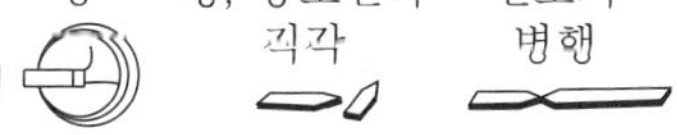 			종(평행) : 적극적 내용 횡(직각) : 소극적 내용

적극적 내용 : 적극적 방향의 조작으로 일어나는 상태
소극적 내용 : 소극적 방향의 조작으로 일어나는 상태

③ 기능적으로 관련이 있는 조작 기기는 조합하여 사용하도록 한다. 조작 횟수를 적게 하고 조작 순서를 틀림없이 하도록 한다.

④ 다수의 조작 기기를 늘어놓을 때는 계통별로 구분이 용이하게 그룹으로 나누든가, 색으로 구별하여 배치한다.

⑤ 일련의 조작은 왼쪽에서 오른쪽(오른쪽에서 왼쪽) 또는 위에서 아래로 하도록 한다.

⑥ 표시 장치와 관련되는 조작 기기는 가깝게 실치해 둔다.

⑦ 빈번하게 사용되는 조작 기기는 작업자의 앞에서 편안히 손이 닿고 간단히 조작할 수 있도록 한다. 조작의 힘·방향·스트로크 등이 적당하여야 한다.

⑧ 조작 버튼의 형태, 수, 배치가 적당하여야 하며 기동·정지 버튼이나 긴급 버튼 등은 오조작을 막기 위해 커버나 자물쇠 장치를 부착한다.

⑨ 중요한 기계 장치나 위험한 기계의 조작 기기는 오조작에 의한 사고방지를 위해서 긴급 정지(인터록) 회로를 설치한다.

⑩ 용도가 명백한 경우를 제외하고는 조작 기기에 표시를 하여 둔다.

⑪ 조작 기기의 조작 방법과 기능에 대해 화살표와 같은 간단한 표시를 한다. 더욱이 전기장치 조작부의 조작 방향 및 조작 후의 상태 표시에 관해서는 표 4.7 및 표 4.8과 같이 표준이 정해져 있다.

⑫ 오조작의 경우를 위해서 비상벨, 알람 표시등을 설치한다.

⑬ 하나 하나의 조작 기기의 동작 범위는 다른 사람에게 지장을 주지 않게 한다.

⑭ 형상으로 분류된 조작 기기는 용이하게 한다.

⑮ 조작 기기의 색은 배경과 대비해 두드러지는 것으로 한다.

⑯ 통로측이나 벽면에 만드는 조작 기기는 방호박스에 넣든지 벽면내에 들어갈 수 있어야 한다.

⑰ 작업자의 조작 능력이 없어져(급환, 실신 등) 위험한 사태가 일어날 때에는 데드맨 조작 기기를 사용한다.

결론적으로 기계설비는 사용하기 쉽고 조작 미스가 일어나지 않게 설계되어야 하며 안전 작업성이 좋아져야 한다. 인간공학자인 大島正光박사는 사용하기 쉬움의 조건을 표 4.9와 같이 정리하였다.

표 4.9 • 사용하기 편리한 조건

입력	① 식별을 용이하게 한다. ② 방향을 잘못하지 않도록 한다. ③ 패턴을 활용한다. ④ 위치 결정을 정확하게 한다. ⑤ 순서를 알기 쉽게 한다. ⑥ 입력의 중단이 생기지 않도록 한다.
정보처리	① 간단히 한다. ② 애매한 것을 없앤다. ③ 의지 결정을 분명히 한다.
출력	① 간단히 한다. ② 애매한 것을 없앤다. ③ 의지 결정을 분명히 한다.

(2) 밸브의 예

慶應대학의 林喜男 교수는 화학 플랜트에서, 밸브 조작에 의한 사고를 조사하고 오조작의 원인과 오조작 방지 대책에 대해 보고했다. 그 내용을 설명하면 다음과 같다.

밸브 조작에 의한 사고 가운데 20%는 바른 조작을 하였지만 밸브 그 자체에 결함이 있었기 때문에 사고가 있었으며, 80%는 무언가의 오조작이 있었기 때문에 일어난 사고였다. 그 내용은 표 4.10에 나타난 대로이다.

표 4.10 • 밸브의 조작 사고

밸브조작	건수	%
바른 조작을 하였다	22	20
순서를 잘못 하였다	5	5
해야 할 조작을 하지 않았다	45	41
다른 밸브를 조작하였다	10	9
조작의 방향을 잘못 했다	1	1
기타	26	24
계	109	100

오조작의 원인으로 다음의 여러 점이 지적되고 있다.

① 밸브에 회전 방향 표시가 없었다.

② 비슷한 밸브가 다수 접근하여 늘어 있었다.

③ 밸브 조작이 복잡했다.

④ 밸브에 결함이 있어서 꼭 죄여지지 않는 것이 점검 정비 단계에서 발견되지 않았다.

애당초 밸브 조작이라고 하는 것은 밸브 상태에 문제가 없어도 인간이 습관에 의해 행동 실수가 일어나기 쉬운 것이며, 밸브에 열화가 일어났을 때는 사고를 인간측의 책임으로 강요할 수 없는 경우가 많다. 따라서 밸브의 오조작 방지 대책을 설명하면 다음과 같다.

1. 결함 밸브를 없앤다.

① 열화방지를 위해서 보수 점검을 철저히 한다.

② 밸브 상태를 일정하게 유지하기 위하여 정기적인 부품 교환을 한다.

③ 밸브를 완전히 결합하는 회전수를 적게 한다.

2. 순서의 잘못을 방지한다.

① 정해진 사람 이외의 밸브 조작을 금지한다.

② 조작순서를 매뉴얼에 명시한다.

③ 작업시 다른 조작을 행하는 것을 금지한다.

④ 밸브의 배치를 바꾼다.

3. 조작순서의 생략(망각)을 방지한다.

① 연락망을 충실히 한다.

② 정해진 사람 이외에 밸브조작을 금지한다.

③ 작업시에 다른 조작을 하는 것을 금한다.

④ 교육·훈련의 충실

⑤ 사전·사후의 행동 확인을 철저히 하게 한다. 예를 들면 지적 확인을 행한다.

4. 다른 밸브의 조작을 방지한다.

① 밸브의 식별, 기능 구분을 한다.

② 접근하는 것이 지나치거나 같은 형의 것이 지나치게 많든가 조합 방법이 나쁘지 않게 밸브 배치를 한다.

③ 밸브에 표시판이나 키를 붙인다.

④ 시간적으로 여유를 가지고 작업할 수 있도록 한다.

5. 조작 방향의 잘못을 방지한다.

① 밸브의 회전 방향을 양립성에 맞도록 우회는 닫힘, 좌회는 열림으로 한다.

② 밸브의 개폐 방향을 표시한다.

③ 간단한 동작에 의해 밸브가 움직이지 않도록 한다.

이상은 화학공장의 밸브 조작상의 문제이지만 다른 조작 장치에도 관리상의 참고가 가능하다.

4.4 작업 대책

불안전 행동 재해를 방지하기 위한 작업 안전의 경우, 작업 방법적 위험과 환경적(장소적) 위험의 양면에서 검토하는 것이 좋다. 작업 안전성이나 쾌적성을 위해 어떠한 조건이 필요한가에 대해서는 학문적으로 다양하게 논의되어 오고 있지만 정확한 결론은 아직까지 얻을 수 없었다. 그러나 안전성, 쾌적성을 만족시키는 가장 좋은 조건을 구하는 것은 어려울 지 모르지만, 인간이 작업하기 곤란하고 어려워지고 위험하다고 하는 조건은 구할 수 있다.

본래 작업 내용을 규정하는 조건으로는 여러 가지 원인이 있다. 표 4.11에 이러한 조건을 들었지만 광범위하게 걸쳐 있다. 인간의 작업이 생산활동 중에 완수하는 효과, 일의 완성이나 결과에 관계되는 조건은 이와 같은 수많은 원인과 관계를 가지는 것이다. 물론 이 중에는 작업중인 사람의 위험에 직접적 관계가 적은 것도 있지만 밀접하게 관계되는 것도 많다.

이와 같은 관점에서 불안전 행동 재해의 방지에 효과가 있는 작업 방법 및 작업 환경 대책 및 이들과 관련되는 사항에 대해서는 다음 편에서 설명한다.

4.5 관리 대책

사전에서 「관리」란 말을 조사하면 물건의 보존 개량, 사무의 정리 집행, 인원의 지휘 감독 등이 있다. 지금까지 서술했던 설비대책, 인간대책, 작업 대책에 대해 실시, 개신을 하고 사무를 정연하게 집행하고 지휘 감독을 확실히 하는 것이 관리대책이다.

이러한 관리대책이 효과적으로 행해지기 위해서는 계획(Plan), 실시(Do), 점검(Check), 조치(Action)의 싸이클을 안정시키는 노력이 필요하며 이 일련의 과정이 관리이다. 관리라고 하면 먼저 교육 훈련, 감독 지도, 인사관리 조직 등을 들 수 있다. 그러나 작업자가 안전하게 일을 하기 위해서는 그 작업자의 「능력 수준」이 일의 「요구 수준」을 만족시켜야 한다. 그러므로 교육 훈련에 의해 작업에 필요한 수준에 도달할 수 있는 사람을 배치하지 않으면 아무리 안전 교육을 해도 인적인 재해가능성은 없어지지 않는다.

표 4.11 • 작업을 규정하는 여러 조건

1. 작업 과제, 작업내용 ① 작업 과제의 특징 ② 작업 과제에 대한 작업자 책임의 내용·정도 ③ 필요한 작업 속도와 작업 정밀도, 기술의 정도, 작업량
2. 작업 형태와 작업 방법 ① 고용 형태(전임 또는 시간제) ② 단독 작업, 집단 작업 또는 조별 작업 ③ 작업 기능적 조직 편성, 공간 형태적 편성 ④ 주요 설비, 도구의 배치, 사용 형태, 사용 빈도 ⑤ 중량물 운반에서는 중량, 속도, 빈도, 거리 ⑥ 작업에 필요한 정보의 표시법, 재료의 흐름방법 ⑦ 작업자의 피복, 기타 개인의 장비 ⑧ 신체적 또는 정신 신경적 부하가 현저한 주작업, 부대작업, 집중작업에 대해 작업 방법상의 문제점 ⑨ 단순반복형, 단순형인지 변화가 많은 작업인지
3. 작업 부하 ① 작업 강도 : 동적 부하와 과로와의 관련 ② 사용 신체 부위(전신 또는 국소)와 그 시간 변동 ③ 부하의 질 : 근육작업인지, 정신·신경적 작업인지 ④ 작업 자율성, 규제도 : 단조감 ⑤ 작업 강도의 변화가 심한 경우(한가한 때 쉬는 것으로는 휴식이 되지 않는다) ⑥ 근무 생활 주기내의 수면·휴양조건(피로 축적, 장기적 효과와의 관련에서)
4. 작업시간 ① 휴업시간 및 휴식제, 교대제, 주간 근무인지 야근인지 ② 일연속 작업시간 : 작업중의 자발 휴식, 짧은 휴식 방법, 대략의 실노동율 ③ 오전, 오후 혹은 초저녁, 심야 등의 주요한 작업시간대마다의 총 작업시간 ④ 주 작업 동작과 부대 동작의 시간 비 ⑤ 작업 내용의 시간 배분 ⑥ 근무시간내의 작업 장소, 작업 자세, 작업 형태, 에너지 강도에 관한 시간 배분 ⑦ 생활시간 : 수면, 식사시간의 길이
5. 작업 장소, 작업 공간 ① 옥내, 옥외, 높은 곳, 지하, 해상, 장소, 오피스, 차량 등 ② 이동 범위(행동 범위) ③ 작업 공간, 설비 등의 배치, 치수 제원(평면, 입체), 책상과 의자, 밀도 ④ 주 작업, 주요한 부대 작업, 집중 작업에서 작업 공간 조건의 문제점 ⑤ 작업 자세(서든가 앉든가)와 시간 비율, 지속시간 ⑥ 다리공간, 팔걸이, 발판 등 ⑦ 동작 공간과 시공간의 크기 및 상호관계
6. 작업 환경 ① 온열, 기류, 환기, 조명, 휘광, 소음, 진동, 분진, 방사선 등의 공간 분포 ② ①의 시간 변동 ③ 작업자의 폭로시간 ④ 작업 방법의 차이에 의한 영향

또 같은 조건임에도 불구하고 사람에 따라 반응이나 행동은 같지 않다. 모든 작업자가 자신에게 적합한 일을 하고 충실감을 가지고 작업하는 것이 불안전 행동을 없애는 가장 좋은 방법이다. 따라서 적성 배치는 불안전 행동에 관한 관리 대책의 전제가 되는 문제이기 때문에 가볍게 넘길 수 있는 문제가 아니다.

적성은 연령, 성별, 기능, 법적 자격, 체력, 건강 등 이외에 지능, 지각, 운동 기능, 감정 안정성, 성격, 태도 등에 대해 신중하게 판단할 필요가 있다. 일반적으로 아래와 같은 내용을 고려하고 배치, 교육, 작업 지도를 하는 것이 요망된다.

① 지각의 움직임과 그것에 대응하는 반응 동작 속도의 균형이 취해지고 있는 것이 좋다.
② 감정, 정서가 불안정한 사람, 의지력이 부족한 사람은 사고를 일으키기 쉽다.
③ 자신(自信)의 과잉, 상대의 기분에 대한 공감성 부족, 적극적·공격적인 성격, 야무지지 못한 성격 등은 사고와 관계가 깊다.

또 교육 훈련, 지도를 해도 작업에 적응이 어렵다고 생각되는 경우에는 재배치가 필요하다(필요에 따라 전문가의 진단을 받게 한다). 건강 상태가 불량한 사람에 대해서도 일상적인 관리를 게을리 해서는 안된다.

PART 5

작업의 안전대책

01 작업방법에 의한 위험의 방지

1.1 작업 정보

1) 작업 정보의 중요성

작업 정보라고 하는 말의 의미는 넓다. 신규 고용자나 작업을 변경한 사람에 대해 가장 좋은 안전 교육은 구체적인 작업 정보를 주는 것이다. 또 작업 개시전에 행해지는 협의나 미팅에서 확인되는 작업의 진행방법과 진행순서도 안전에 관한 중요한 작업 정보의 하나다. 교육 내용이나 작업 요령, 작업 순서 등은 기본적인 작업 정보로서, 구체적으로 상대에게 이해시키도록 해야 한다.

또 작업중의 연락, 지시, 신호, 경보 등도 작업 진행에 관계되는 중요한 작업 정보이다. 그러나 정작 사고 사례를 살펴보면 갑작스레 현장에서 교환되는 정보 및 연락 미비 또는 착오에서 일어나는 재해·사고는 의외로 많다.

실질적인 사고 사례를 보면 오오사까의 조선소에서 수선 공사를 하던 중 외국국적의 기관실 내에 있는 소화 장치에서 탄산가스가 분출하여 산소 결핍에 의한 중대 재해가 있었다. 그 원인은 일본인의 조선소 직원과 그리스인 선원과의 사이에 주고받은 영어에 의한 통화 오해에 있었다.

후에 보도된 바에 의하면 일본인의 직원은 "This now FO tank valve test?" (지금부터 연료탱크의 테스트인가) 라고 말한 것이 상대는 Now를 No로 잘못 듣고, 다른 밸브를 검사하는 것이라고 믿어버렸다고 한다. 탄산가스 방사장치 쪽에 선원이 이동했을 때도 "Why you. It's not FO shut valve. That is emergency FO shut valve"라고 외쳤지만 상대는 '이것을 조작하라'라고 이해하여 조작하였다는 것이다.

자국민끼리 일하고 있는 보통 기업에서는 외국인 작업자와의 말의 문제로 문제가 생기지 않는다. 그러나 자국민끼리도 의사소통에 대해 적지 않은 문제가 있다는 것을 모두 알고 있다. 최근에는 점검 중에 공사를 하는 비정상적인 재해· 사고가 있지만, 작업에 관한 정보의 오보, 연락 불철저에 의한 것이 많다. 즉 작업 실시의 계획, 사양, 순서, 확인, 연락 방법 등이 명확하지 않고, 혹은 각 작업자에게 충분한 설명을 하지 않고 작업이 실시되는 경우가 많다.

정보는 전달이 끊어지거나 오해가 일어날 수도 있기 때문에 주도면밀하게 검토할 필요가 있다. 앞서 기술한 사고내역이다.

◉— 선내 기관실에 CO_2 분출, 산소 결핍 사망

시간	1985년 6월
장소	오오사까
피해	피해자 10명, 그 중 사망 6명

(개요)

수선 장소에서 조선소 내에 정박중인 외국 화물선의 선원이 갑판에 있는 탄산가스 방사장치의 레버를 조작했기 때문에 선내 기관실내 탄산가스 소화장치에서 탄산가스가 뿜어 나오기 시작했다. 실내에서 오버홀 작업중이던 작업자 10명이 산소결핍 상태가 되어 재해를 입었다.

(주요원인)

① 탄산가스 레버를 조작한 그리스 선원이 연료 긴급 차단밸브의 테스트를 하고 있는데 지나가던 조선소 직원이 영어로 말을 걸었다.

② 영어를 잘 모르는 선원은 다른 밸브 테스트가 지시된 것이라고 생각하고 근처의 탄산가스 방사 장치의 앞으로 이동하였다.

③ 조선소의 계원은 "무엇을 하고 있나, 아니야, 저것이 긴급 차단밸브야"라고 영어로 외쳤지만 선원은 "이것을 조작하라"라고 하는 줄로 알고 레버를 당겼다. 이 때문에 기관실에 CO_2가 분출하였다.

④ 탄산가스의 조작판에는 그리스어의 주의 표시가 있고 레버를 당기면 기관실에 CO_2가 분출하는 것을 직원도 알고 있었다.

2) 정보의 전달

정보가 사람에게 전달되어도 그 사람이 지각하지 못하면 아무런 도움이 되지 않는다. 입력 정보의 크기가 과대하거나 과소해도 정확히 지각할 수 없다. 또 정보량도 인간의 정보 처리 능력에 따라 다르게 나타난다. 인간이 처리할 수 있는 용량은 시각, 청각 모두 2~3 비트/초 정도이지만 동일한 정보를 동시에 시각, 청각으로 보내주면 처리 능력이 증대하기 때문에 중요한 정보는 보는 동시에 들리도록 하는 것이 좋다. 그러나 입력 정보량이 과다하게 되면 정확한 정보처리가 불가능한 것은 전술한 스리마일섬의 예에서 본 바와 같다.

정보 전달의 방해에 관해서도 고려할 필요가 있으며, 필요한 신호에 대해 잡음이 큰 경우 즉 S/N비(신호-잡음비)가 나쁜 정보는 오판이나 착각을 많이 발생시킨다. 전화나 마이크로폰, 스피커를 사용해 정보 전달을 할 때는 소음이 수거되거나 명료도가 좋은 것을 사용하는 것이 좋다.

이 밖에 작업 정보에 대해 중요한 점은 내용이 불명료하고, 틀리기 쉽고, 복잡한 점이 있으면 매우 곤란하고 대단한 위험을 초래할 우려가 있다는 것이다. 정보 전달 오류가 많은 케이스로서 다음과 같은 예가 있다.

표 1.1 • 인적 에라를 방지하기 위한 작업정보의 연구

인적에러	작업정보의 연구
인지, 확인	① 정보의 크기를 적절하게 한다. ② 신호가 명료하다. ③ 신호의 S/N비를 적절하게 한다. ④ 신호가 복잡하지 않게 한다. ⑤ 정보의 그룹화가 좋다.
판단	① 정보에 대한 부족 및 준비부족이 없어야 한다. ② 정보가 과다하지 않게 한다. ③ 정보의 의미가 명료하게 한다. ④ 작업자의 교육 훈련이 되어 있다.
조작	① 정보내용이 작업에 적절하다. ② 정보의 표시 장소가 좋다. ③ 정보의 표시 방향이 좋다.

① 월, 일, 시각 등의 수치를 잘못 듣는다. 3과 4, 0과 9 등
② 긍정(이다)을 부정(아니다)으로 잘못 듣는다(역의 것도 있다) – 소음으로 어미를 알아듣기 어렵기 때문에
③ 수치를 잘못 봄 – 3과 8, 0과 6, 1과 7 등
④ 오른쪽과 왼쪽을 잘못 봄 – 사람의 방향에 따라 오른쪽과 왼쪽의 방향은 다르다. 작업 정보에 관련되어 발생하는 인적 실수를 막기 위한 정보전달에 관하여 연구해야 할 사항을 표 1.1에 나타냈다. 이것은 빛, 소리, 기호, 표시, 게시, 문서 등 모든 정보 수단에 대해 유의해야 할 점들이다(정보 수단에 따라서는 같은 표의 항목에서 불필요한 것도 있다).

1.2 작업 자세

1) 손 · 발의 동작과 작업 자세

하지는 두 다리로 자세를 유지하고 보행의 역할을 한다. 우리들의 몸통과 상지는 하지에 지탱되어 다양한 자세와 동작이 가능하지만 특히 몸통을 굽히거나 뒤로 젖히는 작업에는 선 자세가 적합하다.

상지는 정교하고 빠른 동작을 해야 할 필요가 있으므로 관절이나 근육은 굴곡에 적합한 구조와 기능으로 되어 있다. 특히 손은 매우 복잡 기묘하며 자유로운 운동을 할 수 있다.

일반적인 사람의 작업은 손의 기능에 의한 것이 많이 있지만, 큰 근력을 내서 지속적으로 힘을 유지하는 작업은 손에 맞지 않는다. 육체 노동에는 하지의 근육을 이용하고 상지는 도구의 키잡이 역할을 하는 것이 손과 발의 본래의 역할 배분이다.

또 손의 동작영역은 대단히 넓지만 사지를 빈번하게 수평 이상으로 올리면 어깨 관절과 어깨 갑골을 고정시키기 때문에 관절근육이 지속적으로 수축하고 국소 피로가 증가한다. 상지를 지속적으로 사용하는 경우는 팔꿈치를 몸 측에서 40° 이상 떼어 놓지 않도록 한다. 이 팔꿈치의 위치를 중심으로 하여 손의 최적 동작영역이 정해지게 된다.

2) 선 자세와 앉은 자세

대표적인 작업 자세에는 선 자세와 앉은 자세가 있지만 어느 쪽이 과연 피곤하지 않을 것인가. 작업은 앉아서도 서서도 가능한 것이 가장 피곤하지 않다. 앉은 자세가 편하고 서있는 편이 피곤하다고 생각되기 쉽지만 그것은 하지의 경우이고 상체는 서 있는 쪽이 자연스럽고 편하다. 그러나 장시간 선자세로 작업을 하고 있으면 하지의 피로가 심해지기 때문에 작업 공정상 어쩔 수 없을 때만 한정하는 것이 좋다. 또 장시간 근력의 정적 긴장에 의해 피로가 증가하는 자세는 금물이다.

선 자세의 경우 작업점의 높이 및 몸통에서의 거리는 그림 1.1과 같이 적절하게 정할 필요가 있다.

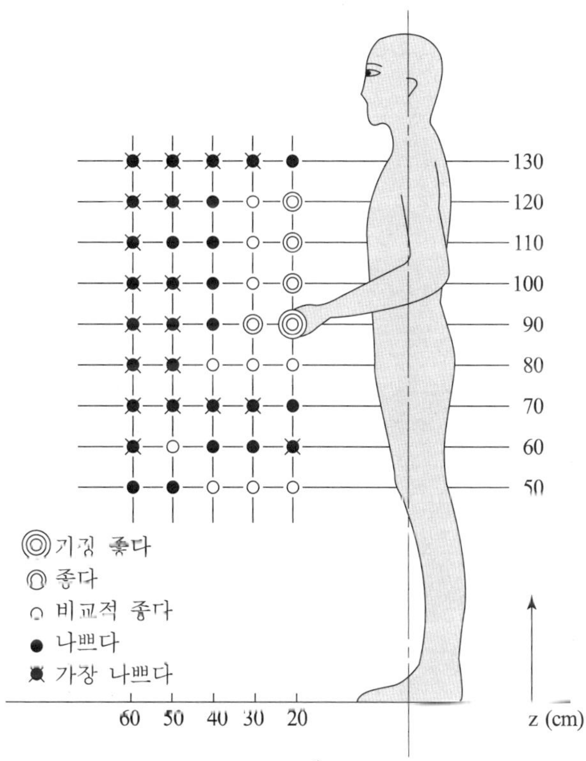

여자의 경우는 5cm 작게보고 읽으면 된다.

그림 1.1 서 있을 때 작업점의 선택법

작업 시간이 긴 경우는 의자에 걸터앉은 자세가 적합하지만, 의자와 책상과의 관계는 다음과 같이 조절하는 것이 좋다(그림 1.2 참조).

① 몸의 움직임 특히 머리, 팔, 손, 발을 움직이게 하기 위한 충분한 공간을 확보하는 것이 필요하다.

② 좌면, 작업면, 책상은 자세를 세워서 체중을 적당하게 유지하고 팔상부를 몸에 붙여 수직으로 했을 때 앞 팔이 거의 수평이 되도록 조절한다.

③ 작업의자는 작업자 개개인에 맞게 준비한다.

④ 작업점과 안구와의 거리를 대략 명시거리(약 30 cm)가 되도록 한다(중년과 노년은 개인차가 있다).

⑤ 의자의 바람직한 조건은 다음과 같다.

· 좌석의 깊이는 지나치게 깊으면 좋지 않다.

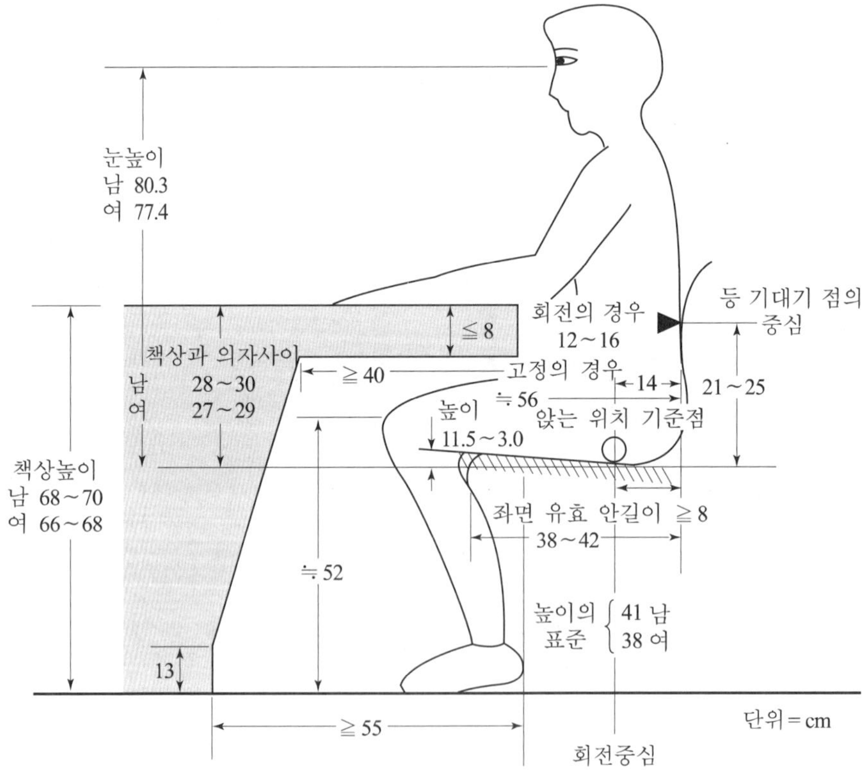

그림 1.2 작업용 의자와 책상의 치수

· 좌면의 높이는 38~41 cm 정도가 좋다. 지나치게 높은 것은 안된다.

· 좌면이 뒤로 지나치게 기울어져 있는 것은 피곤해지기 쉽다.

· 등 기대기가 제4요추(벨트의 근처)를 확실히 지지하는 구조의 것이 좋다.

· 좌면의 주위가 딱딱하고 중앙부가 부드러운 것은 좋지 않다.

· 좌면의 진단부가 대퇴의 뒤쪽을 강하게 압박하는 것은 특히 좋지 않다.

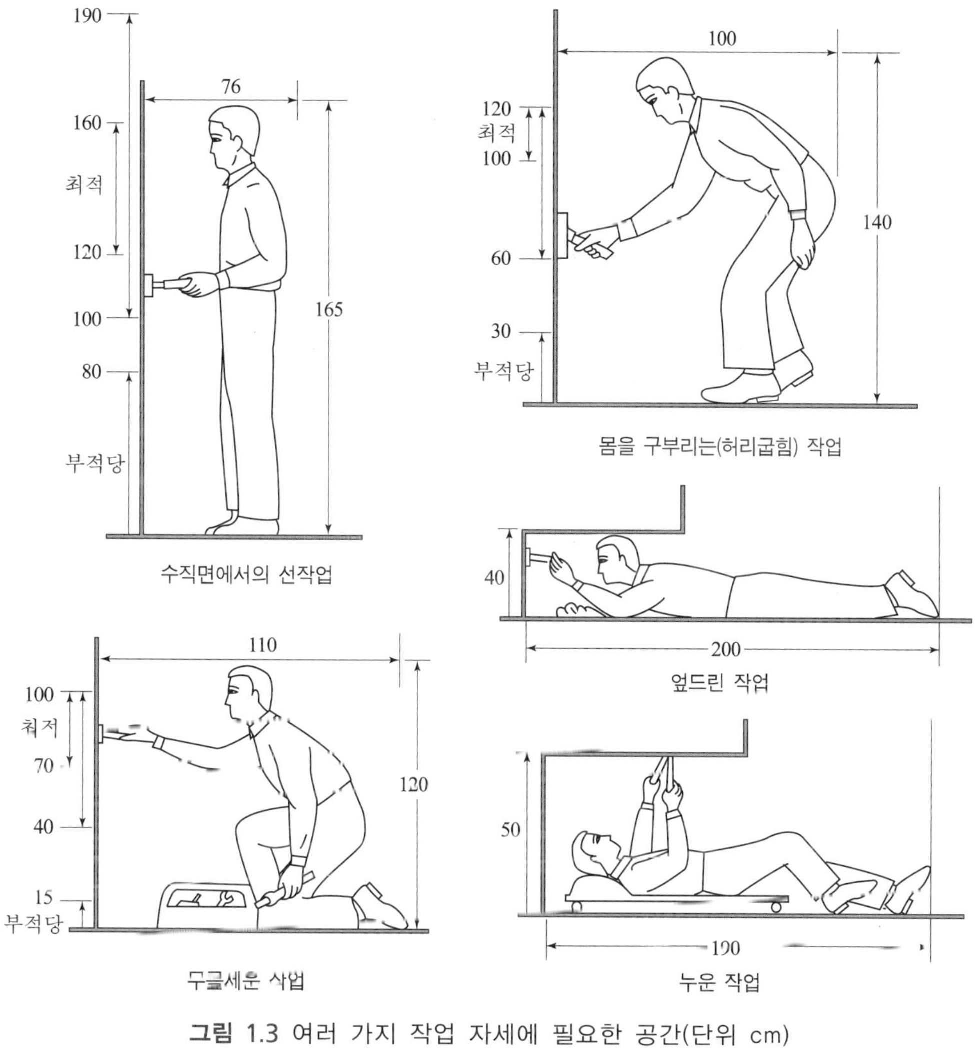

그림 1.3 여러 가지 작업 자세에 필요한 공간(단위 cm)

3) 자세에 의한 부담

가장 적합한 작업 자세는 안정된 동작을 계속하고 불필요한 동작이나 흐트러진 동작을 배제시키기 때문에 불안전한 행동을 방지하기 위해서도 중요하다. 그러기 위해서는 생체의 부담이 작고, 작업 요구에 따라 손발의 우수한 동작 특성을 발휘할 수 있는 자세이어야 한다.

상지의 자유로운 동작이나 하지에 의한 이동에는 선 자세가 좋다. 선 자세에서 누운 자세까지의 사이에 허리 굽힘, 무릎 굽힘, 의자자세, 선자세, 땅에 앉은 자세와 여러 가지 중간 자세가 있지만 자세가 낮아지는데 따라서 안정성은 증가하지만 동작범위는 좁아지고 이동하기 위해서 일어서는데 시간이 걸린다.

가장 알맞은 작업 자세는 자연적인 선 자세(똑바로 선 자세)와 의자 자세인데 앞으로 구부린 선 자세 혹은 발끝서기의 선 자세에서는 국소 피로가 일어나기 쉽고 단시간밖에 작업할 수 없기 때문에 비계의 설치라든지 작업점의 위치 개선이 필요하다.

이에 각종 작업 자세에 필요한 공간 치수(신장은 165 cm로 한 경우)를 그림 1.3에 나타내었다.

1.3 작업 동작

1) 합리적인 작업 동작

작업의 기본 동작이 룰에서 일탈하거나 흐트러지는 것은 불안전 행동의 원인이 된다. 각 동작 사이에는 좋은 밸런스의 확립을 지속하는 것이 중요하며, 동작의 범위, 강도, 속도, 페이스는 서로 조정하여야 한다. 또 동작의 타이밍은 작업자에게 쉬운 것으로 할 필요가 있다.

작업 동작에 관해서는 길브레스(F. Gilbreth)가 주장한 후, 동작 경제와 능률의 관점에서 연구되어 왔는데, 여기에 유명한 동작 경제의 원칙을 제시하였다. 이것은 바네스(R. Barnes)의 원칙을 약간 수정한 것이다.

(1) 작업 동작

① 신체의 중심은 가능한 한 이동을 적게 한다.

② 양손은 동시에 가능한 한 반대 방향으로(대조적으로) 움직이게 한다.

③ 동작시 손이 움직이는 범위는 그다지 넓게 하지 않는다.

④ 동작의 방향 전환은 급변시키지 말고 원·호의 모양과 같이 매끄럽게 한다.

⑤ 긴급적, 반사적인 동작은 손이라면 당기는 방향, 발이라면 펴는 방향에서 세트한다.

⑥ 물건을 움직이게 하는 경우 부하를 작게 하기 위하여

a. 마찰력을 작게 한다.

b. 중력, 사면 등을 이용한다.

c. 우력(偶力)을 이용하는 등의 연구를 한다.

⑦ 동작이 가능한 부분에 대해 기계로 바꾼다.

⑧ 손끝의 작업점은 심장의 높이보다 지나치게 높지 않고 너무 낮지 않도록 한다.

⑨ 동작 거리는 가능한 작게 한다.

⑩ 신체 각부의 위치가 자연의 위치에서 그다지 벗어나지 않는 동작을 구성한다.

(2) 작업

① 공구나 재료는 정 위치에 둔다.

② 재료며 공구, 기계의 조작 부분은 정상 작업범위에 가능한 한 작업자의 앞면에 배치한다.

③ 물건의 인력 이동에는 상하 이동을 피하고 수평 이동으로 하다

④ 물건의 이동에는 중력을 이용한다.

⑤ 재료나 공구는 동작에 가장 좋은 위치에 둔다.

⑥ 작업에는 가능한 한 의자를 제공하고 서거나 앉기 쉬운 높이로 한다.

⑦ 작업이 성질에 적합한 채광 및 조명으로 한다.

⑧ 온도, 습도 및 통풍을 적당하게 유지한다.

(3) 설비·공구

① 손으로 하는 작업은 가능한 한 지그, 설치기구 또는 발 움직임 장치에 의해 할

수 있도록 한다.

② 가능한 한 일반적인 도구를 사용하지 말고 전용도구를 사용한다.

③ 두 개 이상의 공구는 가능한 한 하나의 공구로 조합한다.

④ 공구 및 재료는 사전에 정해진 위치에 있도록 해 둔다.

⑤ 손가락으로 조작하는 기계는 손가락 작업 능력에 따라 부하를 배분하도록 설계한다.

⑥ 상당한 힘이 필요한 핸들은 손바닥이 가능한 한 넓게 접촉하도록 설계한다.

⑦ 레버나 핸들, 호일은 가능한 신체 위치를 바꾸지 않고 기계적으로 가장 좋게 조작할 수 있는 위치에 붙인다.

2) 불안전한 일상적인 동작

불안전 행동 원인 및 배후에 관해서는 이미 상세히 설명하였다. 사전에 위험이 예상되는 작업이나 임시적인 비정상 작업에서는 사전 대응이 검토되고 신중한 행동이 행해지지만, 일상적으로 반복되는 동작에 관해서는 별로 위험 의식을 갖지 않는 것이 일반적이다. 다음에 일상적 동작에서의 불안전성에 대해 서술하였다.

(1) 무리한 힘

작업중에 필요한 힘은 작업자의 신체적인 능력을 절대 넘어서지 않도록 하는 것이 중요하다. 그림 1.4는 최대 근력의 50% 및 30% 무게의 짐을 가지게 했을 때 지구력의 특성을 나타내고 있다. 1~2분 만에 근육에 아픔을 느끼게 되는 것을 알 수 있다.

근력보다 강한 힘이 필요하면 힘의 보조장치(예 : 윈치, 체인블록 등)나 용구(예 : 지레, 발 등)를 사용한다. 기타 유의할 사항은 다음과 같다.

① 큰 근력을 필요로 하는 작업에서는 정교함을 요구하지 않는다.

② 같은 근육의 정적인 긴장을 장시간 지속시키지 않는다.

③ 손은 주로 굴곡 근육 쪽을 사용하는 것이 좋다.

④ 발은 주로 신전 근육을 사용하는 것이 좋다.

⑤ 손발의 사용 배분을 적당하게 한다. 한쪽의 부담이 많지 않도록 한다.

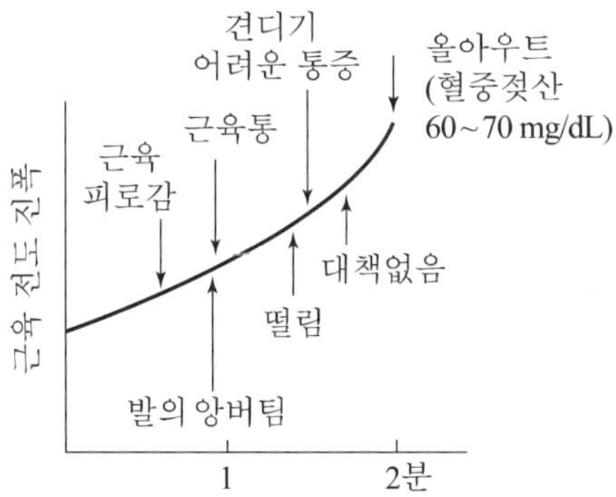

(a) 최대근력비 50%의 지구

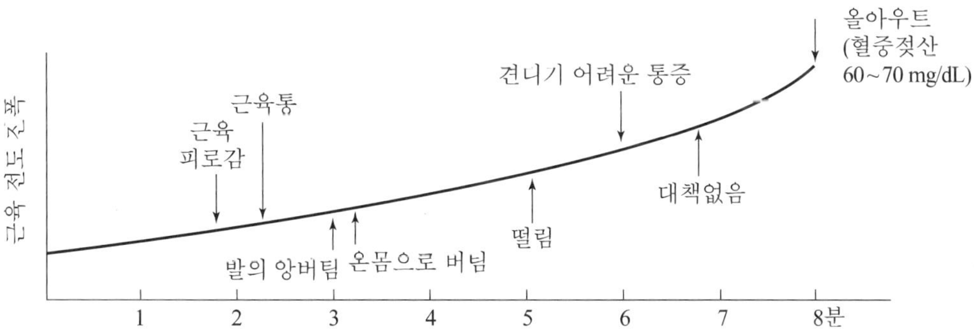

(b) 최대근력비 30%의 유지

그림 1.4 정적인 근육피로의 시간적 경과

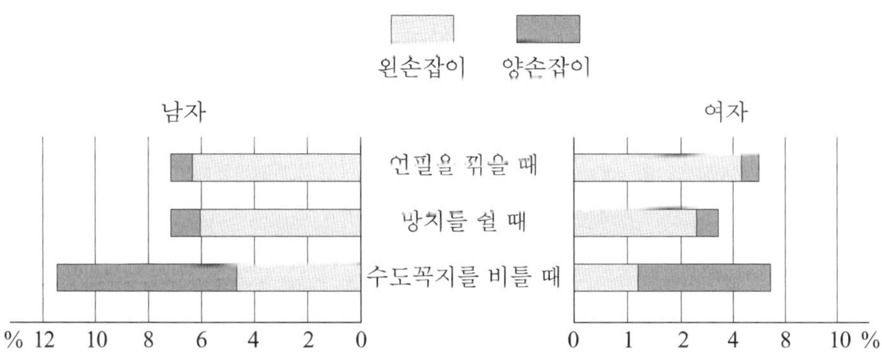

그림 1.5 성인의 왼손잡이, 양손잡이의 비율

(2) 쥐다, 틀다

작업중에는 몇 번이고 여러 가지 것을 쥐거나 틀면서 일을 한다. 물건을 쥐기 쉽게 하는 것을 좌우하는 것은 물건의 형태와 크기이며 조작하기 쉬움과 낼 수 있는 힘의 크기에 관계한다. 비트는 동작은 사람의 버릇과도 관계한다(그림 1.5 참조). 기기를 잡는 위치와 비트는 방향은 원활하고 또한 오류가 없도록 설치할 필요가 있다.

① 손 전체로 쥐는 경우 가장 쥐기 쉬운 치수를 취한다.
② 다이얼 등의 손잡이는 큰 힘이 드는 경우 직경을 크게, 정밀한 조작의 경우 직경을 작게 한다.
③ 그림 1.6과 같이 표시판의 지침이 상하로 작용하는 기기의 회전 손잡이는 (2)의 위치가 가장 좋다.

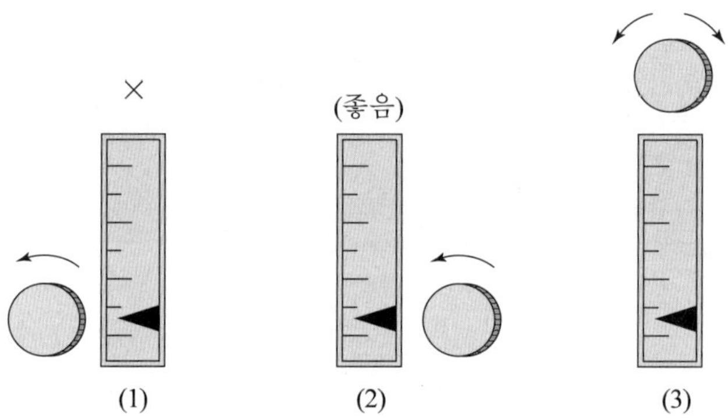

그림 1.6 지침의 움직임과 손잡이의 위치

④ 비틈(돌리는) 방향은 반드시 표시한다.
⑤ 비튼 후의 효과(상태)를 알 수 있는 조작구의 형태, 색표시를 반드시 고려한다(가스밸브의 코크, 손잡이의 색 등).

인간공학자인 오오시마 박사는 손잡이의 조건을 표 1.2와 같이 정리하였다.

표 1.2 • 손잡이가 갖추어야 할 조건

① 촉각에 의해 용이하게 식별이 가능하게 할 것
② 필요한 조작력에 대해 적당한 크기일 것
③ 미끄러짐이 적은 것일 것
④ 손이 빠질 우려가 없을 것
⑤ 방향성을 한정할 것
⑥ 조작 방향 전부에 대해 검토되어 있을 것
⑦ 손가락에 상처 입히지 않는 것일 것
⑧ 위치에 따라 어떤 범위로 움직였는가를 알 수 있게 할 것
⑨ 장갑의 사용도 고려할 것
⑩ 조작하는 작업에 위험을 동반하는 경우 커버 등을 붙일 것

(3) 누르기, 잡아당기기

텔레비전의 온·오프 손잡이는 잡아당기는 것인지, 돌리는 것인지 보는 것만으로는 모르며, 승용차의 니크롬 라이터의 손잡이도 마찬가지이다. 잡아 당겨 스타트하는 손잡이도 있고, 눌러서 스타트하는 것도 있다. 현장에서 이러한 방식이 무질서하게 존재하면 깜빡 실수를 하거나 긴급시 에러 등의 원인이 되기 때문에 통일된 표시가 필요하다.

작업중에 작업자가 누르거나 기대거나 끌어당기거나 하는 힘에 충분히 견딜 수 있는 울타리, 난간 등을 설치해 둬야 한다. 문짝에도 여닫이 문과 미닫이 문이 있다. 인간은 오른손잡이가 많기 때문에 문을 미는 방법에는 문의 형식과 노브의 위치에 따라 아래와 같은 패턴이 있다.

① 한쪽 여닫이 도어에서는 노브를 마주 봤을 때 오른쪽에 있으면 미는 사람이 많고 잡아당기는 사람은 적다. 노브가 왼쪽에 있으면 미는 사람이 적고 잡아당기는 사람이 많다.

② 양쪽 여닫이 도어를 마주 보았을 때 오른쪽의 노브를 쥐는 사람이 많다.

③ 미닫이 문에서는 마주 보았을 때 왼쪽의 문을 오른쪽으로 잡아 당겨 여는 사람이 많다.

이 경향을 알고 여는 방법을 표시하여 두지 않으면 급할 경우 마주쳐서 충돌할 위험이 있다.

(4) 굽히다, 올라타다

작업중에 웅크리거나 엉거주춤한 자세가 되는 경우는 대단히 많지만 이런 자세를 지속적으로 수행할 경우 피곤해지기 쉽고 세월이 흐르면 요통이 되는 경우도 있다. 작업개선이 진행되고 있는 직장에서는 나쁜 자세로 행하는 작업이 남아 있는지 아닌지로 개선의 내용을 판단할 수 있다.

중량물을 들어 올리는 경우 표 1.3과 같이 허리에 드는 힘은 상상을 초월한다. 중량물이 아니어도 바닥 위의 물건을 몇 번이고 작업대 위에 들어 올리는 동작을 반복하는 것은 대단한 중노동이다. 굽히는 자세는 가능한 한 없애도록 공정이나 작업 방법을 개선하여야 한다. 또 현장에서는 보행에 의해 걸려 넘어지거나, 미끄러지는 등의 원인이 되는 경우도 자주 있다.

일반적으로 바닥면에서 높이 20 cm 정도까지는 비교적 넘기 쉽지만, 그 이상 특히 40 cm 이상이 되면 어려워진다. 홈 뚜껑이 없는 작은 도랑 등도 위험하다.

작업장 내에서는 넘는 자세가 불필요하도록 환경개선이 필요하다. 따라서 장애물을 넘는 것에 대한 대책은 중년과 노년자의 안전 대책으로서 중요한 과제이다.

표 1.3 • W kg의 중량물을 운반할 경우 허리에 드는 힘(kg)

동작		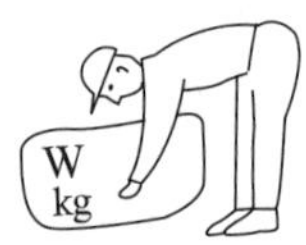
1. 허리를 구부린다	0	$\left(\text{체중}\times\frac{1}{2}\right)$
2. 들어 올린다	W	$\left(\text{체중}\times\frac{1}{2}\right)+W$
3. 이동한다	W	W
4. 두다	W	$\left(\text{체중}\times\frac{1}{2}\right)+W$
5. 허리를 일으킨다	0	$\left(\text{체중}\times\frac{1}{2}\right)$
계	3W	(체중×2)+3W

1.4 작업 순서

1) 작업 순서와 작업 표준

규칙에서는 교육 과목에 신규 고용자의 작업 순서에 관한 것이 규정되어 있고, 일반 작업자의 교육에도 작업 순서 방법을 과목에 넣을 것을 규정하고 있다. 그러나 작업 순서가 어떤 것인가는 표시하고 있지 않다.

사업장에서는 작업시 주의사항, 작업요령, 작업기준, 작업표준, 작업메뉴얼 등 여러 가지 명칭의 것이 있고 자세히 살펴보면 작업자 한 사람 한 사람에게 부여된 것, 또는 직장 전체에 배부되어 있는 것 등 여러 가지 지시사항이 많다. 작업시 주의 사항은 사업장 내의 작업 일반에 관한 금지 사항과 작업 실시에서의 마음가짐 등이 주요 내용이다. 작업 요령도 이것과 비슷하지만 작업 실시 방식에 대한 설명이 많이 들어 있다. 주요 작업에 대해서는 규칙에서 발췌한 내용이 적혀 있다. 작업 기준은 이들과 비슷한 것도 있지만 오히려 다음에 설명하는 작업 표준 혹은 작업 순서와 같은 것이 많다.

작업 표준은 어떤가. 이 말은 본래가 품질 관리 용어이다. 「작업 표준(operation standard, process specification)이란 「작업조건, 작업방법, 관리방법, 사용재료, 사용설비 기타 주의사항 등에 관한 기준을 규정한 것을 말한다」 라고 되어 있다.

안전을 위해서 필요한 작업 관리상의 기준과 같은 것으로 생각되지만 작업자를 위한 것은 아니고 제품의 품질을 균일화, 표준화하기 위한 것이라는 점이 다르다. 작업자를 위한 규정이라면 사람이 관계하는 모든 단계에서 작업의 안전을 확보할 수 있는 기준을 정하고, 각 작업자에게 교육할 수 있는 내용이 정리되어 있어야 한다.

회사에는 여러 가지 표준이 있는데 기술에 관한 표준, 작업에 관한 표준 등이 있으며, 각 작업자에게 주어져야 할 작업 순서의 각 특성을 비교하면 표 1.4에 나타낸 바와 같다.

표 1.4 • 각종 표준과 작업 순서의 비교

명칭	의미	라인관리자, 기술자용	감독자용	작업자용
기술표준 공정사양서 제조규격	생산하는 물건이 대상이며 특히 필요하다고 생각되는 공정마다 품질에 영향을 미친다고 생각할 수 있는 기술적 원인에 대하여 그 요구 조건을 규정하는 것으로 작업 표준의 기본이 되는 것	◎		
작업표준 작업지도서	기술 표준의 요구 조건을 만족시키는 동시에 작업의 안전, 품질, 능률, 원가 등의 결정을 위해 정리 작업 또는 단위 작업마다 사용재료, 사용설비, 작업자, 작업조건, 작업방법, 작업의 관리, 이상시의 조치 등을 규정한 것		◎	○
작업순서 동작표준 작업지시서 작업요령	작업 표준의 지시를 받고 단위 작업 또는 요소 작업마다 사용재료, 사용설비, 사용치 공구, 개개의 작업자가 해야 할 동작, 작업상의 주의 사항, 이상 발생 시의 감독자에의 보고 등을 규정한 것		○	◎

작업 순서를 실무적으로 설명하면 다음과 같이 말할 수 있다. 이른바 정리작업(크레인 짐묶기 작업, 포크 리프트 운전작업과 같은 유형)의 내용을 주요한 스텝으로 분해하며, 작업을 진행시키기 위해 가장 좋은 순서로 늘어놓고 각 스텝마다 중요사항(안전, 하기 쉬움, 실패 없음)을 덧붙인 것이다. 따라서 작업순서는 작업자가 가장 바르게 작업을 진행시킬 수 있는 순서로 생산, 품질, 안전면에서 가장 좋은 작업 방법을 나타낸 것이다.

간단한 작업 순서의 예는 표 1.5와 같다. 최근에는 작업 매뉴얼이라고 하는 말도 사용된다. 이것은 「작업 방법의 안전화 등을 도모하기 위해 작업 조건, 작업 방법, 작업 관리, 작업 순서 등을 내용으로 한 작업 입문서」를 말한다(안전용어사전). 그러나 실제로는 감독자용으로 쓰인 것이 많고 작업자 한 사람 한 사람을 염두에 두고 직장내에서 만든 내용은 아니다.

작업 순서란 작업자에게 있어서 대단히 구체적인 내용으로, 단순한 작업 지시가 아니다. 작업순서는 작업자가 불안전 행동을 일으키지 않고 작업이 가능하도록 각자에게 주는 안전한 작업 절차(safe job procedure)이며, 작업자는 이대로 일을 하면 재해를 일으키는 일이 없다는 확신을 가지고 규칙을 보완하는 기능을 갖는다고 해도 좋다.

따라서 작업순서는 작업자에게 세세한 부분까지 나타낸 가장 구체적인 규칙이며 절대로 위반해서는 안되는 원칙이다. 설계 값에서 허용 오차를 인정하는 표준 값이라고 하는 개념은 여기에는 없다.

표 1.5 • 작업 순서의 예(1)

항목		동작순서 (주요스텝)	급소(포인트)
준비	1	복장 점검을 한다	
	2	와이어로프, 매다는 기구의 점검을 한다.	1. 매다는 짐에 맞는 와이어로프를 선정한다. 2. 점검기준에 의해 점검한다. 3. 장갑을 착용
	3	작업 지시서 확인	지시서와 원물을 확인한다.
	4	크레인을 부른다.	신호동작은 크게 명확하게
짐묶기	5	후크 감아내리기의 신호를 한다.	1. 짐에서 떨어진 위치에서 2. 후크를 짐의 중심위에
	6	와이어로프를 건다.	1. 매다는 짐의 중량, 중심을 생각하여 2. 후크가 매다는 짐의 중심위에 있는가를 확인 3. 짐 무너짐에 주의하고 로프를 건 위치에서 미끄러지지 않는가를 확인
	7	후크에 와이어로프를 건다.	1. 비틀리지 않도록 한다. 2. 후크의 중심에 건다. 3. 발 밑 주의
	8	후크를 매다는 짐의 중심으로 유도한다.	정확하게
감아올리기 유도	9	조금 감아올린다.	1. 와이어로프의 거는 위치가 바뀌지 않도록 지탱한다. 2. 손이 끼지 않도록
	10	일단정지의 신호를 한다.	1. 매다는 짐이 기울어져 있지 않은가를 확인 2. 매다는 짐이 평균이 아닐 때는 다시 매단다.
	11	대피한다.	짐이 좌우 유동, 낙하 때 안전한 장소로 대피
	12	감아올림의 신호를 한다.	1. 안전한 높이로(바닥위 2 m 정도로) 2. 매다는 짐이 다른 물건에 닿지 않는지 주의한다.
	13	목적 장소로 유도한다.	1. 매다는 짐의 아래 통로에 작업자가 없는 지를 확인한다. 2. 행선을 분명히 지시한다.
감아내리기		이하 생략	

2) 작업 순서의 구비 조건

(1) 작업 실정에 맞을 것

나중에 기술하겠지만 작업 순서는 감독자가 관리하는 작업장에서 행해지는 각종 정리작업(짐묶기작업, 포크리프트 운전작업 등과 같이 분류된 것을 말한다)마다 만들어지는 것이다. 따라서 그 대상 작업의 목적, 난이도, 위험성, 적정 속도, 다음 공정에서의 작업과의 관련 등 작업에 요구되는 조건에 충분히 적합하고 또 실행할 수 있는 것이어야 한다.

(2) 표현이 구체적일 것

작업 순서를 지키는 대상자는 일반 작업자이다. 난해한 용어, 미사어구, 추상적인 표현은 일절 금물이며 읽는 사람에 따라 이해가 다르지 않도록 수치로 표현할 수 있는 것은 숫자로 나타내는 것이 좋다.

(3) 안전의 포인트를 빠트리지 말 것

안전의 포인트란 작업 순서의 대상이 되는 작업에 대해 각 단위 동작마다 불안전한 동작 및 불안전한 상태를 일으키지 않도록 하기 위해 지켜야 할 중요사항이다. 물론 과거에 발생한 재해·사고, 아차사고 체험이 있으면 이것에 대한 직접 원인 및 기본 원인을 해소시키는 중요사항을 반드시 써 넣어야 한다.

(4) 지나치게 상세하지 않을 것

대상 작업은 일반적으로 준비 작업, 본체 작업, 뒤처리 작업과 같은 단위 작업마다 많은 스텝으로 분해할 수 있다. 너무 세세하게 분해하고 슬로우비디오를 보고 있는 것과 같이 간단한 단위 작업이 지나치게 상세하게 분해되는 것은 금물이다. 자동화가 진행되어 여러 대를 가진 작업장에서는 한 사람이 10여대의 기계를 담당하기도 한다. 방대한 작업 순서가 주어져도 숙지할 수 없기 때문에 결국 지키지 못하였다는 사례도 종종 있다.

잘 알고 있는 것은 장황하게 쓰지 말고 표현은 간결하게 도면이나 일러스트를 효과적으로 사용하는 등의 배려가 필요하다.

(5) 이상시의 조치에 대해 정해 둘 것

순서도의 스텝은 작업이 정상적으로 진행되는 순서로 쓰인다. 그러나 이상이 발생했을 때 신속하고 정확하게, 안전하게 조치할 수 없었기 때문에 일어난 재해가 적지 않다. 평소에 실제로 훈련하는 것도 어렵고 페이즈 IV가 되기 쉽기 때문에 위험도도 높다. 과거의 사고, 아차·깜빡 실수에 대한 체험에서 발생을 예상할 수 있는 이상에 관한 조치사항도 순서 속에 꼭 넣도록 한다.

(6) 다른 규정과 상반되지 않을 것

법령, 사내 각종 규정, 다른 규준이나 표준에 위반하지 않는 것은 당연하다.

3) 작업 순서의 작성 방법

(1) 감독자의 주도

작업 순서를 작성하는 주 책임자는 직장 등의 감독자이다. 감독자는 작업 순서에 대해 전체 작업의 범위를 정하는 동시에, 그 중 단위 작업(요소 작업)에 관해서도 작성하여 둔다.

(2) 작업 분석

감독자는 그룹의 대표자 또는 관계 작업자의 의견을 들으면서 작업 분석을 단위 작업마다 스텝(단위 동작)으로 분해해 나간다. 실제로 작업을 하고 있는 작업자에게 참여의식을 강하게 갖게 함과 동시에 안전 교육을 실천하는 현장이 되도록 마음을 기울인다. 스텝으로 분해해 나가는 도중에 지금까지 동작의 결함 시정, 안전 확보에 필요한 배려 사항이나 조치에 관한 의견도 많이 내도록 한다. 필요하면 안전 스태프도 협의에 참가하도록 한다. 이 분석에는 작업 분해 시트를 사용해 기록하는 것이 좋다.

(3) 작업 순서안의 작성

작업 분석 결과를 정리하면서 순서를 완성시킨다. 이 경우 유의 사항은 다음과 같다.

① 스텝의 수가 지나치게 많아서는 안된다.

② 불필요하다고 생각되는 스텝은 생략한다.

③ 스텝의 순서는 작업이 가장 원활하게 진행되도록 한다.

④ 각 스텝의 동작은 무리가 없는 위치, 자세로 행할 수 있도록 작성한다.

⑤ 필요하면 작업자의 실연(實演)도 섞어가면서 검토한다.

⑥ 주요 스텝의 중요사항에 관해서는 작업자 전원이 납득할 수 있을 때까지 검토한다. 서둘러 결론을 내어도 지켜지지 않을 가능성이 있기 때문이다.

⑦ 중요사항의 목표는 안전, 하기 쉬움, 실패가 없다는 점에 있다.

⑧ 순서안이 작성되면 그 내용에 따라서 시행해 본다. OK 되면 결정한다.

(4) 작업 순서의 결정

① 작업 순서안이 정해지면 감독자는 상사에게 설명하고 문장, 양식 등을 조정한다.

② 최종안이 정해지면 소정의 절차에 의해 결재를 받고 최종 결정한다.

표 1.6은 직장내 전원이 검토하여 작성한 작업 순서의 예이다. 서로 지혜를 모아 중요한 사항을 주의 깊게 적어 넣고 있다.

4) 작업 순서의 개선

기술은 점점 진보하기 때문에 작업 설비나 작업 환경도 이것에 대응할 수 있도록 자주 변경해야 한다. 이렇게 할 경우 작업 순서도 변하기 때문에 반드시 순서와 관련된 내용도 고려하여 변경할 필요가 있다. 공장을 방문했을 때 작업 순서서나 매뉴얼은 두툼하고 훌륭하게 만들어져 있으나 몇 년 전에 제정된 그대로인 예가 많다.

작업순서의 관리 책임을 감독자에게만 맡겨버리고 부하직원이 무관심하게 대처하기 때문에 작업 순서의 의의가 이해되지 않고 실행되지 않는 경우가 상당히 많다. AT(자동)차의 드라이버에게는 AT차의 조작 순서가 필요한데 MT(스틱)차의 순서밖에 넘겨져 있지 않은 예와 같다.

작업 순서를 매년 1회 수정보완하기로 정한 사업장도 있지만 다음과 같은 경우 즉시 재고할 필요가 있다.

표 1.6 • 작업 순서의 예(2)

년 월 일 제정 · 개정			
과명		라인명	N2
작업명	글라인더 숫돌의 교체작업(앵글글라인더)		

과장	제조장	작업장

빈도		인원 시간		사용 공구		사용 재료		보호구	보호안경 방진마스크 가죽장갑

번호	순서	번호	순서

대형앵글(G-7)형

1-1 숫돌을 부착한다.

① 아래 약도와 같이 숫돌 교체대의 장소를 세트하고

② 화살표의 순으로

③ 스킬터치는 홀더를 부착하고(레지노이드 오프세트는 사용금지)

④ 육각렌치로 조인다.

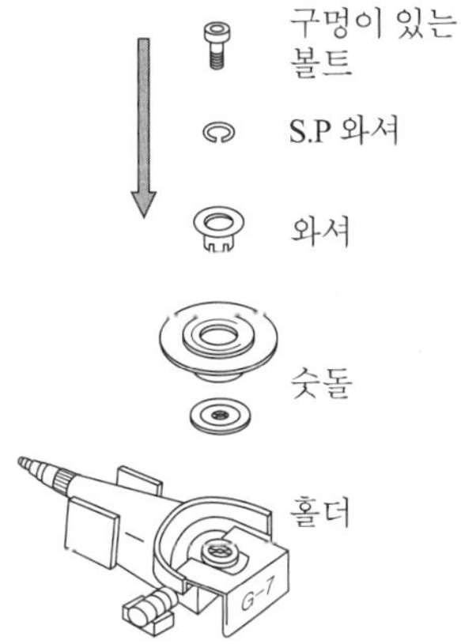

소형앵글(G-4형)

1.2 숫돌을 부착한다

스패너의 고정방법은 아래 그림과 같다.

2. 숫돌의 시운전을 한다.

① 숫돌의 교체대 소정의 장소에서

② 에어호스를 잇기 전에 「OFF」를 확인하고 나서

③ 보호안경을 착용하고

④ 에어호스를 잇고

⑤ 시험상자에 넣어 서서히 회전 상승시켜

⑥ 풀회전으로 3분 이상 한다.

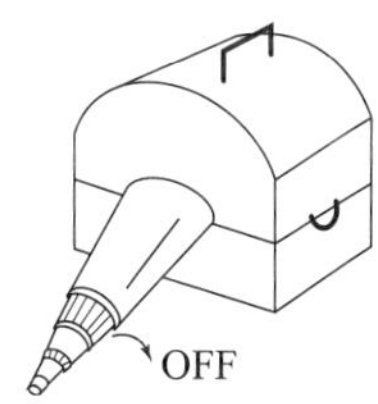

3. 글라인더에 급유한다.

① 필터 유니트가 붙어 있지 않는 에어호스를 사용할 때는

② 캐플러 입구보다 터빈유를 3~4방울

4. 보호구를 착용한다(본인).

① 보호안경

② 방진 마스크

③ 가죽장갑

발생하기 쉬운 사고	대책	비고
① 글라인더가 갑자기 돌기 시작한다. ② 숫돌의 조임 불량으로 날아 흩어짐 ③ 눈에 먼지가 들어간다. 손가락에 찰과상	① 사용전, 사용후 「OFF」의 확인 ② 사용시 이외는 에어호스를 벗긴다. ③ 확실한 조임과 3분이상 시운전 ④ 스텝 4의 엄수	

① 정해진 작업순서에 따라 작업중에 산업 재해 및 사고가 발생한 때 또는 아차, 깜빡 등의 위험을 체험했을 때는 어느 스텝에 문제가 있는지, 스텝의 순서가 좋지 않거나 결함이 있을 때 주의 사항을 나타내는 방법이 있는지 관계 작업자 전원과 감독자가 재고하여 개선을 검토한다.

② 재료, 작업 설비 등에 변경이 있을 경우에는 현행 순서에 어떤 모순이 있는지 재고한다.

③ 특히 생산 공정, 작업 방법 등에 변경이 있으면 지금까지 실행한 작업순서로는 도움이 되지 않게 된다. 새롭게 작업 순서를 만들어야 한다.

④ 만든 작업 순서가 별로 지켜지지 않는 경우 순서에 무리가 없는지를 검토하고 필요가 있으면 개선한다.

이상과 같이 작업순서에 관해서는 관계 작업자의 단계에서 수시 또는 정기적으로 재고하고 감독자가 필요하다고 인정하면 개선할 수 있도록 하는 것이 좋다.

5) 작업 순서의 이행

작업 순서에 따라 작업을 진행시키기 위한 방법으로 먼저 작업 순서에 대해 교육해야 한다. 그 교재는 당연히 작업 순서서이다. 유의해야 하는 것은 작업 순서의 교육이란 순서서의 내용에 관한 지식을 주는 것이 아니라 작업에 관한 지식을 이해시키는 것이다. 순서의 내용은 직장규율로서 반드시 실시하여야 하는 것이다. 가르치기보다 실제적인 훈련을 쌓아 작업 순서에 맞춰 일을 해 나가는 작업자를 길러내는 것이다.

여기서 작업순서 교육은 집합교육만으로 충분하다고 생각해서는 안된다. 동작훈련을 반복하여 실시하고 한 사람 한 사람이 순서에 의한 작업을 터득할 수 있을 때까지 훈련을 시켜야 한다. 요컨대 작업 순서의 훈련 목적은 안전의 동기부여, 하고자 하는 마음의 고취 등과 같이 작업자 모두 일체적인 목표를 가지게 하는 것이다. 이하 작업순서 이행에 관한 중심사항을 나열하면 다음과 같다.

① **이행의 의욕**

강요하는 작업 순서는 좀처럼 지켜지기 어렵다. 작업 순서의 작성 단계에서 전원 참가에 의한 집단 결정 방식을 취하는 것이 좋다.

② **주지, 철저**

결정한 순서서는 각 작업자에게 배부하고 중요사항은 작업 장소에 게시한다. 매일 작업 전 미팅에서 당일의 작업에 대해 관계되는 작업순서를 같이 읽어가며 재확인한다.

③ **이행의 체크**

순서를 지키지 않는 사람에게는 그 자리에서 주의를 주는 것이 중요하며, 감독자의 묵인은 절대로 있어서는 안된다.

④ **지켜지지 않는 원인에 대한 대응**

순서가 지켜지지 않았던 결과만을 엄격하게 추궁할 것이 아니라, 지켜지지 못했던 원인에 대해 감독자로서 대책을 강구하는 것이 중요하다.

⑤ **감독자의 솔선수범**

작업 순서의 철저를 기하기 위해서는 감독자 자신이 솔선수범하고 이를 지키는 태도를 보이는 것이 무엇보다 중요하다.

6) 작업 순서와 관리 · 감독자

법규에서 감독자의 역할은 직장에서의 직무에 대해 작업 순서를 정할 것, 작업중에 작업자에게 감독 및 지시를 할 것 등 여러 가지 항목을 정해놓고 있다. 이와 같이 직장에서 감독자는 작업 순서의 작성 및 실시에 관하여 중심 인물이다.

그러나 작업 순서를 작성하고 작업자에게 이것을 이행시키는 책임은 사업자에게 있는 것이며, 자업 순서는 아래 부서의 합의 사항과는 다른 것이다. 작업순서는 작업자가 지켜야 하는 가장 구체적인 안전 규율이며, 위반해서는 안되는 원칙이다. 따라서 작업순서서는 이대로 작업을 하면 안전하고 바르게 일을 할 수 있다는 것을 사업자가 정한 것이라고 이해하여야 한다. 작업에서 위험을 방지하기 위한 4M의 하나인 작업 대책으로서 작업 순서가 가지는 무게는 무겁다.

충분히 검토된 작업 순서가 만들어지고 그대로 작업이 행해지면 재해는 우선 일어나지 않겠지만, 실제로는 내용이 불충분하거나 만들어 놓고 방치하는 것으로 끝나는 예도 적지 않다. 사업장의 간부, 관리자들이 작업 순서의 목표에 대한 이해가 부족하다고 느끼는 경우도 있다.

작업 순서의 작성과 실시에 관해 직접적인 책임은 감독자에게 있어도 직계에 근거한 안전 책임의 범위에 대응하여 관계있는 각급 관리자도 책임이 있기 때문에 권한과 의무가 없으면 안된다. 계장은 부하인 감독자가 작업순서의 작성, 재고나 이행에 대해 잘해 나가고 있는지를 충분히 지도해야 하고 과장은 결정한 작업 순서에 관하여 계장이 그 책임을 감독자에게 완수하도록 감독 지도하여야 하는 것이다.

작업 순서의 작성, 재고나 실시 철저에 대한 모든 것이 감독자에게 미루는 형태가 되지 않도록 할 필요가 있다.

7) 비정상 작업의 작업 순서

수리, 검사, 보전 등 비정상 작업에서의 재해 위험성은 크다. 작업 순서를 만들어 안전한 작업을 정착시키고 싶으나 좀처럼 어렵다고 하는 불만이 많다. 그러나 이러한 비정상 작업이라 불리는 것이라도 대개 일정한 기간을 두고 정기적으로 실시하는 것과 임시적으로 하는 2개의 방식이 있다.

전자의 작업은 정상작업과 본질적인 차이가 없다고 할 수 있다. 점검, 조정, 주유, 조임, 검사 등은 시기가 예정된 것으로 기계 설비의 실시 싸이클, 작업 내용, 인원 등이 다소 다르지만 정리 작업중의 단위 동작까지 분해하면 매일 하고 있는 정상 작업과 같다고 생각된다. 다만 보수 작업자 측에서 말하면 작업 대상의 기계 설비가 그 때마다 다르기 때문에 작업 순서의 스텝이 순서와 다소 차이가 있는 것이 사실이다. 그러나 기본이 되는 공통의 스텝에 대해 중요사항을 충분히 검토해 두면 각종 작업에 적응할 수 있는 순서의 작성이 가능하다. 이 경우 오동작이나 오조작이 일어나지 않도록 대책을 중요사항에 기재하고, 작업자에게 요구하는 기능의 능력과 정도, 작업자의 배치 인원 등에 관한 기준도 명백히 하는 것이 좋다.

임시 돌발적인 작업에서도 정전시의 대응 작업이라든지 흔히 일어나는 고장 수리 작업 등은 전자의 경우와 같이 작업스텝에 공통적인 면이 있기 때문에 작업 순서를 미리 작성할 수 있다. 다만 완성된 작업 순서에 관한 훈련을 실제로 하기 어렵기 때문에 이를 시행할 필요가 있을 경우에는 준비 작업에 관해 협의 방식부터 정성껏 적어둘 필요가 있다. 그러나 이런 종류의 비정상 작업은 작업 순서에만 의존할 것이 아니라 그 때마다 작업 계획을 면밀하게 검토, 수립하면서 착수하는 것이 필요하며 당연하다.

1.5 피로 방지

불안전 행동의 배후 원인으로 작업자의 피로는 작업과 깊이 관계되는 것이며 또 피로를 일으키는 원인은 제4편의 표 2.7에 나타내는 바와 같이 여러 가지에 걸쳐 다양하게 나타나고 있다. 노동에 의한 피로 대책으로는, 첫째, 피로를 일으키는 원인을 제거할 것, 둘째, 피로는 조기에 회복하여 건전한 노동력을 다시 제공하는 것이 중요하다. 아래에 그 중요한 내용을 서술하였다.

1) 노동 부담(작업 강도)의 경감

작업 강도는 일반적으로 에너지 대사율(RMR)로 표현하지만 이것만으로 작업의 어려움을 전체적으로 나타낼 수 없다. 칼로리 소비량을 기준으로 노동 부담을 생각하고, 이와 관련하여 불안전 행동에 대한 방지 대책을 연구해 나가는 경우 여러 가지 문제점이 있을 수 있다. 불안전 행동 배후 원인에는 인간의 대뇌 활동 레벨, 정신 작업의 문제 등을 포함한 작업 강도를 생각해야 하기 때문이다.

이와 같은 의미에서 작업 강도를 적게 하기 위해 필요한 것은 무엇이고 어떻게 하는 것이 좋은 방법인지 아래에 제시된 여러 조건에 대해 검토, 개선을 하는 것이 바람직하다.

작업강도 개선 대책 사항

① 에너지 소비를 적게 한다.
② 담당 작업 종류가 지나치게 많지 않게 한다.
③ 담당 작업의 내상, 범위가 지나치게 넓지 않게 한다.
④ 작업 대상이 너무 복잡하지 않고 또 지나치게 변화하지 않게 한다.
⑤ 작업 스피드가 지나치게 빠르지 않고 적당한 속도로 하게 한다.
⑥ 작업 밀도가 지나치게 높지 않게 한다.
⑦ 작업이 너무 세밀하지 않게 한다.
⑧ 주의 집중이 지나치게 심하지 않게 한다.
⑨ 작업에 위험성을 느끼지 않게 한다.

⑩ 작업상의 판단이 지나치지 않게 한다.

⑪ 작업상의 제약, 구속이 지나치게 강하지 않게 한다.

⑫ 대인 절충이 과다하지 않고 또 지나치게 강하지 않게 한다.

2) 작업 시간의 적정화

작업 시간의 논의에서는 반드시 일의 양의 문제가 나오게 된다. 작업 시간과 작업량의 관계는 그림 1.7에 나타낸 대로이다. 8시간 작업에 의한 작업량을 100이라고 할 경우 직선 A의 작업에서는 작업 시간과 작업량이 비례하고 작업 시간이 증감되면 그 만큼 작업량도 증감한다. 이것은 완전한 자동화 직장이나 정신적, 육체적 부하가 대단히 적은 작업에 한정된다.

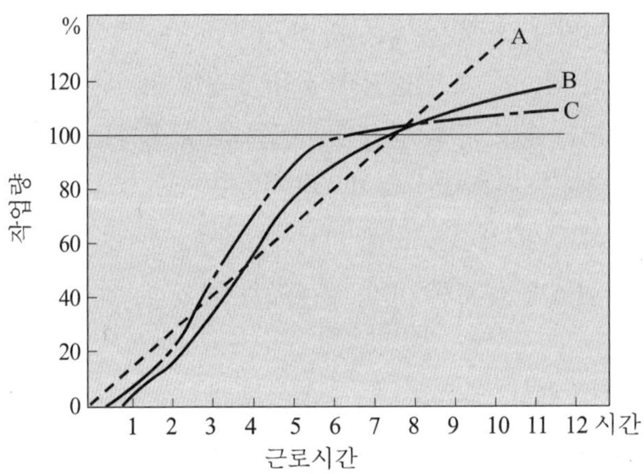

8시간 근로자의 작업량을 100%로 한다.
A : 작업량이 근로시간에 비례하는 경우
B : 보통 정도의 노력을 요하는 작업의 경우
C : 고도의 노력을 요하는 작업의 경우

그림 1.7 작업시간과 작업량의 관계

부하가 보통, 과부하로 증가하는데 따라 작업량 곡선은 직선 A에서 어긋난다. 곡선 B는 보통의 부하, 곡선 C는 과부하의 경우이다. 작업 시작 후 1~2시간은 능률이 오르지 않지만 차츰차츰 능률은 상승하게 된다. 그러나 8시간에 가까워질수록 피로 때문에 일의 양은 떨어진다. 이 경우 작업 시간을 1시간 단축했다고 해서 일의 양이 8분의 1로 감소할 리는 없고 또한 1시간 연장하였기 때문에 그것에 비례하여 성과가 오르지 않는다는 것을 알 수 있다. 곡선 C에서는 6시간 작업과 8시간 작업으로는 작업량에 거의 차이가 없게 나타난다.

齊藤一박사는 작업 시간, 잔업 시간, 통근 시간과 수면, 식사 등 생리적 재생산 시간이 없어지는 것과 관련하여 잔업시간의 한계를 표 1.7과 같이 나타내고 있다. 작업자의 안전작업능력이나 건강을 유지하기 위하여 작업 시간은 적정하게, 잔업은 최대한 피하는 것이 필요하다.

표 1.7 • 잔업시간의 한계

구속노동 시간 (h)	통근(왕복) 시간평균(h)	잔업시간의 한계	
		제2도 생리적 재생산 시간이 위협 받는다 (적정 또는 표준한계) (h)	제1도 생리적 재생산 시간이 위협 받는다 (생리적 분노한계) (h)
8	0.5	2.0	4.0
	1.0	1.5	3.5
	1.5	1.0	3.0
	2.0	0.5	2.5
9	0.5	1.0	3.0
	1.0	0.5	2.5
	1.5	0	2.0
	2.0	0	1.5

3) 휴식 시간의 길이와 배치

작업의 지속 시간은 작업 강도와 깊은 관계가 있다. 일일 연속 작업 시간을 길게 하면 피로를 회복시키는 휴식 시간이 필요하며, 이 휴식시간은 작업 시간에 대해 기하급수적으로 증가시키지 않으면 안된다. 일일 연속 작업 시간은 일정한 한도 이내로 하는 것이 상책이다. 실제 생산 현장에서 휴식 시간에 관한 연구 결과를 참고로 하여 기술하였다.

① **사무작업**

일반적인 사무 작업자에 대해 휴식시간을 조사하면 오전 4시간 사이에 2회, 오후 1시에서 4시까지 중간에 1회, 1회 평균 10~20분 정도의 휴식이 필요한 것으로 되어 있다.

② **전력을 집중하는 정신 작업**

순수 정신 작업으로서 작업 시간의 전체 길이를 8시간으로 할 경우 30분에 5분의 휴식을 취하는 경우가 가장 좋은 표본이며, 이 경우 휴식 후 작업량이 높게 유지되었다.

③ **반복되는 가벼운 손끝 작업(예. 직경 통과작업)**

자동화 작업중 가벼운 손끝 작업에는 1시간 당 약 10분의 휴식이 가장 좋고, 오히려 휴식시간이 빈번하면 일의 능률이 낮아지고, 휴식시간이 짧으면 작업의 단조로움에서 오는 권태와 피로 때문에 능률이 나빠지게 된다.

④ **일반 기계 작업**

기계 공장의 작업에서는 오전, 오후 1~2회 각각 1회에 15~20분 정도로 족하다.

⑤ **오전, 오후 작업**

오후는 피로의 누적을 생각하여 오전에 비해 보다 짧은 작업을 배치하고 자주 휴식을 취해 피로의 진행을 최대한 막는다.

4) 교체 근무제의 합리화

24시간 조업을 필요로 하는 작업은 현대 산업에서 증가하는 경향이지만, 작업자는 24시간 일을 할 수 없기 때문에 교체근무를 하게 된다. 그리고 이 교체 근무에는 당연히 심야 근무가 포함되고 피로나 안전 작업 능력에 영향을 미칠 가능성도 크다.

1교대가 8시에서 16시까지, 2교대가 16시에서 24시까지, 3교대가 24시에서 다음날 8시까지인 교체근무에서 피로의 현상은 다음과 같다.

① 같은 작업을 한 다음 피로는 3교대가 가장 크고, 2교대, 1교대의 순이 된다.

② 어느 교대의 경우에도 8시간 근무를 한 후 지속적으로 다음 교대 근무를 한 경우 피로가 매우 크다.

③ 근무중 가수면을 취하는 경우, 가수면을 취할 수 없는 경우보다 피로가 적다. 또 가수면은 수면 시간뿐만 아니라 몇 시에 수면을 취하는가에 따라 피로 회복의 효과가 다르고, 3교대의 경우 수면시간이 빠른 편이 좋다.

따라서 교체 근무의 이상적 방법은 다음과 같다.

① 야근이 장시간 지속되지 않을 것
② 야근은 가능한 한 짧게 할 것
③ 당번교체일 경우 연장근무, 시간외 작업을 포함하지 말 것
④ 야근 후의 휴식 시간을 충분히 취할 것

5) 직장 체조

직장 체조는 어느 직장에서나 하고 있는데 참가율 100%가 되지 않는 곳도 많다. 그 효과에 관한 이해가 불충분하기 때문이라고 생각된다. 효과는 다음과 같다.

(1) 일에 대한 준비 효과

① 인간의 몸은 아침에 가장 움직임이 둔하다. 이러한 상태에서 갑자기 무거운 물건을 든다든지 육체 작업을 하면 허리를 삐거나 근육이탈 등을 일으킨다.
② 몸을 움직이거나 힘든 일을 하는 경우, 많은 직장에서 일의 준비 체조를 반드시 실시하는 것이 좋다.

(2) 작업중의 피로 회복 수단으로서의 효과

① 인간은 살아 있는 한 같은 자세나 같은 동작을 길게 계속할 수 없다. 그러나 작업을 진행하다 보면, 작업자에게 한쪽으로 기운 몸의 사용법이나 부자연스러운 자세를 장시간 강요하게 된다. 주의가 산만하고 일이 싫어지거나 피곤해지는 것도 이 때문이다. 이것들이 실수의 원인이 된다.
② 오전과 오후, 적어도 오후의 중간 체조는 피로 회복과 머리의 리플래시에 효과적이다.

6) 기 타

마지막으로 작업자 개인 생활에서의 피로 방지 문제가 있다. 개인의 자주적 관리에 관한 문제이기는 하지만 사업장의 작업 생활과 무관하지 않다. 특히 부속 기숙사에서

생활하는 작업자에게는 기업에서 배려할 필요가 있다. 중요한 것은 피로가 하룻밤의 휴식으로 청산되지 않아 과로의 상태로 출근하는 것은 절대로 피해야 한다는 것이다.

(1) 수면

수면의 기준 값은 8시간으로 되어 있고 적어도 매일 밤 상쾌한 수면을 반드시 7시간 취할 필요가 있다. 철야로 인한 경우를 제외하고 자려고 해도 잠잘 수 없는 이유에는 표 1.8의 조사가 있다. 발을 따뜻하게 하고 소음을 억제하는 것이 가장 중요하다.

표 1.8 • 잠들지 못하는 이유

항목		남(%)	여(%)
1	발이 차다	43.6	41.0
2	소음 때문에	30.0	38.5
3	침구가 불결	9.4	11.7
4	불면증	2.9	2.9
5	춥기 때문에	1.9	0
6	화장실에 간다	1.9	0.5
7	너무 밝다	1.5	2.0
8	벌레가 있다	1.2	2.0
9	기타	3.2	0.5

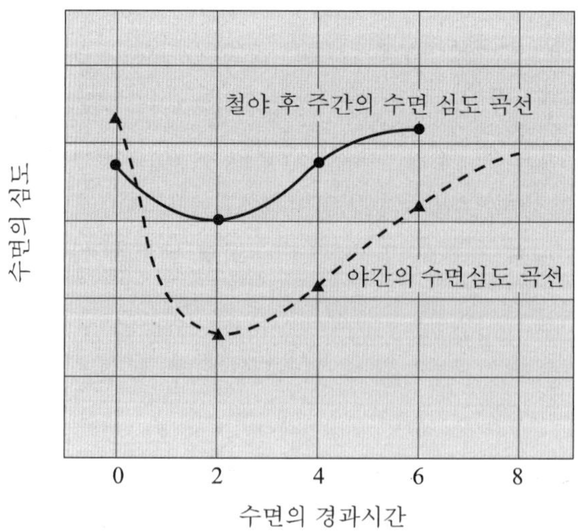

그림 1.8 야간과 주간의 수면 심도 곡선

최근 문제가 되는 머리의 피로, 심적 피로는 회복하기 어렵다. 정신 피로, 스트레스는 스포츠로 전환시키고 수면을 충분히 취하도록 한다. 또 전술한 바와 같이 교체 근무가 늘고 있는데 야근 후의 수면은 주간 근무자보다 시간이 짧고 게다가 잠이 얕다(그림 1.8). 야근이 끝난 뒤의 수면 확보에는 특히 주의를 요한다. 수면이 잘 되는 조건은 다음과 같다.

① 빛, 소리를 피한다.
② 이불의 두텁고 얇음, 베게의 높이와 단단함의 정도를 적당하게 조절한다.
③ 잠옷을 입는다.
④ 발이 나른하고 무거울 때는 발을 높게 한다.
⑤ 자기 전에 커피, 차를 마시지 않는다.
⑥ 텔레비전이나 소설로 흥분하는 것은 금물이다.

(2) 휴식

하루의 작업을 마치고 다음날을 대비하여 충분한 휴식을 취하는 것은 전문가로서 매우 중요하다. 상식적인 일이지만 다음 세가지 점이 중요하다.

① 기분의 전환을 도모하고 취미, 오락을 활용한다.
② 혈액의 순환을 위하여 간단한 목욕을 한다.
③ 영양을 취한다. 비타민이 풍부한 과실류, 우유 등을 먹는다.

또 직장 생활에서 휴일의 효과는 대단히 크다. 휴일의 증가는 피로의 회복, 재해의 감소, 건강 증진 외에 출근율, 생산성 등에 대해 실적을 올리고 있다.

① 휴일에는 매일 매일 남은 피로 회복을 위해 가장 신경을 쓴다. 그러기 위해서는 자신이 좋아하는 일을 한다. 다만 피로가 다음 날에 남지 않을 정도로 억제한다.
② 주휴 2일제는 특히 피로 방지와 재해 방지에 현저한 효과가 있다.
③ 여름철 휴가도 고온 다습한 환경을 고려하면 피로 해소와 재해 방지를 위해 효과가 아주 크다. 다만 즐거움이 지나쳐 반대로 과로가 되지 않도록 하는 것이 중요하다.

SAFETY COUNTERMEASURE OF WORK

02 작업 환경의 안전화

인간이 직장생활을 통하여 보내는 시간은 인생의 3분의 1을 차지하고 있다. 작업상 내의 환경이 좋고 나쁨은 작업의 성과를 높이고 작업을 하는 사람의 안전과 건강을 확보하기 위한 기본적 조건이다.

법에서도 작업자의 안전과 건강을 확보하는 동시에 쾌적한 작업 환경의 형성을 촉진하는 데에 그 목적이 있다는 취지를 선언하고 있다.

작업 환경의 좋고 나쁨은 인간의 행하는 작업에 있어서 부담을 경감시키고 그 기능을 효율적으로 발휘할 수 있도록 하는 중요한 인자가 된다. 또 작업 환경은 일하는 사람에 대해 심리적인 영향을 주게 된다.

안전관리를 수행하는 입장에서 작업 환경을 생각할 경우, 열악한 작업 환경은 그 자체가 기인물 또는 가해물로 작업자에게 영향을 미치는 것 외에 작업자의 행동을 구속하거나 피로를 촉진함으로써 보다 불안전 행동을 유발하는 작용을 한다. 따라서 정비, 개선에 의한 안전화에 대해 항상 노력하여야 한다.

본장에서는 이와 같은 의미에서 재해 위험의 형성에 관계되는 작업 환경의 주요 항목과 그 대책에 대해 서술한다.

2.1 작업 공간

1) 작업장의 기본 요건

법규에서는 규칙을 중심으로 작업자의 안전 위생을 확보하기 위해 특별 규제로 작업장의 구체적인 규정을 설정하고 있다. 공장, 건설 현장 그 밖의 건축물, 작업장 등에서 환경정비를 위한 규칙으로 정해져 있는 사항은 기본 요건이고 그 내용은 다음과 같다.

① 작업장 내에는 반드시 안전한 통로를 만들고 평상시 점검을 통하여 유지시킨다. 주요 통로는 하얀 선으로 명료하게 표시한다.

② 통로에는 작업자의 보행을 방해하지 않을 정도의 채광 또는 조명 방법을 강구한다.

③ 옥내 통로는 적당한 폭을 가지고 통로면의 걸려 넘어짐, 미끄러짐, 발빠짐 등의 위험이 없도록 정비한다. 또 계단의 디딤면 및 층계참에서의 높이가 180 cm 이하인 장소에 작업자의 통행에 장해가 되는 물건을 방치하지 않는다.

④ 기계와 기계사이 또는 다른 설비와의 사이에 설치하는 통로는 폭 80 cm 이상으로 한다.

⑤ 작업장의 바닥면은 걸려 넘어짐, 미끄러짐, 밟아서 찔림 등의 위험이 없도록 정비한다.

⑥ 위험물 등의 제조, 취급을 하는 작업장에는 피난용 출입구(피난층에) 및 피난용 계단(피난층 이외의 층에)을 반드시 두 개 이상 설치하는 동시에 피난용임을 표시해 둔다.

⑦ 화학 설비를 내부에 설치하는 건축물은 벽, 기둥, 바닥, 보, 지붕, 계단 등을 불연성의 재료로 만든 것으로 한다.

⑧ 위험물 건조 설비를 설치하는 건축물은 단층집으로 한다.

⑨ 인화성 액체의 증기, 가연성 가스 또는 분진이 존재하고 폭발 또는 화재의 위험성이 있는 장소는 통풍, 환기, 먼지제거 등의 조치를 취한다.

⑩ 위생상 유해한 가스, 증기, 분진이 발산하는 옥내 작업장은 발산원의 밀폐, 국소배기 또는 전체 환기 장치를 설치하는 등의 조치를 한다.

⑪ 분진의 발산이 현저한 작업장에는 주수 그 밖의 분진 비산방지 조치를 취한다.

⑫ 실내는 CO_2 농도 1.5% 이하, O_2 농도 18% 이상이 되어야 한다.

⑬ 옥내 작업장의 기체는 작업자 한 사람당 10 m^3 이상으로 한다.

⑭ 직접 외기를 향하여 개방될 수 있는 창을 설치하고 그 면적은 바닥 면적의 1/20 이상으로 한다. 다만 신선한 바깥 공기에 의한 환기량이 한 사람에 대해 매시간당 30 m^3을 넘는 경우에는 반드시 그렇지는 않다.

⑮ 기온 10℃ 이하의 경우에는 환기시 작업자가 매초 1 m 이상의 기류에 노출되어서는 안된다.

⑯ 작업장의 조도 기준은 정밀 작업 500 lux, 보통 작업 300 lux, 기타 작업 150 lux 이상으로 한다.

⑰ 편안하게 이용할 수 있는 휴식 설비를 설치한다.

⑱ 고온, 한랭 또는 습기가 많은 작업장, 유독가스, 증기 또는 분진을 발산하는 작업장은 밖에 휴식 설비를 설치한다.

⑲ 야간 작업자에게 수면 또는 임시 수면의 필요가 있을 때는 남녀별로 구분하여 수면 장소를 설치할 것

⑳ 평상시 50인 이상 또는 여자 30명 이상 사용의 사업소는 휴게실 또는 휴게소를 남녀별로 설치할 것

2) 레이아웃

공장 내 기타의 생산 현장에서 환경 정비의 기본을 이루는 것은 레이아웃의 문제이다. 정리, 정돈을 상호히게 유지하려고 해도 레이아웃이 잘못되면 관리가 안되고 안전이 기본이 되는 무리, 엉성함, 낭비를 없애려고 해도 레이아웃의 개선이 불가능한 경우가 많다. 안전의 관점에서 레이아웃에 관한 기본사항에 대하여 열거한다.

(1) 작업 흐름에 따른 기계 설비의 배치

작업 전반의 무리, 엉성함, 낭비를 없애기 위하여 가장 먼저 생각해야 할 중요한 내용이다. 불필요한 공정을 없애고 불합리한 동선을 배제하는 레이아웃을 고려하여야 한다.

(2) 기계 설비 주변의 충분한 공간

기계 설비 배치시 취급 재료, 가공품 등의 크기, 기계의 운동 범위 등을 고려하여 충분한 공간을 확보하여 둔다.

(3) 조작 스테이션을 고려한 배치

조작 스테이션을 중심으로 작업자가 능률적이며 안전하게 동작할 수 있도록 기계설비의 위치, 재료, 및 가공품을 적절하게 배치한다.

(4) 보수 점검을 쉽게 할 수 있는 배치

기계 설비 배치는 점검 정비 등의 보수점검을 고려할 필요가 있다. 자동기계를 사용하는 경우에 있어서도 점검, 조정, 수리, 주유 등이 반드시 있고, 이 경우 작업의 용이도와 안전성을 고려하지 않기 때문에 생기는 재해가 적지 않다.

(5) 안전한 통로의 설정

통로는 규칙에 규정된 바와 같이 안전하게 설정해 두어야 한다. 안전한 통로를 확보하기 위한 필요한 요건은 다음과 같다.

① 작업장 내에서는 작업자뿐만 아니라 지게차 등 여러 가지 운반차가 이동한다. 사람과 운반차가 같은 통로를 공유하는 경우가 대부분이다. 이런 경우에도 위험을 주어서는 안된다.

② 통로 폭, 통행 구획, 바닥면 정비, 흰선 명시, 긴급시의 피난 등 안전 확보를 충분히 할 수 있어야 한다.

(6) 재료나 제품의 놓는 장소 확보

재료나 제품의 놓는 장소를 넓게 확보하고 두는 방법, 쌓는 방법 및 취급방법이 안전하게 될 수 있도록 한다.

(7) 장래 계획의 예측

장래의 설비 계획, 확장 예정 등을 예상하고 레이아웃할 필요가 있다. 마지막에 작업공간에 관한 주요 체크 항목을 표 2.1에 제시하였다.

표 2.1 • 작업공간에 대한 중요 체크 항목

1. 기본 작업 자세
   - 서 있는 자세로 장시간 작업은 회피한다.
   - 부자연스러운 자세는 빈번하게 나타나지 않게 한다.
   - 요구되는 동작에 대한 작업 자세는 적합하게 한다.
   - 요구되는 작업에 대해 자세를 적당하게 한다.
   - 단위 작업 지속 시간에 대한 자세를 적당하게 한다.
   - 자발적인 자세 변환의 공간이 있어야 한다.

2. 작업 자세에 필요한 공간
   - 작업 수행상 매우 적절한 자세를 취할 수 있는 공간이 필요하다.
   - 작업 장소의 출입, 필요한 자세 변환을 위한 공간이 필요하다.
   - 다른 기계와의 거리, 다른 작업과의 공간의 배당, 재료나 가공물을 위한 공간이 필요하다.
   - 휴식을 취하기에 필요한 공간이 필요하다.
   - 서있는 자세의 경우 발 위치를 바꾸는 여유공간이 필요하다

3. 바닥
   - 바닥은 수평하고, 넘어지는 원인이 되는 요철이 없도록 한다.
   - 바닥은 신발, 의자가 잘 미끄러지지 않도록 한다.
   - 특수한 작업 바닥면이나 발은 적정하며 전락 등의 위험이 없어야 한다.
   - 서서 하는 작업의 경우 발주위의 공간을 충분하게 확보한다.

4. 의자
   - 좌면의 높이는 작업자의 아래 넓적다리 길이보다 낮게 조절할 수 있어야 한다.
   - 좌면의 넓이는 큰사람을 기준으로 한다.
   - 좌면은 필요한 경사와 곡면을 가지고 안정되게 앉을 수 있게 한다.
   - 좌면의 표면 물질은 열전도성과 통기성이 좋아야 한다.
   - 요추부를 지지하는 등받침이 있어야 한다.
   - 등받침의 크기와 위치, 그 경사는 적당하고 필요한 경우는 조절이 가능하여야 한다.
   - 작업 필요에 따라 의자의 고정, 이동, 회전이 가능하게 한다.
   - 앉는 자세의 무릎과 다리 주위의 공간은 충분히 확보되어야 한다.

5. 다리 받침대와 상지의 지지물
   - 필요한 경우 다리 받침대가 설치되어 있어야 한다.
   - 다리 받침대의 위치, 크기, 경사, 표면은 적당하게 한다.
   - 필요한 경우 팔꿈치 또는 앞 팔의 지지물이 사용되어야 한다.
   - 필요한 경우 손을 지지할 수 있는 적합한 장소가 있어야 한다.

6. 출입구와 통로

7. 승강 설비

8. 작업면의 높이
- 작업면의 높이는 자세와 적합하게 설계되어야 한다.
- 정밀 조정을 요하는 작업면은 시야거리와 적합하게 한다.
- 작업면이 지나치게 낮아 허리가 아파지는 일은 없게 한다.
- 작업면이 지나치게 높아 허리가 아파지는 일은 없게 한다.
- 앉은 자세의 경우 작업면과 좌면의 차이는 적당하게 한다.
- 필기 작업용의 작업면은 높이와 위치가 적당하게 한다.

9. 작업대
- 작업대, 작업책상은 작업에 필요한 수만큼 있어야 한다.
- 작업대의 높이, 넓이, 경사는 각 작업에 적합하게 한다.
- 작업대의 조건은 각 작업에 적합하게 한다.

2.2 정리, 정돈, 청소, 청결, 태도(5S)

정리, 정돈은 옛날부터 안전 확보의 기본으로 중요시 되어 왔다. 이것은 자동화가 진행되고 산업용 로봇이 가동하는 현재의 직장에서도 마찬가지이다. 그뿐 아니라 기계 설비가 고기능화, 정밀화, 고속화됨에 따라 5S의 중요성이 증가하기 시작하였다.

5S는 직장 공간의 능률적, 효과적 이용을 도모하고, 생산 코스트 저감, 가공의 정밀도, 제품의 품질을 높이기 위한 공장 관리 기본 사항이기도 하다. 이하 안전을 위한 5S 확보에 대해 설명한다.

1) 5S의 의미

안전은 "5S로 시작해서 5S로 끝난다" 라고 까지 말해도 과언이 아니다. 그만큼 5S는 안전의 기본이라고 할 수 있는 것이다. 안전을 우선시하는 사업장에서도 안전의 원점인 5S를 직장 운동으로 하고 현재도 가장 중점적으로 계속 실시하고 있는 곳이 많다. 5S는 정리(整理, Seiri), 정돈(整頓, Seiton), 청소(淸掃, Seiso), 청결(淸潔, Seiketsu), 습관(習慣, Shitsuke)을 말한다.

정리(Seiri)란 작업에 필요한 물건과 필요치 않은 물건을 분류하여, 불필요한 것은 일정한 장소에 모아 폐기하여 버리거나 또 필요하게 될 때까지 놓아두는 것을 말한다. 따라서 정리를 잘 하기 위해서는 분류(선별) 방법, 이동·운반 방법, 통로의 보전, 두는 장소의 확보, 폐기(처분) 방법 등에 대해 기준을 정해 둘 필요가 있다.

정돈(Seiton)이란 물건을 두는 방법의 질서를 유지하면서 재사용이 편리하도록 소정의 장소에 보관하는 기능을 가진다. 그러므로 정돈에 있어 중요한 것은 끄집어내기, 보관 중에 물건이 손상되지 않도록 하는 것 등이다. 끄집어내기 쉬운 상태로 물건을 두기 위해서는 물건을 종류별로 정리해 둘 것, 끄집어내는 빈도가 높은 물건이나 작은 물건은 바로 앞에 두는 것 등의 배려가 필요하다.

청소(Seiso)는 단순한 청소와는 다르다. 정리, 정돈의 마무리 임무를 가지고 있으며, 정리, 정돈이 나쁜데 주변만 청소하여도 청소한 것이 되지 않는다. 기계 설비, 치공구, 작업용구에서 통로, 작업바닥에 이르기까지 정리, 정돈한 다음 깨끗하게 청소하고 쓰레기, 찌꺼기, 먼지를 충분히 제거하는 것을 일과로 행하는 것이 필요하다.

청결(Seiketsu)이란 생산 과정에서 발생하는 기름이나 물, 분진, 연기, 가스, 유기 용제 증기 등에 의한 작업장의 오염을 방지하고 환경을 아름답게 유지하는 것이다. 이러한 것에 관해서는 누출, 발산시키지 않도록 하는 것은 물론 작업상의 벽이나 바닥, 기계 설비 등의 색채 관리를 하는 것도 청결유지에 효과가 있다.

태도(Shitsuke)는 기계기구, 설비, 기자재를 다루는 정확한 절차를 지키며 조잡하고 난폭한 취급조작 습관을 교정하여 문화인의 긍지와 인류 기업인의 긍지를 갖게 한다. 정해진 규정을 반드시 지켜야 하며 규정을 위반한 자에게는 엄한 벌칙을 가한다.

5S는 누가 보아도 어느 정도 좋고 나쁨을 알 수 있다. 그러나 정리, 정돈을 바로 하는 것, 또 바르게 보는 것이 반드시 쉽지는 않다. 그 직장 이외의 사람이 안전 순시에서 5S 점검을 하여도 외관상의 좋고 나쁨은 알지만 기능적인 면의 좋고 나쁨은 알기 어렵다. 사업상으로서의 사고방식 및 기술을 확립하여 두는 것이 필요하다.

2) 5S의 사고방식

5S는 안전관리의 기본적 과제이지만 안전관리만이 강조되고 있는 것은 아니다. 전사적인 품질관리(TQC)나 설비관리(TPM)에서도 5S는 대단히 중요한 위치에 있다.

최근의 정밀 기계 부품이나 전자 기기는 쓰레기, 먼지 등으로 인해 불량 제품의 원인이 되고 정리, 정돈이 나쁜 공장에서는 부품의 잘못된 조립이나 불량품 출하가 일어나는 경우가 종종 발생하고 있다. 5S가 품질에 크게 영향을 주기 때문이다.

5S 중 특히 정리, 정돈이 능률을 좌우하는 것은 쉽게 이해할 수 있다. 공구를 찾는 시간이 오래 걸리거나, 난잡하게 방치되어 있는 통로를 통행하는 것만으로도 능률 저해가 크다.

모터의 냉각 팬에 먼지가 쌓여 모터가 타는 손실, 먼지가 고여 리미트 스위치의 작동 불량 등 기기의 고장 원인에도 5S는 관계한다. 이것들은 재해를 발생시키거나 생산성을 저하시키기도 한다. 먼지의 퇴적으로 전기 스위치의 확인이 불명확하여 스위치를 잘못 켜서 일어난 사고, 광전관의 더러움에 의한 장치의 오동작으로 발생한 재해 등의 예도 있다.

이와 같이 생각하면 5S는 안전뿐만 아니라 품질, 생산의 좋고 나쁨도 좌우하는 중요한 과제이다. 그러므로 5S를 철저히 하기 위한 필요한 조건으로서, 사업장의 방침에 따라 작업자 한 사람 한 사람이 직장의 5S 추진에 대해 자각하고 정해진 사항을 지키는 것, 즉 「주의 교육」이 필요하다. 주의 교육이 충분하지 않으면 5S는 철저해 질 수 없다. 5S는 직장내 특정인만이 실시하는 것이 아니고 5S를 하는 사람이 정해져 있는 것도 아니다. 현장의 작업자가 각자의 역할을 가지고 실시해야만 효과가 나타나는 것이다.

3) 5S를 진행시키는 방법

5S를 진행시키기 위한 중요사항은 아래와 같다.

① 사업주가 관심을 갖는다.
② 5S에 관한 문제점을 직장에서 의논한다.
③ 직장마다 5S의 구체적인 기준을 만든다.
④ 직장의 개개인의 분담 역할을 정한다.
⑤ 감독자는 기준대로 5S가 확보되고 있는지 항시 확인한다.
⑥ 매일의 일과 중에 5S 확보 업무가 포함되도록 한다.

다음으로 5S의 구체적인 진행법에 대해 서술한다.

(1) 작업 5S

작업 전반에 공통되는 5S의 진행 방법은 다음과 같다.

① 5S의 책임자와 담당범위를 정한다.
② 불필요한 물건들을 빨리 회수하고 조속히 처분한다.
③ 물건을 두는 장소를 정하고 사용하기 쉽도록 정돈하여 둔다.
④ 깨끗하게 사용할 방법을 생각한다. 폐기물을 지정된 용기에 수납한다(잔재수납 상자, 쓰레기통의 사용).
⑤ 공구 등은 두기 쉽고 꺼내기 쉽도록 수납한다.
⑥ 필요한 표식, 표시는 깨끗하게 하여 확실하고 보기 편리하게 한다.
⑦ 보호구의 5S, 특히 청소를 양호하게 하여 사용하기 쉽게 하고 소정의 장소에 정돈하여 수납한다.
⑧ 작업이 끝나면 전원 참가로 5S를 진행시킨다.
⑨ 주 또는 매달 5S의 상호 패트롤을 하고 불량개소를 개선한다.
⑩ 수리 작업 등 비정상 작업에서는 특히 뒷정리를 충분히 하고 깨끗하게 해 둔다.

(2) 작업장의 5S

먼저 통로에 관해서는 다음 사항을 철저하게 한다.

① 용도에 따라 안전한 통로를 설치 표시한다.
② 기계간 또는 이것과 다른 설비 사이의 통로는 폭 80 cm 이상으로 한다.
③ 통로에 물건을 놓거나 삐쳐 나오지 않도록 하고, 요철을 없애고 통로를 가로지르는 연장코드나 호스 등은 철거하거나 덮개를 한다.
④ 기름이나 물, 절삭찌꺼기를 제거하고 청소하여 쓰레기, 먼지를 없앤다.

또 작업바닥에 관해서도 다음 사항을 철저히 시킨다.

① 물건을 놓는 장소를 정하고 출납하기 쉽도록 정돈하여 둔다.
② 미끄럼, 넘어짐을 초래하기 쉬운 것은 제거하고, 미끄럼 방지 등의 안전 대책을 한다.
③ 요철을 없앤다. 피트, 배수구는 뚜껑을 덮는다.
④ 물, 기름, 분진 등의 누설, 비산을 막고 쓰레기, 먼지가 쌓이지 않도록 한다.
⑤ 통과하기 쉽게 한다.
⑥ 유해한 분진, 가스, 증기 등의 체류를 막도록 통풍 환기를 잘한다.

(3) 기계 설비 5S

① 구동부에 근접하여 치공구, 재료, 작업용구 등을 두지 않고 안전한 장소에 수납한다.
② 기계 설비 및 주변의 청소를 잘 하고 미끄러지거나 넘어지지 않게 한다.
③ 절삭유, 물 등의 발산이나 누출을 막는다.
④ 절분, 스크랩류를 기체나 그 주변에 산란시킨 채 두지 않는다.
⑤ 국부 조명 청소를 하고 조명 효율을 좋게 한다.
⑥ 전원코드, 에어호스 등은 작업에 방해가 되지 않도록 한다.
⑦ 조작반, 분전반 등의 앞이나 위에 물건을 두지 않는다. 내부에도 넣지 않는다. 청소를 자주 하고 표시를 확인하기 쉽게 한다.
⑧ 유해위험물 사용 설비는 내부를 깨끗하게 하고 용제, 약품 등의 유출이나 증발을 막는다.
⑨ 국소 배기 장치는 청소를 잘 하고 배기 효율을 높인다.
⑩ 높은 곳의 설비에서는 공구류, 재료 등의 5S를 좋게 하고 낙하를 막는다.

2.3 작업 환경 조건의 안전화

작업 환경 조건 중에 물리적 조건은 재해 발생에 직접 또는 간접적 원인으로 작용하기 쉽다. 특히 작업자의 인적 실수 유발에 관계되는 경우 제4편에서 설명한 바와 같으며 그 외에 중요한 사항을 서술하면 다음과 같다.

1) 채광, 조명

작업을 하는 경우 기계 설비나 원재료, 주변의 환경 등을 눈으로 확인하고 위험을 회피하면서 정확히 작업을 진행시켜 나간다. 시각 및 지각에 필요한 최적의 밝기가 유지되는 채광, 조명은 안전 작업의 기본 대책이다. 채광이란 자연 광선에 의한 밝기이므로 방의 채광에는 창의 방향, 크기, 위치, 형태 등의 조건이 그 효과를 좌우한다.

표 2.2(1) • 공장 조명의 권장 값

조도 lux	장소	작업
3,000	–	–
2,000 1,500	제어실 등의 세기반 및 제어반	정밀기계, 전자부품의 제조, 인쇄공장에서의 매우 세밀한 시 작업, 예를 들면 ○조립a, ○검사a, ○시험a, ○선별a, ○설계, ○제도
1,000 750	설계실, 제도실	섬유공장에서의 선별, 검사, 인쇄공장에서의 식자, 교정, 화학공장에서의 분석 등 세밀한 시작업 예를 들면 ○조립b. ○검사b, ○시험b, ○선별b
500 300	제어실	일반의 제조공정 등에서 보통의 시작업 예를 들면 ○조립c, ○검사c, ○시험c, ○선별c, ○포장a, ○창고내의 사무
200 150	전기실, 공조기계실	거치른 시 작업 예를 들면 ○한정된 작업, ○포장b, ○짐꾸리기a
100 75	출입구, 복도, 통로, 계단, 세면장, 화장실, 작업에 따른 창고	극히 거치른 시 작업 예를 들면 한정된 작업, 포장c, 짐꾸리기b,c
50 30	옥내비상계단, 창고, 옥외동력설비	○짐쌓기, 짐내리기, 짐의 이동등의 작업
20 10	옥외(통로, 구내경비용)	–

비고 1. 동종 작업명에 대해 보는 대상물 및 작업 성질에 따라 다음 3개로 나눈다.
(1) 표중의 a는 자세한 것, 어두운 색의 것, 대비가 약한 것, 특히 값이 비싼 것, 위생에 관계있는 경우, 정밀도가 높은 것이 요구되는 경우, 작업시간이 긴 경우 등을 나타낸다. (2) 표중의 b는 (1)과 (3)의 중간을 나타낸다. (3) 표중의 c는 거칠은 것, 밝은 색의 것, 대비가 강한 것, 튼튼한 것, 그다지 값이 비싸지 않은 것을 나타낸다.
2. 위험 작업일 때는 2배의 조도로 한다.

① 남쪽의 창은 여름에는 직사 일광이 적고 겨울에는 많다. 북향의 창은 직사일광은 들어가지 않지만 매일 일정한 밝기가 얻어진다

② 일반적으로 옆으로 넓은 창보다 세로로 긴 창의 쪽이 채광에 유리하다. 개각(실내의 한 점과 창의 윗변을 잇는 선이 그의 한 점과 인접 건물을 잇는 선으로 만드는 각도를 말한다)은 5° 이상, 앙각(실내의 한 점과 창의 윗변을 잇는 선이 한 점에서의 수평선이 만드는 각도)은 28° 이상이 필요하다.

표 2.2(2) • 사무실 조명의 권장 값

조도 lux	장소			작업
2,000	–			–
1,500 1,000 750	사무실(a)[1], 영업실, 설계실, 제도실, 현관홀(주관)[2]			○설계 ○제도 ○타이프 ○계산 ○키펀치
500	–	사무실(b), 임원실, 회의실, 인쇄실, 전화교환실, 전자계산기실, 제어실, 진찰실, ○ 전기, 기계실 등의 배전반 및 계기반 ○ 접수		–
300	집회실, 응접실, 대합실, 식당, 조리실, 오락실, 수양실, 수위실, 현관홀(야간), 엘리베이터홀			
200	–	서고, 금고실, 전기실, 강당, 기계실, 엘리베이터, 잡작업실	–	
150	차실, 휴양실, 숙직실, 탈의실, 창고, 현관(차대기)		욕실, 탕비실, 복도, 세면장, 세탁실	
100 75			–	
50 30	옥내비상계단			

주 (1) 사무실은 자세한 시작업을 동반하는 경우 및 주간 빛의 영향에 의해 창밖이 밝고 실내가 어둡게 느껴지는 경우는 (a)를 선택하는 것이 바람직하다.

(2) 현관홀에서는 낮의 옥외 자연광에 의한 수만 lx의 조도에 눈이 순응하고 있으면, 홀 내부가 어둡게 보이므로 조도를 높게 하는 것이 바람직하다. 더욱이 현관이 현관 홀(야간)과 (주간)은 단계 점멸로 조절해도 좋다.

③ 천창은 보통 창의 3배의 채광 효과가 있다.

④ 창은 클수록 좋고 바닥면적의 1/5 이상이 바람직하다.

그러나 채광에서 충분한 조도를 얻지 못하면 인공조명을 해야 한다. 일반적으로 권장되는 조도는 표 2.2(1) 및 (2)와 같다. 이 경우 조도는 시야 작업면이 바닥 위 85 cm (좌업에서는 바닥위 40 cm)이고, 복도·계단 등은 바닥면에서의 수평면 조도이다. 다만 작업 내용에 따라 수직면 또는 경사면의 것도 있다.

① 표 2.2 중 ○표의 작업 장소는 전반 조명과 국부 조명을 병행해도 좋다. 이 경우 전반 조명에 의한 조도는 국부 조명에 의한 조도의 1/10 이상으로 하는 것이 좋다.

② 표 2.2의 조도는 계속해서 그 값을 유지해야 하는 값이다.

③ 글레어(눈부심), 그림자(그늘, 영) 때문에 작업에 지장이 없도록 한다. 필요에 따라 국부 조명을 병행한다.

④ 작업자의 연령에 따른 시력 저하에 배려한다.

⑤ 조명이 불충분한 장소에서는 작업자의 심리, 작업 규율의 저하 등 심리적인 작용도 고려할 필요가 있다.

2) 색채 조절

색채는 시각과 밀접한 관계가 있다. 설비나 작업 장소에 대해 색채조절은 재해 방지에 필요한 정보를 주거나 안전에 필요한 식별을 쉽게 하기 위해 사용하면 대단히 유효하다. 특히 안전 색채, 안전 표식, 배관 식별 등에 관해서는 KS에 규정되어 있다. 색채 조절이 안전에 미치는 효과를 들면 다음과 같다.

① **직접적 효과**

· 쾌적한 기분을 준다.
· 눈이 피곤하지 않다.
· 피로감이 적어진다.
· 주의력이 환기된다.

② **간접적 효과**

· 정리, 정돈이 잘 된다.
· 복장이나 태도가 좋아진다.
· 일의 실패나 불량품이 줄어든다.
· 작업이나 사무의 능률이 증가한다.

(1) 안전 색채

안전 색채는 적, 황적, 황, 녹, 청, 적자, 백, 흑의 8색이며 그 표시 사항은 KS에 의해 다음과 같이 정해져 있다.

· **적** : 방화, 금지, 정지 고도의 위험
(예. 방화 표식, 금지 표식, 소화전, 소화기, 바리케이트, 긴급정지버튼 등)

· **황적** : 위험 및 항해, 항공의 보안 시설
(예. 위험 표식, 위험 표시, 스위치 박스의 뚜껑내면, 노출 톱니바퀴의 측면 및 구명구, 비행장용 구명차 등)

· **황** : 주의
(예. 주의 표식, 크레인·포크리프트 등의 범퍼, 낮은 보, 피트의 테두리 등)

· **녹** : 안전, 피난, 위생·구호, 진행
(예. 안전기, 출입구의 방향을 나타내는 표식, 작업 위생기, 진행 신호기 등)

· **청** : 지시, 조심
(예. 보호구착용 등 지시표식의 바탕색, 수리중의 표식, 스위치박스의 외면 등)

· **적자** : 방사능(황과 배합하여)
(예. 방사성 동위원소의 저장 시설, 관리 구역 등)

표 2.3 • 안전·보건표지의 색채·색도기준 및 용도(제8조관련)

색채	색도기준	용도	사용예
빨강	5R 4/13	금지	정지신호, 소화설비 및 그 장소, 유해행위의 금지
		경고	화학물질 취급장소에서의 유해·위험 경고
노랑	2.5Y 8/12	경고	화학물질 취급장소에서의 유해·위험 경고 이외의 위험 경고, 주의표지 또는 기계 방호물
파랑	7.5PB 2.5/7.5	지시	특정행위의 지시 및 사실의 고지
녹색	5G 5.5/6	안내	비상구 및 피난소, 사람 또는 차량의 통행표지
흰색	N9.5		파란색 또는 녹색에 대한 보조색
검정색	N1.5		문자 및 빨간색 또는 노란색에 대한 보조색

(참고) 1) 허용차 H=±2, V=±0.3, C=±1(H는 색상, V는 명도, C는 채도를 말한다)
2) 위의 색도기준은 한국공업규격 색의 3속성에 의한 표시방법(KSA 0062 상공부고시 제2163호)에 따른다.

· **백** : 통로, 정리·정돈

(예. 통로 표시, 방향 지시, 폐품 용기 등)

· **흑** : 문자, 기호, 화살표 외에 황적, 황, 백을 돋보이게 하는 보조색

(예. 위험표식의 문자, 주의 표식의 무늬 모양 등)

안전색채의 효과를 높이려면 다음에 대하여 충분히 유의할 필요가 있다.

① 전체의 색채 계획을 고려하여 남용을 피한다.

② 필요한 개소에 작은 면적으로 사용한다.

③ 안전색채를 돋보이게 하도록 주위 색과 환경을 정비한다.

④ 조명을 충분히 밝게 한다.

⑤ 항상 더러움을 닦고 퇴색되면 즉각 보수한다.

(2) 안전 표식

안전 표식은 간단한 기하학적 도형에 안전색채를 적용한 것으로 공장, 광산 건설 현장 기타의 사업장 등에서 재해 방지 및 구급을 위해 표시되는 것이다. 표식의 종류는 사용하는 목적에 따라 다음 9종류로 나뉜다.

① 방화 표식 : 화재 발생의 우려가 있는 장소, 인화 또는 발화 우려가 있는 것 및 그 소재 위치 및 방화, 소화 설비를 가리킨다.

② 금지 표식 : 위험한 행동을 금지하는 것에 사용한다.

③ 위험 표식 : 직접적으로 위험한 것 및 장소 또는 상태에 대하 경고로서 사용한다.

④ 주의 표식 : 그대로는 특별히 위험은 없지만 불안전한 행동 또는 부주의에 의해 위험이 일어날 우려가 있는 것에 주의를 환기시키기 위해서 사용한다.

⑤ 구호 표식 : 구명, 구호에 관계 있는 것 또는 그것들의 장소를 나타내는 것에 사용한다.

⑥ 지시, 조심 : 표식 작업에 관한 지시 또는 수리 고장을 나타내는 데에 사용한다.

⑦ 방사능 표식 : 방사능 위험의 우려가 있는 경우에 사용한다.

⑧ 유도 표식 : 특정의 물품, 설비 소재 장소 및 피난 방향을 명시하기 위해 사용한다.

⑨ 지도 표식 : 안전, 위생의 의식을 고취하기 위해 사용한다.

KS에 정해져 있는 안전 표식의 예를 그림 2.1에 제시하였지만 표식이나 표시판 등은 작업중 위험이나 안전성 등에 대해 간단 명료하게 경고나 지시를 주는 것이기 때문에 관계자에게 용이하게 인식되어야 한다. 그러기 위해 유의 할 사항은 다음과 같다.

① 표식 등은 목적의 대상 설비 등의 위쪽이나 가까이에 설치한다.
② 표식 등이 다른 정보를 덮어 감추지 않도록 한다.
③ 표식 등이 다른 설비에 감춰지는 일이 없도록 한다.
④ 표식 등이 움직이거나 파괴되지 않도록 만든다.
⑤ 기계 설비 표식 등은 설비 주변에 표시하는 것보다는 설비에 직접 하는 것이 좋다.
⑥ 표식 등은 필요한 거리에서 충분히 판독이 되는 크기로 적어 둔다.
⑦ 게시, 위험 표시는 위험 장소의 가까이에 둔다.
⑧ 특히 주의를 환기할 필요가 있는 표식 등은 점멸광을 사용하는 것이 바람직하다.
⑨ 표식 등은 각 현장, 각 설비를 통해 각자 다른 방법으로 설치하지 않는다.

안전 · 보건표지의 종류와 형태(제6조제1항 관련)

1. 금지표지	101 출입금지 	102 보행금지 	103 차량통행금지 	104 사용금지 	105 탑승금지 
	106 금연 	107 화기금지 	108 물체이동금지 		
2. 경고표지	201 인화성물질 경고 	202 산화성물질 경고 	203 폭발성물질 경고 	204 급성독성물질 경고 	205 부식성물질 경고 
	206 방사성물질 경고 	207 고압전기 경고 	208 매달린 물체 경고 	209 낙하물 경고 	210 고온 경고 
	210-1 저온 경고 	211 몸균형 상실 경고 	212 레이저광선 경고 	213 발암성, 변이원성, 생식독성, 전신독성, 호흡기 과민성 물질 경고 	214 위험장소 경고 
3. 지시표지	301 보안경 착용 	302 방독마스크 착용 	303 방진마스크 착용 	304 보안면 착용 	305 안전모 착용 

	306 귀마개 착용 	307 안전화 착용 	308 안전장갑 착용 	309 안전복 착용 	
4. 안내표지	401 녹십자표지 	402 응급구호표지 	402-1 들것 	402-2 세안장치 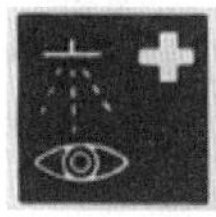	403 비상구 
	403-1 좌측비상구 	403-2 우측비상구 			
5. 문자 추가 시 예시문		▶내 자신의 건강과 복지를 위하여 안전을 늘 생각한다. ▶내 가정의 행복과 화목을 위하여 안전을 늘 생각한다. ▶내 자신의 실수로 동료를 해치지 않도록 안전을 늘 생각한다. ▶내 자신이 일으킨 사고로 인한 회사의 재산과 손실을 방지하기 위하여 안전을 늘 생각한다. ▶내 자신의 방심과 불안전한 행동이 조국의 번영에 장애가 되지 않도록 하기 안전을 늘 생각한다.			

그림 2.1 안전표지의 예

SAFETY COUNTERMEASURE OF WORK

03 직장 개선

3.1 개선이 왜 필요한가

개선이 좀처럼 이루어지지 않는 최대의 원인은 개선을 할 필요성이 이해되지 않는 데 있다. 현재 진행되고 있는 일을 그대로 계속해도 잘못되는 것이 눈에 나타날 정도로 문제가 있지 않기 때문이다. 그러나 무리한 작업, 일정하지 못한 작업 등을 없애는 것이 개선이기만, 재해 위험성을 없애고 안전 개선 작업이라고 설명해도 현실적으로 이해가 되지 않는 부분이 많이 존재하게 된다.

현재의 작업 방식으로 괜찮은지, 좀 더 좋은 방법, 안전한 방법이 있는 것은 아닐까 하는 의욕이 있어야 비로소 이상과 현실의 차이가 파악된다. 그것이 개선의 시작이다.

직장의 개선은 '작업의 안전과 생산의 질을 지금보다 높이기 위한 구체적 활동이며, 그것은 프로페셔널로서 자신의 일의 일부이다' 라는 이해가 개선의 시작점인 것이다.

"마음이 있지 않으면 보여도 보이지 않는다" 라는 말이 있다. 개선이 왜 필요한 것인 가라고 하는 「마음」을 직장의 전원에게 가지게 하는 것이 필요하다.

3.2 개선은 과학적으로 진행시키자

어느 생산 기업에서 메카트로 기계를 도입하여 하이테크화를 진행시키고 있다. 신제품 개발의 압력, 게다가 다품종 소량 생산, 지금의 기계 기술은 그것이 가능하고 또 그렇게 하지 않으면 살아남을 수 없기 때문이다. 그러므로 효과적인 안전관리를 하기 위해서는 기술에 대한 이해를 깊게 하면서 진행시켜야 하며 직장 개선도 마찬가지이다.

문제 해결시에는 「과학적인 사고방식」으로 처리하여야 한다. 그렇지 않으면 바른 문제의 해결이 불가능하다. 「과학적인 사고방식」에 의한 개선 프로세스를 설명하면 다음과 같다.

(1) 무엇이 문제점인지를 찾아낸다.

직장 개선을 진행시키기 위해서는 개선의 중점이 되는 문제를 찾아내는 것이 필요하다. 기계에 의한 「끼임, 말려듦」의 재해나 아차사고가 많다면 먼저 그 위험을 없애는 것이 개선의 중점이다. 이러한 개선사항을 발견하기 위해서는 자기의 경험, 아차사고의 보고, 동료나 관계 작업자의 의견 등에 기초하여 현재 상태를 분석하고 조사하는 태도가 필요하다. 자신의 떠오르는 생각만으로 판단하면 가장 중요한 개선을 놓치거나 다음으로 넘겨 버리는 경우가 있다.

(2) 문제 해결에 필요한 사항을 전부 조사한다.

문제점을 알면 그것을 해결하기 위해 필요한 정보를 전부 파악하도록 한다. 벨트 컨베이어에서 짐의 탈락을 방지하는 개선을 한다고 가정하면, 짐 쌓는 방법, 짐의 종류, 치수, 중량, 벨트의 치수나 팽팽함의 정도, 안내판·스커트, 기타 짐의 낙하 방지 장치 유무 혹은 적부, 피더나 슈트의 설치 상황 등의 사항에 대해 현재 상태를 전부 조사하여야 한다.

(3) 조사 사실에 기초해서 개선 계획을 세운다.

조사결과 명백하게 된 사실에 기초를 두고 개선 계획을 세운다. 조사가 바르게 행해졌으면, 개선 계획을 세우는 데 어렵지 않게 실행할 수 있다.

다만 하나 강조해 둘 것이 있다. 개선은 하나의 테마에 대해 1항목만 하면 좋다고 생각해서는 안된다. 벨트컨베이어의 예에서 개선 포인트가 3개 있으면 3개 모두 하는 것이 올바른 안전 개선이다. 그러나 지금 성행하고 있는 KYT(위험 예지 훈련)와 같이 「위험의 포인트는 무언인가」라며 가장 중요한 위험 항목을 하나로 묶어 대책을 세우는 것이 미팅에서 행해지고 있는데 위험예지훈련과 이 개선은 조금 다른 것이다.

위험예지 훈련은 작업 그룹의 집단 행동 목표를 세우기 위해 실행하는 것이고, 안전을 위한 개선은 우리가 처한 직장 내 위험을 없애고 안전환경을 조성하기 위해 실시하는 것이기 때문에 필요하면 복수 항목에 걸쳐 개선하는 것이 당연한 것이다.

(4) 계획을 실시한다.

개선 제안은 계획이 완성되면 실시한다.

(5) 실시 결과를 체크한다.

개선 계획의 효과에 관해서는 현장에서 체크하지 않으면 모른다. 만일 기대만큼 효과가 오르지 않는다면 개선사항을 다시 점검하여 체크할 필요가 있다.

3.3 전체조직이 개선 선두에 선다.

개선 활동이 대단히 활발하게 행해지고 있는 사업장의 공통된 점은 그 전체조직이 개선에 공통목표를 가지고 열심히 한다는 것이다. 개선 제안이 많이 제출되는 직장에서는 작업자가 일의 문제점을 찾아내고, 제안하고, 정리해 놓고 활발하게 토의를 거쳐 개선작업을 하게 된다. 다만 여기서 직장 간부가 개선에 열의를 가지고 있지 않으면 효과적인 개선 활동을 진행시킬 수 없다.

직장을 보다 안전하게 개선하고 일하기 쉬운 상황을 만들어 내는 것이 재해 제로를 실현하는 필수조건인데, 직장의 상태는 개선되지 않고 연간 무재해를 바라는 관리·감독자가 있다면 바람직하지 못한 결과를 초래할 뿐이다.

3.4 개선에는 정석이 있다.

(1) 모션 마인드를 가진다.

「모션 마인드」란 동작 연구의 시조인 F. B. 길브레스가 동작 개선의 기본적 사고방식으로 강조한 용어이며 「분석적이고 효율적인 견해, 사고방식」을 포함한다.

「분석적으로 본다」는 것은 사물을 막연하게 보는 것이 아니라 세분화시켜 실태를 포착하는 것이다. 작업은 몇 개의 단위 동작으로 구분하고 이 단위 동작으로 분할하고 관찰함으로써 개선을 쉽게 한다.

「효율적으로 생각한다」란 말은 분석적이고 세분화된 작업에 대해 목적성과 합리성의 추구를 철저히 하고 효과적인 개선 방법을 검토하는 것이다. 예를 들면 공작기계 작업에서 「가공품에 손을 펴서 1개 잡는다」라고 하는 동작을 모션 마인드로 보면 어떻게 될까.

① 「놓인 장소」는 어떤가? 우측인지 좌측인지, 바로 앞인지 후방인지, 손을 펴는 거리는 몇 cm인지, 잡기 쉬운 장소인지.
② 「놓아두는 방법」은 어떤가? 흩어서 놓았는가, 케이스에 넣었는가, 케이스의 형태는 손으로 잡는 경우에 떨어뜨리면 어떻게 되는가 등등.
③ 「기계」는 가공품을 잡는 사이 정지하고 있는지, 가공이 계속되고 있는지, 위험은 없는지 등등.

이와 같이 모션 마인드에서 보면 간단한 동작이라도 몇 개로 나뉘고 각각의 체크 항목을 세분화하여 생각할 수 있으므로 누락 없이 개선점을 발견할 수 있다.

(2) 개선시 5W1H법을 사용한다.

안전관리에도 5W1H가 강조되고 있는데 이 5W1H는 직장 개선에도 중요한 방법이다.

What(무엇이)	목적과 필요성
Why(무엇 때문에)	
Where(어디에서)	장소
When(언제)	시간, 시기
Who(누가)	담당자
How(어떻게)	방법

직장에서 행해지는 일에는 반드시 6원칙이 있을 것이다. 그러나 초기 5W1H가 그대로 지속되고 있는지 알 수 없다. 왜냐하면 일의 환경과 작업 조건은 변하기 때문이다. 직장의 실태를 언제나 「왜, 왜」라고 객관적으로 관찰하는 것이 필요하다. 「이것이 당연하다」라고 하는 현재상태의 만족상태에서는 개선사항이 진척되지 않는다.

「왜, 왜」 방법을 적용하면 직장에는 꽤 많은 문제가 있다는 것을 알 수 있다.

① What, Why

왜 이것을 하는가?

이 작업이 없어지면 어떻게 될 것인가?

그밖에 해야 할 일은 없는가?

② Where

왜 여기에서 하고 있는가?, 장소를 바꾸면 어떻게 될 것인가?

③ When

왜 그때 하는 것인가?

언제 하는 것이 좋은가?

다른 때는 할 수 없는가?

④ Who

왜 이 사람이 하고 있는가?

담당자가 바뀌면 어떻게 될 것인가?

⑤ How

왜 이와 같이 하고 있는가?

그밖에 방법이 없는가?

가장 좋은 방법은 무엇인가?

이러한 방법으로 분석하면 위험한 작업이나 헛된 작업을 없애고, 무리가 없는 안전한 작업 순서로 변경하고 작업 간소화나 자연스런 진행을 가능하게 하거나 편한 작업 방법을 채용하는 등의 개선이 가능한 것이다.

(3) 좋은 개선을 하기 위해서는 지식을 연마한다.

직장 개선을 하는 데에는 문제의식을 가지는 것이 필요하다. 그러나 문제의식은 시작의 문제이며 해답은 아니다. 개선 계획을 만들기 위해서는 지식이 필요하다.

「일의 개선은 90% 상식에 의해 가능하다」고 한다. 그러나 이 「상식」이란 전문가의 상식이며 초보자의 상식은 아니다. 또 안전을 위한 개선에는 안전의 지식이 필요하다. 이것이 없으면 효과적인 개선이 불가능한 경우가 많다.

안전을 위한 직장 개선에 필요한 기초 지식에는 두 가지가 있다고 생각된다. 하나는 「안전과 관련된 법규의 지식」 두 번째는 「인간공학적 지식」이다.

안전 법규 특히 작업 안전에 관한 법규의 지식이 필요한 것은 새삼스럽게 설명할 필요가 없다. 이것은 다수의 재해에서 얻어진 최저한의 안전 규칙이기 때문이다. 인간공학적 지식이라고 해도 학문적인 이론이 아니라 현장에 필요한 노하우로서의 지식이다. 예를 들면 동작 경제의 원칙도 그중 하나라고 생각해도 좋다. 이 원칙은 「양손은 반대나 대칭 방향으로 움직이게 한다.」 「공구나 재료는 정위치에 둔다.」 등과 같이

① 인체 사용의 원칙
② 설비 및 배치의 원칙
③ 기계기구의 설계 원칙으로 분류되는데 개선의 중요한 무기가 될 수 있다.

또 직장의 작업 시스템에 관해서는 수년전 ISO(국제 표준화 기구)가 인간공학적 원칙을 정해 놓고 직장 개선에 필요한 항목으로 권장하고 있다. 그 개요는 다음과 같다.

① **작업장과 작업 설비**

· 인체 치수에 관련된 설계 : 작업면의 높이, 의자, 공간, 조작구 등을 작업자에게 적합하게 한다.
· 자세, 근력, 동작에 관련된 설계 : 불필요한 근육의 사용 또는 과도의 부담을 피한다. 작업에 필요한 근력은 생리적으로 바람직한 범위 내로 하고 동작은 자연스럽게 리듬에 따른다. 자세, 힘, 동작은 서로 조화시킨다.
· 신호와 표시장치 : 인간의 지각 특성에 적합하도록 설계, 배열한다.
· 조작장치 : 사용하는 신체 부분의 특성(특히 움직임)에 적합하도록 설계, 배치한다. 기능, 정확도, 속도, 힘의 조건에 대해서도 고려한다.

② **작업 환경**

· 작업 구내 : 전반적인 배치, 작업 공간, 통행 공간을 확보한다.
· 작업 환경 : 물리적, 화학적, 생물학적 조건이 사람에게 유해한 영향을 주지 않도록 한다. 사람의 작업 능력이나 용이도와 건강 확보에 유용하도록 설계한다.

③ **작업 공정**

과한 작업을 피하고 작업자의 안전과 건강을 확보하여 작업 수행을 용이하게 할 수 있도록 설계한다. 작업 공정을 개선하기 위해서 한 사람 한 사람 작업자의 직무 확대, 직무 충실, 작업에 변화를 가지게 하는 등의 연구 검토가 필요하다.

SAFETY COUNTERMEASURE OF WORK

04 작업용 보호구

4.1 보호구와 방호구

생산 현장에서 일하는 작업자가 산업 재해 방지를 위해 사용하는 보호구의 종류는 많이 있다. 그 중에서 재해 위험 방지에 사용하는 절연용 보호구, 안전대 및 안전모와 산업 위생용 방진마스크 및 방독마스크에 관해서는 노동부장관의 규격이 정해져 있어 규격에 합치하지 않는 것은 판매 및 사용이 금지되어 있다.

특히 절연용 보호구, 안전모, 방진마스크 및 방독마스크에 관해서는 국가 검정이 행해져 검정 합격품만이 판매되고 있다.

이외에 차광보호구, 방음보호구, 용접용 가죽제 보호장갑, 간이 구명기, 안전화 등에 관해서는 KS가 정해져 있다.

또한 방호구는 보호구와 같이 작업자의 재해 위험을 방지하는 목적을 갖지만 위험 대상물에 장착하는 것으로 인체에 장착하여 사용하는 보호구와 호칭을 구별하고 있다.

자주 사용되는 것은 전기 공사의 경우 고압 전로에 장착하는 절연용 방호구, 추락 방지용으로 구조물에 부착되는 안전 네트 등이 있다.

보호구는 방호구와 달리 재해 방지를 위한 마지막 수단으로서 가장 적합한 대책은 아니다. 기계 설비나 원재료에 위험이 있으면 위험 그 자체의 제거 또는 방호가 선결이지만 설비전체 또는 작업상 모든 부분에 방호구를 설치할 수는 없다.

따라서 방호장치로 보호하지 못하는 경우 보호구의 사용을 반드시 하여야 한다. 보호구의 착용은 필수이지 선택의 사항이 아니다. 보호구는 재해 방지를 위해서 최후의 방어 수단이다.

보호구 사용에 관한 원칙은 다음과 같다.

① 보호구 사용을 필요로 하는 작업에서는 반드시 착용할 것(표 4.1 참조)
② 보호구는 위험 대상물에 대해 충분한 보호 효과를 가질 것
③ 보호구는 장착한 사람에게 유해한 작용을 미치지 않을 것
④ 보호구는 착용이 간편하며 작업하기 쉬울 것
⑤ 보호구는 견고하며 내구성이 있고 외관도 좋을 것

표 4.1 • 안전보호구를 사용해야 할 작업(산업안전기준에 관한 규칙)

관련근거	보호구를 사용하여야 할 작업 등	비고
안전대		
안전규칙 71	분쇄기 등의 개구부로부터 전락의 위해를 입을 우려가 있는 작업	
안전규칙 112	작업자를 탑승설비에 운반하거나 달아 올린 상태에서 작업	
안전규칙 116	크레인의 조립 또는 해체작업	
안전규칙 130	작업 성질상 부득이 한 때 등의 이동식 크레인의 탑승 작업	
안전규칙 141	건설용 리프트의 조립 또는 해체작업	
안전규칙 161	승강기의 조립작업 등	
안전규칙 439	높이 3m 이상인 장소에서 작업 및 추락의 방지	
보건규칙 209	산소결핍위험작업	
방진마스크		
안전규칙 496	선창 등에 분진이 현저히 발생하는 하역작업	방진마스크
안전모		
안전규칙 116	크레인 조립 또는 해체작업	
안전규칙 206	화물자동차의 하역작업	추락용
안전규칙 392	굴착작업	비래낙하용
안전규칙 433	채석작업을 할 때 물체의 비래 또는 낙하에 의한 위험방지	비래낙하용
안전규칙 461	건물 등의 구조, 주변상황 등 해체작업	비래낙하용
안전규칙 478	바닥으로부터 높이가 2m 이상인 하적단 위에서 작업을 할 때	추락용
안전규칙 496	물체의 비래 또는 낙하에 의한 항만하역작업	비래낙하용
안전규칙 504	벌목, 집재, 운재작업	비래낙하용

표 4.1 • 계속

관련근거	보호구를 사용하여야 할 작업 등	비고
몸의 보호구		
가. 불 침투성 보호의 · 보호앞치마 · 보호의		
안전규칙 281	용광로·용선로 또는 유리 용해로 기타 다량의 고열물을 취급하는 작업	방열복
안전규칙 496	18℃ 이하인 급냉동 어창에서의 하역작업	방한복
나. 용접용 보호 장갑		
안전규칙 28	가스집합 용접작업	
다. 발의 보호구		
안전규칙 467	중량물 취급 작업	
안전규칙 496	18℃ 이하인 급 냉동어창에서 하역작업	
라. 눈과 안면 보호구		
안전규칙 320	가스집합장치를 사용하여 금속의 용접·용단 및 가열작업	차광안경
기타보호구		
가. 구명구		
안전규칙 130	이동식 크레인의 탑승설비에 탑승 작업	구명대

4.2 안전모

안전모의 규격은 규칙 제60조제1호의 규정에 의해 물체의 낙하, 비래 또는 추락에 의한 위험을 방지 또는 경감하거나 감전에 의한 위험을 방지하기 위하여 사용하는 안전모에 대하여 적용하는 것이다.

1) 성능

먼저 안전모에서 사용하는 용어의 정의는 다음과 같다.

1. "모체"라 함은 착용자의 머리부위를 덮는 주된 물체를 말한다.
2. "착장체"라 함은 머리받침끈, 머리고정대 및 머리받침고리 등으로 구성되어 안전모를 머리부위에 고정시켜주며, 안전모에 충격이 가해졌을 때 착용자의 머리부위에 전해지는 충격을 완화시켜주는 기능을 갖는 부품을 말한다.

3. "충격흡수재"라 함은 안전모에 충격이 가해졌을 때, 착용자의 머리부위에 전해지는 충격을 완화하기 위하여 모체의 내면에 붙이는 부품을 말한다.
4. "턱끈"이라 함은 모체가 착용자의 머리부위에서 탈락하는 것을 방지하기 위한 부품을 말한다.
5. "통기구멍"이라 함은 통풍의 목적으로 모체에 있는 구멍을 말한다.

안전모 각부의 명칭은 그림 4.1과 같으며, 안전모의 종류는 사용구분에 따라 표 4.2과 같이 분류한다.

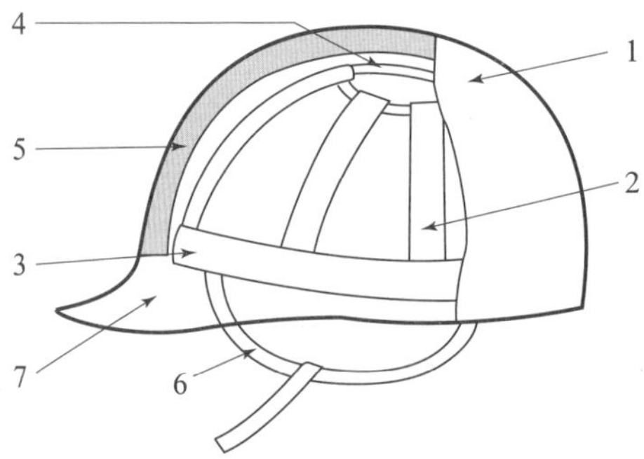

번호	명칭	
1	모체	
2	착장체	머리받침끈
3		머리고정대
4		머리받침고리
5	충격흡수재	
6	턱끈	
7	모자챙(차양)	

그림 4.1 안전모의 구조

표 4.2 • 안전모의 종류

종류(기호)	사용구분	모체의 재질	비고
AB	물체의 낙하 또는 비래 및 추락(주1)에 의한 위험을 방지 또는 경감시키기 위한 것	합성수지	
AE	물체의 낙하 및 비래에 의한 위험을 방지 또는 경감하고, 머리부위 감전에 의한 위험을 방지하기 위한 것	합성수지	내전압성 (주2)
ABE	물체의 낙하 또는 비래 및 추락에 의한 위험을 방지 또는 경감하고, 머리부위 감전에 의한 위험을 방지하기 위한 것	합성수지	내전압성

주(1) 추락이란 높이 2미터 이상의 고소작업, 굴착작업 및 하역작업 등에 있어서의 추락을 의미한다.
주(2) 내전압성이란 7,000볼트 이하의 전압에 견디는 것을 말한다.

2) 구조

안전모의 일반 구조는 다음과 같아야 한다.

1. 안전모는 적이도 모체, 착장체 및 턱끈을 가져야 한다.
2. 착장체의 머리고정대는 착용자의 머리부위에 적합하도록 조절할 수 있어야 한다.
3. 착장체의 구조는 착용자의 머리에 균등한 힘이 분배되어질 수 있어야 한다.
4. 모체, 착장체등 안전모의 부품은 착용자에게 상해를 줄 수 있는 날카로운 모서리 등이 없어야 한다.
5. 모체에 구멍이 없어야 한다. 단 착장체 및 턱끈의 설치 또는 안전등, 보안면 등을 붙이기 위한 구멍은 제외한다.
6. 턱끈은 모체 또는 착장체에 고정시키고 사용중 모체가 탈락하든지 흔들리지 않도록 확실히 맬 수 있어야 한다.
7. 안전모를 머리에 장착한 경우 전면 또는 측면에 있는 머리고정대와 머리모형과의 착용높이는 70 mm 이상이어야 한다.
8. 모체 내면과 머리와의 수직간격은 25 mm 이상 내지 55 mm 이하이어야 한다.
9. 모체와 착장체 머리고정대의 수평간격은 5 mm 이상이어야 한다.
10. 안전모의 모체, 착장체 및 충격흡수재를 포함한 질량은 0.44 kg을 초과하지 않아야 한다.

4.3 안전대

안전대는 규칙 제60조 제3호 규정에 의해 추락을 방지하기 위하여 사용하는 안전대로 사용구분에 따라 안전대의 종류 및 등급을 표 4.3과 같이 분류한다.

표 4.3 • 종류 및 등급

종류	등급	사용구분
벨트식(B식) 안전그네식(H식)	1종	U자걸이 전용
	2종	1개걸이 전용
	3종	1개걸이 U자걸이 공용
	4종	안전블록
	5종	추락 방지대

1) 성능

안전대에서 사용하는 용어의 정의는 다음과 같으며 그 보기는 그림 4.2와 같다.

1. "벨트"라 함은 신체지지의 목적으로 허리에 착용하는 띠모양의 부품을 말한다.
2. "안전그네"라 함은 신체지지의 목적으로 전신에 착용하는 띠모양의 부품을 말한다.
3. "지탱벨트"라 함은 U자걸이 사용시 벨트와 겹쳐서 몸체에 대는 역할을 하는 띠모양의 부품을 말한다.
4. "죔줄"이라 함은 벨트 또는 안전그네를 구명줄 또는 구조물등 기타 걸이설비와 연결하기 위한 줄모양의 부품을 말한다.
5. "D링"이라 함은 벨트 또는 안전그네와 죔줄을 연결하기 위한 D자형의 금속고리를 말한다.
6. "각링"이라 함은 벨트 또는 안전그네와 신축조절기를 연결하기 위한 사각형의 금속고리를 말한다.
7. "박클"이라 함은 벨트 또는 안전그네를 신체에 착용하기 위해 그 끝에 부착한 금속장치를 말한다.
8. "추락방지대"라 함은 신체의 추락을 방지하기 위해 자동잠김장치를 갖추고 죔줄과 수직구명줄에 연결된 금속장치를 말한다.
9. "훅 및 카라비나"라 함은 죔줄과 걸이설비 등 또는 D링과 연결하기 위한 금속장치를 말한다.
10. "보조훅"이라 함은 U자걸이를 위해 훅 또는 카라비나를 지탱벨트의 D링에 걸거나 떼어낼 때 잘못하여 추락하는 것을 방지하기 위한 훅을 말한다.
11. "신축조절기"이라 함은 죔줄의 길이를 조절하기 위해 죔줄에 부착된 금속장치를 말한다.
12. "8자형 링"이라 함은 안전대를 1개걸이로 사용할 때 훅 또는 카라비나를 죔줄에 연결하기 위한 8자형의 금속고리를 말한다.
13. "안전블록"이라 함은 안전그네와 연결하여 추락발생시 추락을 억제할 수 있는 자동잠김장치가 갖추어져 있고 죔줄이 자동적으로 수축되는 금속장치를 말한다.

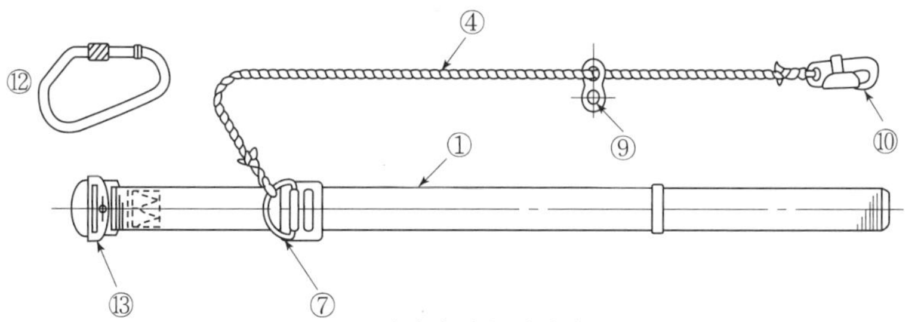

1개걸이 전용 안전대

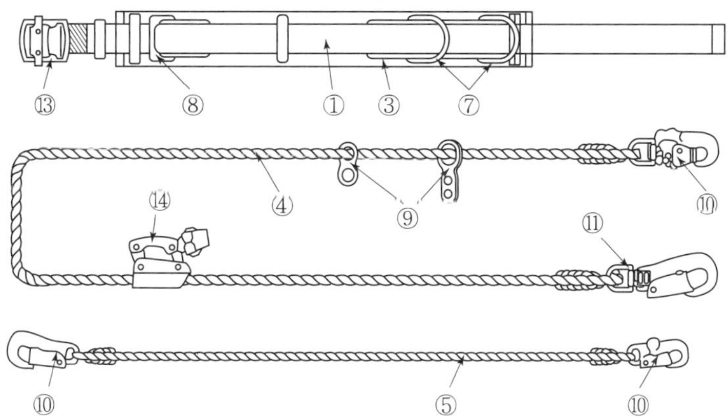

U자걸이 사용 안전대

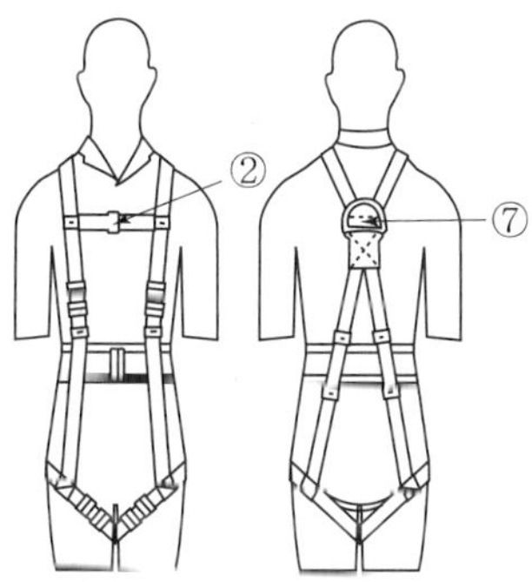

안전 그네

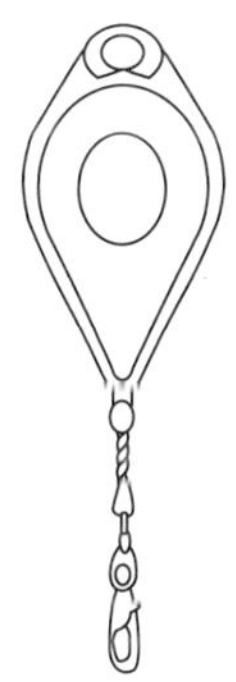

안전 블록

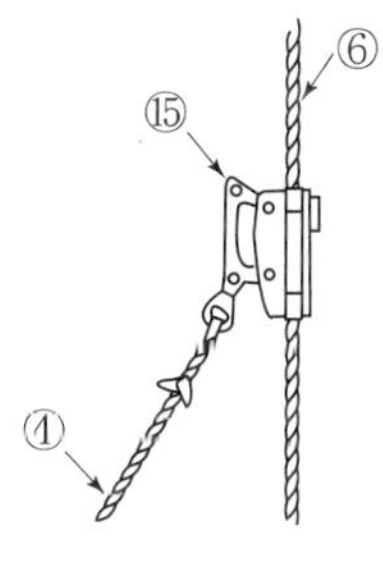

추락방지대

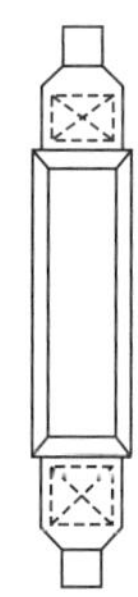

충격흡수장치

① 벨트	② 안전그네	③ 시탱벨드	④ 죔줄	⑤ 보조죔줄
⑥ 수직구명줄	⑦ D링	⑧ 각 링	⑨ 8자형링	⑩ 훅
⑪ 보조훅	⑫ 카라비나	⑬ 버클	⑭ 신축조절기	⑮ 추락방지대

그림 4.2 안전대의 종류 및 부품

14. "보조죔줄"이라 함은 안전대를 U자걸이로 사용할 때 U자걸이를 위해 훅 또는 카라비나를 지탱벨트의 D링에 걸거나 떼어낼 때 잘못하여 추락하는 것을 방지하기 위한 링과 걸이설비연결에 사용하는 훅 또는 카라비나를 갖춘 줄모양의 부품을 말한다.
15. "수직구명줄"이라 함은 로우프 또는 레일 등과 같은 유연하거나 단단한 고정줄로서 추락발생시 추락을 저지시키는 추락방지대를 지탱해 주는 줄모양의 부품을 말한다.
16. "충격흡수장치"라 함은 추락시 신체에 가해지는 충격하중을 완화시키는 기능을 갖는 죔줄 또는 수직구명줄에 연결되는 부품을 말한다.
17. 이 편에서 사용되는 낙하거리의 용어는 다음 각목과 같다.
   가. "억제거리"라 함은 감속거리를 포함한 거리로서 추락을 억제하기 위하여 요구되는 총 거리를 말한다.
   나. "감속거리"라 함은 추락하는 동안 전달충격력이 생기는 지점에서의 착용자의 D링 등 체결지점과 완전히 정지에 도달하였을 때의 D링등 체결지점과의 수직거리를 말한다.
   다. "작동거리"라 함은 추락이 생기는 지점으로부터 추락방지대가 하중을 받기 시작하는 작동점까지 안전블록이나 추락방지대가 움직인 거리를 말한다.
18. "최대전달충격력"이라 함은 동하중 시험시 모형몸통 또는 시험추가 추락하였을 때 로드셀에 의해 측정된 최고하중을 말한다.
19. "U자걸이"라 함은 안전대의 죔줄을 구조물 등에 U자 모양으로 돌린 뒤 훅 또는 카라비나를 D링에, 신축조절기를 각링 등에 연결하여 신체의 안전을 꾀하는 방법을 말한다.
20. "1개걸이"라 함은 죔줄의 한쪽 끝을 D링에 고정시키고 훅 또는 카라비나를 구조물 또는 구명줄에 고정시켜 추락에 의한 위험을 방지하기 위한 방법을 말한다.

2) 구조

안전대에 사용하는 각 부품의 구조 및 치수는 표 4.4와 같다.

표 4.4 • 부품의 구조 및 치수

명칭	구조 및 치수
벨트	1. 강인한 실로 짠 직물로 비틀어짐, 흠 등 기타 결함이 없는 것 2. 벨트의 나비는 50㎜이상(U자걸이로 사용할 수 있는 안전대는 40㎜) 길이는 박클 포함 1,100㎜ 이상, 두께는 2㎜ 이상일 것
안전 그네	1. 강인한 실로 짠 직물로 비틀어짐, 헤어짐, 흠 등 기타 결함이 없을 것 2. 추락시 받는 하중을 신체에 고루 분산시킬 수 있는 구조일 것 3. 힘을 받는 주요 부분인 어깨, 엉덩이, 허리부분은 폭이 40㎜이상일 것
지탱 벨트	1. 강인한 실로 짠 직물로 비틀어짐, 흠 등 기타 결함이 없는 것 2. 지탱벨트의 나비는 75㎜이상, 길이는 600㎜ 이상, 두께는 2㎜ 이상일 것
죔줄 및 보조죔줄	1. 재료가 합성섬유인 경우 비틀어짐, 헤어짐, 흠 등 기타 결함이 없을 것 2. 죔줄의 길이는 추락방지대, 훅등의 길이를 제외하고 1종 안전대는 3,000㎜이하 2종 안전대는 2,500㎜이하 3종 안전대는 3,000㎜이하 (보조 훅이 있는 안전대는 3,500㎜이하) 3. 보조죔줄의 길이는 훅등의 길이를 제외하고 1,500㎜이하일 것
D링, 각링, 8자형링 등	1. 이음매가 없을 것 2. 표면이 평활할 것 3. 모서리는 날카로운 부분이 없을 것
추락방지대	1. 구명줄의 임의의 위치에 설치와 해체가 용이한 구조로서 이탈방지장치가 2중으로 되어 있을 것 2. 손을 사용하지 않고 자동으로 구명줄의 축방향으로 용이하게 이동시킬 수 있는 구조 일 것 3. 추락방지대의 보기 쉬운 위치에 사용방향이 각인되어 있을 것 4. 추락방지대의 보기 쉬운 위치에 사용되어지는 구명줄의 직경이 각인되어 있을 것 5. 구명줄전용의 추락 방지대는 구명줄로부터 이탈하지 않도록 되어 있어야 하며 제1호 및 제4호의 규정을 적용하지 아니함.
훅	1. 이탈방지장치를 2중으로 할 것(단, 보조훅은 고리부분의 이탈방지장치가 하나라도 무방하다) 2. D링에 걸고 벗기에 용이한 구조일 것
카라비나	1. 이탈방지장치는 2중으로 할 것 2. 이탈방지장치가 카라비나에 걸리는 힘의 작동중심선상에 없을 것 3. 표면은 평활할 것
신축조절기	1. 이탈방지장치를 할 것
안전블록	1. 자동잠김장치를 갖출 것 2. 안전블록의 부품은 부식방지처리를 할 것

(1) 안전대 부품

안전대에 사용하는 부품은 다음 조건에 적합하여야 한다.

1. 벨트 또는 지탱벨트에 D링 또는 각링과의 부착은 벨트 또는 지탱벨트와 같은 재료를 사용하여 견고하게 봉합할 것. 단, 2종 안전대는 예외로 한다.
2. 벨트 또는 안전그네에 박클과의 부착은 벨트 또는 안전그네의 한쪽 끝을 꺾어 돌려 박클을 꺾어 돌린 부분을 봉합사로 견고하게 봉합하여야 한다.
3. 죔줄 또는 보조죔줄 및 수직구명줄에 D링, 추락방지대, 훅 또는 카라비나 등(이하 "D링 등"이라 한다)과의 부착은 죔줄 또는 보조죔줄 및 수직구명줄을 D링 등에 통과시켜 꺾어 돌린 후 그 끝을 3회이상 얽어매는 방법(풀림방지장치의 일종) 또는 이와 동등이상의 확실한 방법으로 하여야 한다.
4. 제1호 또는 제3호의 부착은 벨트 또는 지탱벨트 및 죔줄, 수직구명줄 또는 보조죔줄에 씸블(THIMBLE)등의 마모방지장치가 되어있어야 한다.

(2) U자걸이 안전대

U자걸이를 사용할 수 있는 안전대(등급1종, 등급3종)의 구조는 다음 조건에 적합하여야 한다.

1. 지탱벨트, 각링, 신축조절기가 있을 것. 단, 안전그네를 착용할 경우 지탱벨트를 사용하지 않아도 된다.
2. U자걸이 사용시 D링, 각링은 안전대 착용자의 몸통 양측면에 해당하는 곳에 고정되도록 지탱벨트 또는 안전그네에 부착하여야 한다.
3. 신축조절기는 죔줄로부터 이탈하지 말아야 한다.
4. U자걸이 사용상태에서 신체의 추락을 방지하기 위하여 보조죔줄을 사용하여야 한다. 단 보조훅이 있는 안전대는 이에 해당하지 아니한다.
5. 보조훅 부착 안전대(등급3종에 부착가능)는 신축조절기의 역방향으로 낙하저지 기능을 갖추어야 한다. 단, 죔줄에 스토퍼가 부착될 경우에는 이에 해당하지 아니한다.
6. U자걸이 전용 안전대(등급1종)는 1개걸이로 사용할 수 없도록 훅이 열리는 나비가 죔줄의 직경보다 작고 8자형링 및 이음형 고리를 갖추지 않아야 한다.

(3) 안전블록 안전대

안전블록이 부착된 안전대의 구조는 다음 조건에 적합하여야 한다.

1. 안전블록을 부착하여 사용하는 안전대는 신체지지의 방법으로 안전그네만을 사용하여야 한다.
2. 안전블록은 정격 사용길이가 명시되어야 한다.
3. 안전블록의 줄은 로우프, 웨빙, 와이어로프이어야 하며, 와이어로프인 경우 최소 공칭지름이 4 mm 이상이어야 한다.

(4) 추락방지 안전대

추락방지 안전대가 부착된 안전대의 구조는 다음 조건에 적합하여야 한다.

1. 추락방지대를 부착하여 사용하는 안전대는 신체지지의 방법으로 안전그네만을 사용하여야 하며 수직구명줄이 포함되어야 한다.
2. 추락방지대와 안전그네간의 연결 죔줄은 가능한 짧고 로우프, 웨빙, 체인 등이어야 한다.
3. 수직구명줄에서 걸이설비와의 연결부위는 훅 또는 카라비나 등이 장착되어 걸이설비와 확실히 연결되어야 한다.
4. 유연한 수직구명줄은 로우프 등이어야 하며 구명줄이 고정되지 않아 흔들림에 의한 추락방지대의 오작동을 막기 위하여 적절한 긴장수단을 이용 팽팽히 당겨져야 한다.

4.4 안전화

1) 성능

안전화는 규칙 제60조제3호의 규정에 의해 물체의 낙하, 충격 또는 날카로운 물체로 인한 위험이나 화학약품 등으로부터 발 또는 발등을 보호하거나 감전 또는 정전기의 인체대전을 방지하기 위하여 사용하는 안전화(이하 이장에서 "안전화"라 한다)로 성능구분에 따라 안전화의 종류를 다음 표 4.5와 같이 분류하고 동 안전화에 대하여 적용한다.

표 4.5 • 안전화의 종류

종류	성능구분
가죽제 안전화	물체의 낙하, 충격 및 바닥으로 날카로운 물체에 의한 찔림위험으로부터 발을 보호하기 위한 것
고무제 안전화	물체의 낙하, 충격 및 바닥으로 날카로운 물체에 의한 찔림위험으로부터 발을 보호하고 아울러 방수 또는 내화학성을 겸한 것
정전기 안전화	물체의 낙하, 충격 및 바닥으로 날카로운 물체에 의한 찔림위험으로부터 발을 보호하고 아울러 정전기의 인체 대전을 방지하기 위한 것
발등 안전화	물체의 낙하, 충격 및 바닥으로 날카로운 물체에 의한 찔림위험으로부터 발 및 발등을 보호하기 위한 것
절연화	물체의 낙하, 충격 및 바닥으로 날카로운 물체에 의한 찔림위험으로부터 발을 보호하고 아울러 저압의 전기에 의한 감전을 방지하기 위한 것
절연장화	고압에 의한 감전을 방지하고 아울러 방수를 겸한 것

2) 명칭

안전화에서 사용하는 명칭은 다음 그림 4.3과 같다.

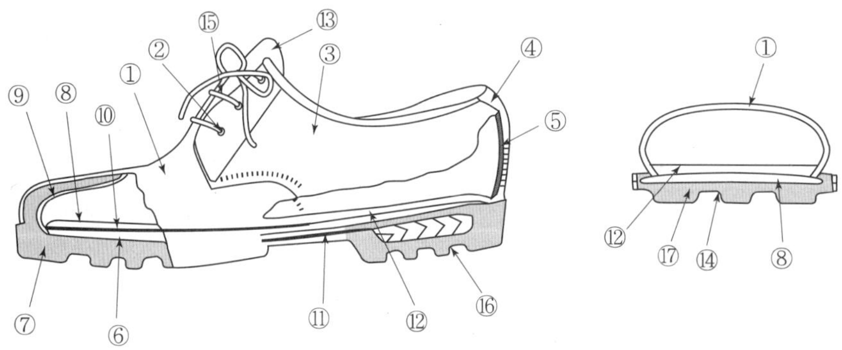

번호	명칭	번호	명칭	번호	명칭
1	신울	7	겉창	13	안전화혀
2	끈구멍	8	안창	14	허구리
3	몸통	9	선심	15	안전화끈
4	보강대	10	내답판	16	뒤굽
5	월형심	11	허리쇠	17	소돌기
6	중창	12	깔창		

그림 4.3 안전화의 명칭

3) 가죽제 안전화

가죽제 안전화의 뒷굽의 높이를 제외한 몸통 높이에 따라 다음 표 4.6과 그림 4.4와 같이 구분한다.

표 4.6 • 가죽제 안전화의 구분 (단위 : mm)

구분	단화	중단화	장화
몸통높이 (h)	113미만	113이상	178이상

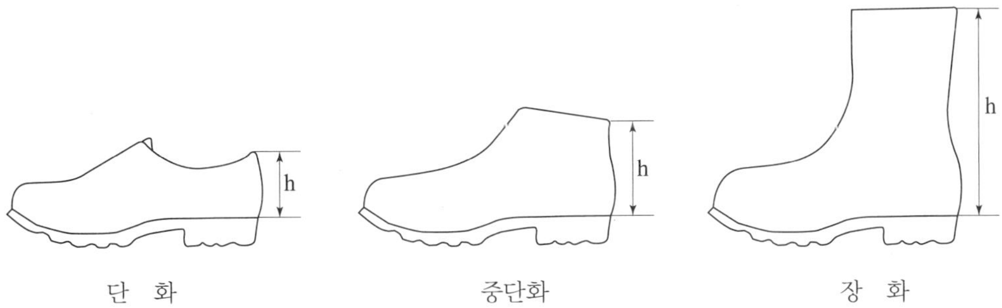

그림 4.4 안전화 구분의 예

안전화의 일반적인 구조는 다음 각 호의 사항을 만족하여야 한다.

1. 제조하는 과정에서 발가락 끝 부분에 선심을 넣어 압박 및 충격으로부터 착용자의 발가락을 보호할 수 있는 구조일 것.
2. 착용감이 좋으며 작업 및 활동하기가 편리할 것.
3. 견고하게 제작하여야 하며 부분품의 마무리가 확실하여야 하고 겉창의 소돌기는 좌우 균형이 있을 것.
4. 선심의 내측은 헝겊, 가죽, 고무 또는 합성수지 등으로 감싸고 특히 후단부의 내측은 보강되어 있을 것.
5. 중작업용 및 보통작업용안전화는 내답발성능을 향상시키기 위해 얇은 금속 또는 이와 동등이상의 재질로 된 내답판을 사용할 수 있으나, 경작업용에는 사용하지 말 것.
6. 안창은 유연하고 강하여야 하며 흡습성이 있는 재질이어야 한다.
7. 봉합사는 그 사용목적에 적합하고 굵기 및 꼬임이 균등하여야 한다.

8. 끈, 고리, 박클, 버튼 등의 기타 부속부품은 모두 사용목적에 적합하여야 한다.
9. 가죽은 천연가죽 또는 극세사로 직조된 인조가죽을 사용하고 두께가 균일하고 흠 등의 결합이 없어야 한다.
10. 선심의 형상은 내충격성 및 내압박성을 견딜 수 있는 충분한 강도를 가지는 금속, 합성수지 또는 이와 동등 이상의 재질이어야 하며 표면이 모두 평활하고 가장자림 및 모서리는 둥글게 하고 강재선심인 경우에는 전체표면에 방청 또는 내식처리를 하여야 한다.

4) 고무제 안전화

고무제 안전화(이하 이장에서 "안전화"라 한다)는 그 사용장소에 따라 표 4.7과 같이 구분한다.

표 4.7 • 고무제 안전화의 구분

구분	사용장소
일반용	일반작업장
내유용	탄화수소류의 윤활유 등을 취급하는 작업장
내산용	무기산을 취급하는 작업장
내알카리용	알카리를 취급하는 작업장
내산 알카리 겸용	무기산 및 알카리를 취급하는 작업장

고무제 안전화의 일반구조는 다음 조건을 만족하여야 한다.

1. 안전화는 방수 또는 내화학성의 재료(고무, 합성수지등)를 사용하여 견고하게 만들어지고 가벼우며 또한 착용하기에 편안하고, 활동하기 쉬워야 한다.
2. 안전화는 물, 산 또는 알카리등이 안전화 내부로 쉽게 들어가지 않도록 되어 있어야 하며, 또한 겉창, 뒷굽, 테이프 기타 부분의 접착이 양호하여 물, 기름, 산 또는 알카리등이 새어들지 않도록 하여야 한다.
3. 안전화 내부에 부착하는 안감, 안창포 및 심지포(이하 "안감 및 기타포"라 한다)에 사용되는 메리야스, 융등은 사용목적에 따라 적합한 조직의 재료를 사용하고 견고하게 제조하여 모양이 균일하도록 할 것. 다만, 분진발생 및 고온작업장소에

서 사용되는 안전화는 안감 및 기타를 부착하지 아니할 수 있다.

4. 겉창(굽포함), 몸통, 신울 기타 접합부분 또는 부착부분은 밀착이 양호하며, 물이 새지 않고 고무 및 포에 부착된 박리고무의 부풀음등 흠이 없도록 할 것.
5. 선심의 안쪽은 포, 고무 또는 플라스틱 등으로 붙이고 특히, 선심 뒷부분의 안쪽은 보강되도록 할 것.
6. 안쪽과 골씌움이 완전하도록 할 것.
7. 부속품의 접착은 견고하도록 할 것.
8. 에나멜을 칠한 것은 에나멜이 벗겨지지 않아야 하고 건조가 충분하여야 하며 몸통과 신울에 칠한 면이 대체로 평활하고, 칠한 면을 겉으로 하여 180°각도로 구부렸을 때, 에나멜을 칠한 면에 균열이 생기지 않도록 할 것.
9. 사용할 때 위험한 흠, 균열, 기공, 기포, 이물혼입, 기타 유사한 결점이 없도록 할 것.

5) 정전기 안전화

정전기 안전화(이하 이장에서 "안전화"라 한다)는 대전방지성능 및 선심의 유무 및 신울 등의 재질에 따라 표 4.8과 같이 구분한다.

표 4.8 • 정전기 안전화의 구분(저항 : MΩ)

구분			대전방지성능
신울등이 가죽제인 것	선심 있는것	1종	0.1 MΩ < R < 100 MΩ
		2종	0.1 MΩ < R < 10 MΩ
	선심 없는것	1종	0.1 MΩ < R < 100 MΩ
		2종	0.1 MΩ < R < 10 MΩ
신울등이 고무제인 것	선심 있는것	1종	0.1 MΩ < R < 100 MΩ
		2종	0.1 MΩ < R < 10 MΩ
	선심 없는것	1종	0.1 MΩ < R < 100 MΩ
		2종	0.1 MΩ < R < 10 MΩ

1종 : 착화에너지가 0.1mJ 이상의 가연성물질 또는 가스(메탄, 프로판등)를 취급하는 작업장에서 사용하는 것
2종 : 착화에너지가 0.1mJ 미만의 가연성물질 또는 가스(수소, 아세틸렌등)를 취급하는 작업장에서 사용하는 것

(1) 재료 및 성능

① 신울등이 가죽제로 된 안전화는 제2장 가죽제안전화에서 규정한 성능을 만족하여야 하고, 신울등이 고무제로 된 안전화는 제3장의 고무제안전화에서 일반용의 성능을 만족하여야 한다. 다만, 선심에 대하여는 선심이 있는 안전화에만 적용한다.

② 안전화의 인체에 대전된 정전기를 겉창을 통하여 대지로 누설시키는 전기회로가 형성될 수 있는 재료를 사용하고 또한 그러한 구조이어야 한다.

③ 겉창은 전기저항변화가 적고 조직이 균일한 합성고무를 사용하여야 한다.

④ 안창이 도전로가 되는 경우에는 적어도 그 일부분에 겉창보다 전기저항이 적은 재료를 사용하여야 한다.

⑤ 안전화는 착용자의 발한이나 마모로 인한 안전화내부의 흡습, 더러워짐 등에 의해서 전기저항의 변화가 적은 안정된 재료를 사용하여야 하며 또한 그러한 구조이어야 한다.

6) 발등 안전화

발등 안전화(이하 이장에서 "안전화"라 한다)는 안전화의 발등부를 덮어서 낙하물 등에 의한 위험을 방지하는 부품(이하 "방호대"라 한다)의 결합방법에 따라 표 4.9와 같이 구분한다.

표 4.9 • 발등 안전화의 구분

구분	형식
고 정 식	안전화에 방호대를 고정한 것
착 탈 식	안전화의 끈 등을 이용하여 안전화에 방호대를 결합한 것으로 그 탈착이 가능한 것

(1) 구조

① 안전화 선심의 후단에 방호대가 3 mm 이상 겹쳐서 발등부를 덮음으로써 선심과 방호대에 의하여 발가락과 발등을 낙하물로부터 방호하는 구조이어야 한다.

② 착용자가 보행이나 무릎을 굽혔을 때 불편하지 않는 구조이어야 한다.

③ 방호대는 방호대 본체만으로 되어진 것과 방호대 본체를 피혁 등으로 씌운 것이 있으며 작업중 안전화에서 용이하게 이탈되지 않아야 한다.

④ 방호대 본체의 폭은 75 mm 이상, 길이는 85 mm 이상이어야 한다.

7) 절연화

절연화(이하 이장에서 “안전화”라 한다)는 내전압성능, 선심의 유무 및 신울등의 재질에 따라 표 4.10과 같이 구분한다.

표 4.10 • 절연화의 구분

구분		내전압성능
신울등이 가죽제인 것	선심 있는 것	14,000V에 1분간 견디고 충전전류가 5 mA 이하일 것
	선심 없는 것	
신울등이 고무제인 것	선심 있는 것	
	선심 없는 것	

(1) 구조

① 저압(직류 이하 또는 교류 600V 이하의 전극을 말한다) 전기를 취급하는 작업을 행할 때 전기에 의한 감전으로부터 신체를 보호하기 위한 안전화는 제2항 내지 제5항에서 규정하는 사항에 적합하여야 한다.

② 발가락을 보호하기 위한 선심을 제외하고는 안전화 어느 부분에도 도전성 재료를 사용하여서는 안된다.

③ 안전화의 겉창은 고저항의 재질을 사용하여야 한다.

④ 안전화에 선심이나 강재내답판을 사용한 경우에는 기타 다른 부분과는 완전히 절연되이 있어야 한다.

⑤ 압박이나 충격 기타 중량물이나 날카로운 물체에 의한 위험이 있는 장소에서 절연화를 착용해야 할 필요가 있는 경우에는 제2항에서 제4항까지의 규정을 만족하고 동시에 신울등이 가죽제인 것인 경우에는 제2장 가죽제안전화와 규정을 신울등이 고무제인 경우에는 제3장 고무제안전화와의 규정을 만족하여야 한다.

8) 절연장화

(1) 일반구조 및 재료의 성질

고압(직류 750V 이상 또는 교류 600V이상 초과하는 7,000V이하의 전압을 말한다) 전기를 취급하는 작업을 행할 때 전기에 의한 감전으로부터 신체를 보호하기 위해 사용하는 절연장화는 다음과 같은 조건을 갖추어야 한다.

1. 절연장화는 절연성능이 뛰어난 양질의 고무를 사용하여야 하며 균질한 재질로서 적당한 유연성 및 탄력성을 보유하여야 한다.
2. 고무의 내외면은 평활하고 눈에 보이지 않는 구멍이나 홈, 기포 및 기타 사용상 유해한 결점이 없어야 하며 절연성능을 저하시키는 불순물이 혼합되지 않아야 한다.
3. 절연장화에는 금속이나 또는 도전성이 뛰어난 재료를 사용해서는 안된다.
4. 절연장화의 모든 접합부분은 접착이 완전하고 물이 새지 않는 구조이어야 하며 내면에는 면등을 부착해서는 안된다.

(2) 치수 및 두께

절연장화 각 부의 치수 및 두께는 그 크기에 따라 그림 4.5와 같아야 한다.

(3) 재료 및 성능

절연장화는 제64조에 규정한 방법에 따라 시험하였을 때 표 4.11에 적합하여야 한다.

표 4.11 • 절연장화의 성능

항목		성능
내전압성 시험		20,000V에 1분간 견디고 이때의 충전전류가 20 mA 이하일 것
인장강도 시험	겉 창	90 kgf/cm^2 이상일 것
	몸 통	130 kgf/cm^2 이상일 것
신장율 시험	겉 창	350% 이상일 것
	몸 통	350% 이상일 것
노화후의 잔존율시험	겉창, 몸통, 인장강도	가열전의 80% 이상일 것
	겉창, 몸통, 신장율	가열전의 75% 이상일 것
내열성 시험		균열, 흠등 외관상 이상이 없을 것

(단위 : mm 이상)

구 분	A	B	C	D	E	F	G	H	I	$t_1=t_2=t_3$
치 수	210	250	430	390	8	6	100	25	27	1.5

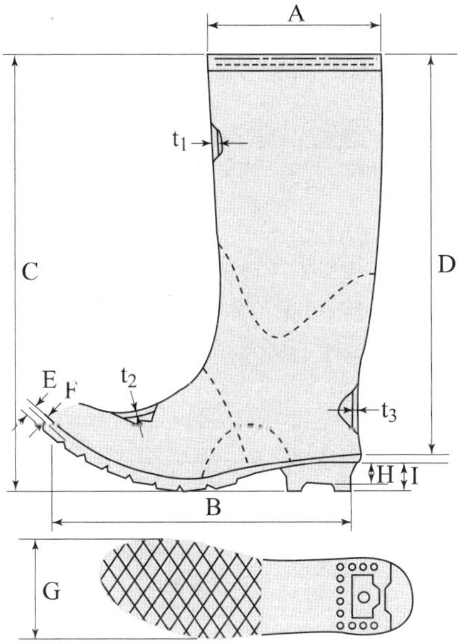

그림 4.5 절연장화 각부의 치수 및 두께

4.5 보안경

1) 성능 및 종류

보안경은 규칙 제60조제4호의 규정에 의해 날아오는 물체에 의한 위험 또는 위험물·유해광선에 의한 시력장애를 방지하기 위하여 사용되는 보안경에 대하여 적용하며 사용구분에 따라 보안경의 종류는 표 4.12와 같다.

(1) 조건

① 보안경은 다음과 같은 조건에 적합하도록 하여야 한다.

1. 보안경은 그 모양에 따라 특정한 위험에 대해서 적절한 보호를 할 수 있는 것.

표 4.12 • 보안경 종류 및 사용구분

종류	사용구분	렌즈의 재질
차광 보안경	눈에 대해서 해로운 자외선 및 적외선 또는 강렬한 가시광선(이하 "유해광선"이라 한다)이 발생하는 장소에서 눈을 보호하기 위한 것	유리 및 플라스틱
유리 보안경	미분, 칩, 기타 비산물로부터 눈을 보호하기 위한 것	유리
플라스틱 보안경	미분, 칩, 액체 약품등 기타 비산물로부터 눈을 보호하기 위한 것 (고글형은 부유분진, 액체 약품 등의 비산물로부터 눈을 보호하기 위한 것)	플라스틱
도수렌즈 보안경	근시, 원시 혹은 난시인 근로자가 차광보안경, 유리보안경을 착용해야 하는 장소에서 작업하는 경우, 빛이나 비산물 및 기타 유해물질로부터 눈을 보호함을 동시에 시력을 교정하기 위한 것	유리 및 플라스틱

2. 착용했을 때 편안할 것.
3. 견고하게 고정되어 착용자가 움직이더라도 쉽게 탈착 또는 움직이지 않을 것.
4. 내구성이 있을 것.
5. 충분히 소독되어 있을 것.
6. 세척이 쉬울 것.

② 보안경은 깨끗하고 잘 정비된 상태로 보관되어야 한다.

③ 비산물로 인한 위험, 직접 또는 반사에 의한 유해광선과 액체 또는 복합적인 위험물이 있는 작업장에서 적절한 보안경을 착용해야 한다.

④ 시력교정용 안경을 착용한 사람중에서 눈 보호구를 착용해야 할 경우 다음 중 하나의 고글(Goggles)이나 스펙터클(Spectacles)을 사용해야 한다.

1. 적절한 도수가 있는 보호렌즈를 가진 스펙터클.
2. 시력교정용 안경 위에 아무 불편 없이 착용 가능한 고글.
3. 보호용 렌즈와 적절한 도수를 가진 렌즈로 구성된 고글.

2) 차광보안경

차광보안경(이하 이장에서 "보안경"이라 한다)의 등급 및 형식은 그림 4.6 및 표 4.13과 같다.

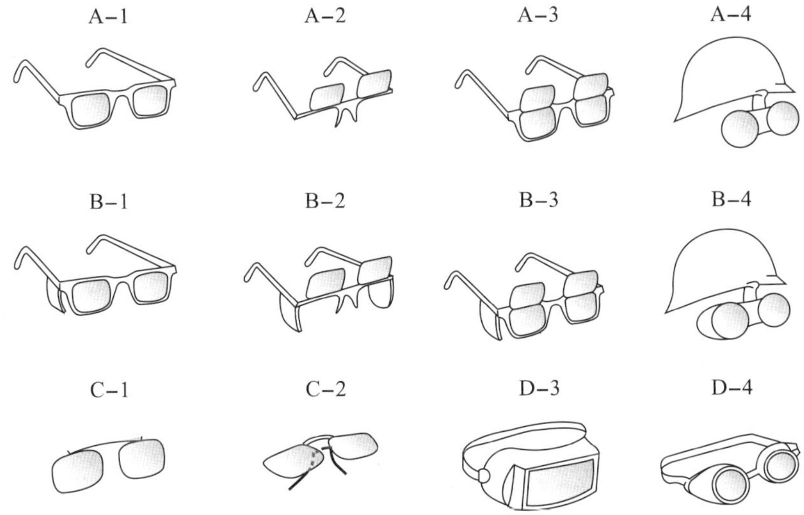

그림 4.6 보안경 등급 및 형식

표 4.13 • 보안경 등급 및 형식

<table>
<tr><th>종류</th><th colspan="3">형식</th><th>등급</th></tr>
<tr><td rowspan="12">차광
보안경</td><td rowspan="8">스펙타클형</td><td rowspan="4">보통
안경형</td><td>일반 안경형</td><td>A - 1</td></tr>
<tr><td>단식상하 자유형</td><td>A - 2</td></tr>
<tr><td>복식상하 자유형</td><td>A - 3</td></tr>
<tr><td>안전모 부착형</td><td>A - 4</td></tr>
<tr><td rowspan="4">측판부착
안경형</td><td>일반 안경형</td><td>B - 1</td></tr>
<tr><td>단식상하 자유형</td><td>B - 2</td></tr>
<tr><td>복식상하 자유형</td><td>B - 3</td></tr>
<tr><td>안전모 부착형</td><td>B - 4</td></tr>
<tr><td colspan="2" rowspan="2">프론트형</td><td>고정형</td><td>C - 1</td></tr>
<tr><td>상하자유형</td><td>C - 2</td></tr>
<tr><td colspan="2" rowspan="2">고글(Goggles)형</td><td>1안형</td><td>D - 1</td></tr>
<tr><td>2안형</td><td>D - 2</td></tr>
</table>

(1) 구조

① 보안경의 일반구조는 다음 조건을 만족하여야 한다.

1. 취급이 간단하고 쉽게 파손되지 않을 것.
2. 착용하였을 때에 심한 불쾌감을 주지 않을 것.
3. 착용자의 행동을 심하게 저해하지 않을 것.

4. 보안경의 각 부분은 사용자에게 절상이나 찰과상을 줄 우려가 있는 예리한 모서리나 요철부분이 없을 것.
5. 보안경의 각 부분은 쉽게 교환할 수 있는 것일 것.

② 보안경의 형식별 구조는 다음과 같다.

1. 스펙타클형
   가. 일반 안경형 : 공백 2개의 필터렌즈, 틀 및 안경다리로 구성되어 있을 것.
   나. 단식 상하자유형 : 일반안경형과 같고, 올리거나 내릴 수 있을 것.
   다. 복식 상하자유형 : 필터렌즈를 포함한 4개의 렌즈, 뒤틀, 안경다리 및 앞틀로 되고, 앞틀만을 상하로 올리거나 내릴 수 있을 것.
   라. 안전모 부착형 : 2개의 필터렌즈와 틀로 되고, 적절한 방법으로 안전모에 붙이거나 뗄 수 있을 것.
   마. 측판 부착안경형 : 차광보안경 스펙타클형의 측사광을 막을 수 있을 것.
2. 프론트형
   가. 고정형 : 2개의 필터렌즈와 틀로 되며, 일반 안경형에 걸어 고정할 수 있을 것.
   나. 상하자유형 : 고정형과 같고 틀을 올리거나 내릴 수 있을 것.
3. 고글형
   가. 1안형 : 1개의 차광 보호용 필터플레이트와 틀로 되고, 시계는 105° 이상일 것이며, 컵부분은 눈부분 전체를 덮는 크기로 하고 통기성이 있을 것. 또한 헤드벤드로 보안경을 고정시킬 수 있을 것.

3) 유리보안경

유리보안경(이하 이장에서 "보안경"이라 한다)의 등급은 지지하는 테(이하 이장에서 "테"라 한다)의 형상에 따라 다음과 같이 분류한다.

1. 보통안경형
2. 측판부착안경형

(1) 일반조건 및 구조

① 보안경의 일반조건은 다음 각 호에 적합하여야 한다.

1. 보안경을 착용하였을 때 현저한 불쾌감을 주지 않을 것.
2. 보안경은 취급이 간단하고, 쉽게 파손되지 않을 것.
3. 보안경테에서 유리렌즈(이하 이장에서 "렌즈"라 한다)가 쉽게 탈락되지 않을 것.
4. 보안경의 각부분은 사용자에게 절상이나 찰과상을 줄 우려가 있는 예리한 모서리나 요철부분이 없을 것.
5. 보안경의 각부분은 쉽게 교환할 수 있을 것.

② 보안경의 구조는 다음 각호와 같다.

1. 보통안경형은 두개의 렌즈와 안경다리로 되어 있을 것.
2. 측판부착안경형은 보통안경형에 측판을 부착시킨 것으로 측판은 가능한 한 시야를 방해하지 않을 것.
3. 렌즈 주위에 치수 허용오차는 될 수 있는 한 작게 하고 각각 테에 끼어 있을 때 탈락되는 일이 없고 교환이 용이하여야 한다. 그리고 두께는 2.5 mm 이상으로 한다.

4) 플라스틱 보안경

플라스틱 보안경(이하 이장에서 "보안경"이라 한다)의 등급은 지지하는 테의 형상에 따라 표 4.14와 같이 분류한다.

표 4.14 • 플라스틱 보안경의 등급

종류	등급	
플라스틱보안경	보통 안경형	
	측판부착 안경형	
	고 글 형 (1안형 및 2안형)	직접 통기식
		간접 통기식
		밀폐식

(1) 일반조건

① 보안경의 일반조건은 다음 조건에 적합하여야 한다.

1. 보안경을 착용하였을 때 심한 불쾌감을 주지 않을 것.

2. 보안경은 취급이 간단하여야 하고 쉽게 파손되지 않을 것.
3. 보안경은 테에서 렌즈가 쉽게 탈락되지 않고 렌즈커브가 손상되지 않을 것.
4. 보안경의 각부분은 사용자에게 절상, 마찰상 등을 주지 않고 심한 모서리와 요철부분이 없을 것.
5. 보안경의 각 부분은 쉽게 교환할 수 있을 것.

(2) 구조

1. 보통안경형은 2개의 렌즈, 테 및 안경다리로 되어 있을 것.
2. 측판부착안경형은 보통안경형에 측판을 부착시킨 것으로 측판은 가능한 한 시야를 방해하지 않을 것.
3. 고글형
   가. 1안형 : 1개의 커버플레이트와 틀로 되어 있어야 하고 시계는 105° 이상이며 컵부분은 눈부분 전체를 덮을 수 있고, 또한 헤어밴드로 보안경을 고정할 수 있을 것.
   나. 2안형 : 2개의 커버렌즈로 되어있고 이외구조는 1안형과 같을 것

4.6 안전장갑

1) 내전압용 안전장갑

내전압용 안전장갑은 규칙 제60조제5호의 규정에 의해 전기에 의한 감전을 방지하기 위한 내전압용 안전장갑(이하 "절연장갑"이라 한다)에 대하여 적용한다. 절연장갑의 종류는 사용구분에 따라 표 4.15와 같다.

표 4.15 • 절연장갑의 종류

종류	사용구분
A 종	주로 300V를 초과하고 교류 600V 또는 직류 750V이하의 작업에 사용
B 종	주로 교류 600V 또는 직류 750V를 초과하고 3,500V이하의 작업에 사용
C 종	주로 3,500V를 초과하고 7,000V이하의 작업에 사용

2) 유기화합물용 안전장갑

유기화합물용 안전장갑은 규칙 제60조제5호의 규정에 의해 액체상태의 유기화합물이 피부를 통하여 인체에 흡수되는 것을 방지하기 위하여 사용하는 유기화합물용 안전장갑(이하 이장에서 "보호장갑"이라 한다)이 갖추어야 할 재료 및 성능에 관한 기준 및 시험방법에 관하여 적용한다.

(1) 재료 및 구조

보호장갑의 재료 및 구조는 다음 조건의 기준에 적합한 것이어야 한다.

1. 보호장갑에 사용되는 재료와 부품은 착용자에게 해로운 영향을 주지 않아야 한다.
2. 보호장갑은 착용 및 조작이 용이하고, 착용상태에서 작업을 행하는데 지장이 없어야 한다.
3. 보호장갑은 이은 자국이 없고 육안을 통해 검사한 결과 찢어진 곳, 터진 곳, 구멍 난 곳이 없어야 한다.

(2) 시험항목 및 성능 수준

① 보호장갑의 재료 및 완성품에 대한 시험항목 및 성능수준의 분류는 표 4.16과 같다.

표 4.16 • 재료 및 완성품에 대한 시험항목 및 성능 수준의 분류

구분	시험항목(단위)	성능수준(class)					
		6	5	4	3	2	1
재료	투과저항(분)	>480	>240	>120	>60	>30	>10
	마모저항(횟수)	-	-	>8,000	>2,000	>500	>100
	절삭저항(지수)	-	20.0	10.0	5.0	2.5	1.2
	인열강도(N)	-	-	>75	>50	>25	>10
	뚫림강도(N)	-	-	>150	>100	>60	>20
완성품	누출시험	누출이 없어야 함					

② 투과저항시험에 사용되는 시험화학물질은 다음 각 호와 같다.

1. 메탄올(CAS No. 67-56-1)
2. 아세톤(CAS No. 67-64-1)
3. 디메틸포름아마이드(CAS No. 68-12-2)

4. 아세토니트릴(CAS No. 75-05-8)

5. 디클로로메탄(CAS No. 75-09-2)

6. 이황화탄소(CAS No. 75-15-0)

7. 톨루엔(CAS No. 108-88-3)

8. 디에틸아민(CAS No. 109-89-7)

9. 테트라하이드로퓨란(CAS No. 109-99-9)

10. n-헥산(CAS No. 110-54-3)

11. 에틸아세테이트(CAS No. 141-78-6)

③ 제1항의 규정에 의한 재료에 대한 시험항목별 성능수준은 다음과 같다.

1. 투과저항시험은 시험화학물질 모두에 대하여 1 수준 이상이어야 하고 이중 3 종류 이상의 시험화학물질에 대하여 3수준 이상이어야 한다.

2. 마모저항, 절삭저항, 인열강도 및 뚫림강도시험은 각각 1 수준 이상 이어야 한다.

④ 제1항 내지 제3항의 규정에 의한 재료에 대한 투과저항시험 성능수준은 개별 시험화학물질별로 판정할 수 있으며, 이 경우 개별 시험화학물질별 성능수준(class)은 1 수준 이상이어야 한다.

4.7 보안면

보안면은 규칙 제60조 제6호의 규정에 의해 용접시 불꽃 또는 날카로운 물체에 의한

표 4.17 • 보안면 종류 및 사용구분

종류	사용구분	면체의 재질
용접보안면	아이크용접 및 가스용접, 절단작업시에 발생하는 유해한 자외선, 강렬한 가시광선 및 적외선으로부터 눈을 보호하고 용접광 및 열에 의한 화상 또는 가열된 용재등의 파편에 의한 화상의 위험에서 용접자의 안면, 머리부 및 목부분을 보호하기 위한 것.	발카나이즈드 파이버 및 유리섬유강화 플라스틱(F.R.P) 또는 이와 동등 이상의 재질
일반보안면	일반작업 및 점용접작업시 발생하는 각종 비산물과 유해한 액체로부터 얼굴(머리의 전면, 이마, 턱, 목앞부분, 코, 입)을 보호하고 눈부심을 방지하기 위해 보안경 위에 겹쳐 착용하는 것.	플라스틱

위험을 방지하기 위하여 사용되는 보안면에 대하여 적용하며 사용구분에 따라 보안면의 종류는 표 4.17과 같으며 동 보안면의 일반조건은 제5편 보안경 규격 제65조에 대하여 준용한다.

1) 용접보안면

(1) 등급 및 형식

① 용접보안면(이하 이장에서 "용접면"이라 한다)의 등급 및 형식은 표 4.18과 같다.

② 개폐식이라 함은 창부분이 2중식으로 되어 개폐할 수 있는 것을 말한다.

③ 고정식이라 함은 창부분을 개폐할 수 없게 된 것을 말한다.

표 4.18 • 용접보안면 등급 및 형식

<table>
<tr><th colspan="2">등급</th><th colspan="3">형식</th><th>기호</th><th>적용</th></tr>
<tr><td rowspan="10">발카나이즈드 파이버제 등</td><td rowspan="5">1종</td><td rowspan="4">헬멧형</td><td rowspan="2">헤 드 밴드식</td><td>개폐식</td><td>VB-1-1</td><td rowspan="5">면체가 심레스로서 전기의 절연성이 있을 것.</td></tr>
<tr><td>고정식</td><td>VB-1-2</td></tr>
<tr><td rowspan="2">안전모 부착식</td><td>개폐식</td><td>VA-1-1</td></tr>
<tr><td>고정식</td><td>VA-1-2</td></tr>
<tr><td colspan="3">핸드실드형</td><td>VH-1</td></tr>
<tr><td rowspan="5">2종</td><td rowspan="4">헬멧형</td><td rowspan="2">헤 드 밴드식</td><td>개폐식</td><td>VB-2-1</td><td rowspan="5">면체가 리벳으로 결합되어 있는 것.</td></tr>
<tr><td>고정식</td><td>VB-2-2</td></tr>
<tr><td rowspan="2">안전모 부착식</td><td>개폐식</td><td>VA-2-1</td></tr>
<tr><td>고정식</td><td>VA-2-2</td></tr>
<tr><td colspan="3">핸드실드형</td><td>VH-2</td></tr>
<tr><td rowspan="5">FRP 제 등</td><td rowspan="5">3종</td><td rowspan="4">헬멧형</td><td rowspan="2">헤 드 밴드식</td><td>개폐식</td><td>FB-3-1</td><td rowspan="5">면체가 심레스로서 전기의 절연성이 있을 것.</td></tr>
<tr><td>고정식</td><td>FB-3-2</td></tr>
<tr><td rowspan="2">안전모 부착식</td><td>개폐식</td><td>FA-3-1</td></tr>
<tr><td>고정식</td><td>FA-3-2</td></tr>
<tr><td colspan="3">핸드실드형</td><td>FH-3</td></tr>
</table>

2) 일반보안면

(1) 등급

일반보안면(이하 이 장에서 "일반면"이라 한다)은 챙의 유무에 따라 다음 3가지 등급으로 분류한다.

종류	등급기호	형태
일 반 보안면	4A	헤드기어의 머리 윗부분에 챙이 없는 형식
	4B	헤드기어와 머리 윗부분에 챙이 있는 형식
	4C	헤드기어와 머리 윗부분 및 턱 부분에 챙이 있는 형식

4.8 방진마스크 규격

방진마스크는 규칙 제60조제7호의 규정에 의해 분진, 미스트 및 흄(이하 "분진 등"이라 한다)이 호흡기를 통하여 체내에 유입되는 것을 방지하기 위하여 사용되는 방진마스크에 대하여 적용한다.

(1) 정의

방진마스크 편에서 사용하는 용어의 정의는 다음과 같다.

1. "전면형"이라 함은 분진 등으로부터 안면부 전체(입, 코, 눈)를 덮을 수 있는 구조의 방진마스크를 말한다.
2. "반면형"이라 함은 분진 등으로부터 안면부의 입과 코를 덮을 수 있는 구조의 방진마스크를 말한다.
3. "신장률"이라 함은 시험편에 인장하중을 가하고 난 후 인장을 받아 생기는 방향으로의 변형을 말하며, 원래 길이에 대한 늘어난 길이의 비를 백분율로 나타낸 것을 말한다.
4. "영구변형률"이라 함은 시험편에 일정시간동안 인장하중을 가하고 난 후 원상태로 되돌아오지 않고 남아있는 변형을 말하며, 원래 길이에 대한 늘어난 길이의 비를 백분율로 나타낸 것을 말한다.

(2) 구조 : 방진마스크의 종류별 구조는 표 4.19와 같다.

표 4.19 • 방진마스크 종류별 구조

종류	분리식		안면부여과식
	격리식	직결식	
구 조	안면부, 여과재, 연결관, 흡기밸브, 배기밸브 및 머리끈으로 구성되며 여과재에 의해 분진 등이 제거된 깨끗한 공기는 연결관을 통하여 흡기밸브로 흡입되고 체내의 공기는 배기밸브를 통하여 외기 중으로 배출하게 되는 것으로 부품을 자유롭게 교환할 수 있는 것을 말한다.	안면부, 여과재, 흡기밸브, 배기밸브 및 머리끈으로 구성되며 여과재에 의해 분진 등이 제거된 깨끗한 공기가 흡기밸브를 통하여 흡입되고 체내의 공기는 배기밸브를 통하여 외기 중으로 배출하게 되는 것으로 부품을 자유롭게 교환할 수 있는 것을 말한다.	여과재로 된 안면부와 머리끈으로 구성되며 여과재인 안면부에 의해 분진등을 여과한 깨끗한 공기가 흡입되고 체내의 공기는 여과재인 안면부를 통해 외기 중으로 배기되는 것으로 (배기밸브가 있는 것은 배기밸브를 통하여 배출)부품이 교환될 수 없는 것을 말한다.

(3) 재료

방진마스크의 재료는 다음 조건에 적합한 것이어야 한다.

1. 안면에 밀착하는 부분은 피부에 장해를 주지 않아야 한다.
2. 여과재는 여과성능이 우수하고 인체에 장해를 주지 않아야 한다.
3. 방진마스크에 사용하는 금속부품은 부식되지 않아야 한다.
4. 전면형의 경우 사용할 때 충격을 받을 수 있는 부품은, 충격시에 마찰 스파크가 발생되어 가연성의 가스혼합물을 점화시킬 수 있는 알루미늄, 마그네슘, 티타늄 또는 이의 합금으로 만들어서는 안된다.
5. 반면형의 경우 사용할 때 충격을 받을 수 있는 부품은, 충격시에 마찰 스파크가 발생되어 가연성의 가스혼합물을 점화시킬 수 있는 알루미늄, 마그네슘, 티타늄 또는 이의 합금을 최소한 사용하여 만들어야 한다.

4.9 방독마스크 규격

방독마스크는 규칙 제60조 제8호의 규정에 의해 표 4.20에 정한 유해물질에 근로자가 노출되는 것을 막기 위하여 착용하는 방독마스크에 대하여 적용한다.

표 4.20 • 방독마스크 등급별 유해 물질 종류

등급	유해물질
1. 유기가스용	유기화합물의 가스 또는 증기
2. 할로겐가스용	할로겐 가스 또는 증기
3. 일산화탄소용	일산화탄소
4. 암모니아용	암모니아
5. 아황산가스용(아황산황용)	아황산가스
6. 아황산황용	아황산가스 및 황의 증기 또는 분진

표 4.21 • 방독마스크 종류에 따른 형식 및 사용범위

종류	형상 및 사용범위
격리식	정화통, 연결관, 흡기밸브, 안면부, 배기밸브 및 머리끈으로 구성되고, 정화통에 의해 가스 또는 증기를 여과한 청정공기를 연결관을 통하여 흡입하고 배기는 배기밸브를 통하여 외기중으로 배출하는 것으로서 가스 또는 증기의 농도가 2%(암모니아에 있어서는 3%)이하의 대기중에서 사용하는 것.
직결식	정화통, 흡기밸브, 안면부, 배기밸브 및 머리끈으로 구성되고, 정화통에 의해 가스 또는 증기를 여과한 청정공기를 흡기밸브를 통하여 흡입하고 배기는 배기밸브를 통하여 외기중으로 배출하는 것으로서 가스 또는 증기의 농도가 1%(암모니아에 있어서는 1.5%)이하의 대기중에서 사용하는 것.
직결식소형	정화통, 흡기밸브, 안면부, 배기밸브 및 머리끈으로 구성되고, 정화통에 의해 가스 또는 증기를 여과한 청정공기를 흡기밸브를 통하여 흡입하고 배기는 배기밸브를 통하여 외기중으로 배출하는 것으로서 가스 또는 증기의 농도가 0.1%이하의 대기중에서 사용하는 것으로서 긴급용이 아닌 것.

(1) 정 의

방독마스크에서 사용하는 용어의 정의는 다음과 같다.

1. "파과"라 함은 정화통 내의 정화제에 의해 흡인공기 중의 유해물질이 거의 정상적으로 흡수제거 또는 무독화된 후, 정화제의 제독능력이 떨어졌기 때문에 정화통의 배기공기에서의 유해물질 농도가 최대허용 파과 한도를 넘게 되는 현상을 말한다.
2. "파과시간"이라 함은 어느 일정농도의 유해물질을 포함한 공기를 일정 유량으로 정화통에 통과하기 시작해서부터 파과가 보일때까지의 시간을 말한다.

3. "파과곡선"이라 함은 파과시간과 유해물질 농도와의 관계를 나타낸 곡선을 말한다.

(2) 종 류

방독마스크의 종류는 표 4.21과 같다.

4.10 방음보호구

방음보호구는 규칙 제60조제9호의 규정에 의해 소음이 발생되는 사업장에 있어서 근로자의 청력을 보호하기 위하여 사용하는 귀마개와 귀덮개(이하 "방음보호구"라 한다)에 대하여 적용한다.

(1) 정의

방음보호구에서 사용하는 용어의 정의는 다음과 같다.

1. "귀마개"라 함은 외이도에 삽입함으로써 차음효과를 나타내는 방음보호구를 말한다.
2. "귀덮개"라 함은 귀 전체를 덮음으로써 차음효과를 나타내는 방음보호구를 말한다.
3. "음압수준"이라 함은 음압을 다음식에 의거 데시벨(dB)로 나타낸 것을 말하며 음압수준은 KS C 1505(정밀소음계) 또는 KS C 1502(보통소음계)에 규정하는 소음계의 "C" 특성을 기준으로 한다.

$$\text{음압수준(dB)} = 20 \log_{10} \frac{P}{P_o}$$

(주) P : 측정음압으로서 파스텔(Pa) 단위를 사용

P_o : 기준음압으로서 20μPa 사용

4. "최소가청치"라 함은 음압수준을 감지할 수 있는 최저 음압수준을 말한다.
5. "상승법"이라 함은 최소가청치를 측정함에 있어 충분히 낮은 음압수준으로부터 2.5dB 또는 그 이하의 비율로 일정하게 순차적으로 음압수준을 상승시켜 최소가청치로 하는 방법을 말한다.

6. "백색잡음"이라 함은 20~20,000㎐ 범위(이하 "가청범위"라 한다) 전체에 걸쳐 연속적으로 균일하게 분포된 주파수를 갖는 소음을 말한다.
7. "중심주파수"라 함은 가청범위 대역에서 125㎐, 250㎐, 500㎐, 1,000㎐, 2,000㎐, 4,000㎐ 및 8,000㎐의 주파수를 말한다.
8. "1/3 옥타브대역"이라 함은 제7호의 주파수를 중심으로 한 주파수의 범위를 말한다.
9. "1/3 옥타브대역 소음"이라 함은 백색소음을 1/3 옥타브대역 필터(1/3 옥타브대역 이외의 대역은 모두 제거시키는 것)에 통과시킨 소음을 말한다.
10. "시험음"이라 함은 차음성능 시험에 사용하는 음을 말한다.
11. "환경소음"이라 함은 시험장소에서 시험음이 없을 때의 소음을 말한다.

(2) 종류 및 등급

방음보호구의 종류, 등급 및 기호는 표 4.22와 같다.

표 4.22 • 방음보호구의 종류

종류	등급	기호	성능
귀마개	1종	EP-1	저음부터 고음까지 차음하는 것
	2종	EP-2	주로 고음을 차음하여 회화음 영역인 저음은 차음하지 않는 것
귀덮개	–	EM	

4.11 송기마스크

송기마스크는 규칙 제60조제10호의 규정에 의해 가스, 증기, 공기중에 부유하는 미립자상 물질 또는 산소결핍 공기를 흡입함으로써 발생할 수 있는 근로자 건강장해의 예방을 위해 사용하는 송기마스크에 대하여 적용한다.

(1) 종류 및 등급

송기마스크의 종류 및 등급은 표 4.23과 같다. 송기마스크의 종류에 따른 형상 및 사용범위는 표 4.24와 같다.

표 4.23 • 송기마스크 종류 및 등급

종류	등급		구분
호스마스크	폐력흡인형		안 면 부
	송풍기형	전 동	안면부, 페이스실드, 후드
		수 동	안 면 부
에어라인마스크	일정유량형		안면부, 페이스실드, 후드
	디맨드형		안 면 부
	압력 디맨드형		안 면 부
복합식	디맨드형		안 면 부
에어라인마스크	압력 디맨드형		안 면 부

표 4.24 • 송기마스크의 종류에 따른 형상 및 사용범위

종류	등급	형상 및 사용범위
호스마스크	폐력흡인형	호스의 끝을 신선한 공기중에 고정시키고 호스, 안면부를 통하여 착용자가 자신의 폐력으로 공기를 흡입하는 구조로서, 호스는 원칙적으로 안지름 19 mm이상, 길이 10m 이하일 것.
	송풍기형	전동 또는 수동의 송풍기를 신선한 공기중에 고정시키고 호스, 안면부 등을 통하여 송기하는 구조로서, 송기풍량의 조절을 위한 유량조절 장치(수동 송풍기를 사용하는 경우는 공기조절 주머니도 가능) 및 송풍기에는 교환이 가능한 필터를 구비하여야 하며, 안면부를 통해 송기하는 것은 송풍기가 사고로 정지된 경우에도 착용자가 자기 폐력으로 호흡할 수 있는 것일 것.
에어라인 마스크	일정유량형	압축 공기관, 고압 공기용기 및 공기압축기 등으로부터 중압호스, 안면부 등을 통하여 압축공기를 착용자에게 송기하는 구조로서, 중간에 송기풍량을 조절하기 위한 유량조절장치를 갖추고 압축공기중의 분진, 기름미스트 등을 여과하기 위한 여과장치를 구비한 것.
	디맨드형 및 압력디맨드형	일정 유량형과 같은 구조로서 공급밸브를 갖추고 착용자의 호흡량에 따라 안면부내로 송기하는 것.
복합식 에어라인 마스크	디맨드형 및 압력디맨드형	보통의 상태에서는 디맨드형 또는 압력디맨드형으로 사용할 수 있으며, 급기의 중단 등 긴급시 또는 작업상 필요시에는 보유한 고압공기용기에서 급기를 받아 공기호흡기로서 사용할 수 있는 구조로서, 고압공기 용기 및 폐지밸브는 KS P8155(공기호흡기)의 규정에 의한 것.

보호구성능검정규격 참조

4.12 보호구 사용의 교육 훈련

보호구를 필요로 하는 작업장에서는 반드시 보호구를 착용시켜야 한다. 이것은 첫째로 안전·보건관리자의 책임이며, 둘째로 작업자 자신의 생명존중 인식에서 출발한다.

예전에는 작업자가 보호구를 착용하는 것을 싫어했다. 그러나 최근에는 반드시 그렇지만은 않다. 그 이유는 교육과 홍보를 통하여 안전 보건 의식이 많이 좋아졌으며, 인명의 존중이 중요하다는 것을 각자가 인식하는 수준에 이르렀기 때문이다.

그렇지만 아직도 충분한 조건에 이르렀다고 할 수 없다. 안전대를 사용하지 않고 높은 곳에서 작업하던 중 추락한 예, 안전모를 착용하지 않았기 때문에 일어난 재해 사례 등은 아직도 많다. 산소 결핍 사고로 쓰러진 동료를 구하기 위해 호흡용 마스크를 장착하지 않고 뛰어 들었다가 함께 희생된 이야기는 현재에도 끊어지지 않고 발생하고 있다.

또 어떤 사업장에서 공기 호흡기를 사용했을 때 공기 소비량에 관한 실험 결과에 의하면, 숙련자는 초심자의 2분의 1 정도 밖에 공기를 소비하고 있지 않았다. 즉 숙련자의 사용 기간은 초심자의 2배가 되는 것이다. 원인은 초심자는 공기 호흡기를 장착하였을 뿐 의식적인 호흡 즉 깊은 호흡을 하기 때문이다. 이와 같이 사람이 실제로 현장에서 사용하면 긴장 때문에 한층 더 호흡량이 커지고 사용 기간이 짧아진다. 모처럼 갖춘 보호구가 전혀 혹은 바르게 사용되지 않는다고 한다면 작업자의 문제보다 사업장 측의 「주의교육」, 훈련 부족이 문제라고 생각해야 할 것이다.

PART 6

안전관리활동

1장 안전관리 시스템
2장 안전교육
3장 세이프티 · 어세스먼트

PRACTICE OF SAFETY CONTROL

01 안전관리 시스템

1.1 안전관리 조직

(1) 안전관리의 기본 조직

안전관리를 효율적으로 수행하고 성과를 올리기 위해서는 안전의 근원적인 문제에 대한 검토가 필요하다. 안전에 관한 근원적인 문제가 해명되어도 이것을 기업 관리에 적합한 형태로 유도(변환)하는 방법이 강구되지 않으면 안전관리에 대한 효과는 오르지 않는다. 즉 관리하여야 할 내용을 정확하게 파악하는 것이 유효한 안전관리를 실시하기 위한 첫 번째 과제인 것이다. 또한 두 번째 과제는 안전관리가 기업의 조직 활동으로 이행되어야 하며, 이 문제를 관리하는데 적합한 조직을 구성하는 것이 세번째의 문제가 된다.

사업장에서 안전관리를 조직적으로 추진하고 재해예방의 성과를 올리기 위해서는 첫째, 경영자는 안전우선의 자세를 스스로의 경영 기본방침 및 안전방침에 공표하고 둘째, 안전보건관리책임자는 경영자의 기본 방침에 따라 안전관리자 및 보건관리자를 지휘하여 산업재해예방시책을 적극적으로 추진, 관리하여야 한다(그림 1.1).

경영자의 기본방침에 의한 안전활동을 조직적으로 추진하기 위해서는 각 계층의 합의에 의한 공장 안전관리계획을 수립하고 실시·통제한다.

안전 활동을 효과적으로 추진하기 위해서는 무엇보다 라인의 책임자가 활동하기 쉽도록 다음 조건을 정비하여야 한다.

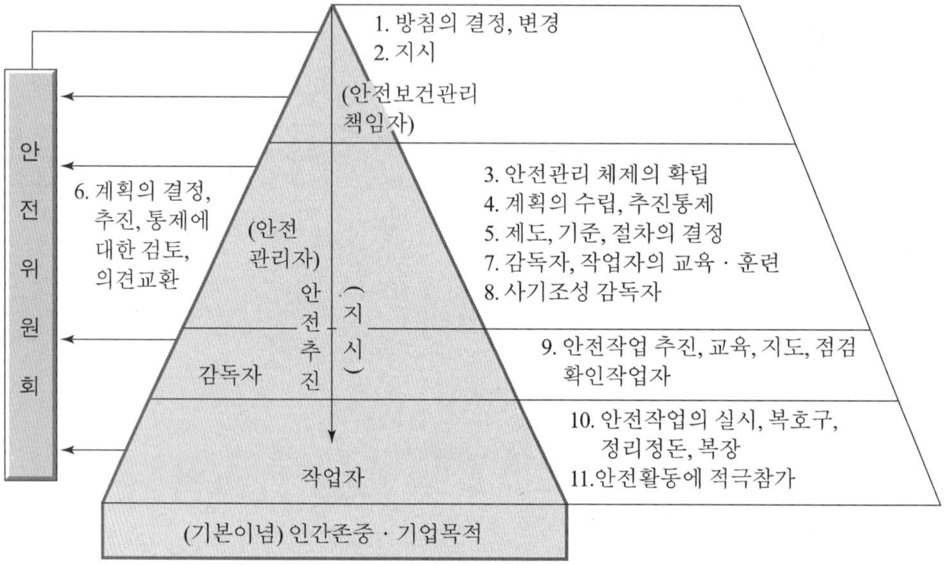

그림 1.1 안전관리의 조직적 추진기구

① 생산조직에 맞는 안전관리체제를 확립한다. 즉 생산라인 전체 계층의 안전확보와 관련된 책임, 직무 및 권한을 분명하게 결정한다.

② 안전관리 예산을 편성한다.

③ 안전활동의 근거가 되는 안전관리규정, 안전기준, 안전수칙 등을 정한다.

④ 관계자에 대한 교육을 통해 안전활동에 필요한 능력을 부여한다.

⑤ 직장내 인간관계를 좋게 형성하도록 한다.

일반적으로 사용되는 안전관리 조직에는 라인식, 참모식, 라인참모식 조직이 있다.

(2) 라인식 조직

톱에서 최하위의 단계에 이르는 모든 라인이 단일 명령 라인으로 연결된 조직 형태로, 하위자는 1인의 직속상사 이외의 사람과는 직접적인 관계를 갖지 않는다.

이 조직은 안전관리에 대한 계획에서부터 실시평가에 이르기까지 즉, 안전 PDCA 사이클 등 모든 것을 생산조직(생산라인)을 통하여 행하는 관리방식이며 Line형 안전관리라고 한다. 따라서 모든 권한이 포괄적이고 직선적으로 행사되어 조직에 안전을 전문으로 분담하는 부문이 없으므로 고도의 관리를 기대할 수는 없다. 이 조직은 소규모 사업장에 적합하다. 라인식 조직의 장단점은 다음과 같다.

① 안전에 관한 명령, 지시나 개선조치가 각 부문의 라인을 통하여 생산업무와 같이 병행함으로써 지시나 조치가 철저할 뿐만 아니라 그 실시 효과도 빠르다.
② 명령과 보고가 간단 명료하다.
③ 생산 Line의 각급관리, 감독자는 일상의 생산관계 업무에 쫓겨 안전에 대한 지식이나 실천에 대하여 관심이 적어 질 수 있다.

라인식 조직의 예는 그림 1.2와 같다.

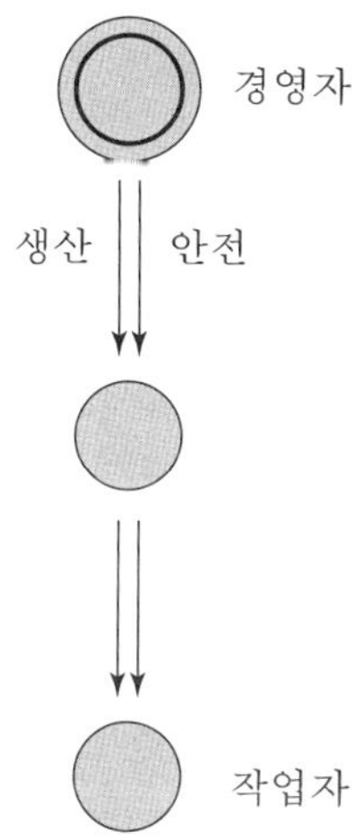

그림 1.2 직계식 안전관리조직

(3) 참모식 조직(기능식 조직)

관리자가 일정한 관리직능을 담당하도록 직능별 전문화가 이루어지고 각 관리자는 자기의 관리 직능에 관한 것을 부하에게 명령, 지휘하는 권한을 부여한 조직이다. 이 조직은 안전관리를 권장하는 스태프를 두고 안전관리에 관한 계획, 조사, 검토, 권고, 보고 등을 실시하도록 한다. 스태프의 성격상 업무관장은 계획안의 작성, 조사, 점검결과에 따른 조언, 보고에 머무는 것이며 스스로 생산 Line의 안전 업무를 행하는 것은 아니다.

이 조직은 Taylor가 제창한 것으로 분업의 원칙을 고도로 이용하는 것이며 책임 및 권한이 직능적으로 분담되어 있다. 참모식 조직의 장단점은 다음과 같다.

① 전문 스태프의 지도에 의해 고도의 안전활동이 진행되게 되므로 Line에서의 관리, 감독자가 안전에 관하여 미숙하더라도 스태프를 활용하여 안전이 추진될 수 있고, 점차 안전관리에 관한 업무가 표준화되어 직장에 정착하게 된다.

② Line 생산활동 가운데 안전에 대하여 노력을 기울이는 데도 불구하고 작업자 입장에서 보면 생산 및 안전에 관한 명령이 각각 별개의 두 계통에서 나오는 결함이 생겨 직장의 질서유지에 혼란을 가져올 가능성이 있고 응급조치가 곤란해지며 통제가 복잡하다.

③ 각 분야의 직능에 대하여 조직을 합리적으로 확립하고 운영하는 데에 곤란이 많이 따른다.

참모식 조직을 예로 보면 그림 1.3과 같다.

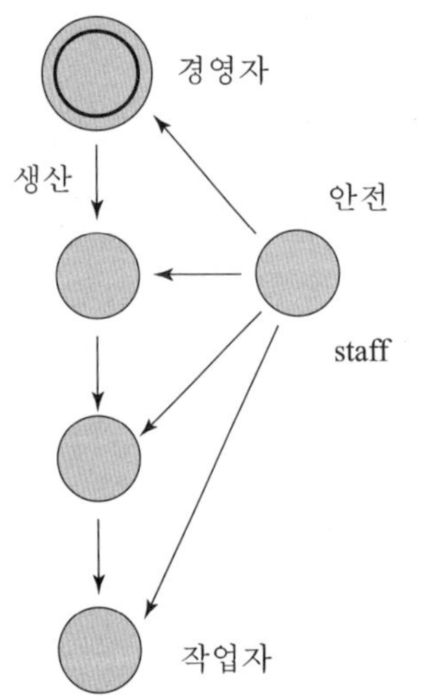

그림 1.3 참모식 안전관리 조직의 예

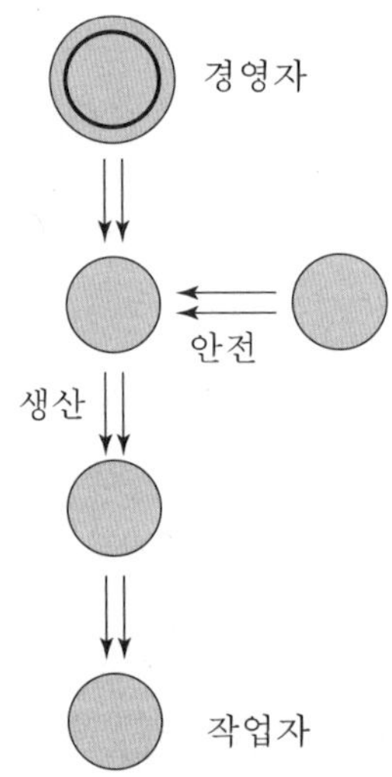

그림 1.4 직계 참모식 안전관리의 조직

(4) 라인 참모식 조직(라인 스태프 조직)

직능별 전문화와 라인 일원화의 원리를 조화시킨 조직으로 많은 사업장에서 채택하고 있다. 즉 안전업무를 전문으로 관장하는 스태프를 두고, 생산 Line에도 겸임 또는 전임의 안전담당자를 둔다. 이럴 경우 안전대책은 스태프 부문에서 기획하고 이것을 Line을 통하여 실시하도록l한다. 라인 참모식 조직의 장단점은 다음과 같다.

① 안전 스태프는 안전보건관리책임자의 밑에 설치되어 전문적인 안전관리를 행할 수 있다.

② 안전 스태프는 안전에 관한 기획, 입안, 조사, 검토 및 연구를 행한다.

③ Line의 관리, 감독자에게 책임과 권한이 부여되므로 전문사항에 대해서는 안전 스태프의 지식이나 기술 등을 활용하면서 Line은 생산활동에 그 힘을 집결시킬 수가 있다.

④ 안전 스태프의 힘이 강해지면 그 권한을 넘어서 Line에 간섭하게 됨으로써 Line의 권한이 약해질 수 있다.

⑤ 안전활동과 생산이 같이 병행되므로 운용이 적절하면 이상적인 조직이라고 할 수 있다.

(5) 안전보건관리책임자

안전보건관리책임자는 그 사업장에서 사업을 총괄하는, 즉 사업장의 사업주이어야 한다. 그리고 안전 보건업무가 적절하고 원활하게 실시되도록 필요한 조치를 강구하며, 또한 안전활동 실시상황을 감독하는 등 안전위생업무에 대해 정리하는 책임자이다.

안전보건관리책임자의 안전에 관한 직무는 다음과 같다.(법 제13조)

① 사업주는 다음 각 호의 업무를 총괄·관리할 안전보건관리책임자(이하 "관리책임자"라 한다)를 두어야 한다.

1. 산업재해 예방계획의 수립에 관한 사항
2. 안전보건관리규정의 작성 및 변경에 관한 사항(제 20조)
3. 작업자의 안전·보건교육에 관한 사항(제 31조)
4. 작업환경측정 등 작업환경의 점검 및 개선에 관한 사항(제 42조)
5. 작업자의 건강진단 등 건강관리에 관한 사항(제 43조)
6. 산업재해의 원인 조사 및 재발 방지대책 수립에 관한 사항
7. 산업재해에 관한 통계의 기록 및 유지에 관한 사항
8. 안전·보건과 관련된 안전장치 및 보호구 구입 시의 적격품 여부 확인에 관한 사항
9. 그 밖에 제4장에 따른 작업자의 유해·위험 예방조치에 관한 사항으로서 노동부령으로 정하는 사항

② 관리책임자는 안전관리자와 보건관리자를 지휘·감독한다.(제 15,16조)

③ 관리책임자를 두어야 할 사업의 종류·규모, 그 밖에 필요한 사항은 대통령령으로 정한다.

안전에 대한 구체적 업무에 관해서는 안전관리자 또는 보건관리자를 지휘하며 통제하게 된다. 안전보건관리책임자는 사업 총괄과 안전보건업무의 총괄을 일체적으로 행하여 안전과 생산을 상호 유기적 관계에 있게 하고 생산기술의 변화, 혁신에 대응한 효과를 올릴 수 있도록 한다.

(6) 안전관리자

① **안전관리자의 직무**

작업자는 끊임없이 어떤 행동을 하고 있다. 그 변화 중에 불안전 행위나 불안전상태가 있으면 작업자의 순간 행동이 재해와 연결될 수 있다. 재해 방지가 어려운 점은 이와 같이 순간에 대한 제어의 어려움에 있다고 할 수 있다. 따라서 안전관리 지휘체제에 빈틈이나 허점이 있어서는 안된다.

안전관리자는 부하 한 사람 한 사람의 지식, 기능, 태도, 의욕이 작업에 적응할 수 있도록 작업자에게 밀착한 지휘 체계가 요망된다. 그리고 이 지휘 체계를 엄밀하고 원활하게 움직이게 하는 사람이 바로 안전관리자라고 말할 수 있다.

그러므로 안전관리자에게 사업장에서 「안전에 관한 조치를 할 수 있는 권한」이 주어져야 한다. 그 직무는 다음 같다.(법 제15조).

① 사업주는 안전에 관한 기술적인 사항에 관하여 사업주 또는 관리책임자를 보좌하고 관리감독자에게 지도·조언을 하도록 사업장에 안전관리자를 두어야 한다. (제13조 제1항)

② 안전관리자를 두어야 할 사업의 종류·규모, 안전관리자의 수·자격·직무·권한·선임방법, 그 밖에 필요한 사항은 대통령령으로 정한다.

③ 노동부장관은 산업재해 예방을 위하여 필요하다고 인정할 때에는 안전관리자를 정수(定數) 이상으로 늘리거나 다시 임명할 것을 명할 수 있다.

④ 대통령령으로 정하는 종류 및 규모에 해당하는 사업의 사업주는 노동부장관이 지정하는 안전관리 업무를 전문적으로 수행하는 기관(이하 "안전관리대행기

관"이라 한다)에 안전관리자의 업무를 위탁할 수 있다.

⑤ 안전관리대행기관의 지정 요건 및 절차에 관한 사항은 대통령령으로 정하고, 안전관리대행기관의 업무수행기준, 안전관리대행지역, 그 밖에 필요한 사항은 노동부령으로 정한다.

② 스태프 안전관리자

스태프 안전관리자는 안전에 대해 사업주 또는 안전보건관리책임자의 보좌 역할이며 참모 역할이다. 스태프 안전관리자는 자신의 업무와 라인에서 실시하는 안전관리에 대하여 기획하고 사업주의 지시를 받아 작업 전 부문에 대하여 안전관리 업무를 실행한다.

중요한 것은 라인에서 실시되는 안전관리활동이 계획대로 진행되고 있는지, 문제점이 있다면 어떻게 개선시킬 것인가에 대한 체크와 액션을 정확히 하는 것이다. 그 때문에 스태프 안전관리는 현장의 상황, 변화에 대해 구체적으로 알고 있어야 한다. 라인의 관리자로부터 문제점을 충분히 듣고, 해결·개선을 위한 PDCA사이클의 완벽한 계획을 세울 필요가 있다.

③ 라인 안전관리자

라인에서의 관리자가 안전관리자로 선임되는 경우도 대단히 많다. 겸임이면 사업수행업무와 안전관리자로서의 업무를 겸하게 된다. 소속된 라인의 안전에 관해서는 당해 라인의 스태프 보좌역할이며, 라인의 안전에 관한 PDCA의 사이클을 회전시키는 연출자이며 주역이다.

그리고 라인 안전관리자가 스태프 안전관리자와 다른 점은, 당해 라인에서의 안전관리 업무 전부에 대해 직접적인 책임을 가지고 있는 것이다. 라인 안전관리자는 자기 관리범위에 있는 직장 내 안전에 관한 모든 문제점에 대해 알고 있어야 한다. 이러한 정보는 라인의 모든 관리·감독자에게 알리지 않으면 안된다.

(7) 안전담당자

산업 재해가 일어나는 것은 실제로 생산활동이 있는 현장이다. 이 현장에서 작업을 지휘·감독하고 있는 감독자가 안전에 대해 관심이 없다면, 시시각각으로 변화는 생산현장의 문제에 즉시 대응하는 안전대책을 추진할 수 없을 것이다.

이와 같은 관점에서 산업안전보건법은 라인에 있는 모든 감독자가 자기 직무와 관련된 안전업무를 담당하고 있으나 특히 위험방지가 필요한 작업에 있어서는 직·조반장 등의 지위에서 당해 작업을 직접 지휘·감독하는 자를 안전담당자로 지정하여 안전업무를 수행하도록 한 것이다.

안전담당자는 관리감독자 업무 외에도 다음의 업무를 수행한다.

① 유해 또는 위험한 작업에 작업자를 투입할 경우 실시하는 특별교육 중 안전에 관한 교육
② 당해 작업과 관련된 유해 또는 위험한 기계, 기구 및 설비에 대한 자체검사
③ 기타 당해 작업의 성격상 유해 또는 위험을 방지하기 위한 업무로서 노동부장관이 정하는 사항

(8) 관리감독자

생산 현장에서는 사람, 물건, 기계설비가 항상 존재하며 변화하고 있다. 이러한 변화 중에 생기는 재해 가능성을 매일 감시·감독하는 직접의 책임자가 관리감독자이다.

산업안전보건법에서는 안전담당자 이외에 관리감독자가 안전관리 체계를 형성하는 것으로서 명시되어 있지 않으나, 신임 관리 감독자에 대해서는 특히 일정교육과정을 부과하여 교육하는 것으로 정하고 있다. 그 취지는 제일선의 관리감독자는 안전의 키를 쥐고 있는 사람으로서 매일의 작업에서 안전지도자의 역할이 강하게 기대되고 있기

표 1.1 • 감독자에게 요구되는 안전 배려 의무

① 감독자는 자기의 안전관리 책임을 작업자에게 전가할 수 없다.
② 부하의 불안전 행위를 묵인하고 타협하여서는 안된다.
③ 안전상의 지휘 감독은 작업에 따라 구체적이어야 한다.
④ 위험의 제거, 방호 조치를 강구하여 안전을 확인하여야 한다.
⑤ 안전상의 미숙자나 미경험자에게는 엄밀하게 지휘감독을 해야 한다.
⑥ 안전 작업 순서 등을 만들어 준수시켜야 한다.
⑦ 작업자가 지시대로 안전 작업을 하고 있는지 확인하여야 한다.
⑧ 직접 지휘가 필요한 작업에 대해는 안전관리조치를 강구하지 않고 현장을 이탈하여서는 안된다.
⑨ 안전시설, 보호구 등을 반드시 사용하도록 한다.

때문이다. 특히 불안전 행동에 관한 감독 지도는 작업자의 가장 가까이에 있는 관리 감독자의 필요한 역할이다.

표 1.1은 산업 재해의 민사 배상 사건을 담당한 변호사가 정리한 것으로 감독자에게 요구되는 안전배려의무 사항이다.

1.2 산업안전보건위원회

(1) 위원회의 목적과 구성

산업안전보건법 제19조 제8항에 따라 산업안전보건위원회를 설치·운영하여야 할 사업은 다음 각 호와 같다.

1. 상시 작업자 100명 이상을 사용하는 사업장. 다만, 건설업의 경우에는 공사금액이 120억원(「건설산업기본법 시행령」 별표 1에 따른 토목공사업에 해당하는 공사의 경우에는 150억원) 이상인 사업장
2. 상시 작업자 50명 이상 100명 미만을 사용하는 사업 중 다른 업종과 비교할 경우 작업자 수 대비 산업재해 발생 빈도가 현저히 높은 유해·위험 업종으로서 노동부령으로 정하는 사업장(이하 "유해·위험사업"이라 한다)

산업안전보건위원회의 구성은 다음과 같다.

① 사업주는 산업안전·보건에 관한 중요 사항을 심의·의결하기 위하여 작업자와 사용자가 같은 수로 구성되는 산업안전보건위원회를 설치·운영하여야 한다.

② 사업주는 다음 각 호의 사항에 대하여는 산업안전보건위원회의 심의·의결을 거쳐야 한다.

   1. 시행령 제13조제1항제1호부터 제5호까지 및 제7호에 관한 사항
   2. 시행령 제13조제1항제6호의 규정 중 중대재해에 관한 사항
   3. 유해하거나 위험한 기계·기구와 그 밖의 설비를 도입한 경우 안전·보건조치에 관한 사항

③ 산업안전보건위원회의 회의는 대통령령으로 정하는 바에 따라 개최하고 그 결과를 회의록으로 작성하여 보존하여야 한다.

④ 산업안전보건위원회는 해당 사업장 작업자의 안전과 보건을 유지·증진시키기 위하여 필요한 사항을 정할 수 있다.
⑤ 사업주와 작업자는 제2항과 제4항에 따라 산업안전보건위원회가 심의·의결 또는 결정한 사항을 성실하게 이행하여야 한다.
⑥ 제2항과 제4항에 따른 산업안전보건위원회의 심의·의결 또는 결정은 이 법과 이 법에 따른 명령, 단체협약, 취업규칙 및 시행령 제20조에 따른 안전보건관리규정에 반하여서는 아니 된다.
⑦ 사업주는 산업안전보건위원회의 위원으로서 정당한 활동을 한 것을 이유로 그 위원에게 불이익을 주어서는 아니 된다.
⑧ 산업안전보건위원회를 설치하여야 할 사업의 종류 및 규모, 산업안전보건위원회의 구성과 운영, 의결되지 아니한 경우의 처리방법 등에 관하여 필요한 사항은 대통령령으로 정한다.

1.3 원청 사업자에서의 종합 안전관리

1) 구내 협력업체를 가지는 사업장

최근 모든 업종은 직장내에서 협력업체를 사용하고 있다. 이들 협력업체의 재해율은 원청기업에 비하여 높은 것이 일반적이다.

우리나라의 협력업체는 원청기업의 설비, 수리, 재료나 제품의 운반 등 위험·위해성이 높은 작업을 분담하는 것이 많고, 또 그 작업 장소가 원청기업의 직장내에서 작업하는 경우가 빈번하여 협력업체측의 노력만으로는 충분한 위험 방지를 할 수 없는 면이 많다.

종합 안전관리란 이와 같이 협력업체를 직장내에 가지는 원청기업에서 그 안전 시책과 지도에 의해 안전관리를 종합적으로 행하는 것이다.

산업안전보건법에서도 원청사업자는 협력업체와 작업자가 '산업안전보건법령에 위반하지 않도록 지도할 것, 법령에 위반하고 있는 사실이 있으면 시정 지시를 행할 것, 또 협력업체도 그 지시에 따를 것' 이라고 정하고 있다. 또 건설업의 사업장에 대해서는 이동식 크레인이 전도될 우려가 있는 장소 등의 특정 위험장소에서 일을 행하는 협력업체에 대해 안전 확보를 위한 기술상의 지도, 기타의 조치를 행하는 것도 정하고 있다. 그러나 원청기업으로서 안전 책임을 완수하는 입장에서 생각하면 법령에 관한 사항뿐만 아니라 양자 혼재의 위험 방지에 대하여 전반적인 지도를 협력업체 사업장에서 행하는 것이 필요하다. 그 주요한 항목은 다음과 같다.

(1) 종합 안전관리의 실시 체제

직장내 협력업체를 사용하는 사업장은 종합 안전관리를 진행시키기 위한 책임자를 선임할 필요가 있다. 가장 좋은 방법은 협력업체를 사용하는 작업부서의 장을 안전 보건 총괄 책임자로 선임하는 체제이다(그림 1.1)

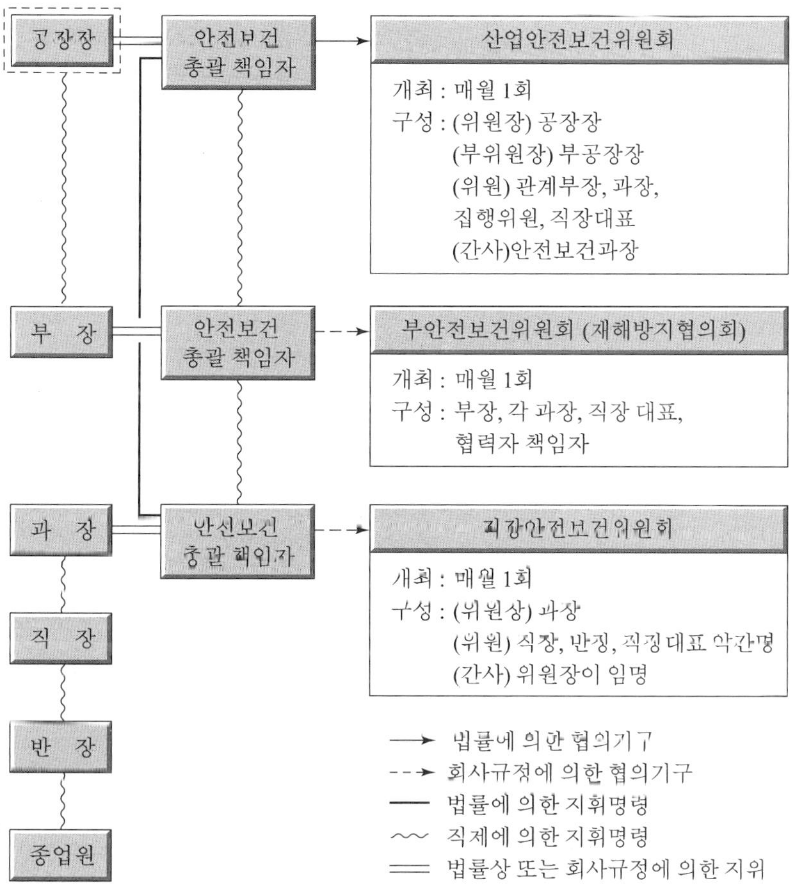

그림 1.1 종합 안전관리 조직의 예

또 안전관리자의 직무에도 사업장의 작업자와 다른 사업장의 작업자가 혼재하는 경우에 안전 조치를 강구하는 것이 정해져 있으므로, 협력업체를 사용하는 작업장에서는 안전관리자와 연락조정을 충분히 할 필요가 있다.

또한 각 협력업체 사업장에서도 안전대책의 협의, 연락, 공동 추진을 하기 위해 재해방지 협의 조직을 만들게 하고 다음 사항을 실시하도록 지도하는 것이 중요하다.

① 안전 보건 교육의 실시
② 위험 작업 등에 종사하는 특수 기능자의 양성
③ 작업 순서, 점검 기준 등의 작성과 실시
④ 안전 패트롤의 실시
⑤ 재해 사례의 검토 등

(2) 원청기업의 연계 관계

협력업체 혼재 작업에서는 발주, 생산, 안전관리 각 부문의 사전 타협, 상호 연계 등을 충분히 할 필요가 있다. 작업 실시 단계에서 이러한 사항을 지키지 않기 때문에 일어나는 재해가 적지 않다.

(3) 현장에서의 연락·조정의 구체적 실시

말단의 현장에서 구체적인 연락 조정이 부족했기 때문에 일어나는 재해도 많다. 이와 같은 것을 없애기 위해서는 현장감독자를 총괄 관리 현장 책임자로 정하고 구체적인 연락, 조정, 지도 등을 행하게 한다. 이 경우 협력업체측에서 현장마다 안전 담당 책임자를 선임하고 원청기업의 현장 책임자와 평상시 연계를 유지하게 한다. 또 현장에서는 재해 방지 협의를 위하여 작업 현장을 나누어 작업 담당자를 두며 미팅 등을 통해 구체적인 연락, 작업협력을 해간다.

(4) 위험 작업에 대한 원청기업의 안전지도

협력업체가 산업안전보건법령에 위반하지 않도록 지도하는 것은 앞에서 서술하였지만, 설비, 수리 등 위험이 예상되는 작업에 관해서는 원청기업의 감독원에 의한 위험방지 감독 체제를 만드는 것이 필요하다.

(5) 위험 기계, 위험물 등의 반입 점검

구내협력업체 작업장에 가지고 들어오는 기계, 물품 등에 관해서는 용도, 사용장소, 사용방법, 사용기간 등에 맞추어 위험성, 안전장치, 사용시의 안전대책 등에 관하여 체크하는 체제를 확립하는 것이 중요하다.

2) 안전보건 총괄책임자의 선임

산업안전보건법 제18조에 안전보건총괄책임자를 다음과 같이 지정하고 있다.

① 같은 장소에서 행하여지는 사업의 일부를 도급을 주는 사업으로서 대통령령으로 정하는 사업의 사업주는 그가 사용하는 작업자와 그의 수급인[하수급인(下受給人)을 포함한다. 이하 같다]이 사용하는 작업자가 같은 장소에서 작업을 할 때에 생기는 산업재해를 예방하기 위한 업무를 총괄·관리하기 위하여 그 사업의 관리책임자를 안전보건총괄책임자로 지정하여야 한다. 이 경우 관리책임자를 두지 아니하여도 되는 사업에서는 그 사업장에서 사업을 총괄·관리하는 자를 안전보건총괄책임자로 지정하여야 한다.

② 제1항에 따라 안전보건총괄책임자를 지정한 경우에는 「건설기술관리법」 제26조의3 제1항 제1호에 따른 안전총괄책임자를 둔 것으로 본다.

③ 안전보건총괄책임자의 직무·권한, 그 밖에 필요한 사항은 대통령령으로 정한다.

법 제18조제1항 전단에서 "대통령령으로 정하는 사업"이란 다음 각 호의 어느 하나에 해당하는 사업으로서 수급인과 하수급인에게 고용된 작업자를 포함한 상시 작업자가 50명(제4호부터 제7호까지의 규정에 해당하는 사업의 경우에는 100명) 이상인 사업 및 수급인과 하수급인의 공사금액을 포함한 해당 공사의 총공사금액이 20억원 이상인 건설업을 말한다.(산업안전보건법 시행령 제23조)

1. 1차 금속 제조업
2. 선박 및 보트 건조업
3. 토사석 광업
4. 제조업(제1호 및 제2호는 제외한다)
5. 서적, 잡지 및 기타 인쇄물 출판업

6. 음악 및 기타 오디오물 출판업
7. 금속 및 비금속 원료 재생업

3) 안전보건 총괄책임자의 직무

① 법 제18조제3항에 따른 안전보건총괄책임자의 직무는 다음 각 호와 같다.
  1. 법 제26조에 따른 작업의 중지 및 재개
  2. 법 제29조제1항에 따른 도급사업 시의 안전·보건 조치
  3. 법 제30조에 따른 수급인의 산업안전보건관리비의 집행 감독 및 그 사용에 관한 수급인 간의 협의·조정
  4. 의무안전인증대상 기계·기구(시행령 제28조)등과 자율안전확인대상 기계、기구(시행령 제28조 2)등의 사용 여부 확인

② 안전보건총괄책임자에 관하여는 제22조제2항을 준용한다.

도급인인 사업주가 사용하는 작업자 및 수급인(하수급인을 포함한다)이 사용하는 작업자가 동일한 장소에서 작업을 할 때 안전보건총괄책임자의 직무를 말한다.

(가) 산업재해를 예방하기 위한 업무 총괄·관리(법 제18조 제1항)
(나) 산업재해 발생의 급박한 위험이 있을 때 또는 중대재해가 발생하였을 때 즉시 작업을 중지시키는 일과 그 이후 작업자를 작업장소로부터 대피시키는 등 필요한 안전·보건상의 조치를 행한 후 작업을 재개시키는 일
(다) 다음의 안전·보건조치를 행하는 일
  ① 안전·보건에 관한 도급인의 사업주·수급인(하수급인을 포함한다) 사업주와의 협위체 구성·운영
  ② 작업장의 순회점검 등 안전관리 및 보건관리
  ③ 수급인(하수급인을 포함한다) 작업자의 안전·보건교육에 관한 지도와 지원
  ④ 기타 노동부장관이 산업재해예방을 위하여 필요하다고 지정하는 사항
(라) 수급업체(하수급업체를 포함한다)의 표준안전관리비 집행감독 및 이의 사용에 관한 수급업체(하수급업체를 포함한다) 간의 협의·조정
(마) 방호장치를 설치한 프레스 또는 전단기, 안전기를 설치한 아세틸렌 용접장치 또는 가스집합용접장치, 방폭구조로 된 전기기계·기구, 자동전격방지기를 설치한

교류아크용접기, 과부하방지장치 및 노동부장관이 고시하는 방호장치를 설치한 크레인·승강기·곤도라·리프트, 압력방출장치 및 언로도밸브를 설치한 압력용기, 압력방출장치 설치한 보일러, 급정지장치를 설치한 로울러기, 덮개를 설치한 연삭기, 반발예방장치 및 날접촉예방장치를 설치한 목재 가공용 둥근톱, 칼날의 접촉예방장치를 설치한 동력식 수동대패, 안전매트 또는 방호울을 설치한 복합동작을 할 수 있는 산업용로봇, 정전 및 활선 작업에 절연용방호구 및 활선작업용기구, 추락 및 붕괴 등의 위험방호를 위해 비계·파이프써포트 등 노동부장관이 고시하는 가설기자재를 사용하는지 여부와 법 제34조 및 시행규칙 제58조의 규정에 의한 대상기계·기구가 노동부장관이 정하는 제작기준과 안전기준에 적합한 것을 사용하는지 여부 또는 노동부장관이 실시하는 설계·완성·성능·정기검사에 합격한 것을 사용하는지 여부 확인(이상 시행령 제24조 제1항 참조)

(바) 도급인인 사업주는 안전보건총괄책임자에게 앞에 설명한 (가) 내지 (마)의 직무를 성실히 수행할 수 있도록 필요한 권한을 부여하여야 한다(시행령 제24조 제2항 참조).

1.4 안전 보건 관리 규정

안전 보건 관리 규정은 사업장이 그 업태, 생산 공정, 사용 기계 설비 등의 실정에 적절하게 대응하고, 안전관리 조직을 설정하여 사업장의 안전관리 시책을 진행시키는 체계와 방법을 정한 것이다. 이 규정에 따라서 매년 안전관리상의 문제점을 해결, 개선하고 설정한 목표를 달성하기 위한 프로그램이 안전관리 계획이라고 하겠다. 안전관리 규정을 특별히 문제가 없으면 개정하지 않아도 좋지만 재해 등의 경험에 의해 변경할 필요가 나오면 지체없이 개정하여야 한다.

산업안전보건법 제20조는 안전보건관리규정의 작성에 관하여 다음과 같이 규정하고 있다.

① 사업주는 사업장의 안전·보건을 유지하기 위하여 다음 각 호의 사항이 포함된 안전보건관리규정을 작성하여 각 사업장에 게시하거나 갖춰 두고, 이를 작업자에게 알려야 한다.

1. 안전·보건 관리조직과 그 직무에 관한 사항

2. 안전·보건교육에 관한 사항
3. 작업장 안전관리에 관한 사항
4. 작업장 보건관리에 관한 사항
5. 사고 조사 및 대책 수립에 관한 사항
6. 그 밖에 안전·보건에 관한 사항

② 제1항의 안전보건관리규정은 해당 사업장에 적용되는 단체협약 및 취업규칙에 반할 수 없다. 이 경우 안전보건관리규정 중 단체협약 또는 취업규칙에 반하는 부분에 관하여는 그 단체협약 또는 취업규칙으로 정한 기준에 따른다.

③ 안전보건관리규정을 작성하여야 할 사업의 종류·규모와 안전보건관리규정에 포함되어야 할 세부적인 내용 등에 관하여 필요한 사항은 노동부령으로 정한다.

1.5 안전관리 계획

안전관리 조직과 체제가 가능해도 이 체제가 위험 방지 효과가 나타나는 시스템으로 활동하게 하여야 한다. 그러기 위해 가장 중요한 것은 안전관리 계획을 바르게 세우고 계획적인 관리 활동을 착실하게 진행시키는 것이다. 다음은 계획 작성에서 유의점과 계획에 포함해야 할 내용에 대해 설명한다.

(1) 문제점의 파악

① **직장의 위험요인 파악**

과거의 재해 기록이나 재해 통계를 통하여 조사 분석 하는 것은 어떤 사업장에서도 행해지고 있는데, 직장의 위험 요인 모두가 재해나 사고로 이어지는 현상으로 나타나지는 않았다. 조사 분석 내용을 살펴보면 아래와 같다.

1. 과거의 재해 발생 상황(불휴 재해를 포함하여)
2. 아차사고정보
3. 안전 패트롤 결과
4. 안전 점검 기록
5. 산업안전보건위원회 등의 심의 결과

6. 감독 관청의 지적 내용 등에서도 계획 중에 포함할 필요가 있는 문제점을 모아야 한다. 법을 위반하는 사항 외에 사망·중대 재해를 일으킬 우려가 있는 것, 재해 위험도가 높다고 생각되는 것, 직장 전체를 통해 다수 존재하고 있는 것 등 중에서 중요도 분류를 행하는 것이 필요하다.

② **각 부문의 안전 활동 평가**

전년도의 안전관리 계획을 추진하기 위하여 각 부문이 어떻게 활동하였을까? 그 노력과 결과는 어떠하였는가. 이들에 관한 안전 스태프의 평가는 물론, 톱이 행하는 안전 감사 결과, 안전관리 조직의 활동 실적 기록 등도 차년도 계획 책정에 빠뜨릴 수 없는 자료이다.

③ **기타의 정보 수집**

행정관청으로부터의 행정지도 내용이나 정보, 다른 사업장에서의 재해대책 사례, 재해 정보의 수집에 노력하는 동시에 널리 관계자의 의견을 듣는(산업안전보건위원회, 안전관리자 회의, 직장 미팅 등) 것도 잊어서는 안된다.

(2) 사업주의 안전관리 방침 명시

계획 기간을 통해 사업주의 안전 추진에 대한 기본 방침은 안전관리 계획의 서두에 명시되는 것이 필요하다. 그것은 (1)에서 추출한 문제점과 과제를 기초로 하면서 앞으로의 관리 활동의 존재성을 구체적으로 요약한 내용이 되어야 한다. 종업원이 지켜야 하는 것으로, 행사용이 아닌 사업자 스스로가 안전정책을 선언하는 것이 바람직하다.

(3) 기본 계획과 세부 계획

공장 건설시 기본계획과 세부계획이 있는 바와 같이 안전관리 계획에서도 기본계획과 세부 계획이 반드시 있어야 된다. 기본 계획에는 장기 계획(5개년 계획으로 되어 있는 것이 많다)과 전 회사계획(본사 단계에서 진회시 각 기간에 적용시키기 위한 계획)이 있다. 세부 계획은 본사에서 나타낸 기본 계획에 의거하여 산하 각 사업장이 책정하는 실시 계획, 또 사업장 내 각 부·과 단계에서 만들어지는 부문별 계획이지만 하위 부문에서의 계획일수록 구체성과 독자성이 있어야 한다. 각 사업장에서 작성하는 실시 계획은 그 사업장이 본사에서 지시된 전사 계획 목표를 이미 달성하고 있는 경우에는 전사 계획보다 높은 수준으로 목표를 설정하여야 한다.

(4) 계획 목표

목표로서 언급하는 내용에 「사망·중대 재해 제로」 라든지 「재해 제로」, 「재해 도수율 ○○이하」 와 같은 수량적 목표, 재해 감소 목표적인 것과 「기본 작업의 철저와 안전 의식 완전 정착」 이라든지 「재해 가능성의 철저한 배제」 와 같은 대책 목표, 실시 목표적인 것이 있다. 목표로서는 이 두 종류를 병기하는 것이 바람직하다. 안전 수준이 오르고 있는 사업장에서는 휴업 재해만을 목표 대상으로 하지 말고 불휴 재해를 포함하여 목표 설정하는 것이 좋다.

(5) 대책

본사나 공장, 지점 등의 파견기관은 각각의 입장에서 목표 달성을 위한 대책을 중점 시책으로 실시하지만, 계획으로는 대책 실시 주체, 실시 방법에까지 자세하게 적어야 한다. 즉 월별 실시 항목과 평상시 실시 항목을 명백히 한 후, 각 부서가 더욱 더 구체적인 실시 추진을 도모할 것, 또 시책마다 어디까지 하는가, 언제까지 하는가, 실시 책임자, 주관부서와 협력 부서는 어디까지 인지 정확히 정할 필요가 있다.

표 1.2에 안전관리 계획 예를 참고로 언급하지만 당해 년도의 중점 시책에 대해 스태프와 라인의 협력 관계를 명백하게 하는 동시에 전년도에서의 실시사항을 병기하고 있는 것 등이 특징이다.

(6) 안전 스태프 역할의 중요성

기계화, 기술혁신의 진전이 빠른 최근 생산시스템에서 기계의 역할은 점점 커지고, 인간의 일은 외견적으로는 단순화해간다. 그러나 기계 상호간, 기계와 인간과의 관계는 복잡화 되어 있고, 그 중에서 작업자의 고령화도 진행해 가고 있다. 변화하는 위험 구조를 분석하면서 그것에 대응할 수 있는 안전관리 계획을 책정하고 그 추진을 지도·평가하고, 다음 대책으로 발전시켜 가는 원동력이 안전 스태프이다.

안전 스태프가 라인과 충분히 협조하면서 안전관리 계획의 PDCA 사이클을 확립시켜 가는 역할은 종래보다도 대단히 중요시 되고 있다.

표 1.2 • 안전관리계획의 예

1. 슬 로 건　안전을 최우선 부주의로 인한 재해가 없는 직장
2. 관리목표　휴업재해 제로(0)의 계속(제3종 무재해 기록 1,080만시간 달성)
3. 기본방침　3.1 직제에 따른 자주관리 철저와 본질 안전화 추진　3.2 중점작업의 우선관리와 포텐셜의 철저한 배제
　3.3 기본 작업의 충실과 안전의식의 완전정착
4. 중점실시시책

구분	항목	내용	추진주체		비고
			각부과	근로	
1. 직제에 따른 자주관리 철저와 본질안전화의 추진	1. 안전 자주점검의 철저	1. 작업별 안전 체크챠트에 의한 자주점검의 실시	○		·직장 연1회 이상 실시 ·월1회 (월례 안전일) 이상 실시 ·국배, 포크리프트, 건조로 등
		2. 작업 전 설비 안전점검의 실시	○	○	
		3. 법정 정기 자주 검사 설비의 실시상황 점검	○	○	
	2. 새로운 영업설비의 안전화	1. 세이프티 어세스먼트(안전성의 사전평가)의 실시	○		·전문위원회에서 실시한다.
		2. 새로운 영업설비 안전진단 체크챠트 점검		○	
		3. 새로운 영업설비 안전진단의 계획적 추진	○	○	
2. 중점작업의 우선관리와 포텐셜의 철저한 배제	1. 중대재해사례를 기본으로 재해발생요인의 배제	1. 크레인 운전, 중량물 취급의 안전대책	○		
		2. 로봇, 자동기계등 기계작업에서 감기었을 때 말려듦 방지대책	○		
		3. 높은 곳의 작업시 추락방지 대책	○		
		4. 통전시험시 감전방지 대책	○		
3. 기본 작업의 충실과 안전의식의 안전정착	1. 기본 작업의 충실과 의식강화	1. 5S의 추진(교육의 정착화)	○		·포크리프트, 시험검사 ·크레인 운전안전고리 작업시 연1회
		2. 지적구별 호칭의 철저	○	○	
		3. KYT 활동강화(실천보고회의 실시)	○	○	
	2. 각종 교육의 추진	1. 작업안전 영상교육 실시	○	○	·월1~2회 개최 ·상반기 학과, 하반기 실기
		2. 크레인 운전면허자격자의 양성(약 100명)	○	○	
	3. 규칙, 기준의 정비	1. 법규, 재해예방규성의 점검		○	·전문위원회에서 실시
		2. 각종 규격기준, 작업순서의 점검	○		
4. 전년도에 따른 실시사항	1. 각과 안전위생관리계획의 등록(각 기간) 2. 안전위생위원장에 의한 부분별 안전 순시(월2회) 3. 부 과장의 안전완장의 착용 4. 각 부마다 조별 무재해 경쟁실시 5. 불안전행위 경고서 제도 6. 종합안전위생 뉴스 발행으로 각 부 활동상황 소개 7. 잠재재해 적출보고 제도 추진 8. 안전개선고안대책실시보고 제도 추진				

02 안전교육

2.1 교육 필요의 증대

최근의 기술혁신으로 각종 기계 설비의 대형화, 고속화, 자동화는 현저하게 빠르게 진행되고 있으며, 각 산업의 노동 현장에서도 재래의 단순 작업자에서 지적 기능자로의 전환이 요구되는 상황이 늘고 있다.

또 한편으로 고연령 작업자의 증가, 시간제 작업자의 증가 등에서 볼 수 있는 취업 형태의 다양화, 제3차 산업의 진전 등 사회 경제 정세의 변화도 급속히 진행하고 있다. 이러한 변화는 산업 재해의 증가를 야기하는 요인이 되고 있고, 사업장에서는 이런 상황에 정확히 대응하고 안전수준의 향상에 도움이 되는 적절한 안전교육을 실시하는 것이 강하게 요구되고 있다.

또 기업에서 생산에 관여하는 사람은 생산체제나 직무가 어떻게 변하든 직무를 안전하게 수행하기 위한 지식과 기능·기술을 가지고 항상 그것을 실행할 수 있는 능력을 가질 필요가 있다.

그 때문에 산업안전보건법에서도 기업내 안전보건교육에 대해 제법 엄격한 규정을 두고 지침 등에 의해 보완하고 있다. 중요한 문제이기 때문에 먼저 법규를 중심으로 한 교육 체계에 대해 설명한다.

2.2 산업안전보건법에 의한 교육 체계

1) 안전보건교육

산업건안전보건법 제31조 (안전 · 보건교육)에 명시된 내용은 다음과 같다.

① 사업주는 해당 사업장의 작업자에 대하여 노동부령으로 정하는 바에 따라 정기적으로 안전·보건에 관한 교육을 하여야 한다.

② 사업주는 작업자를 채용할 때와 작업내용을 변경할 때에는 그 작업자에 대하여 노동부령으로 정하는 바에 따라 해당 업무와 관계되는 안전·보건에 관한 교육을 하여야 한다.

③ 사업주는 유해하거나 위험한 작업에 작업자를 사용할 때에는 노동부령으로 정하는 바에 따라 그 업무와 관계되는 안전·보건에 관한 특별교육을 하여야 한다.

④ 사업주는 제1항부터 제3항까지의 규정에 따른 안전·보건에 관한 교육을 그에 필요한 인력·시설·장비 등을 갖춘 전문기관으로서 대통령령으로 정하는 기관에 위탁할 수 있다.

따라서 동 교육은 소정근로시간에 행함을 원칙으로 하여야 한다. 과정별 교육시간 및 내용은 산업안전보건법 시행규칙 제 33조와 같다.

① 법 제31조제1항부터 제3항까지의 규정에 따라 사업주가 작업자에 대하여 실시하여야 하는 교육시간은 표 2.1과 같고, 교육내용은 표 2.2와 같다.

② 제1항에 따른 교육을 실시하기 위한 교육방법과 그 밖에 교육에 필요한 사항은 노동부장관이 정하여 고시한다.

③ 법 제31조제1항부터 제3항까지의 규정에 따른 작업자에 대한 안전·보건에 관한 교육을 사업주가 자체적으로 실시하는 경우에 교육을 실시할 수 있는 사람은 다음 각 호의 어느 하나에 해당하는 사람으로 한다.

1. 법 제13조부터 제17조까지의 규정에 따른 해당 사업장의 안전보건관리책임자, 관리감독자, 안전관리자(안전관리대행기관의 종사자를 포함한다), 보건관리자

(보건관리대행기관의 종사자를 포함한다) 및 산업보건의

2. 공단에서 실시하는 해당 분야의 강사요원 교육과정을 이수한 사람
3. 산업안전지도사 또는 산업위생지도사
4. 산업안전·보건에 관하여 학식과 경험이 있는 사람으로서 노동부장관이 정하는 기준에 해당하는 사람

산업안전보건법 시행규칙을 보면 교육대상별 교육내용은 표 2.2와 같다.

2) 관리책임자 등에 대한 교육

산업안전보건법 제32조(관리책임자 등에 대한 교육)에 의거하면

① 다음 각 호의 자는 노동부장관이 실시하는 안전·보건에 관한 직무교육(이하 "직무교육"이라 한다)을 받아야 한다.

1. 관리책임자, 제15조에 따른 안전관리자 및 제16조에 따른 보건관리자
2. 재해예방 전문지도기관의 종사자

② 제1항에도 불구하고 다른 법령에 따라 교육을 받는 등 노동부령으로 정하는 경우에는 직무교육의 전부 또는 일부를 면제할 수 있다.

③ 직무교육의 시간·내용 및 방법에 관하여 필요한 사항은 노동부령으로 정한다.

표 2.1 • 산업안전 · 보건 관련 교육과정별 교육시간

1. 사업 내 안전 · 보건교육(제33조제1항 관련)

<table>
<tr><th>교육과정</th><th colspan="2">교육대상</th><th>교육시간</th></tr>
<tr><td rowspan="5">가. 정기교육</td><td colspan="2">사무직 종사 작업자</td><td>매월 1시간 이상 또는
매분기 3시간 이상</td></tr>
<tr><td rowspan="3">사무직 종사 작업자 외의 작업자</td><td>판매업무에 직접 종사하는 작업자</td><td>매월 1시간 이상 또는
매분기 3시간 이상</td></tr>
<tr><td>별표8의2 제1호라목 각 호의 어느 하나에 해당하는 작업에 종사하는 작업자</td><td>매월 2시간 이상</td></tr>
<tr><td>판매업무 및 별표8의2 제1호 라목 각 호의 작업 외에 종사하는 작업자</td><td>매월 2시간 이상 또는
매분기 6시간 이상</td></tr>
<tr><td colspan="2">관리감독자의 지위에 있는 사람</td><td>매반기 8시간 이상 또는
연간 16시간 이상</td></tr>
<tr><td rowspan="2">나. 채용 시의 교육</td><td colspan="2">일용작업자</td><td>1시간 이상</td></tr>
<tr><td colspan="2">일용작업자를 제외한 작업자</td><td>8시간 이상</td></tr>
<tr><td rowspan="2">다. 작업내용 변경 시의 교육</td><td colspan="2">일용작업자</td><td>1시간 이상</td></tr>
<tr><td colspan="2">일용작업자를 제외한 작업자</td><td>2시간 이상</td></tr>
<tr><td rowspan="2">라. 특별교육</td><td colspan="2">별표 8의2 제1호라목 각 호의 어느 하나에 해당하는 작업에 종사하는 일용작업자</td><td>2시간 이상</td></tr>
<tr><td colspan="2">별표 8의2 제1호라목 각 호의 어느 하나에 해당하는 작업에 종사하는 일용작업자를 제외한 작업자</td><td>- 16시간 이상(최초 작업에 종사하기 전 4시간 이상 실시하고 12시간은 3개월 이내에서 분할하여 실시가능)
- 단기간 작업 또는 간헐적 작업인 경우에는 2시간 이상</td></tr>
</table>

2. 안전보건관리책임자 등에 대한 교육(제39조제2항 관련)

교육대상	교육시간	
	신규교육	보수교육
가. 안전보건관리책임자	6시간 이상	6시간 이상
나. 안전관리자	34시간 이상	24시간 이상
다. 보건관리자	34시간 이상	24시간 이상
라. 재해예방 전문지도기관 종사자	-	24시간 이상

3. 검사원 양성교육(제43조제2항 관련)

교육과정	교육대상	교육시간
양성교육	-	28시간 이상

표 2.2 • 산업 사업내 안전 · 보건 교육

1. 사업 내 안전 · 보건교육(제33조제1항 관련)
가. 작업자 정기안전 · 보건교육
○ 산업안전 및 사고 예방에 관한 사항 ○ 산업보건 및 직업병 예방에 관한 사항 ○ 건강증진 및 질병 예방에 관한 사항 ○ 유해 · 위험 작업환경 관리에 관한 사항 ○ 「산업안전보건법」 및 일반관리에 관한 사항
나. 관리감독자 정기안전 · 보건교육
○ 작업공정의 유해·위험과 재해 예방대책에 관한 사항 ○ 표준안전작업방법 및 지도 요령에 관한 사항 ○ 관리감독자의 역할과 임무에 관한 사항 ○ 산업보건 및 직업병 예방에 관한 사항 ○ 유해 · 위험 작업환경 관리에 관한 사항 ○ 「산업안전보건법」 및 일반관리에 관한 사항
다. 채용 시의 교육 및 작업내용 변경 시의 교육
○ 기계·기구의 위험성과 작업의 순서 및 동선에 관한 사항 ○ 작업 개시 전 점검에 관한 사항 ○ 정리정돈 및 청소에 관한 사항 ○ 사고 발생 시 긴급조치에 관한 사항 ○ 산업보건 및 직업병 예방에 관한 사항 ○ 물질안전보건자료에 관한 사항 ○ 「산업안전보건법」 및 일반관리에 관한 사항

2. 안전보건관리책임자 등에 대한 교육내용(제39조제2항 관련)		
교육 대상	교육내용	
	신규과정	보수과정
안전보건관리책임자	○ 관리책임자의 책임과 직무에 관한 사항 ○ 산업안전보건법령 및 안전 · 보건조치에 관한 사항	○ 산업안전·보건정책에 관한 사항 ○ 자율안전·보건관리에 관한 사항

안전 관리자	○ 산업안전·보건법령에 관한 사항 ○ 산업안전개론에 관한 사항 ○ 인간공학 및 산업심리에 관한 사항 ○ 안전교육방법에 관한 사항 ○ 재해 발생 시 응급처치에 관한 사항 ○ 안전점검·평가 및 재해 분석기법에 관한 사항 ○ 안전기준 및 개인보호구 등 각 분야별 재해예방 실무에 관한 사항 ○ 산업안전보건관리비 계상 및 사용기준에 관한 사항 ○ 작업환경 개선 등 산업위생 분야에 관한 사항(위생보호구 포함) ○ 무재해운동 추진기법 및 실무에 관한 사항 ○ 그 밖에 안전관리자의 직무 향상을 위하여 필요한 사항	○ 산업안전·보건법령 및 정책에 관한 사항 ○ 안전관리계획 및 안전·보건 개선 계획의 수립·평가·실무에 관한 사항 ○ 안전·보건교육 및 무재해운동 추진실무에 관한 사항 ○ 산업안전보건관리비 사용기준 및 사용방법에 관한 사항 ○ 분야별 재해 및 개선사례 연구실무에 관한 사항 ○ 사업장 안전 개선기법에 관한 사항 ○ 그 밖에 안전관리자 직무 향상을 위하여 필요한 사항
보건관리자	○ 산업안전·보건법령 및 작업환경측정에 관한 사항 ○ 산업안전·보건개론에 관한 사항 ○ 산업보건관리계획 수립·평가 및 산업역학에 관한 사항 ○ 작업환경 및 직업병 예방에 관한 사항 ○ 작업환경 개선에 관한 사항(소음·분진·관리대상 유해물질 및 유해광선 등) ○ 산업역학 및 통계에 관한 사항 ○ 산업환기에 관한 사항 ○ 안전·보건관리의 체제、규정 및 보건관리자 역할에 관한 사항 ○ 보건관리계획 및 운용에 관한 사항 ○ 작업자 건강관리 및 응급처치에 관한 사항 ○ 그 밖에 보건관리자의 직무 향상을 위하여 필요한 사항	○ 산업안전·보건법령, 정책 및 작업환경 관리에 관한 사항 ○ 산업보건관리계획 수립·평가 및 안전·보건교육 추진 요령에 관한 사항 ○ 작업자 건강 증진 및 구급환자 관리에 관한 사항 ○ 산업위생 및 산업환기에 관한 사항 ○ 직업병 사례 연구에 관한 사항 ○ 유해물질별 작업환경 관리에 관한 사항 ○ 그 밖에 보건관리자 직무 향상을 위하여 필요한 사항
재해예방 전문지도기관 종사자		○ 산업안전·보건법령 및 정책에 관한 사항 ○ 분야별 재해사례 연구에 관한 사항 ○ 신 공법 소개에 관한 사항 ○ 사업장 안전관리기법에 관한 사항 ○ 그 밖에 직무 향상을 위하여 필요한 사항

2.3 안전 교육 활성화

(1) 능력 개발로서의 안전 교육

안전교육은 불안전 상태와 불안전 행동의 기본 원인인 4M에 대해 교육대상에 알맞은 수준으로 습득시킬 필요가 있다. 기업내 지식 교육은 박식함을 만드는 것은 아니다. 얻어진 지식이 직접 현장에서 실제로 활용될 필요가 있는 것이다.

지식은 사물에 관하여 이미 분명히 알고 있는 사실이며, 지식이 새로운 다른 지식을 만들어 낼 수는 없다. 그러나 인간은 지식을 바르게 사용하고 여러 가지 문제를 발견하여 해결하는 능력－이것을 지혜라고 하지만－을 닦을 수 있다. 풍부한 지식을 가지는 사람은 많은 문제를 발견하고 해결할 수 있는 것도 사실이다. 이것이 중요한 점이다.

안전 지식을 지식에서 끝내지 않고, 작업중 사람과 물건의 움직임에서 불합리한 점과 위험을 찾아내고, 이것을 해결하는 지혜로 승화시키는 교육이어야 한다. 이것을 안전에서 문제해결 교육이라고 하지만 기본이 되는 지식 교육 및 기능 교육과 함께 이 문제 해결 능력을 높이는 안전 교육이 중요하다. 표 2.3은 안전교육 종류와 내용의 일람표인데 참고로 게재한다.

(2) 예의범절

교육은 단지 사람에게 지식이나 기능을 주는 것뿐만 아니라 이러한 원리에 따른 행동·태도를 항상 지속할 수 있는 인간을 육성하는 것이 최종의 목적이다. 안전을 위해서 실행해야 하는 것은 반드시 실행하고, 해서는 안되는 것을 절대 하지 않는 태도야말로 안전을 보장한다. 이와 같은 안전태도 교육은 「예의범절」이라고 불리고, OJT(on-the-job training)에서 중요한 교육 과제이다 안전관리에서 말하는 예이범절은 룰에 따른 안전행동, 안전한 작업 순서의 철저한 수행이기도 하다.

인간은 본래 자유로운 존재이며 외부에서의 통제를 싫어하는 습성을 가진다. 예의범절이 외부에서의 통제이고 틀에 맞추는 형태라고 느끼게 되면, 예의범절의 중요성은 인정해도 통소하기 싫게 된다. 꺼리는 일조차 있다.

이와 같은 것을 없애기 위해서는 먼저 예의범절이 필요한 이유와 그 효과를 설명하고 이해시키고 스스로 행동하는 것에 의욕을 북돋을 수 있도록 동기부여를 주어야 한

표 2.3 • 안전교육의 종류와 내용

	종류	내용	가르침 방법의 포인트
능력개발	(1) 지식교육	· 취급하는 기계, 설비의 구조, 기능, 성능의 개념 형성 · 재해발생의 원리를 이해시킨다. · 안전관리, 작업에 필요한 법규, 규정, 기준을 알게 한다.	알아야 할 것의 개념 형성을 꾀한다.
	(2) 문제해결교육	· 원인 지향의 문제해결로 과거, 현재의 문제를 대상으로 하여 사실의 확인에서 문제점의 발견 원인의 탐구에서 대책을 세우는 순서를 알게 한다. · 목표 지향의 문제처리도 전자와 같이 알게 한다.	사고력의 육성이며 종합능력을 육성한다.
	(3) 기술교육	· 작업을 하는 방법, 기계, 장치, 계기류의 조작의 방법을 몸에 붙게 한다.	협응능력의 육성이며 실기를 주체로 한다.
인간형성	(4) 태도교육	· 안전작업에 대한 몸가짐, 마음가짐을 몸에 붙게 한다. · 직장규율, 안전규율을 몸에 붙게 한다. · 의욕을 부여한다.	가치관 만들기의 교육이며 안전자세 형성을 위해 태도변화를 꾀한다.

다. 강요나 벌칙을 앞세우는 것보다 반복해서 설명·설득하는 것, 실행하면 칭찬과 격려를 하는 것이 중요하다.

다음으로 중요한 것은 상사·현장 감독자에게 부하인 작업자가 신뢰와 권위를 느껴야 하는 것이다. 신뢰와 권위가 없는 부모는 말로 어린이를 교육할 수 없고 예의범절을 지키라고 시키는 것도 무리이다. 이것은 직장에서도 다름없다. 감독자나 직장리더는 일반 작업자로부터 신뢰와 권위가 있는 존재가 되도록 리더쉽을 발휘하는 것이 중요하다.

(3) 교육 실시 방식

안전 교육뿐만 아니라 기업내 교육 실시 방식으로서는 다음과 같이 크게 나뉜다.

① 교육 담당 부문에 의한 OFF-JT
② 각 라인에서 행해지는 OJT
③ 각 라인에서 행해지는 OFF-JT
④ 안전위생단체 등의 외부 기관에서 행해지는 OFF-JT

이들은 각각에 이점이 있다. ①은 사업장에서의 공통적인 교육을 중심으로 행해지고 ②는 신규 고용자 등의 미숙련자에 대해 직무에 밀착한 구체적 문제를 ③은 직능별 교육의 일부 내지 특정테마에 대해 각각 강의 방식 미팅 형식, 소집단 활동 등의 방법에 의해 실시하고 있다. 또한 ④는 사업장내에서 스스로 대응할 수 없는 전문적인 교육 등으로 행해져 왔다.

또 종래의 안전 교육에서 신규 고용자, 직장 등의 현장감독자, 관리자 등에 대해서는 직능이나 작업 부문을 넘어 횡적으로 계층별 교육을 행하는 방식이 주류를 차지하고 있고, 위험 유해 업무 종사자에 대한 특별 교육이나 안전담당자 교육(기능 강습), 특수 기능자의 교육은 직종, 작업마다 행해지는 직능별 교육 방식에 의하고 있다. 그러나 기술이 고도화해 가고, 작업내용이 크게 변화한 부문 등에 대한 안전교육은 종래 계층별 안전 교육에 의한 것보다는 직능별로 행하는 필요성이 더 커지게 된다. 특히 능력 향상 교육, 생산 기술 관리자나 설계 기술자에 대한 안전 교육은 직능별로 실시할 필요가 있다.

과거의 교육 문제점으로 지적된 내용이 학습 능력이 불균형상태로 집체 교육을 하기도 했지만, 이제는 수준에 맞는 과제별 교육 훈련을 받아들이고 집체교육의 결점을 없애 나가는 것도 필요하다. 이러한 것을 고려하여 지금부터 기업내 안전 교육에 필요한 실시 체계는 다원적인 방법으로 실행하는 것이 요구되고 상기 ①에서 ④의 OFF-JT, OJT를 대상 그룹으로 나누어 교육할 필요가 있다.

(4) 기술자 교육 강화

안전 교육에서 기술자 교육은 대단히 중요하다. 기계에 관한 재해나 트러블, 생산지장의 발생 방지에 대해 관계 기술부문에서의 검토·연구는 필요에 따라 예전부터 행해지고 있고, 기계 설비 안전 심사(안전체크)가 행해지고 있는 사업장에서는 안전 담당 부문과 협력하면서 OFF-JT에 의한 기술자 교육도 행해지고 있다.

그러나 기업에서의 기술자 교육 체제는 보통 OJT와 자기 계발을 중심으로 되어 있어 기술 변화가 심한 시대에는 이와 같은 방법만으로는 한계가 있다. 즉 기술혁신의 템포가 비교적 늦고 기술에 연속성이 있는 경우에는 상사나 선배에게 일을 통해 배우는 OJT가 유효하겠지만, 기존 기술과 연속성이 거의 없는 신기술이나 신제품이 단기간에 출현하는 환경에서는 OFF-JT 교육의 역할이 커지고 있다.

기술자 안전교육에는 아래와 같은 점을 배려할 필요가 있다.

① 기술자에 대한 안전교육 목적과 필요성을 경영톱과 기술부문의 책임자에게 충분히 이해시킨다.
② 자기 계발과 OJT 방식의 중요성은 변하지 않지만, OFF-JT 방식의 교육도 강화한다.
③ OFF-JT 교육에서는 기술자에 대한 교육 필요점을 정확히 파악한다.
④ 테마별로 사내 연수도 실시한다. 이 경우 사외 강사의 활용도 생각한다.
⑤ 사외 교육(안전 단체, 업계 단체, 연구 기관 등)에 참석을 활성화한다. 이 경우 교육 내용과 출석자의 직능 수준을 고려하여 참석시킨다.
⑥ 인사부문과의 연계를 강하게 하고 경력 관리의 일부에 교육부분도 포함시킨다.

(5) 기능자 교육 효율화

기능 작업자의 기능은 종래의 숙련 외에 운전·보건·설비 개선 등 다면적이고 또한 고도의 기술적인 관점에서 중요성이 커지고 있다.

직장 내의 현장감독자, 그룹 리더, 일반 작업자 등에 대한 안전교육은 종래의 계층별 실시가 기본이 되는 것은 변하지 않지만, 교육 방법의 적용에 관해서는 각각 구체적으로 검토할 필요가 있다.

기업에서 기능자의 교육 훈련 방법으로 계층별로 실시하는 것을 그림 2.1에 나타내었다. 또한 중시되고 있는 교육 방법은 각 계층마다 같지 않다. 예를 들면 현장감독자에게는 사내연수원에서의 교육, 그룹 리더에게는 소집단 활동, 일반 작업자에게는 소집단 활동 및 경험자에 의한 직장내 교육을 각각 가장 중요시하고 있다.

이것은 생산·품질 등에 대한 교육관련 조사이지만, 생산교육이 이와 같이 다양한 방식으로 행해진다고 하면 안전교육도 이들과 일체적인 효과를 올리기 위해서 교육 대상에 가장 적합한 다양한 방법을 검토해야 한다.

기능자에 대한 안전 교육은 다음 사항에 중점을 둘 필요가 있다고 생각된다.

① 소집단 활동에 대한 지원 체제를 정비한다.
② 기술자의 안전교육과 같이 OJT와 OFF-JT의 연계를 충분히 하고 OJT로 얻어진 지식을 OFF-JT에서 체계화하여 나간다.

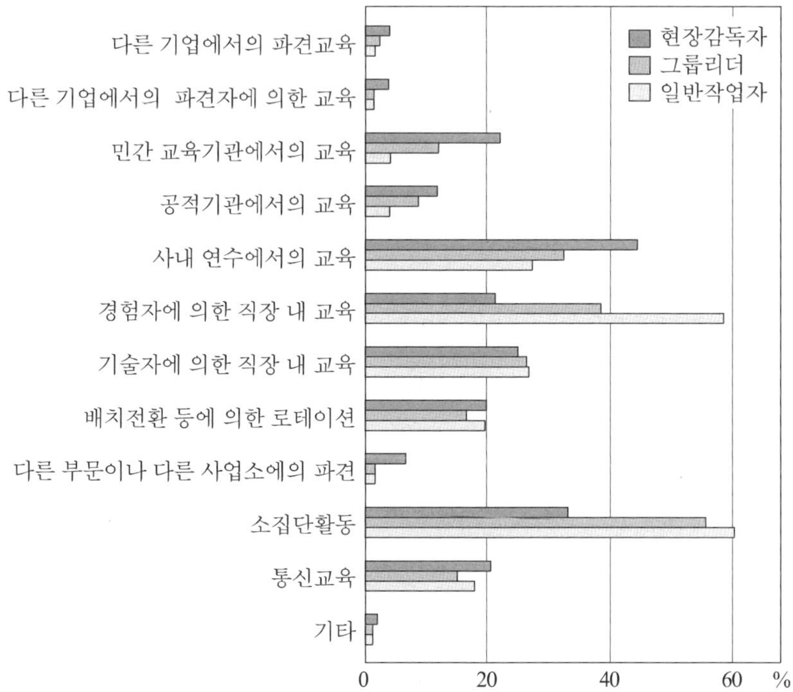

그림 2.1 계층별로 중시하고 있는 기능자의 교육훈련방법(3개까지 회답)

③ 개인의 교육 경력을 기록하고 실무 향상 교육을 계획적으로 순번제로 실시한다.

(6) 안전 소집단 활동의 지원

기업 중에서는 무재해 전원 참가 운동, 자주 관리활동, 그 밖에 기업 독자로 명칭을 붙인 인진 소집단 활동이 행해지고 있다.

소집단이 가지는 기능을 활성화하여 인진의 무재의식이나 행동 목표를 구성원 전원이 공유하고 계속적인 안전 활동을 진행시키고, 안전 교육적인 성과를 올리고 있는 사업장도 많다.

안전을 위한 소집단 활동은 본래 자주적·자율적 활동이라고 말할 수 있고, 직장 속의 안전 활동이기 때문에 관리·감독자나 안전·교육 스태프와의 협력 관계를 분리해서 생각할 수 없다. 상사나 스태프의 협력·지원이 필요할 때는 리더나 구성원의 요청이 있으면 적절한 지원 및 지도를 행하는 것은 당연하다.

이러한 경우 지원 및 지도를 요구하는 항목에는 다음과 같은 사항이 있다.

① 팀 활동의 구체적인 문제점이나 고민의 지도·조언
② 전문적 기술 지식이나 고도의 활동 지도
③ 관련 직장이나 다른 직장과의 연계·협력이 필요한 경우, 이에 대한 지원
④ 개선 활동에 대한 추진 지원
⑤ 사업장 전체의 안전상 문제점, 대책 등에 관한 정보·지식의 제공
⑥ 사업장 내외에서의 발표·보고에 관한 지도와 원조

2.4 안전 교육의 일반적인 유의점

기업에서의 안전 교육 목적은 말할 것도 없이 작업자의 안전 작업 능력의 육성 및 향상에 있다. 그러나 과거에 행하던 기업내 안전 교육에서 반성해야 할 사항이 적지 않으며 그 내용의 개요는 다음과 같다.

① 교육 목적이 사업 장소에서 가장 필요로 하는 안전 취약점의 해결 혹은 대책의 목표에 연결되지 못하고, 추상적, 일반적인 안전 강조에 지나지 않는 것이 의외로 많다.
② 교육 내용도 경험이나 다른 사업의 모방으로 한정되는 것이 많고 사업장의 실태와 맞지 않는 일이 있다. 이것은 교재나 자료가 사업장내에서 작성되지 않는 경우에 빈번하다.
③ 교육을 행하는 강사는 라인의 관리·감독자로 일의 전문가이지만, 안전 교육 역할에 적합하지 않은 사람도 많다. 또 조직 변경이나 인사이동이 많은 최근에는 안전 스태프가 반드시 안전의 베테랑이 아닌 경우도 늘고 있다.
④ 교육을 받는 쪽의 경험, 학습 능력이 고르지 않은 데도 불구하고 집체 교육이 많다.
⑤ 지식 교육에 치우쳐 실무와 동 떨어지는 경우가 있다.
⑥ 교육에 대하여 최초의 동기부여가 불충분하기 때문에 교육 효과가 지속되지 않는 일이 많다.

효과가 오르는 안전교육을 실시하는 것은 결코 쉽지 않다. 안전교육을 실시하는 경우(주로 OFF-JT에 의한 경우) 유의점을 열거하면 다음과 같다.

① 교육 담당자, 강사의 양성·확보는 대단히 소중하다. 안전 보건 단체 등의 양성 교육, 강좌의 수강은 최소한 필요하다.

② 교육의 목적을 명확하게 하고 교육과정을 구체적으로 정한다.

③ 지식, 경험이 같은 수준에 있는 사람을 그룹화하는 등 교육 대상자의 균일화를 도모한다. 또 교육 내용에 따라 집체 교육으로 하든지, 개별교육으로 하든지, 혹은 소집단 활동에 포함할 것인지를 검토한다.

④ 교육 대상자의 지식, 경험 등의 레벨에 따른 교재를 사용한다. 또 교육 내용에 따라 OJT, 강의 방식, 토의 방식, 시청각 교실 방식 등의 적절한 수법을 선정한다.

⑤ 인간은 아무리 가르쳐도 자신이 그렇다고 생각하는 것 이외에는 신심으로 받아들이지 않는다. 교육에는 동기부여가 필요하다. 법으로 정해진 사항이라도 사람의 마음은 움직이지 않는다는 것을 알아 둘 필요가 있다.

⑥ 교육 목적과 필요성은 이해가 되어도 가르침이 서투르면 상대는 싫증이 난다. 「교육을 받는 자가 내용을 이해할 수 없는 것은 가르치는 방법에도 문제가 있다」라고 하는 바와 같이 교육 기업도 중요하다. 안전교육 실시에서의 유의점을 표 2.4에 나타낸다.

표 2.4 • 교육실시에서의 유의점

① 상대의 입장에서 가르칠 것
② 교육 내용은 구체적일 것
③ 상대측에게 배우려는 의욕을 일으키게 할 것
④ 반복해서 끈기 있게 몇 번이라도 가르칠 것
⑤ 쉬운 것에서 어려운 것으로 진행시켜 나갈 것
⑥ 한 번에 한 가지씩, 전체에서 부분으로의 원칙을 지킬 것
⑦ 머리를 사용하게 할 것

⑦ 안전 교육에는 개인의 지식, 기능, 태도를 향상시키는 기본적 교육과 위험예지 훈련과 같이 특정 문제해결 교육이 있다. 기본 지식이 없으면 바른 위험 예지가 올바르게 이행되지 않기 때문에 양방 교육의 입체적인 실시가 필요하다.

⑧ 교육 수료 후 그 효과가 직장에서 활성화되고 있는지 파악하고 그 결과를 다음 교육 실시계획 수립 시 활용한다. 교육 효과를 지속시키는 포인트는 표 2.5와 같다.

표 2.5 • 교육의 효과를 지속시키는 포인트

① 현장감독자, 선배 등이 본보기를 보인다.
② 바른 작업 방법을 몸에 익히기까지 끈기 있게 지도하고 예의범절을 지키고, 습관화하도록 지도한다.
③ 안전 작업에 잘 협력하고, 자기 계발을 잘하고 좋은 제안을 했을 때 칭찬을 해 준다.
④ 불안전한 작업 방식을 발견하면 즉각 시정시킨다. "이쯤이야"나 "나중에" 라고 놓치지 않는다.
⑤ 불안전한 작업 방식을 발견하면 시정만으로 그치지 않고, 왜 불완전 행위가 행해졌는가를 규명한다. 그것이 교육 미 실시에 의한 것일 때는 재교육을 한다.

03 세이프티·어세스먼트

3.1 안전성 평가

1996년 미국에서 우주, 군사, 원자력 개발 등에 막대한 국가 예산을 투입할 필요가 과연 있을까 하는 논의가 활발해짐에 따라, 기술 개발에 대한 긍정적인 면과 부정적인 면을 종합적으로 평가하는 이른바 기술적평가가 행해지게 되어 여러 가지의 평가기법이 개발되기 시작했다.

안전성평가가 의미하는 것에 대해 라우(W. D. Rowe)는 위험성을 확인, 평가한 다음 그 위험성을 사회적으로 허용되는 정도까지 감소 또는 배제하는 것이라고 설명하고 이것을 그림 3.1과 같이 나타내고 있다. 위험의 정량화는 그림에 있는 바와 같이 재해의 발생확률과 재해발생시 피해의 크기에 따라 표현한다.

위에서 설명한 화학 플랜트의 안전성평가 지침에 따른 위험성 평가방법에 체크리스트에 의한 정성적 평가와 플랜트의 블록별로 점수 방식에 의해 행하는 정량 평가 두 가지가 있다. 또한 위험도가 높은 블록의 안전 대책에 관해서는 FTA 기법을 이용하여 재평가를 하고 있다.

안전성평가의 필요성에 관해서는 새로운 설명이 필요하지 않지만, 과거의 재해 사례를 분석하여 부족한 사항에 대해 일일이 열거할 필요는 없다. 재해가 발생한 후 재발방지대책을 결정하는 것도 중요하지만 그것은 「사후 대책」이며, 중요한 것은 문제점을 사전에 알아내고, 그 다음 「사전 대책」을 강구하는 것이 안전관리에서 중요한 것이다. 그러나 현실에 있어서는 사전대책을 강구하기가 어려운 점이 많다.

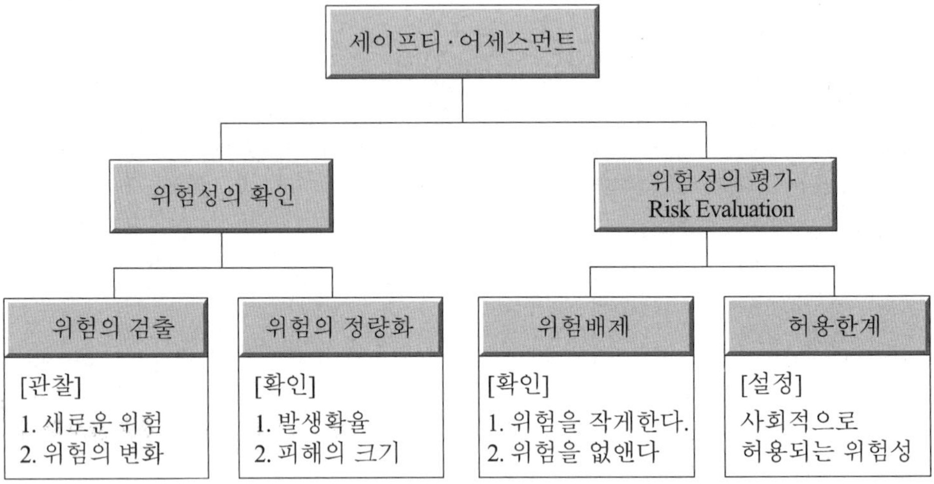

그림 3.1 안전성평가의 기본 내용(W.D. Rowe)

또 안전성평가 실시에 있어서는 계획, 설계, 자재, 생산(시공), 안전관리 등의 각 부문이 공동으로 검토되는 시스템을 초기 단계에서 확립하고 단계별로 진행시키는 것이 필요하다. 이러한 시스템을 근거로 한 안전성평가 방법에 대해 간단히 설명한다.

3.2 화학 플랜트의 안전성평가

화학 공장의 폭발, 화재를 방지하고 안전을 확보하기 위해서는 생산프로세스 공정 중 어디가 가장 위험하며, 그 위험에 대해 계획단계부터 실행단계까지 대책을 강구하여야 한다. 또한 이 단계에서 미연에 재해를 방지할 수 있다고 하는 근본적 해결을 위한 시스템 확립이 필요하다. 이 평가방법은 용기, 탑조류에 의한 화학 물질의 제조, 저장 등을 하는 화학 플랜트에서 실시하는 것이며 아래에 제시된 6단계에 의해 실시하는 것이 일반적이다.

(1) 관계 자료의 정비, 검토(제1단계)

화학 플랜트의 안전성을 사전 평가하는 기초단계로서 필요한 자료를 정비, 검토한다. 이 경우 공정계통도, 프로세스 기기 리스트, 안전 설비의 종류와 그 설치 장소 등에 대해 자료 작성시 ① 오조작 방지 대책 ② 이상시 안전하게 작동하는 방식 등의 기본적인 안전설계가 이루어지도록 배려한다. 구체적으로 아래의 자료를 정리할 필요가 있다.

① 입지조건
② 플랜트의 배치도
③ 구조를 나타내는 도면
④ 계기실 및 전기실에 관한 도면
⑤ 원재료, 중간재료, 제품 등의 성질 및 인체 등에 미치는 영향
⑥ 개연성이 높은 반응에 대한 자료
⑦ 제조공정의 개요
⑧ 공정 계통도
⑨ 프로세스 기기 리스트
⑩ 기기 도면
⑪ 안전 설비 종류와 설치 장소
⑫ 운전 매뉴얼
⑬ 기기 배치 계획
⑭ 안전 교육 훈련에 관한 프로그램

(2) 정성적 평가(제2단계)

체크리스트에 기초를 두고 화학 플랜트의 안전을 정성적으로 검토하는 단계이다. 평가 항목은 다음과 같다.

① 설계 관계
- 입지조건
- 공장내의 배치
- 건조물
- 소방용 설비 등

② 운전 관계
- 원재료, 중간재료, 제품 등
- 프로세스

· 수송, 저장 등
· 프로세스 기기

예를 들면 건물과 원재료, 중간재료, 제품 등에 관한 평가는 다음 기준에 의해 실시한다.

1. 건물

① 외부의 위험(내진) 설계가 되어 있는가?
② 기초 및 지반은 전 하중에 대해 충분한가?
③ 구조물 재료 및 기둥의 강도는 충분한가?
④ 바닥, 벽 등의 재료는 불연성재료로 되어 있는가?
⑤ 엘리베이터, 공조설비 및 환기 덕트의 개구부와 같은 화재 확대 요인은 최소한도로 억제되어 있는가?
⑥ 위험한 프로세스는 방화벽 또는 방폭벽에 의해 격리되어 있는가?
⑦ 옥내에 위험 유해 물질이 누설될 우려가 있는 경우, 그 환기는 충분히 되어 있는가?
⑧ 표시된 피난구 및 비상용 통로가 있는가?
⑨ 건물내의 배수 설비는 충분한가?

2. 원재료, 중간재료, 제품 등

① 원재료는 플랜트의 가장 위험성이 낮은 지역에서 안전한 방법으로 사용되고 있는가?
② 원재료의 구입 시 작업 규정은 있는가?
③ 원재료, 중간재료, 제품 등의 물리적·화학적 성질이 바르게 파악되어 있는가?
④ 원재료, 중간재료, 제품 등에 대해 폭발성, 발화성 등의 위험성 및 인체에 미치는 영향을 파악하고 있는가?
⑤ 원재료, 중간재료, 제품 등에 의한 부식성의 유무는 확인 되었는가?
⑥ 불순물로 인한 원재료, 중간재료, 제품 등에 미치는 영향에 대하여 검토가 제대로 이루어지고 있는가?
⑦ 위험성이 높은 물질의 보관장소 및 재고분량이 확인되고 있는가?

(3) 정량적 평가(제3단계)

3단계에서는 물질, 용량, 온도, 압력 및 조작의 5항목에 대해 화학 플랜트의 신설, 변경 등에 따른 종합적, 정량적인 안전성 평가를 실시한다. 평가에서는 재해가 일어나기 쉬운 것과 동시에 재해가 발생한 경우에 대해 그 크기를 함께 평가하고 3단계에서 제시한 5항목에 균등한 비중을 두어 위험의 정량화를 실시한다. 이 경우 플랜트를 몇 개의 블록으로 분할하고, 각 블록에 대해 정량화를 실시하고 이들 중 위험도가 가장 높은 것을 그 블록의 위험도로 한다.

이 정량화 방법은 5항목에 대해 일정한 기준에 따라 A, B, C 및 D의 4단계로 분류하고 각각에 점수를 부여하고 위험성을 평가한다. 즉 A(10점), B(5점), C(2점) 및 D(0점)의 각 점수를 주고, 5항목에 대해 합을 구하고 다음과 같이 위험도 순위를 정하는 것이다.

16점 이상	랭크 I (위험도가 높다)
11~15점	랭크 II (주위의 상황, 다른 설비와 관련해서 평가)
1~10점	랭크 III (위험도가 낮다)

상기의 4단계로 분류하는 기준의 개요는 다음과 같다.

1. 물질

폭발성 물질은 순위 A로 한다. 발화성 물건은 물질의 종류에 따라 각 순위로 나눈다. 가연성 가스 중 압력 2 kg/cm^2 이상의 아세틸렌은 A, 기타는 B로 한다. 인화성의 물건 중 인화점이 −30℃ 미만인 것은 B, 인화점이 −30℃ 이상 30℃ 미만인 것은 C로 한다.

2. 장치 용량

기체와 액체로 취급하는 경우 용량별로 크게 나누며 4개의 단계로 나눈다.

기체	1,000 m^3 이상 : A	B, C는 중간으로 한다.
	100 m^3 미만 : D	
액체	100 m^3 이상 : A	
	10 m^3 미만 : D	

3. **온도**

취급하는 온도와 물질의 발화 온도를 감안하여 4개의 단계로 나눈다.

1,000℃ 이상에서 취급하는 경우, 온도가 물질의 발화 온도 이상일 때 : A

1,000℃ 이상에서 취급하는 경우, 온도가 물질의 발화 온도 미만일 때 : B

4. **압력**

크기에 따라 다음과 같이 구분한다.

1,000 kg/cm² 이상	A
200~1,000 kg/cm²	B
10~200 kg/cm²	C
10 kg/cm² 미만	D

폭발범위 또는 그 부근에서의 조작은 A로 하고 기타는 다음 Q의 값에 따라 아래와 같이 구별한다.

$$Q = \frac{Q_r}{C_p \rho V} \ (℃/\text{min})$$

(이 식은 발열 반응을 동반하는 설비에서 냉각 기능이 정지한 경우 어느 정도의 속도로 온도가 상승하는지를 표현하는 것이다)

Q_r : 반응에 의한 발열 속도(kcal/min)

C_p : 엘리먼트 내에서의 물질의 비열(kcal/kg)

ρ : 엘리먼트 내에서의 물질의 밀도(kg/m³)

V : 엘리먼트의 용량(m³)

400 ℃/min 이상	B
4~400 ℃/min	C
4 ℃/min 미만	D

또 운전 조건이 통상의 조건에서 25% 변화한 경우 Q의 값이 어떤 랭크 부분에 들어가는지를 보고 순위를 정한다. 또 조작 방식이 화학 반응을 일으키는 것인지 구분한다.

(4) 안전 대책(제4단계)

이 단계에서는 앞에서 설명한 위험도의 순위 결정에 따라 각각의 블록마다 설비 및 관리 대책을 생각한다. 특징적인 대책은 플랜트 전체에 적용한다.

설비적 대책은 다음과 같이 실시한다.

① 방화 용수 및 살수 대책
② 건축물 등의 내화 구조
③ 특수한 계장 또는 설비(긴급 차단 장치, 역류 방지 장치 등)
④ 폐기 설비, 급냉 설비
⑤ 용기 내의 폭발 방지 설비
⑥ 원격 조작
⑦ 경보 장치
⑧ 가스 검지 설비
⑨ 폭풍에서의 보호 대책
⑩ 환기 설비
⑪ 비상용 전원

관리적 대책에 관해서는 다음 3가지를 생각한다.

① 위험도의 순위 구분에 따라 적정한 인원 배치를 하고 또한 그 자격 조건을 구비시킨다.
② 각 운영자의 책임 분담을 명백하게 하는 동시에 그것을 수행하기 위한 필요 지식을 교육한다. 특 직장 과목에 의한 교육, 훈련은 일정 기간마다 반복하는 동시에 OJT를 통해 기능의 향상을 도모한다.
③ 정기 수리 시 유지보수 작업에서 안전을 확보하기 위하여 작업에 필요한 계획표, 매뉴얼을 정하는 동시에 종전의 유지보수 기록 혹은 운전시의 트러블 기록을 유효하게 활용한다.

또 보전 체제의 정비, 운전휴지시의 검사 예정, 시운전시의 매뉴얼 작성, 보수 기록의 작성 등에도 유의한다.

(5) 재해 정보에 의한 재평가(제5단계)

안전 대책을 강구한 화학 플랜트에 대해 동종 플랜트 또는 동종 장치의 재해자료를 적용시켜 이것을 재평가한다. 그 결과 개선할 점이 있으면 제4단계로 되돌아가 대책을 검토한다. 위험도의 순위가 II 또는 III인 화학 플랜트에 대해는 평가를 끝내고 건설에 착수한다.

(6) FTA에 의한 재평가(제6단계)

위험도의 랭크가 I인 화학 플랜트에 관해서는 FTA 평가에 의한 재평가를 반드시 실시하여야 한다. 이 평가를 통해 시정할 점이 발견되면 수정 설계 내용에 따라 시행하고 파일럿 플랜트 등의 건설에 착수한다.

3.3 건설 공사 안전성평가

건설 공사의 안전성평가는 공사의 특징, 위험성 등 화학플랜트와는 재해 발생 상황이 다르지만 기본적인 진행과정은 화학 플랜트의 평가와 비슷하게 진행하면 된다.

건설공사 안전성평가는 시공계획 단계에서 위험성을 정량적 또는 정성적으로 평가하고 이것에 필요한 대책을 사전에 검토함으로써 안전성을 높이고자 하는 것이다. 본 장에서는 강철교량 가설공사의 안전성평가 방법에 대해 설명한다. 다만 이 지침은 매단 다리와 사장(斜張) 교량을 제외한 강철 교량 상부구조의 가설공사(바닥판 공사 및 도체 이외의 도장공사를 포함한다)에 적용되는 것이다.

(1) 기초 자료의 수집(제1단계)

아래 사항에 대해 조사하고 공사의 위험성 평가와 안전 대책 검토에 필요한 기초 자료를 수집·정비한다.

① 설계도서
② 기상 해상, 물의 상황
③ 지형, 지질

④ 기존 구조물 및 인접 구조물

⑤ 하부공

⑥ 운반로

⑦ 환경

⑧ 가설비

⑨ 안전 보건 관계 법령

⑩ 재해 정보

⑪ 동종 공사에서의 재해기록

⑫ 안전 기준에 관한 기술상 각종 지침

(2) 위험도 순위 결정과 대책 수립(제2단계)

1. 위험도 순위 결정

공사 진행 중 위험성에 대해 영향을 주는 것이 있다. 위험도 순위 결정은 다음 10요소가 어떤 조건으로 되어 있는가에 따라 점수를 부여하고 이것을 합계하여 위험성의 평점을 구한다.

① 구조 형식

② 최대 지간 길이

③ 구조물의 평면 형상

④ 횡목 및 높이

⑤ 가설 공법

⑥ 사용 크레인(본체 조립용)

⑦ 지형

⑧ 지반 조건

⑨ 가설 시기 및 가설 지역

⑩ 가설 공사 기간

점수를 주는 방법은 최대 시간길이, 횡목 및 높이라면 다음과 같이 되어 있다.

최대 지간 길이	100 m를 넘는다	2점
	50~100 m	1점
	50 m 이하	0점
횡목 밑 높이	20 m를 넘는다	2점
	10~20 m	1점
	10 m 이하	0점

얻어진 위험성의 평점에 따라 다음과 같이 위험도 순위를 결정한다.

15점 이상	순위 I (위험성이 대단히 높다)
10~14점	순위 II (위험성이 높다)
5~9점	순위 III (위험성이 있다)
4점 이하	순위 IV (위험성이 낮다)

2. 안전 대책

이상의 순위 결정에 대응하여 안전 시공체제를 확립하기 위한 고려 사항은 다음과 같다.

① 공사계획 책임자, 공사현장 책임자의 경험은 다음과 같이 한다.

순위 I	강철교량 가설 공사 계획 또는 시공의 업무 경험 10년 이상의 자
순위 II	동 7년 이상의 자
순위 III	동 5년 이상의 자
순위 IV	동 경험자

② 하청 사업자의 경험은 다음과 같이 한다.

순위 I	시공경험 10년 이상이며 동종 공법의 시공실적이 있는 자
순위 II	동 7년 이상이며 동종 공법의 시공 실적이 있는 자
순위 III	시공경험 5년 이상이며 유사 공법의 시정 실적이 있는 자
순위 IV	경험자이며 유사 공법의 시공실적이 있는 자

③ 직장의 경험은 다음과 같다.

순위 I	직장장으로서 동일 공법의 시공 업무에 실적이 있는 자
순위 II	동일 공법의 시공 업무에 실적이 있는 자
순위 III 및 IV	유사 공법의 시공 업무에 실적이 있는 자

④ 본사의 지도 체제는 다음과 같다.

순위 I	실시 공법의 숙련자가 정기적 순회 지도와 안전 패트롤 실시
순위 II ~ IV	정기적 순회 지도와 안전 패트롤 실시

(3) 기본적 사항에 대한 검토(제3단계)

안전 대책에 관한 기본적 사항으로 다음 사항에 대해 체크하고, 필요한 경우에는 시공계획 변경 등의 조치를 취한다.

1. 관리적 기본적 사항

① 시공관리
- 주임 기술자, 감독 기술자
- 관리 조직(규정 또는 조직도)
- 하청 사업자의 선정
- 공정표
- 작업 중지 기준

② 안전 보건 관리
- 안전 보건 관리 체제
- 작업주임자, 작업지휘자
- 인전보건교육
- 취업 제한
- 건강관리

2. 현장 환경적 기본 사항

① 도로상 또는 도로에 근접한 장소에서의 공사
- 작업장(재료, 기계류의 안전장소 등을 포함한다)
- 작업시간대

② 고속도로상 또는 고속도로에 근접한 장소에서의 공사

· 작업장(재료, 기계류 등의 안전장소 등을 포함한다)

· 작업시간대

③ 궤도상 또는 궤도에 근접한 장소에서의 공사

· 운행 지장 사고의 방지

· 작업시간대

④ 수상(해상을 포함)에서의 공사

· 주위 환경 확보

⑤ 시가지에서의 공사

· 제3자 대책

· 작업시간대

3. 교량 형식 고유의 기본적 사항

4. 가설공법, 작업 및 기계의 재료와 관계되는 기본적 사항

5. 작업용 가설비에 관계되는 기본적 사항

6. 바닥 공사에 관계되는 기본적 사항

7. 도장 공사에 관계되는 기본적 사항

8. 공사용 기숙사 용지 등에 관계되는 사항

(4) 특별 재해의 평가와 안전 대책 검토(제4단계)

1. 구조물의 붕괴 재해에 대한 안전 대책 검토

「가설 계산 평가표」의 항목마다 가설 계산을 하고 있는지 또 계산상 고려해야 할 하중이 빠져 있지 않는가를 체크한다. 다음 단계로 항목마다 가설 계산 결과에 대해 안전 지수를 구하고 위험성을 평가하며, 위험도 순위에 따라 시공계획 변경을 하든지 또는 시공시 관리 강화를 할 것인지 결정한다.

2. 추락 재해 및 중량물 취급 재해에 대한 안전 대책 검토

별도로 나타낸 「안전 대책 검토표」에 의해 체크하고, 필요하면 시공계획 변경 등의 조치를 강구한다.

3.4 기계설비 안전성평가

(1) 공작기계 안전성평가

기계 안전성평가에 관해서 정성적 평가는 많은 방법으로 제안되고 실질적으로 현장에서 사용되고 있는 경우가 많지만, 정량적인 평가에 의한 실시 방법은 그렇게 많지 않은 것이 현실이다. 여기서 설명하는 것은 玉川대학 교수 등이 중심이 되어 작성한 공작기계의 안전성평가 방법의 개요이다.

표 3.1 • 공작기계의 안전성평가 항목

인자명	항목내용 및 평점기준
1. 외관적인 안정성	① 기계 각부 및 각부의 덮개, 울타리 등 신체에 장해를 미칠 우려가 있는 예리한 부분, 날카로운 각, 두름 등이 없는가? ② 조정, 보전 등의 작업을 바닥위에서 하는 것이 곤란한 기계에서는 작업에 필요한 작업바닥, 통로, 계단, 사다리 등이 마련되어 있는가?
2. 동력구동 부분의 안정성	① 회전축, 축조인트, 톱니바퀴, 폴리, 벨트, 체인 등 동력 전도 부분의 링크기구, 캠기구 등(이하 동력전도 부분이라고 한다)은 기계 내부에 내장되든지 또는 덮개에 의해 방호되어 있는가? ② 전호의 기계 또는 덮개에 의한 방호가 이루어지고 있는 경우에는 이러한 기계 또는 다음 각 호에 적합한가? 주) 방호가 이루어지지 않는 경우에는 아래사항은 관계없다. a. 기계 또는 덮개가 마련된 개구부 점검창, 빈틈 등에서 손가락 등이 위험 부분에 노출될 우려가 없을 것 b. 기계에 설치된 문짝, 뚜껑, 덮개는 확실하게 폐새할 수 있는 것으로 하며 폐쇄는 동력 전도 부분의 운전과 연계되어 인터록 되는지 또는 전용 공구나 키를 사용하지 않으면 열 수 없는 조임용구로 닫혀 있을 것 ③ 전기적인 서브제어, 역상제동 등에 의해 정지 상태에 있을 때는 전동기 또는 그것에 의해 구동되는 축등은 손으로 작동하거나 전기적 노이즈가 가해져도 가동될 우려가 없는 구조로 되어 있는가 ④~⑤ 생략

3. 동력제어 부분의 안정성	① 공작기계에는 이상이 있을 때 즉각 운전을 정지시킬 수 있는 비상 정지 장치를 구비하고 있는가. 다만 유공압 구동, NC 제어 등의 공작 기계에 있어 복귀 작동에 의한 위험의 우려가 없는 경우에는 비상 정지 때 복귀 작동에 의한 원점 복귀 등 조치를 취할 수 있다. ② 전호의 비상 정지 장치가 설치되어 있는 경우에는 그 비상 정지 장치가 작동한 다음에는 누름 버튼 등의 복귀 조작을 하고 또한 전기회로의 제 가동 조작을 하지 않으면 기계가 작동하지 않는 구조로 되어 있는가. 주) 비상 정지 장치가 마련되어 있지 않은 경우 ②는 무관하다. ③ 공기압 장치에는 다음과 같은 기구 등이 갖춰져 있는가 주) 공기압 장치를 구비하고 있지 않은 공작기계에서는 a.~c.는 무관하다. a. 과대한 압력에 의한 위험을 방지하기 위해 필요한 장소에 충분한 능력을 가지는 안전밸브가 갖춰져 있을 것 b. 압력 저하에 의한 위험을 방지하기 위한 압력 스위치가 갖춰져 있을 것 c. 공기압으로 구동되는 이송 장치, 브레이크, 클러치장치 등을 갖춘 공작기계에서는 공기압 장치가 고장일 때 기계 전체를 안전하게 정지하기 위한 페일세이프 기구가 갖춰져 있을 것 d. 정전, 고장 등이 복귀된 다음에 재가동 조작을 하지 않으면 작동하지 않는 구조로 되어 있을 것 ③~⑬ 생략
4. 작업영역의 안정성	① 공작기계에는 가공 부분의 확실한 접촉 방지 기능을 갖춘 덮개가 구비되어 있는가. 주) 가공 부분이란 가공점 외에 운동하는 공구, 가공물 및 그것들의 크램프 부분에서 접촉 등에 의한 위험의 우려가 있는 부분을 포함 ② 전기, 유압, 공기압 등에 의해 가공물을 척(chuck) 또는 크램프하는 공작기계에서는 척 또는 크램프가 다음 각호에 적합한가 확인한다 주) 수동에 의해 가공물을 척(chuck) 또는 크램프하는 공작기계에서는 a. 및 b.는 무관하다. a. 운전중에 정전 또는 전기적 고장이 발생해도 가공물의 개방, 낙하 또는 방출되지 않는 구조, 또는 이들을 방지하는 구조로 되어 있을 것 b. 공작기계 운전중에 가공물을 개방할 수 없도록 기계의 운전과 인터록되어 있을 것. 다만 콜레트 척 등을 사용하는 것에는 기계 운전중에 안전하게 가공물을 착탈 할 수 있을 것 ③ 공구 교환 장치(ATC)를 가지는 공작기계는 다음 각 호에 나타내는 구조 등을 가지고 있는가. 주) ATC를 가지고 있지 않은 공작기계에서는 a.~c.는 무관하다. a. 공기 매거진에는 안전 확보를 위해 적당한 덮개가 되어 있을 것 b. 공구의 낙하 우려가 있는 매거진에는 확실한 공구 로킹 등의 공구 낙하 방지 기구가 있을 것 c. ATC의 운동에 의해 생기는 위험 구역은 방호(防護)되어 있을 것 ④~⑧ 생략

5. 절삭 부스러기, 절삭유 대책	① 절삭 부분에는 절삭칩의 비산방지를 위한 덮개 또는 울타리가 마련되어 있는가 ② 기체는 절삭칩을 안전하고 확실하게 기체 밖의 소정의 위치로 배출될 수 있는 구조로 되어 있는가 ③ 절삭 부분에는 절삭에 필요한 유량을 주유할 수 있는 절삭유의 자동 주유 장치가 마련되어 있는가
6. 송급장치 (본체부속인 것)	① 공작기계와 송급장치를 합체한 시스템 전체의 감시나 조작이 가능한 구조로 되어 있는가 ② 파지부는 운전 중의 정전, 고장 또는 비상 정지에 대해 피파지물을 안정하게 파지할 수 있는 구조로 되어 있는가 ③ 송급장치에는 자동 운전중에 작업자가 위험 영역에 들어갈 수 없도록 안전 가이드, 울타리 또는 작업자가 위험 영역 내에 들어간 것을 검출하여 송급장치를 정지시키는 기능이 구비되어 있는가 ④~⑦ 생략
7. 작업성 (인간공학적 안전성)	① 소삭용 핸들, 레버, 누름버튼, 패달 등은 다음 각호에 나타낸 구조 등을 가지고 있는가 a. 핸들, 레버, 누름버튼 등은 무의식중에 신체의 일부 또는 의복 등이 닿아 공작기계가 오작동할 우려가 없도록 배열되고 방호되어 있을 것 b. 크기, 형상, 색, 그림 문자 등에 의해 기능 또는 목적을 즉시 식별할 수 있을 것 ② 공작기계의 조작을 특별한 운전대나 작업대 없이 할 수 있는지, 또는 작업자가 용이하게 기계 전체를 전망할 수 있는 작업대 또는 운전대가 기체에 부설되어 있는가 ③ 두 군데 이상의 장소에서 복수의 작업자가 작업할 필요가 있는 공작기계에는 작업자 간의 연락, 신호 설비가 마련되어 있는가 ④~⑦ 생략
8. 소음	① 공자기계의 소음 레벨 측정 방법」에 기초를 두고 무부하 운전중의 소음 레벨을 측정했을 때 작업자 위치에서의 소음 레벨이 60 dB 이하인가 주) 모든 측정 장소의 소음 레벨이 48 dB 이하이면 우수, 60 dB 이하이면 양호, 72 dB 이하이면 가능, 한 군데에서라도 72 dB를 넘는 것이 있으면 불가라고 할 것 ② 무부하 및 부하 운전시의 소음에는 불쾌감을 일으키는 고주파 소음이 포함되어 있지 않은가

9. 보전성	① 윤활이 필요한 부분에 완전히 자동 윤활이 가능한 집중 강제 윤활 방식이 취해지고 있는가 ② 수동식의 윤활 방식이 취해지고 있는 경우에는 대체 조치로서 그 윤활 장치는 외부보다 안전하게 조작할 수 있는 구조로 되어 있는가 주) 대체 장치의 경우에 우수 및 양호로 평가하지 말 것 ③ 대형 공작기계에서 기체 내부 또는 기체 사이에 들어가서 점검 등을 행할 필요가 있는 기계에는 점검 등의 사이에 외부에서 기계를 운전할 수 없는 구조로 되어 있는가 주) 기체 내부 등에 들어 갈 필요가 없는 기계에서는 ③은 무관하다. ④~⑥ 생략
10. 피해억제	① 조작 등을 위해서 항시 작업자가 기계의 높은 곳, 밀폐실 등의 격리된 장소에서 작업할 필요가 있는 공작기계에는 그 장소에 인터폰 등의 연락 설비 및 그것을 기계 외부에 접속할 수 있는 단자 등이 마련되어 있는가 ② 오일 팬 및 기체의 하부는 노화한 절삭유 또는 절삭유를 포함한 절삭찌꺼기를 용이하게 청소할 수 있는 구조로 되어 있는가 ③ 제3자에 대한 방호를 방호 가이드, 방호벽, 광선식 안전장치, 문짝 등의 구조, 기타 안전상 필요한 사항이 취급 설명서에 명기되어 있는가 ④~⑤ 생략
11. 주의사항	① 공작기계 본체 및 부속 송급장치에는 필요한 개소에 위험 방지를 위한 주의사항 및 이상 사태에 대한 대처 방법을 나타내는 명판 등이 마련되어 있는가 ② 공작기계의 카탈로그 등에는 기계의 사양 외에 안전상 필요한 사양이 정확하고 또한 보기 쉽게 게재되어 있는가 ③ 공작기계의 취급 설명서에는 기계의 조작, 공구 및 가공물의 설치·해체, 가공물의 송급·꺼냄, 절삭유 및 윤활유의 종류 등에 대해 위험한 사용상·안전상의 주의사항이 기재되어 있는가. 다만 다른 책자에 기재되어 있는 것을 제외한다. ④ 공작기계의 취급 설명서에는 피부장해나 호흡기 장해를 일으킬 우려가 있는 절삭유·절삭액 등에 대한 취급상의 주의사항이 명기되어 있는가

① 평가하는 항목 내용과 평점 기준은 표 3.1에 표시한 것으로 한다.

② 평정자는 원칙적으로 2명 이상으로 하고 공작기계의 전문 기술자와 안전 담당자가 그룹으로 한다.

③ 평가는 절대적 평가나 다른 기종간의 비교보다도 동일 또는 유사 기종간의 비교를 목적으로 하여 실시한다.

④ 표 3.2의 평가 인자 번호 i, 평가 인자마다의 평가항목 번호 j의 항목의 X_{ij}로

하고 X_{ij}의 우수, 양호, 가능, 불가의 내용에 대해 각각 3, 2, 1, 0의 평점을 주어 그 값은 $[X_{ij}]$로 표현한다.

⑤ 무 관계한 항목(예를 들면 수동 조작 기계의 평가에서 NC 기계에 대한 설문 등)은 평점하지 않는다.

⑥ 인자 번호 i의 평가 항목수 n_i 가운데 평가와 무관한 항목을 제외한 항목수를 S_i로 하면 인자 번호 i에 대한 평점 B_i는 아래와 같다(B_i의 최고점은 10점이 된다.).

$$B_i = \frac{10}{3S_i} \sum^{S_i} [X_{ij}]$$

⑦ 평가인자 i에 대한 중미(重味) 결정 계수(표 3.2 참조)를 α_i로 하고 평가인자 11개 중에 평가와 무관한 인자를 제외한 인자수를 γ라고 하면 종합 평점 A는 아래와 같다(A의 최고점은 100점이 된다.).

$$A = \frac{10}{\sum^{\gamma} \alpha_i} \sum^{\gamma} \alpha_i B_i$$

⑧ 종합평점이 25점 미만이면 안전상 부적절하고 25~50점 미만은 대략 가능, 50~75점 미만은 대략 양호, 75점 이상은 대략 우수로 간주할 수 있다.

표 3.2 • 중요성 부여 계수(α)

인자 번호	평가요소명	평가 항목수	기종별 중요성 부여계수		
			수동조작 기 종	NC이외의 자동기계	NC기계
1	외관의 안전성	2	3	3	3
2	동력구동 부분의 안전성	5	5	6	5
3	작업영역의 안전성	13	2	5	10
4	절삭부스러기, 절삭유, 스모그대책	8	10	8	5
5	송급장치(본체부속)	3	8	6	3
6	작업성(인간공학적 안전성)	7	–	5	5
7	소음, 진동	7	5	7	10
8	보전성	2	1	1	1
9	피해 억제도	6	3	6	6
10	주의사항	5	1	2	2
11	특별요소 경제성	4	3	5	6

이 방법은 공작기계의 안전성을 정량 평가하는 것이지만 평점표를 정성적 평가에 사용해도 상당히 도움이 되리라 생각된다.

(2) 기계 설비 안전 심사 시스템의 예

안전성평가 필요성이 언급되기 시작한 후, 제조업 등 기계 설비의 신설·변경이 많이 발생하는 경우 제품 검사에서 안전성의 검사 기타 안전 심사를 실시하는 곳이 늘고 있다. 기계 설비 설치 시 계획·발주 단계부터 안전성 검토를 할 수 있으므로 사전 평가 즉 안전성평가를 실시하는 형태가 된다.

그림 3.2는 모 자동차 제조 공장의 기계 설비 도입 단계이며 업체와의 「세부 사양 타협」 단계에서부터 안전 검토가 시작된다. 「승인도 체크」 단계에서는 설비 계획 부서, 보전 부서, 사용 부서 및 안전 스태프가 업체 설계도를 토대로 안전 체크를 하고

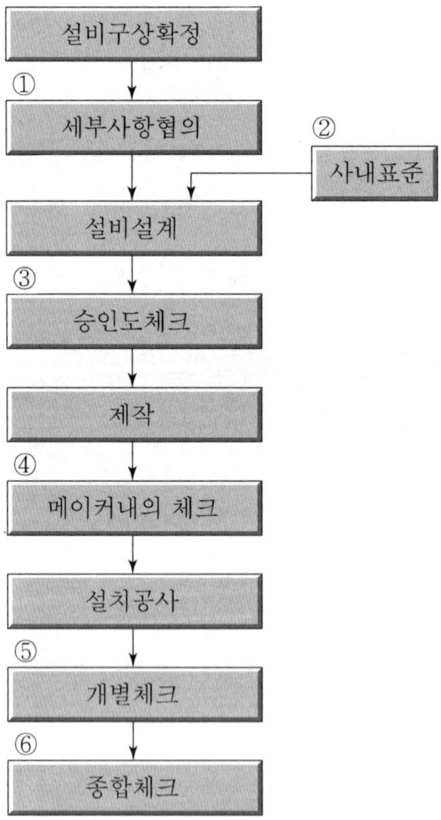

그림 3.2 설비도입의 단계

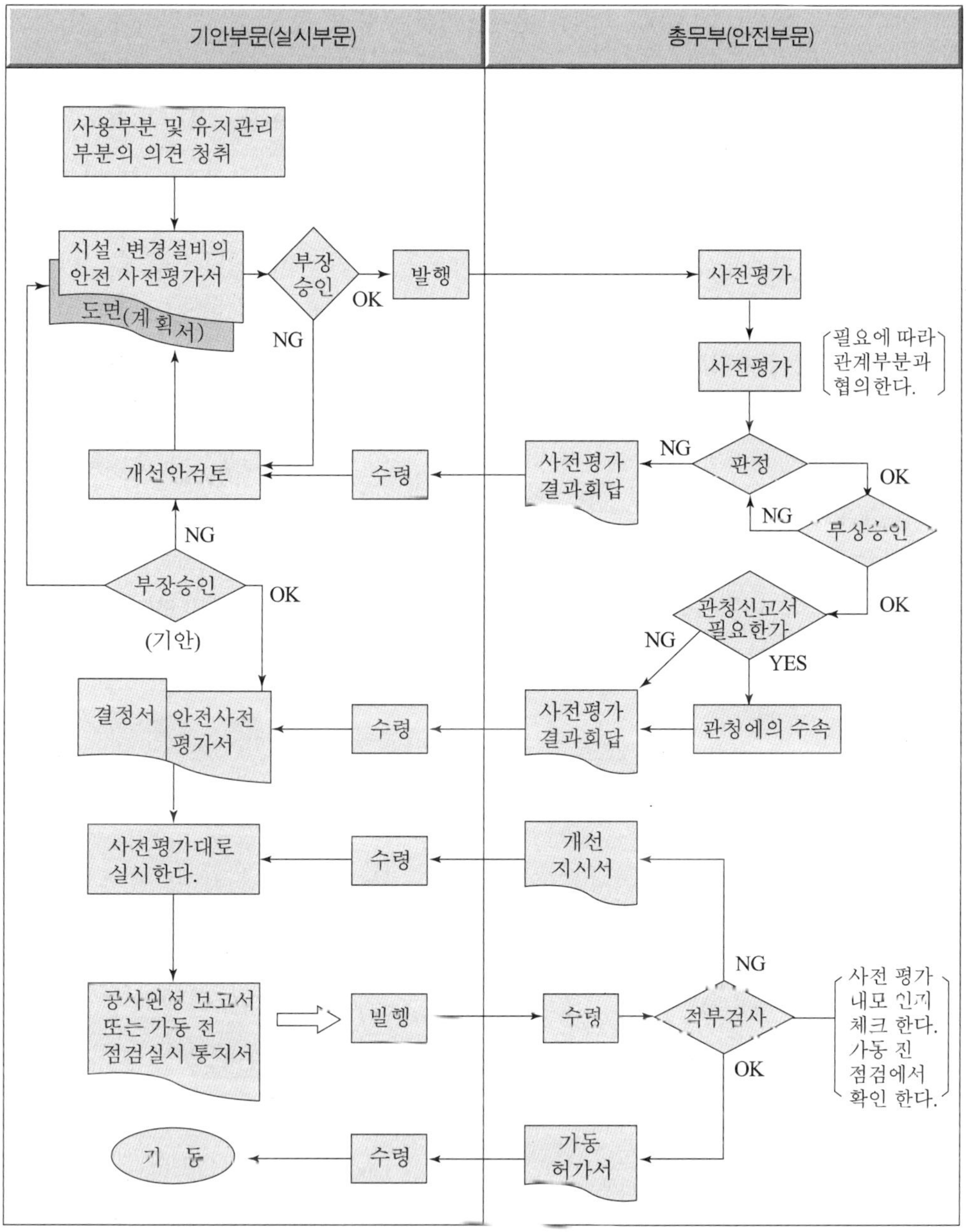

그림 3.3 기계설비의 안전사전평가 실무 플로우차트

미비한 점은 설계 변경을 의뢰한다. 제작 완료 후 행한 「업체내 체크」, 설치된 설비마다의 「개별 체크」 후, 라인 전체를 운전하면서 「종합 체크」로 완결한다. 이 사이에 안전 스태프가 참여한다.

또 그림 3.3은 모 반도체 제조공장에서 행해지는 세이프티·어세스먼트의 플로우차트이다. 이 공장에서는 설계 → 발주 → 제작 → 설치 → 가동 → 보수의 각 단계에서 안전 점검 체크 항목을 정하여 안전성의 확인을 하고 있다. 이 안전성의 확인은 각 관계자가 각각의 단계에서 확인하는 구조로 되어 있고, 가동전의 안전확인에는 반드시 업체, 생산부문, 보전부문, 설비계획 부문, 안전위원 및 노동조합원의 입회하에 실시한다. 설비 검수시 설비 인도서에 의해 구체적 토의를 거쳐 문제점을 적출하고 문제가 있을 시 조치가 완료될 때까지 사용을 금지하고 있다.

그러나 많은 공작기계 사용에 있어 평가하는 항목이 상술한 (1)에서의 표 3.1과 같은 상세한 것을 사용하고 있는 경우는 적고, 또 정량 평가를 하고 있는 것도 많지 않은 것이 현실이다. 그러나 평가 대상의 기계설비가 여러 종류에 걸치기 때문에 위에서 제시한 내용의 안전성평가를 기준으로 평가를 진행하여도 무리가 없지만 신·증설이 많은 기계에 관해서는 제법 상세한 정성적·정량적 평가가 가능한 방법을 개발할 필요가 있다.

찾아보기

· **김상철** 세명대학교 보건안전공학과

· **김윤선** 인천대학교 안전공학과

· **박달재** 서울과학기술대학교 안전공학과

· **배동철** 호서대학교 안전보건학과

· **이원근** 순천제일대학교 산업안전관리과

· **유재환** 전) 대원과학대학 학장

· **장성록** 부경대학교 안전공학과

· **정재희** 서울과학기술대학교 안전공학과

안전관리 정가 23,000원

인 쇄 1998년 1월 5일 초판 1쇄
발 행 2017년 3월 10일 4판 3쇄
저 자 西島茂一
역 자 김상철·김윤선·박달재·배동철
이원근·유재환·장성록·정재희
발행인 정우용
발행처 도서출판 동화기술
경기도 파주시 광인사길 201(문발동, 파주출판도시)
Tel (031)955-4211~6 donghwapub@nate.com
Fax (031)955-4217 www.donghwapub.co.kr
(등록) 1977년 12월 19일/9-16호

Printed in Korea
ISBN 978-89-425-1643-8